Genética de la conducta

Alianza Universidad Textos

Robert Plomin, J. C. DeFries y G. E. McClearn

Genética de la conducta

Versión española de Luis Pezzi
Revisión técnica de Emilio Ambrosio Flores

Alianza Editorial

Título original:

Behavioral Genetics: A Primer. 1980 First published in the United States by W. H. Freeman and Company. San Francisco and London. Publicado por primera vez en los Estados Unidos por W. H. Freeman and Company. San Francisco y Londres.

Primera edición en «Alianza Universidad Textos»: 1984
Tercera reimpresión en «Alianza Universidad Textos»: 1986

Calle Milán, 38, 28043 Madrid, teléf.: 200 00 45
ISBN: 84-206-8075-3
Depósito legal: M. 38.203-1986
Fotocomposición: EFCA
Impreso en Hijos de E. Minuesa, S. L.
Ronda de Toledo, 24. 28005 Madrid
Printed in Spain

INDICE

PREFACIO

Este libro de texto sigue a otro anterior de G.E. McGlearn y J. C. DeFries (*Introducción a la Genética de la Conducta,* W. H. Freeman y Compañía, 1973). Más que una revisión del texto primitivo, se trata de su continuación. El texto anterior se escribió, en principio, para estudiantes avanzados o graduados que realizaban su primer curso sobre genética de la conducta. Sin embargo, se hizo en seguida patente que el «librito verde» no era realmente un texto introductorio. En consecuencia, ya que un mayor número de estudiantes se sintieron atraídos por el curso, pensamos que era necesario un texto que asumiera un menor contacto previo con la genética y la estadística. Como nuevo miembro de la facultad en el Instituto de Genética de la Conducta, Robert Plomin emprendió esta tarea, en colaboración con McClearn y DeFries. El resultado es el presente texto, que incluye algunas secciones de libro anterior, pero que es nuevo en su mayor parte.

Aunque la genética de la conducta es un campo complejo, hemos escrito un libro lo más sencillo posible, sin sacrificar la ecuanimidad de las exposiciones. Aún más importante, hemos escrito un libro dirigido fundamentalmente a los estudiantes, no a nuestros colegas. Aunque la cobertura es representativa, desde luego no es exhaustiva ni enciclopédica; para los que busquen una cobertura de mayor alcance, hay otros textos (por ejemplo, Dworkin y Haber, 1980; Fuller and Thompson, 1978; Ehrman y Parsons, 1976; Van Abeelen, 1974). En base a los comentarios hechos por los estudiantes que utilizaron un borrador de este texto en un curso en la Universidad de Colorado, esperamos que lo encuentren retador, pero legible. Confiamos en que les estimulará a aprender más sobre genética de la conducta y a pensar sobre el comportamiento desde el punto de vista de la genética de la conducta.

No podríamos haber escrito un libro de esta clase, si no estuviéramos en estrecha colaboración con un grupo interdisciplinario de investigadores de diversos ámbitos académicos. Gran parte de nuestro pensamiento ha tomado forma gracias a la diaria interacción con nuestros colegas del Instituto de Genética de la Conducta. No podríamos ni siquiera comenzar a enumerar sus influencias, cuanto menos dar las debidas gracias. Rebecca G. Miles, con gran habilidad editorial transformó nuestros garabatos y papelotes en un manuscrito bellamente mecanografiado. Agnes A. Conley, oficial administrativo del Instituto, colaboró en el diseño del proyecto, lectura del manuscrito y participó en el trabajo bibliográfico.

Además del reconocimiento a nuestros asociados del Instituto de Genética de la Conducta agradecemos a Glayde Whitney de la Universidad del Estado de Florida y a Joseph Horn de la Universidad de Tejas en Austin, la revisión del borrador del manuscrito y sus muchos y útiles comentarios. Finalmente agradecemos la profesionalidad del personal de W. H. Freeman and Company.

Noviembre de 1979

1
VISION GENERAL

La introducción a *El genio hereditario, examen de sus leyes y consecuencias*, de Francis Galton, comienza así:

> Me propongo señalar en este libro que las capacidades naturales del hombre se adquieren por herencia, con exactamente las mismas limitaciones a las que están sujetas la forma y características físicas del conjunto del mundo orgánico. (Galton, 1869, p. 45).

Sin embargo, más de un siglo más tarde, Leon J. Kamin establece en su introducción a *Ciencia y política del C.I.*

> El presente trabajo llega a dos conclusiones. La primera emerge de un examen detallado de la evidencia empírica, alegada en apoyo de la idea de la heredabilidad y que puede ser fácilmente establecida. No hay datos que pudieran llevar a una persona precavida a aceptar la hipótesis de que las puntuaciones de los tests de C.I. son heredables en medida alguna. Esta conclusión está tan enfrentada con la opinión prevaleciente, que es necesario preguntar ¿cómo pueden tantos psicólogos creer lo contrario?
>
> La respuesta, creo, se relaciona con la segunda conclusión principal de este trabajo. Los tests del C.I. en América, y el modo en el que los interpretamos, han sido alentados por hombres implicados en una visión social particular. (Kamin, 1974, pp. 1-2).

¿Han proporcionado los cien años de investigación tras la publicación del *Genio hereditario* alguna prueba incuestionable de que la capacidad mental *no* es heredable? Recientemente hemos revisado estudios de adopciones, relacionados con la genética de las capacidades mentales y concluimos: «una persona precavida no tiene otra alternativa que rechazar la hipótesis de la heredabilidad nula» (DeFries y Plomin, 1978, p. 501). Más adelante, en el texto comentaremos estas pruebas y usted extraerá sus propias conclusiones. Sólo le pedimos que considere la evidencia por sus propios méritos y que evite dejarse influir por su visión social particular. No tenemos intereses particulares en esta polémica, ni en cualquier otra, de la genética del comportamiento, y procuramos mantenernos apolíticos. Tal y como John L. Fuller y W. Robert Thompson advirtieron:

> ... la genética del comportamiento humano, entre todas las disciplinas científicas, está siempre en peligro de adentrarse en el terreno político. En la medida en que esto ocurre, se aparta más de la ciencia. En consecuencia, los que trabajan en este área tienen la tarea de evitar en lo posible cualquier predisposición política que pueda socavar su imparcialidad como científicos, y seguir estrechamente los dictados de los hechos y la lógica. (Fuller y Thompson, 1978, p. 225).

Haremos todo lo posible por escuchar esta convincente advertencia.

Aunque los estudiantes estén familiarizados con los estudios relacionados con el C.I., la investigación sobre la genética del comportamiento se ha extendido a otras muchas áreas. Por ejemplo, en un examen de genética de las capacidades cognitivas específicas, J. C. DeFries, S. C. Vandenburg y G. E. McClearn establecen que «la capacidad cognitiva es, con mucho, demasiado compleja como para ser evaluada por una única variable tal como el C.I.» (1976, p. 180). Psicopatología y personalidad han sido ampliamente estudiadas desde la perspectiva de la genética de la conducta. Más aún, con frecuencia sorprende a los estudiantes el conocer que se han realizado más investigaciones sobre el comportamiento de animales no humanos que sobre el de nuestra propia especie. La razón principal de este énfasis en el comportamiento no humano estriba en la posibilidad de control experimental que ofrece el laboratorio.

El aspecto más controvertido de la genética de la conducta es el que contempla la conducta humana, en particular cuando se concentra en aspectos del comportamiento humano con implicaciones sociales, tales como el C.I. Discutiremos estas controversias. No obstante, nuestro objetivo principal es poner en evidencia que tanto herencia como ambiente pueden ser responsables de las diferencias individuales de comportamiento. Demostraremos que ni herencia ni ambiente por sí solos son suficientes para la comprensión de la conducta.

Esta perspectiva unitaria, que combina la genética y las ciencias de la conducta, convierte a la genética de la conducta en una apasionante área interdisciplinaria. (Figura 1.1). Aunque se ha investigado durante muchos años sobre la genética del comportamiento, solo recientemente ha surgido como una disciplina de sí misma. La monografía, delimitadora de esta área, *Genética de la conducta*, de John L. Fuller y W. Robert Thompson, se publicó en 1960. Desde entonces, la investigación sobre la genética de la conducta ha experimentado un crecimiento exponencial.

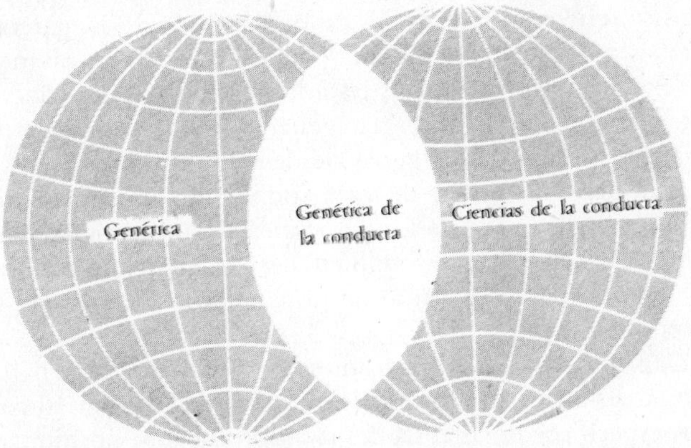

FIGURA 1.1.—*La genética de la conducta como la intersección entre la genética y las ciencias de la conducta. (De* Introduction to Behavioral Genetics *por G. E. McClearn y J. C. De Fries, W. H. Freeman y cols. Copyright © 1973).*

Propósito del libro

Comenzaremos con una perspectiva histórica de la evolución y la genética, seguida de tres capítulos sobre principios básicos. El comportamiento es un *fenotipo*, es decir, una característica observable que podemos medir. Los principios básicos de la herencia son idénticos, cualquiera que sean los fenotipos que decidamos estudiar. Por ello, gran parte de este libro se dedica a los conceptos genéticos que no pertenecen únicamente a los caracteres de la conducta. Por otro lado, este libro no es simplemente otro texto de genética sino que está enfocado sobre la complejidad de los fenotipos conductuales. Si bien la genética de la conducta concierne a antropólogos, economistas, estudiosos de las ciencias políticas y sociólogos, entre otros, los fenotipos de comportamiento que discutiremos reflejan necesariamente el hecho de que la investigación en la genética de la conducta se centra, a menudo, en temas que tradicionalmente pertenecían al campo de la psicología. La perspectiva histórica del capítulo segundo describe el trabajo de Charles Darwin y su primo

Francis Galton. El capítulo tercero continúa la discusión de la teoría evolutiva de Darwin y su relación con la genética de la conducta y la sociobiología. Los dos capítulos siguientes introducen los conceptos básicos de la genética. El capítulo cuarto se centra en los experimentos clásicos de Gregor Mendel, y la influencia de los genes independientes sobre la conducta. En el Capítulo 5 presentamos una descripción básica de los genes y cómo funcionan, en particular en relación con la herencia de la conducta. Los cromosomas y su influencia sobre la conducta se tratan en los Capítulos 6 y 7. Los dos siguientes capítulos se refieren a la genética de poblaciones y a la genética cuantitativa, dos temas que suelen ser difíciles para los estudiantes no inclinados a la estadística. Por este motivo, hemos tratado de discutir estos conceptos en vez de presentarlos albegraicamente. La genética de poblaciones (Capítulo 8) considera la transmisión de los genes desde el punto de vista de una población, más que desde el punto de vista individual. La genética cuantitativa (Capítulo 9) generaliza el *modelo multifactorial* que considera los efectos de muchos genes y muchos factores ambientales. El modelo multifactorial es de la mayor relevancia para el estudio de los comportamientos que interesan al científico conductista.

En los Capítulos 10, 12 y 13 examinamos los métodos y hallazgos de la genética de la conducta con mayor detalle. En el Capítulo 10 consideramos los métodos específicos de análisis del comportamiento no humano. Los Capítulos 11, 12 y 13 se dedican a los tres métodos principales de la genética de la conducta humana —estudios de familias, estudios de gemelos y estudios de adopciones. Al escribir un texto sobre genética de la conducta, es posible escoger entre una valoración orientada hacia el contenido, o bien orientada hacia el método. Hemos escogido una presentación orientada hacia el método. Esto se debe a que nuestra meta es presentar los métodos de la genética de la conducta, en vez de ofrecer un examen exhaustivo de las aplicaciones de estos métodos a varios terrenos conductista. (Para tal revisión de la literatura, véase Fuller y Thompson, 1978). En el Capítulo 10 nos referiremos a varias conductas que ofrecen ejemplos de la aplicación de los métodos de la genética cuantitativa no humana. En los Capítulos 11 y 13 nos centraremos en dos aspectos principales de la conducta, cognición (C.I. y capacidades cognitivas específicas) y psicopatología (fundamentalmente en la psicosis), aunque suministraremos referencias sobre otros terrenos de la conducta.

En el último capítulo, reconsideramos algunos de los temas destacados en los capítulos precedentes, y apuntamos algunos aspectos controvertidos en genética de la conducta. Estos incluyen el origen de las diferencias de grupo (étnicas, de clase y diferencias sexuales) y las implicaciones sociológicas de los estudios de la genética de la conducta. Probablemente, usted estará familiarizado con alguna de las controversias que rodean a la genética de la conducta y puede tener algunas ideas preconcebidas sobre ellas. Así pues, aquí van unas palabras sobre el origen de algunos temas controvertidos.

Naturaleza y educación

Es de esperar cierta controversia cuando aparece un nuevo enfoque que cuestiona los puntos de vista prevalecientes, y la genética de la conducta no es desde luego una excepción. Gran parte de las controversias en genética de la conducta surgen de una interpretación de lo que significa la influencia de los genes sobre la conducta. Por ejemplo, a menudo se toma erróneamente la genética de la conducta como un enfrentamiento entre naturaleza (genes) y educación (entorno), como si la conducta estuviera influenciada únicamente por uno u otro. Aquí se esconde una interesante parte de la historia, que ayuda a explicar la frecuente aparición de estos puntos de vista incluso en nuestros días.

Históricamente la controversia comenzó a principios de siglo con el desarrollo del punto de vista *conductista,* que asumió un papel predominante en el desarrollo de la disciplina de la psicología, sobre todo en los Estados Unidos. El conductismo surgió como protesta a todas las formas de la «psicología introspectiva» interesada en los estados mentales, tales como conciencia y voluntad. El término *conductismo* indica estrictamente un enfoque sobre las respuestas conductuales observables. Debido a que el énfasis en las respuestas observables condujo a resaltar los estímulos ambientales observables, conductismo llegó a implicar *ambientalismo.* Las cadenas estímulo-respuesta llegaron a convertirse en la única explicación aceptable de la conducta. El conductismo también se desplazó en dirección al ambientalismo, debido al rechazo de la doctrina del instinto de W. McDougall (1908). Entonces se pensaba que los instintos eran esquemas de conducta heredados, y los conductistas tachaban este punto de vista de redundante y autojustificado. Sin embargo, al rechazar esta concepción simplista del instinto, los conductistas descartaban también el concepto de que la herencia puede influir sobre la conducta. Así, los conductistas explicaban las diferencias individuales en base únicamente a factores ambientales.

J. B. Watson, fundador del conductismo, afirmó:

> Bien, apresurémonos a admitirlo, sí, hay diferencias heredables en forma, estructura... Estas diferencias están en el plasma germinal y son transmitidas de padres a hijos... Pero no dejemos que estos incuestionables hechos de la herencia nos descarrien, como ha sucedido a algunos biólogos. La mera presencia de estas estructuras no nos indica nada sobre su función... Nuestras estructuras hereditarias yacen listas para ser conformadas de mil maneras distintas, dependiendo del modo en el que este niño es educado...

Los objetores probablemente dirán que el conductismo camina a la cabeza de los hechos conocidos de la eugenesia y evolución experimental, que los genéticos han demostrado que muchas de las características de la conducta de los padres es transmitida a la descendencia... Replicamos que los genéticos trabajan bajo los auspicios de la antigua «escuela» de psicología. No hay por qué dar demasiado peso específico a ninguna de sus conclusiones actuales. No creemos por más tiempo ni en escuelas ni en esquemas estereotipados de conducta, que se ocultan bajo los nombres de «talento» y capacidades heredadas...

Concluimos pues, que no existen pruebas reales de la heredabilidad de los rasgos. Yo confiaría plenamente en el éxito final de criar un niño *sano* y *bien formado*, nacido de una larga saga de criminales, asesinos, ladrones y prostitutas. ¿Quién puede probar algo en contra? (Watson, 1930, pp. 97-103).

Watson continuaba con el conocido y frecuentemente citado desafío:

Quisiera ahora ir aún más allá y afirmar: «Denme una docena de niños sanos y bien constituidos, y el entorno que yo especifique para que sean educados en él, y garantizo que podría elegir uno cualquiera al azar y prepararle para ser la clase de especialista que yo quisiera, doctor, abogado, artista, hombre de negocios e incluso mendigo y ladrón, sin tener en cuenta su talento, aficiones, tendencias, capacidades, vocación, ni la raza de sus antepasados». Voy más allá de mis propios hechos y lo admito, pero otro tanto han hecho los defensores de lo contrario y durante muchos miles de años. (Watson, 1930, p. 104).

R. S. Woodworth (1948) señalaba que este ambientalismo extremo no era necesariamente consecuencia de una posición conductista. Sugería que la postura de Watson debía entenderse, en parte, como «despertar a la gente de su complaciente aceptación de las posiciones tradicionales» (p. 92). Por la razón que fuera, Watson pretendía expulsar a la genética de la psicología, y lo consiguió en buena medida. Su postura, en su libro *Conductismo*, se convirtió pronto en la posición tradicional aceptada complacientemente por la mayoría de los psicólogos.

Pero esta postura mayoritaria no carecía de oposición. De hecho, a partir del pronunciamiento de Watson, no ha pasado un solo año en el que no se publique alguna prueba indicadora de que estaba equivocado. Colectivamente, estas investigaciones han demostrado el importante papel de la herencia en gran variedad de conductas y en muchos tipos de organismos.

Interaccionismo

Durante la última década, ha habido señales claras de que las ciencias de la conducta empiezan a aceptar la teoría y metodología genéticas. Raramente coincide alguien con las conclusiones de Watson de que los genes no son importantes en la conducta. Por el contrario, ahora generalmente se acepta que tanto educación como naturaleza participan en la determinación de la conducta. Sin embargo, la falacia del argumento naturaleza-educación se ha sustituido, con demasiada frecuencia, por el igualmente erróneo de los efectos de la herencia y el entorno no pueden analizarse separadamente, punto de vista conocido como «interaccionismo» (Plomin, DeFries y Loehlin, 1977). Este tema se discutirá en detalle en el último capítulo, pero adelantaremos unas palabras sobre él ahora.

Obviamente, no puede existir conducta sin un organismo ni tampoco sin un entorno. La pregunta adecuada científicamente es: Dada una conducta en particular ¿cuál es la causa de las diferencias entre individuos? Por ejemplo, ¿qué causa las diferencias en las capacidades cognitivas entre individuos? Varias hipótesis ambientales vienen a la mente. Las familias difieren en el estímulo que ofrecen para el crecimiento cognitivo; los entornos motivan de modo diferente a la gente hacia metas intelectuales; distintas experiencias educacionales. Sin embargo, debe también considerarse la hipótesis genética.

La investigación en genética de la conducta se encamina directamente al entendimiento de las diferencias en la conducta. Se emplean métodos que consideran las influencias tanto genéticas como ambientales, en vez de asumir que una u otra son la única importante. Inicialmente, la genética de la conducta estudia la posible influencia de las diferencias hereditarias sobre las diferencias de conducta individuales, y estima la influencia relativa de los factores genéticos y ambientales. Aunque este primer paso engloba la mayor parte de la investigación en genética de la conducta humana realizada hasta la fecha, sólo es el comienzo. Si existen efectos genéticos, podemos preguntar ¿cuántos genes están implicados y en qué cromosomas se localizan? Podemos igualmente comenzar el estudio de la importancia evolutiva de estos genes, su línea de desarrollo, su interacción en el entorno y los caminos que unen el efecto primario de los genes sobre la producción y regulación de proteínas con su efecto final sobre la conducta.

Genes y conducta

Algunos se sienten incómodos con la idea de que los genes pueden influir sobre la conducta. No entienden cómo funcionan los genes, y se los imaginan, probablemente, manejándonos como marionetas. Por el contrario, los genes son meras estructuras químicas. Sin embargo, codificados en estas estructuras están los mensajes que permiten a los genes realizar su maravilloso trabajo de autorreplicarse con toda fiabilidad y controlar el desarrollo.

En el Capítulo 5 veremos que no existe un gen como tal para la conducta, de igual modo que no hay un gen para la longitud de la nariz. Los genes son croquis para el ensamblaje y regulación de proteínas, que son los ladrillos de nuestro cuerpo, incluyendo el sistema nervioso. Cada gen codifica una secuencia específica de aminoácidos que el cuerpo ensambla para formar una proteína. Si se altera aunque sea una ínfima parte de esta cadena, toda la proteína puede funcionar mal. Discutiremos esto con mucho más detalle en el Capítulo 5.

Aquí, queremos hacer énfasis en que los genes no son entidades místicas. Los genes no brotan mágicamente en la conducta ni en ningún otro sitio. Son cordones de enlaces químicos que codifican la producción de proteínas o regulan la actividad de otros genes. En este sentido, todos los aspectos de los seres humanos —tanto la conducta como los huesos— forman parte de este proceso. Como se ilustra en la Figura 1.2, las proteínas no son la causa directa de la conducta. Por ejemplo, un gen (G_1) codifica una proteína particular (P_2). No obstante esa proteína no determina un tipo particular de conducta.

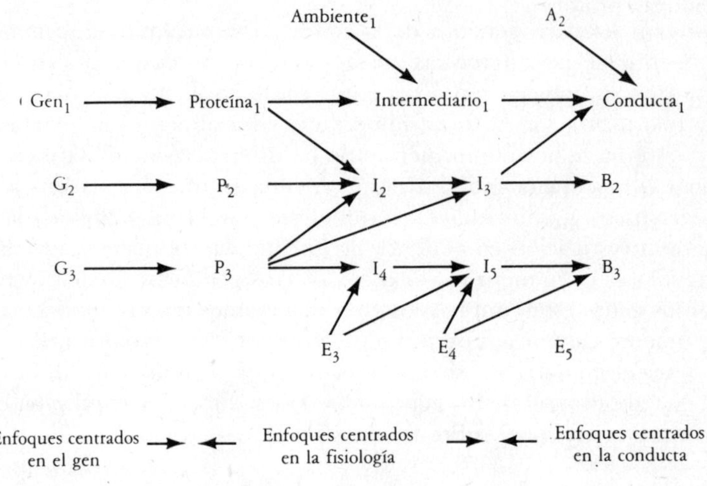

FIGURA 1.2.—*Los genes no determinan directamente la conducta, operan indirectamente a través de sistemas fisiológicos.*

No hay un gen ni proteína que, por ejemplo, haga a una persona levantar vasos repetidamente y quizá convertirle en alcohólica. Las proteínas interaccionan con otros intermediarios fisiológicos (tales como I_1), que a su vez pueden ser otras proteínas, como hormonas o neurotransmisores, o pueden ser parte estructural del sistema nervioso. Factores ambientales (como A_2, que podría representar la nutrición) pueden también estar implicados. Estas influencias pueden, en último término, conducir indirectamente una conducta en una dirección determinada. Por ejemplo, distintas sensibilidades neurológicas al etanol pueden aumentar el riesgo de alcoholismo en un individuo que bebe con frecuencia. Varios genes, cerebros química o estructuralmente distintos y factores ambientales pueden ser la raíz de dichas diferencias en la sensibilidad neurológica.

Por lo tanto, cuando hablamos de la influencia genética sobre la conducta, no hablamos de cableados eléctricos como en un robot. Nos referimos a los caminos, indirectos y complejos, que unen los genes con la conducta a través de proteínas y sistemas fisiológicos. Ernst Mayr (1974) diferenciaba entre *programas de conducta cerrados* y *sistemas de conducta abiertos*, para reemplazar a las interminables polémicas en torno a instinto y aprendizaje. Los programas de conducta cerrados son relativamente impermeables a las experiencias individuales. Aún así, no asumen que un gen produzca directamente una conducta particular. Los genes funcionan siempre controlando la producción de proteínas. Los sistemas de conducta abiertos son más susceptibles a la experiencia individual. Sistemas abiertos y cerrados se diferencian únicamente en el grado de flexibilidad. Los sistemas de conducta de los organismos superiores tienden hacia el extremo «abierto» de este espectro continuo.

La Figura 1.2 señala también las distintas vertientes en el estudio de la genética de la conducta. Investigadores con visiones distintas suelen tener metas distintas. El *enfoque centrado en el gen* comienza con un efecto genético sencillo y estudia su influencia sobre la conducta. Otro enfoque característico del campo de la psicobiología puede denominarse *centrado en la fisiología.* Se concentra en los intermediarios fisiológicos entre genes y conducta. El enfoque centrado en la fisiología se extiende por un lado hasta los genes y por el otro hasta la conducta (Figura 1.2). Tanto para el enfoque centrado en el gen como para el centrado en la fisiología, la conducta es sólo una herramienta para la comprensión del funcionamiento de los genes y de diversos sistemas fisiológicos. El tercer enfoque comienza por la conducta. No se seleccionan las conductas por su sencillez genética o fisiológica, sino por su interés intrínseco o relevancia social. Un primer paso en el entendimiento de la etiología de tales conductas es preguntarse hasta qué punto las influencias genéticas y ambientales hacen distinta una conducta en particular. En contadas ocasiones nos encontramos con sistemas genéticos y fisiológicos relativamente sencillos. Esto ocurrió en un tipo de retraso mental, la fenilcetonuria, causada por un defecto en un gen. Más a menudo, sobre todo en las conductas complejas estudiadas por los científicos conductistas, encontramos que tanto las diferencias genéticas como ambientales son importantes. Normalmente están implicados muchos genes y no podemos identificar el sistema fisiológico responsable. No obstante, es importante conocer inicialmente qué factores genéticos influyen sobre una conducta en particular, del mismo modo que lo es el intensificar la búsqueda de nuevas influencias ambientales.

¿Determinan los genes el propio destino?

Este texto demostrará que las diferencias genéticas pueden dar cuenta de una parte sustancial de la variación individual en muchas conductas importantes. Algunos no verán con buenos ojos tales hallazgos. Creerán que, si se ha señalado que los genes influyen sobre la conducta, nada puede hacerse para alterar dicha conducta, salvo por intervención eugenésica (crianza) o mediante ingeniería genética. Así, una vez demostrado que cierta forma psicopatológica es de origen genético, se podría asumir erróneamente que la psicoterapia y otras intervenciones ambientales serán inútiles.

Esta visión pesimista está equivocada. Los genes no determinan el propio destino. Una conducta determinada genéticamente puede ser soslayada, mejorada o remediada, mediante intervenciones ambientales. El mejor ejemplo es la fenilcetonuria (FCU), defecto debido a un único gen, que anteriormente era causa de un severo retraso y responsable de cerca del 1 por ciento de los individuos retrasados institucionalizados. Estudios bioquímicos sobre los caminos que unen genes y conducta indicaron que la causa última del retraso era la incapacidad para desdoblar un compuesto en particular, la fenilalanina, que se traduce en la acumulación de altos niveles de esta sustancia en la sangre, dañando gravemente al cerebro en desarrollo. Como discutiremos en el Capítulo 5, los individuos con FCU no padecen retraso si se les suministra durante los años de desarrollo una dieta baja en fenilalanina. Es decir, mediante una intervención ambiental se pudo soslayar un problema genético. Este importante descubrimiento fue posible gracias al descubrimiento de las bases genéticas de este tipo concreto de retraso.

Distinguir entre «qué es» y «qué podría ser»

La mayor parte de la investigación sobre la genética de la conducta humana incluye el análisis de las diferencias de conducta entre individuos y la estimación de hasta qué punto estas diferencias se deben a la herencia y al ambiente, dada la mezcla de influencias genéticas y ambientales en un momento dado. Si tanto la influencia genética como ambiental cambia, el impacto relativo de genes y entorno cambiará. Por lo tanto, si se introduce un tratamiento ambiental distinto, aún una conducta altamente influida por la herencia puede alterarse.

La confusión entre *qué es* y *qué podría ser* proporcionó parte del calor de reacción de una monografía muy conocida de Arthur Jensen (1969), titulada «¿Cuánto podemos aumentar el C.I. y el rendimiento académico?». La investigación en genética de la conducta, como se recoge en los Capítulos 11, 12 y 13, sugiere que los genes tienen una influencia sustancial sobre las puntuaciones del C.I. En otras palabras, las diferencias genéticas dan cuenta de una buena parte de la variación en el C.I., dadas las diferencias genéticas y ambientales de la muestra estudiada. Sin embargo, esto no significa que no podamos confiar en el C.I. Las mismas investigaciones sobre la genética de la conducta proporcionan la mejor prueba de la influencia ambiental sobre las puntuaciones del C.I. Sin embargo, incluso si las diferencias ambientales que existen normalmente no alteran significativamente las puntuaciones del C.I., no podemos deducir que otras intervenciones ambientales no ensayadas no podrían alterarlas.

Los datos de genética de la conducta relativos a *qué es*, no deben obstaculizar la investigación encaminada a determinar *qué podría ser*. Por el contrario, deben verse como complementarios. El conocimiento sobre el «qué es» puede ayudar a guiar la investigación dirigida al «qué podría ser». Por ejemplo, si las diferencias ambientales que existen normalmente no tuvieran demasiada importancia en una conducta en particular, no sería razonable operar con estos factores ambientales. Si quisiéramos modificar dicha conducta, sería más lógico abandonar los factores ambientales tradicionales y buscar intervenciones ambientales nuevas.

Diferencias individuales e igualdad

Otra razón por la que algunos aceptan con dificultad el papel de los genes y su influencia sobre la conducta es que no reconocen el ancho margen de diferencias individuales de la mayor parte de las conductas. No hay dos ratones iguales, ni hay dos humanos iguales. De hecho, como veremos, los principios de la genética demuestran que no ha habido ni habrá nunca otro ser humano genéticamente idéntico a usted. La variabilidad es la clave de la comprensión de la evolución genética, y proporciona una perspectiva muy necesaria para los científicos conductistas.

J. Hirsch (1963) destacaba tres enfoques diferentes, utilizados para estudiar la conducta. Los tres enfoques se diferencian en el grado en el que admiten la variabilidad. El primero no admite diferencias importantes inter o intra-especies. Esta postura, apoyada por gran parte de la antigua investigación sobre aprendizaje, implicaba que las leyes del aprendizaje de una especie podrían generalizarse a todas las demás. Esta vertiente está tipificada en títulos como *La conducta de los organismos* (Skinner, 1938). El segundo punto de vista ha dado lugar a un tipo de *pensamiento tipológico* (Mayr, 1965) que admite diferencias *inter,* pero no *intra* especies. Es característico de la psicología comparativa e, indirectamente, de parte de la investigación actual sobre la conducta humana. Los investigadores interesados en la conducta humana deben estudiar humanos en vez de otros animales, ya que asumen que existen diferencias importantes entre especies; pero no estudian diferencias dentro de la especie humana. El tercer enfoque, que considera la variabilidad inter e intra-especie, es característico de la genética de la conducta.

En cierto modo, estos tres puntos de vista son como los diferentes aumentos de un telescopio. Para un visitante de otro planeta, escudriñándonos desde su cápsula espacial orbital, los humanos no pareceríamos en absoluto distintos de las ardillas. Los humanos son más grandes y tienen algo menos de pelo, pero tanto humanos como ardillas tienen dos ojos, nariz y cuatro miembros. Si ambas especies se examinaran con una lente de mayor aumento, las diferencias entre humanos y ardillas aparecerían enseguida. Bajo estos aumentos, sin embargo, todos los humanos parecerían idénticos. Algunos científicos escogen estos aumentos para estudiar la conducta —desde luego el modo en que percibimos los estímulos y aprendemos tiene rasgos comunes a todos los humanos. Sin embargo, estamos convencidos de que no surgirá una ciencia de la conducta poderosa hasta que no pasemos a un mayor poder de resolución, capaz de revelar no sólo las diferencias entre especies sino también las intraespecíficas. Las preguntas que más a menudo se les plantean a los científicos que estudian la conducta humana son las que tratan de las diferencias entre personas. Y la genética, estudio de las variaciones de los organismos, está excepcionalmente cualificada para ayudarnos a analizar estas diferencias individuales.

El centrarse sobre las diferencias individuales puede ser filosóficamente difícil de aceptar para alguno de ustedes. ¿No son creados iguales todos los hombres? Esto era una verdad evidente por sí misma para los que firmaron la Declaración de Independencia americana. La argumentación de que algunos hombres son inherentemente más capaces de aprender puede parecer irreconciliable con el ideal democrático e implicar el principio de la dominancia de la élite (aunque es obvio que existen diferencias inherentes en peso, fuerza y otras características). Un conocimiento más extenso de la genética de la conducta sugiere una conclusión filosófica muy distinta.

Si hay un mensaje central en la genética de la conducta, es el de las diferencias individuales. Con la trivial excepción de los miembros idénticos de partos múltiples, cada uno de nosotros es un experimento genético único, que nunca se repetirá. ¡Esta es la conceptualización sobre la cual construir una filosofía de la dignidad del individuo! La variabilidad humana no es simplemente una imprecisión de un proceso que, si fuera perfecto, generaría representantes invariables de un ideal platónico. La individualidad es la quintaesencia de la vida; es producto y mediadora del gran curso de la evolución.

Es importante no confundir la identidad biológica con el concepto político de igualdad. Los dos conceptos son muy distintos, aunque hasta cierto punto se trate de un problema semántico. El mundo griego poseía no uno, sino varios vocablos para la igualdad, distinguiendo, por ejemplo, (Hutchins y Adler, 1968, p. 305):

isonomia: igualdad ante la ley
isotimia: igualdad en el honor
isopoliteia: igualdad de derechos políticos
isocratia: igualdad de poder político
isopsefenia: igualdad en el voto o sufragio
isogoria: igualdad en el derecho a hablar
isoteleia: igualdad de impuestos o tributos
isomoiria: igualdad en el reparto
isocleria: igualdad en la propiedad
isodaimonia: igualdad en la fortuna

Quizá nos estemos engañando al utilizar la palabra *igualdad* únicamente.

Resumen

La genética de la conducta se encuentra en la interfase entre genética y ciencias de la conducta. En este libro presentamos los conceptos básicos de la genética, incluyendo evolución, transmisión génica, cromosomas, genética de poblaciones, así como teoría y métodos de la genética cuantitativa, pero siempre sin perder de vista la conducta. El capítulo se centra en temas controvertidos de la genética de la conducta. Ya que el lector quizá haya oído mencionar estas controversias y se pregunte de qué tratan, hemos comentado algunos orígenes de estas controversias en este capítulo introductorio:

1. La controversia surge cuando se enfrentan naturaleza (genes) y educación (entorno). Una de las escuelas más antiguas de pensamiento en psicología es el conductismo. Condujo a un ambientalismo que rechazaba la posibilidad de la influencia genética en la conducta.

2. Aunque las influencias genéticas y ambientales interaccionan, ello no implica que no se pueda discernir entre los efectos de genes y ambiente por separado.

3. Los genes no nos manejan como a marionetas. Son estructuras químicas que controlan la producción de proteínas, afectando, por lo tanto, indirectamente a la conducta.

4. Los genes no determinan el propio destino. Una conducta determinada genéticamente puede a veces ser modificada ambientalmente.

5. La investigación en genética de la conducta normalmente describe *qué es* —el impacto relativo de genes y entorno en un momento dado de una población concreta—, aunque nos proporciona conocimientos sobre *qué podría ser.*

6. Por último, la aceptación de las diferencias individuales, dejando de un lado su etiología genética o ambiental, es independiente de la aceptación de los valores de la igualdad política.

2
PERSPECTIVA HISTORICA

Para ilustrar un punto relativo a la herencia de los gestos, Darwin citaba un interesante caso sobre el que Galton le había llamado la atención.

Un caballero de alta posición tenía una curiosa manía, que fue observada por su esposa. Cuando yacía boca arriba en la cama, profundamente dormido, levantaba lentamente el brazo derecho, hasta la altura de la frente y lo dejaba caer con una sacudida, de tal modo que la muñeca caía pesadamente sobre el puente de la nariz. Esto no ocurría todas las noches, sino ocasionalmente.

Desde luego la nariz del caballero sufría un daño considerable, y se hizo necesario quitar los botones del camisón de dormir, para minimizar el riesgo.

Muchos años después de su muerte, su hijo contrajo matrimonio con una dama que no tenía noticia del incidente familiar. Sin embargo, observó precisamente la misma peculiaridad en su marido; pero su nariz, al no ser especialmente prominente, nunca ha sufrido con los golpes... Uno de sus hijos, una chica, ha heredado la misma manía (Darwin, 1872, p. 34).

Probablemente todo el mundo podría citar ejemplos, quizá no tan pintorescos como el de Galton, en los que alguna peculiaridad en los andares, temperamento, talento u otros rasgos son característicos de una familia. Frases como «de tal palo tal astilla», «de tal padre, tal hijo» y «de casta le viene al galgo», dan amplias pruebas de que los rasgos de la conducta son heredables del mismo modo que los fisiológicos. El propósito de este capítulo es considerar la historia de las indagaciones de la ciencia en estos temas, con mayor énfasis en el desarrollo experimentado durante la última mitad y principios de los siglos XIX y XX, respectivamente.

Es extremadamente difícil detectar con precisión las formulaciones más antiguas relativas a un tema cualquiera, y los orígenes de este tema, que no es excepción, deben ser, sin duda, remotos. El concepto de que «igualdad genera igualdad» ha tenido una gran importancia práctica en el desarrollo de animales domésticos, cuya crianza se ha dirigido no sólo a las características morfológicas sino a la conducta. Podemos postular que el concepto de herencia, incluyendo los rasgos de la conducta, podría haber aparecido en la mente del hombre ya en el año 8000 a. de C., cuando comenzó la domesticación del perro.

Los trabajos sobre la herencia han sido de gran interés para el hombre a través de la historia, y se han hecho interesantes conjeturas (Zirkle, 1951). Una de las afirmaciones más conocidas es la de Teognis, quien en el siglo VI a. de C. comentaba sobre las usanzas de sus contemporáneos:

> Intentamos conseguir carneros y ovejas y caballos bien criados y criar con ellos. Así, un buen hombre desea casar una mala esposa, si ella le hace rico; tampoco una mujer rechaza a un mal marido si es rico. El hombre reverencia al dinero y el bueno casa con el malo. La riqueza ha confundido a la raza (en Roper, 1913, p. 32).

En la misma época, los espartanos practicaban el infanticidio para eliminar tanto a los débiles de espíritu como a los que padecían defectos físicos. Como Roper señala: «Para los griegos, que sólo creían en la belleza del espíritu si se reflejaba en la belleza del cuerpo, un cuerpo bello implicaba necesariamente un alma buena» (1953, p. 19).

En *La República,* Platón apuntaba una serie de acciones, a través de las cuales los principios de la herencia de la conducta podrían aplicarse para desarrollar una sociedad ideal:

> Por lo tanto se deduce... de todo lo que se ha expuesto, que los mejores hombres deben formar alianzas con las mejores mujeres, lo más a menudo posible, y los hombres depravados, por el contrario, con las mujeres más depravadas; y la descendencia de aquéllos debe ser educada pero no la de éstos, si se pretende una comunidad lo mejor posible (en Davis, 1849, p. 144).

El pensamiento biológico durante los siglos siguientes estuvo dominado por la visión aristotélica de la historia natural y por las enseñanzas de Galeno, un romano interesado en la anatomía. Los progresos en la comprensión de los fenómenos biológicos se vieron virtualmente detenidos por el estancamiento general ocasionado por las persecuciones seculares que caracterizaron a la Edad Media. Luego llegó el Renacimiento. Los estudios anatómicos de

Leonardo de Vinci, en conexión con el arte, caracterizan la curiosidad sin límites de los estudiosos renacentistas. No tan conocido es un incidente familiar que pone de manifiesto un profundo convencimiento acerca de los procesos de la herencia. Leonardo era hijo ilegítimo de la unión entre Piero, un notario del pueblo de Vinci, y una campesina llamada Caternia. Como lo expresa un moderno biógrafo:

Hubo un interesante y deliberado empeño en repetir el experimento. Leonardo tenía un hermanastro, Bartolomeo, de la tercera esposa de su padre. El hermanastro era cuarenta y cinco años más joven que Leonardo, que ya era legendario cuando el muchacho aún estaba creciendo, y había muerto cuando tuvo lugar el experimento. Bartolomeo examinó cada detalle de la unión de su padre con Caterina, y como notario, siguiendo la tradición familiar, volvió a Vinci. Buscó a otra joven campesina que correspondía a lo que él conocía de Caterina y se casó con ella. Ella alumbró un hijo, pero la veneración de Bartolomeo por su hermano era tal, que consideraba una profanación el utilizar su hombre y le llamó Piero. Bartolomeo apenas había conocido a su hermano cuyo sucesor espiritual esperaba, y casi consiguió, obtener de este modo. El niño se parecía a Leonardo, y fue educado alentándole a que siguiera sus huellas. Piero de Vinci, este experimento de la herencia, llegó a ser un artista, y, concretamente, un escultor de cierto talento. Murió joven. (Ritchie-Calder, 1970, pp. 39-40).

La era de Darwin

No se puede decir que este maridaje aplicado de la familia de Vinci fuera el eje del desarrollo posterior del pensamiento biológico. Sin embargo, sí lo fueron otros avances paralelos. El trabajo exhaustivo de Andreas Vesalius sobre la anatomía humana, publicado en 1543, se basaba en la detallada y agotadora disección de cuerpos humanos. En 1628, William Harvey hizo su importantísimo descubrimiento sobre la circulación de la sangre. Estos hallazgos tuvieron una importancia sin límites, al abrir la puerta a la experimentación de los fenómenos de la vida.

Después del descubrimiento de Harvey, el ritmo de la investigación biológica se aceleró, y en el siglo siguiente se realizaron avances fundamentales en técnicas y teorías. Una de las piedras angulares de la biología fue colocada por el sueco Karl von Linné (más conocido como Linneo), quien, en 1735, publicó su *Sistema Naturae*, en el que estableció un sistema taxonómico de clasificación de todos los seres vivos conocidos. Al hacerlo, Linneo recalcó la separación y diferencias entre las especies. Como consecuencia, se hizo prevaleciente el punto de vista de la inmutabilidad de las especies. Esta concepción, por supuesto, concuerda con el concepto bíblico de la creación. Sin embargo, no todos estaban convencidos de que las especies eran inmutables. Por ejemplo, el inglés Erasmo Darwin apuntó, a finales del siglo XVIII, que las especies de plantas y animales están sujetas a mejoras y degeneraciones. A este respecto, un punto de vista con mayor influencia fue el del francés Jean Baptiste Lamarck, quien afirmaba que los esfuerzos deliberados de los animales podrían resultar en modificaciones de las partes del cuerpo implicadas, y que la modificación así adquirida podía transmitirse a la descendencia. Por ejemplo:

> Nos damos cuenta de que las aves pálustres para las que no constituye un problema andar, pero se ven obligadas a acercarse al agua para obtener su presa, estarían en peligro constante de hundirse en el fango; procurando actuar de tal modo que su cuerpo no caiga en el líquido, desarrollan el hábito de ensanchar y alargar sus patas. Por tanto, resultará una generación de estas aves que continuará viviendo de esta manera, de tal modo que los individuos se verán como subidos en zancos, con largos pies desnudos: esto es, desprovistos de plumas hasta y, a veces, más arriba de los muslos. (Packard, 1901, p. 234).

Se presumía que los cambios de este tipo se acumulaban, de modo que a largo plazo las características de las especies cambiarían. Lamarck no fue el primero en afirmar que los cambios adquiridos de este modo podían transmitirse a la siguiente generación, pero cristalizó y popularizó la idea. Así, ha llegado a llamarse lamarckismo, o ley del uso y desuso. Como veremos, esta visión de la evolución es incorrecta. Pero es significativa en tanto en cuanto cuestionaba la idea prevaleciente de que las especies eran inmutables.

Basándose en pruebas geológicas, la interpretación estricta y literal del relato bíblico de la creación de la tierra y sus habitantes fue puesta seriamente en duda. El descubrimiento de huesos fosilizados de animales en estratos profundos bajo la superficie de la tierra era difícilmente reconciliable con los cálculos del obispo Ussher, quien estimaba que la tierra había sido creada en el 4004 a. de C. Se enunció una teoría, el «catastrofismo», para dar cuenta de estos fósiles. Se pensaba que la deidad había creado y extinguido la vida en muchas ocasiones sucesivas mediante catástrofes, tales como riadas y violentas sacudidas, que hacían que los huesos quedaran enterrados a varias profundidades. Muchos geólogos dudaban, no obstante, de que las catástrofes fueran responsables de las señales geológicas. La escuela de los «uniformistas» argumentaba que los procesos que ocurrieron en el pasado son los mismos que en el presente, y por tanto, que la acumulación de estratos requería millones de años, en vez de los sospechosos seis mil años atribuibles a la fecha de la creación calculada por el obispo Ussher. Uno de los líderes de la escuela del pensamiento uniformista era Charles Lyell (Eiseley, 1959). Lyell publicó el primer volumen de sus *Principios de Geología* en 1830, y una de las primeras copias llegó hasta el equipaje de un joven a punto de embarcar en el que fue, probablemente, el viaje más importante en la historia del pensamiento biológico.

El nieto de Erasmus Darwin, Charles, (Figura 2.1) había sido estudiante de medicina en Edimburgo, pero abandonó sus estudios por la conmoción que le producía la vista de la sangre en cirugía. Fue entonces a Cambridge, donde, aunque fue un estudiante mediocre, se graduó en 1831. Darwin parecía destinado a convertirse en clérigo, cuando inesperada y repentinamente, gracias a la recomendación de uno de sus antiguos profesores, fue nominado para el puesto, no retribuido, de naturalista a bordo del H.M.S. *Beagle,* un buque de reconocimiento de la Marina Real, a punto de zarpar en un largo viaje. No era extraño que un naturalista se enrolara en viajes de este estilo, y el joven y devoto comandante del *Beagle,* capitán Robert Fitz-Roy, estaba complacido con la idea, ya que esperaba que un naturalista podría aportar aún más datos en favor de la «teología natural». El tema central de la teología natural era el argumento llamado «del diseño», que veía la adaptación de animales y plantas a las circunstancias de sus vidas, como pruebas de la voluntad divina. Un diseño tan exquisito requería un «Diseñador». Como la expedición descubriría partes del mundo inexploradas hasta entonces, se

FIGURA 2.1.—*Charles Darwin de joven. (Cortesía de Trustees of the British Museum [Historia Natural]).*

sacarían a la luz pruebas de la labor del Diseñador. Con estos pensamientos daba el capitán Fitz-Roy la bienvenida a bordo al joven Darwin.

Durante los siguientes cinco años, Darwin experimentó mareos crónicos, fiebre tropical, erupciones volcánicas, terremotos, maremotos y la gran aventura de los encuentros con los rebeldes y la vida con los gauchos argentinos. Llenó muchos libros de apuntes con observaciones sobre fósiles, hombres primitivos y varias especies animales y la notable y específica adaptación a su entorno. Hizo observaciones particularmente agudas sobre las catorce especies de pinzones que se encuentra en una pequeña área de las islas Galápagos. Las diferencias principales entre los pinzones residían en sus picos, y cada uno era especialmente apropiado para los hábitos alimenticios de la especie (Figura 2.2). De algún modo, pensó Darwin, estas aves derivan de un grupo ancestral común. «Observando esta gradación y diversidad de estructuras en un pequeño grupo de aves estrechamente relacionados, realmente se podría imaginar que a partir de unas pocas aves de este archipiélago, cada especie había sido modificada en un sentido diferente» (Darwin, 1896, p. 380). Sin embargo, influenciado por el libro de Lyell y por sus propias observaciones geológicas y biológicas, Darwin no se inclinaba por la del «argumento del diseño». A su vuelta a Inglaterra, Darwin comenzó a trabajar en varias memorias, recogiendo sus observaciones sobre los arrecifes de coral, lapas y otros temas. Mientras tanto, gradual y sistemáticamente acumulaba pruebas sobre la evolución de unas especies en otras, y sopesaba los posibles mecanismos a través de los cuales se realizaba la evolución. Compartió su naciente teoría con algunos amigos, incluyendo al propio Lyell, un eminente botánico llamado J. D. Hooker y T. H. Huxley. Gradualmente convenció, aunque no a todos, de los méritos de su teoría.

Dándose cuenta de la oposición que encontraría una teoría que contradijera la visión bíblica de la creación, Darwin vacilaba. Planeó un trabajo monumental en el que presentaría una cantidad abrumadora de pruebas. Aunque sus amigos le habían aconsejado que publicara inmediatamente un resumen para que nadie se le anticipara, continuó trabajando lenta y cuidadosamente, reuniendo pruebas y anticipándose a las objeciones. Sin embargo, se tomó la molestia de escribir breves resúmenes en la correspondencia con sus amigos y confidentes. Finalmente, en 1858, estalló la tormenta. Un joven llamado Alfred Wallace envió a Darwin un manuscrito para que lo comentara. En él, con muchas menos pruebas, llegaba en esencia a la misma teoría que Darwin había desarrollado durante más de dos décadas. Darwin estaba muy preocupado por el modo de actuación que debía escoger. Como dijo en una carta a Lyell:

Debería estar extremadamente contento de poder publicar ahora un resumen de mi punto de vista en, más o menos, una docena de páginas, pero no puedo convencerme

FIGURA 2.2.—*Las 14 especies de pinzones de las Islas Galápagos y Cocos. (a) Un pinzón parecido a un pájaro carpintero que utiliza un palito o una espina de cactus en vez de su lengua, para desalojar a los insectos de las grietas de las cortezas de los árboles. (c, d, e) Insectívoros. (f, g) Vegetarianos. (b) Pinzón de las Islas Cocos. Los pájaros del suelo se alimentan sobre todo de semillas. Nótese el poderoso pico de (i), que se nutre únicamente de semillas duras. (De «Darwin's finches», por D. Lack. Copyright © 1953 Scientific American, Inc. Reservados todos los derechos).*

de que lo puedo hacer honestamente. Wallace no dice nada sobre publicar un resumen, pero ¿puedo hacerlo ahora honestamente, sólo porque Wallace me ha enviado un guión de su doctrina? Preferiría quemar mi libro a que él, o cualquier otro, pudiese pensar que me he conducido de un modo mezquino. (Darwin, 1858, p. 117).

Lyell y Hooker tomaron la iniciativa y resolvieron la cuestión, preparando la presentación simultánea del resumen que Darwin había preparado en 1844 y del artículo de Wallace, en una reunión de la sociedad linneana en 1958.

Con la teoría hecha pública, Darwin comenzó a trabajar en lo que él llamaba un resumen. Este resumen, publicado en 1859, con el título *Sobre el Origen de las Especies por Medio de la Selección Natural,* o *La Conservación de las Razas Favorecidas en la Lucha por la Vida,* se destacó como uno de los libros que han ejercido mayor influencia. En el Cuadro 2.1 se reproduce una recensión aparecida en un *London Times* contemporáneo; el libro se agotó el primer día de su publicación.

Teoría evolutiva de Darwin

Si Darwin tuvo el honor de ser enterrado cerca de Sir Isaac Newton, en la abadía de Westminster, fue sobre todo porque convenció al mundo de la evolución. Como veremos, su teoría de la evolución de las especies tenía serias lagunas, más que nada porque el mecanismo de la herencia, el gen, aún no se conocía.

Los elementos de la teoría de Darwin pueden establecerse de la siguiente manera: En una especie dada, nacen muchos más individuos en cada generación de los que sobrevivirán hasta la madurez. Hay una gran variación entre los individuos de una población. Estas diferencias individuales se deben, al menos en parte, a la herencia. Si la posibilidad de sobrevivir hasta la madurez y reproducirse está influida, aunque sólo sea ligeramente, por un rasgo en particular, la descendencia de los supervivientes debe poseer ese rasgo ligeramente más marcado que la generación de sus padres. Así, poco a poco, las características de la población podrán cambiar. En un período de tiempo suficientemente largo, los cambios acumulativos son tan grandes que permiten distinguir las poblaciones primitivas de las recientes.

La teoría de Darwin tiene, por lo tanto, tres componentes, como se indica en la Tabla 2.1. Algún mecanismo ha de encargarse de inducir y mantener la variabilidad (como se discutirá más adelante en este capítulo) y la selección natural utiliza esta variabilidad para dar forma a las especies. Veremos más adelante que Darwin y sus contemporáneos sabían muy poco sobre el origen de la variabilidad, o sobre cómo ésta es mantenida y transmitida de

CUADRO 2.1.—*Recensión (1859) de* El origen de las especies *de Darwin.*

El origen de las especies tuvo un impacto inmediato en el mundo científico. A continuación transcribimos un extracto de una larga recensión (aproximadamente 5.000 palabras) del libro de Darwin, aparecida en el *Times* de Londres, el 26 de diciembre de 1859.

Hay una creciente cantidad de especulaciones en la ciencia, a las que ni hecho ni pensamiento humano puede compararsele... Así, sucede que de vez en cuando nos deslumbramos y quedamos perplejos por teorías que no tienen parangón en nuestro estrecho mundo moral... La hipótesis que señalamos, y de la que el presente trabajo del Sr Darwin es un resumen, puede enunciarse con sus propias palabras como sigue: «las especies se originan por medio de la selección natural, a través de la perpetuación de las razas favorecidas en la lucha por la vida»... Cuando aprendemos que los seres vivos están constituidos por los mismos elementos del mundo inorgánico y como tal actúan y reaccionan, unidos por los mil lazos de la ley natural, ¿es lógico, o siquiera posible, que ellos, y sólo ellos, no estén ordenados en su aparente desorden, unidos en su aparente multiplicidad y ser explicados gracias al descubrimiento de una ley central y sublime de las conexiones mutuas?

Preguntas de este tipo han surgido, con seguridad, frecuentemente, pero podría haber transcurrido mucho tiempo antes de recibir el trato que dictaría el respeto y la atención del mundo científico si no fuera por la publicación del trabajo que ha inspirado este artículo. Su autor, el Sr. Darwin, heredero de un apellido famoso, probó su valía en la ciencia cuando muchos de los ahora hombres distinguidos eran aún jóvenes, y durante los últimos veinte años ha mantenido su puesto en la primera línea de los filósofos británicos. Tras un viaje circunnavegatorio, afrontado por mero amor a la ciencia, el Sr. Darwin publicó una serie de investigaciones que atrajeron la atención de naturalistas y geólogos. Sus generalizaciones han recibido amplia confirmación y ahora piden aceptación universal, como es incuestionable que han tenido la máxima importancia en el progreso de la ciencia. Más recientemente, el Sr. Darwin, con una versatilidad que se cuenta entre los más raros de los dones, ha dirigido su atención a una de las cuestiones más difíciles de la zoología y la anatomía de lo pequeño; y ningún naturalista o anatómico viviente ha publicado nunca una monografía mejor que la que ha resultado de su trabajo. Tal hombre no ha entrado por la puerta trasera, y cuando expone ante nosotros el resultado de veinte años de investigaciones y reflexiones, debemos escucharle aunque nos tiente huir. Pero, al leer su libro, hay que confesar que la atención, que en un principio se presta obligadamente, se torna pronto en auténtico interés, tal es la claridad del pensamiento del autor, tan abierta su convicción, tan honesta y justa la cándida expresión de sus dudas.

TABLA 2.1.—*Modelo de la evolución: Lo que Darwin sabía y lo que sabemos ahora.*

	DARWIN	AHORA
Inducción a la variabilidad	Modificaciones ambientales y «uso y desuso».	Mutación del DNA.
Mantenimiento de la variabilidad.	Pangénesis.	Segregación y transmisión génica.
Selección de la variabilidad.	Selección natural —«supervivencia del más apto» y «aptitud reproductiva».	Selección natural —«aptitud reproductiva».

una generación a otra. Sin embargo, Darwin descubrió el principio de la selección natural, y ésto será lo primero que comentaremos.

El principio de la selección natural

La contribución más notable de Darwin a la teoría de la evolución fue su principio de la selección natural. Utilizó la frase «supervivencia del más apto» para caracterizar este principio, pero podría llamarse con más propiedad «reproducción diferencial del más apto» o simplemente, «aptitud reproductiva». La mera supervivencia es necesaria, pero no suficiente. Como el mismo Darwin expresó:

> Debido a la lucha [por la vida], las variaciones, aunque pequeñas, e independientemente de la causa de la que proceden, si son de algún modo provechosas para los individuos de una especie en sus relaciones infinitamente complejas con otros seres orgánicos y sus condiciones físicas de vida, tenderán a la preservación de tales individuos, y generalmente serán heredadas por su descendencia. También la descendencia tendrá, por tanto, más probabilidades de sobrevivir, ya que de los muchos individuos de una especie que nacen periódicamente, sólo un pequeño número sobrevive. (Darwin, 1859, pp. 51-52).

Está claro que Darwin consideraba que las características de la conducta estaban tan sujetas a la selección natural como los rasgos físicos. En *El origen de las especies* se dedica un capítulo entero a la discusión de los modos de conducta instintivos. En un libro posterior, *El origen del hombre y la selección en relación al sexo,* dio detallada cuenta de la comparación de poderes mentales y sentidos morales entre los animales y el hombre. En esta discusión, Darwin se complacía al demostrar que las diferencias entre la mente del hombre y la de los animales «son, con seguridad, solo de grado y no de clase» (1871, p. 101). Este es un punto esencial, ya que una de las objeciones más importantes a la teoría de la evolución era el salto cualitativo que se suponía que existía entre las capacidades mentales del hombre y de los animales inferiores.

Una explícita afirmación de Darwin, basada sobre todo en el «parecido familiar», decía:

> Por ello, respecto a las cualidades mentales, su transmisión es evidente en nuestros perros, caballos, y otros animales domésticos. Asimismo, gustos especiales, hábitos, inteligencia en general, valor, buen o mal humor, etc., también son transmitidos. Con respecto al hombre vemos rasgos similares en casi toda familia; y ahora sabemos, gracias a la admirable labor del Sr. Galton, que la genialidad, que implica una maravillosa y compleja combinación de facultades supremas, tiende a ser heredada; como también lo es, por otro lado, la locura y el deterioro de los poderes mentales. (Darwin, 1871, p. 414).

Los escritos de Darwin se centraban sobre la selección de los individuos y sus características. Los investigadores de un área llamada sociobiología mantienen un punto de vista distinto, aplicando la teoría de la evolución al estudio de la conducta social. Los sociobiólogos consideran la evolución desde el punto de vista del gen, en vez del individuo. Del mismo modo que la gallina podría ser el único recurso del huevo para producir otros huevos, los sociobiólogos sugieren que el individuo podría ser el único recurso del gen para producir más genes. Este modo de pensar conlleva un interesante análisis de ciertas conductas sociales, como el altruismo, así como de la importancia de la selección en individuos genéticamente idénticos, teoría conocida como *selección de parentesco.* Esta visión de la evolución se discutirá en el siguiente capítulo.

Impacto de la teoría evolutiva

El origen de las especies provocó una violenta reacción. Los que sentían herida su sensibilidad por la contradicción con el relato bíblico de la creación, protestaban airadamente. También otros científicos estaban en oposición aquellos cuyas teorías eran puestas en tela de juicio por las nuevas concepciones. En la Universidad de Harvard, el eminente Louis Agassiz, decididamente antievolucionista, era rebatido por Asa Gray, que había recibido uno de los resúmenes preliminares de Darwin. En Harvard, y en todas, partes, se mantenía un candente debate.

La salud de Darwin era precaria, quizás un efecto a largo plazo de la infección tropical que contrajo a bordo del *Beagle*. Ello, en combinación con su timidez en los actos públicos, puso en Inglaterra el debate evolucionista en manos de sus amigos. Este distinguido grupo, que incluía a Wallace, Lyell, Hooker y Huxley, estaba sin duda a la altura de la tarea. En el que quizás ha sido el enfrentamiento más famoso en la historia de la biología, le correspondió a Huxley rebatir al obispo Wilberforce, en una reunión de la Asociación Británica para el Avance de la Ciencia, en 1860. Wilberforce, que era un orador de gran efecto, había sido cuidadosamente adoctrinado por el antidarwinista Richard Owen. Tras una agitada oratoria sobre el tema, Wilberforce se dirigió a Huxley, preguntándole si su pretendida descendencia del mono era a través de su abuelo o de su abuela. Una carta de Huxley describe su respuesta:

> Cuando me levanté, hablé largamente sobre el contenido de la alocución del obispo, en la que fui incapaz de descubrir un hecho o argumento nuevo, excepción hecha, naturalmente, de la pregunta suscitada sobre mis predilecciones personales en cuestión de antepasados. No se me hubiera ocurrido jamás discutir un tema como este, pero estaba dispuesto a rebatir al reverendo prelado, incluso en ese aspecto. Entonces, dije; si se me plantea la pregunta de si preferiría tener a un miserable simio por abuelo o a un hombre con grandes dotes naturales y poseedor de grandes medios e influencias y que, siendo así, las emplea para introducir el ridículo en una seria discusión científica, sin dudar afirmaría mi preferencia por el simio. (En Montagu, 1959, pp. 2-3).

La réplica de Huxley levantó un gran alboroto. Entre el griterío se escuchaba una voz especialmente doliente. Robert Fitz-Roy, ahora almirante, y que contribuyó con un trabajo sobre meteorología en una sesión anterior de la Asociación, blandía una Biblia y denunciaba los puntos de vista de su antiguo amigo y compañero de a bordo. Tras restablecerse el orden, se pidió a Hooker que hablara, y también él habló persuasivamente en favor de la doctrina darwinista. En muchos aspectos esta reunión constituyó un hito. Ya que dos de los más eminentes científicos habían defendido públicamente la teoría evolutiva, los intelectuales deberían considerarla seriamente.

Después de 120 años, todavía existe cierta resistencia a la teoría. Valga como ejemplo el conflicto subyacente al juicio Scopes, dramatizado en la obra *Heredarán el viento* que puede verse aún hoy día, y no sólo en los escenarios. En 1925, John T. Scopes enseñaba evolucionismo en una escuela pública de Tennessee, violando así un estatuto que específicamente lo prohibía. Condenado por violar el estatuto, Scopes recurrió contra la sentencia, alegando la inconstitucionalidad del estatuto. Pero el recurso fue desestimado. El juicio consistió en el enfrentamiento entre William Jennings Bryan, como fiscal, y Clarence Darrow, defensor de Scopes. Este debate sirvió, al mismo tiempo, para popularizar el concepto de evolución. El estatuto de Tennessee se derogó en 1967. Pero en 1973 el Senado de Tennessee (por 28 votos a 1) y el Congreso (54 a 14) aprobó una nueva medida antievolucionista, que exigía igual tiempo de enseñanza e igual extensión en los textos al tratar la visiones bíblica y darwinista de la creación. Aunque el estatuto de Tennessee fue declarado anticonstitucional en 1975, varios estados continúan presionando a las editoriales para impedir la enseñanza de la evolución (Grabiner y Miller, 1974). Por ejemplo, en 1974, el Comité de Educación de Texas adoptó una resolución que obligaba a la presentación de la teoría evolutiva como una de las muchas teoría al respecto y «presentada como una teoría pendiente de ser confirmada». En 1975, la evolución se mencionaba en menos del 20 por ciento de los textos de biología en Texas (Fox, 1975).

Darwin pronosticó las razones principales de la resistencia a la aceptación de su teoría del origen de las especies: «La causa principal de nuestra natural desconfianza a admitir que una especie ha dado lugar a otras claramente distintas, es que siempre somos reacios a admitir cambios importantes si no vemos los pasos intermedios» (1859, p. 368). En algunos casos, vemos los pasos por los que poblaciones de la misma especie se separan y eligen diferentes nichos. Esto desembocaría en cambios genéticos que podrían dar lugar, a largo plazo, a la infertilidad reproductiva cuando se apareasen animales de diferentes poblaciones (ahora ya diferentes especies). Algunas veces, tal evolución ocurre rápidamente y puede documentarse (Dobzhansky y Pavlovsky, 1971). Sin embargo, debido a los grandes períodos de tiempo implicados en la evolución de los animales superiores, es difícil demostrar concluyentemente que unas especies evolucionan en otras. Sin embargo, como Darwin apuntó, la lógica de la teoría de la evolución es muy sólida:

> Entonces, si animales y plantas cambian, aunque sea ligera y lentamente, ¿por qué las variaciones y deferencias individuales que son de algún modo beneficiosas no han de preservarse y acumularse gracias a la selección natural o la supervivencia del más apto? Si el hombre puede pacientemente seleccionar variaciones que le son útiles, ¿por qué bajo las cambiantes y complejas condiciones de vida no han de perpetuarse y seleccionarse las variaciones útiles a los seres vivos? ¿Cuál es el límite que podemos poner a este poder, que actúa durante largas eras, escudriñando la constitución, estructura y hábitos de cada criatura, favoreciendo al bueno y rechazando al malo? No alcanzo a ver los confines de este poder, que lenta y bellamente adapta cada for-

ma a las complejas relaciones de la vida. La teoría de la selección natural, incluso sin ir más allá, parece ser altamente probable (Darwin, 1859, p. 360).

Contribución de Galton

Entre los admiradores y defensores coetáneos de Darwin se encontraba Francis Galton (Figura 2.3), otro de los nietos de Eramus Darwin. Galton ya se había ganado cierta reputación como geógrafo, explorador e inventor. En la época en que se publicó *El origen de las especies*, había inventado un telégrafo con impresión eléctrica, un tipo de periscopio y un artilugio para la señalización náutica. El efecto que sobre él ejerció el trabajo de Darwin se pone de manifiesto en una carta que más tarde escribió a Darwin:

Siempre pienso en usted como lo haría un converso en el maestro que le libró del intolerable peso de las supersticiones. Estaba bajo el yugo de anticuados argumentos de la teoría del diseño, cuya gratuidad intuía pero era incapaz de probar. Consecuencia de la aparición de su *Origen de las especies,* fue la auténtica crisis que se instauró en mi vida; su libro me liberó de la opresión de mi antigua superstición, como si se hubiera tratado de una pesadilla, y fue el primero en darme la libertad de pensamiento (en Pearson, 1924, vol. I, plancha II).

FIGURA 2.3.—*Francis Galton, en 1840, de un retrato realizado por O. Oakley. (Cortesía del Laboratorio Galton).*

El origen de las especies concentró la inmensa curiosidad y talento de Galton sobre los fenómenos biológicos, y pronto desarrolló lo que sería el interés central y más duradero del resto de su vida: la herencia de los caracteres mentales.

El genio hereditario

En 1865 se publicaron en *Macmillan's Magazine* dos artículos de Galton titulados conjuntamente «Herencia del talento y del carácter». Cuatro años más tarde, se publicó una versión ampliada, bajo el título de *El genio hereditario: examen de sus leyes y consecuencias*. El argumento central presentado en el trabajo es que se encuentra un mayor número de individuos extremadamente capaces entre los familiares de personas dotadas de gran capacidad mental, de lo que se podría esperar por puro azar. Más aún, Galton descubrió que cuanto más próxima es la relación familiar, más alta es la incidencia de dichos individuos superiores. Galton aplicó la «Ley de la desviación de la media» de Quetelet, que acababa de desarrollarse por aquel entonces y luego se popularizó como la curva normal. Galton distinguía 14 niveles en la capacidad humana, desde la idiotez a la genialidad, pasando por la mediocridad.

Ya que no había un modo satisfactorio de cuantificar la capacidad humana, Galton tuvo que confiar en la reputación como índice de medida. No entendía por «reputación» la notoriedad por un hecho en particular, ni la posición social u oficial, sino «la reputación como líder en la opinión, como creador, como hombre para con quien el mundo se siente indudablemente en deuda» (1869, p. 37). El calificativo «eminente» se aplicaba a los individuos que constituían el estrato superior, compuesto por unos 250 millones (es decir, 1 de cada 4.000 personas alcanzaba dicho rango) y la discusión se centraba en tales hombres. Desde luego, la mayoría de los hombres que Galton presentaba como prueba eran, según su criterio, la crema de ese grupo y les denominó «ilustres». Eran hombres cuyo talento aparecía con una frecuencia de uno en un millón.

Basándose en biografías, datos publicados e indagaciones directas, Galton evaluaba las realizaciones de conocidos jueces, hombres de estado, nobles, oficiales militares, científicos, poetas, músicos, pintores, líderes religiosos protestantes y escolares de Cambridge (remeros y luchadores también fueron examinados para extender el rango de la encuesta desde la maña a la fuerza). Los aproximadamente 1.000 hombres designados como eminentes pertenecían a 300 familias. Con una incidencia media de 1 cada 4.000, es evidente que quedaba claramente demostrada la tendencia del rasgo a agruparse por familias. Tomando los hombres más eminentes de cada familia como punto de referencia, se tabularon los demás hombres que alcanzaban la eminencia (en el mismo o en otro empeño), respecto a la cercanía de la relación familiar, como se indica en la Figura 2.4. En resumen, los resultados indicaban que el estatus de eminencia aparecía con más frecuencia en los parientes cercanos, descendiendo la probabilidad al tratarse de grados de parentesco más remotos. Alcanzaban la eminencia el 26 por ciento de los padres de los 100 hombres más destacados, el 23 por ciento de sus hermanos y el 36 por ciento de sus hijos. Los parentescos en segundo grado, como abuelos, tíos, sobrinos y nietos, alcanzaban la eminencia en una proporción mucho menor (7,5 por ciento, 4,5 por ciento y 9,5 por ciento, respectivamente). Aun así, estos porcentajes son todavía altos cuando se comparan con la incidencia media de sólo 1 de cada 4.000 (0,025 por ciento).

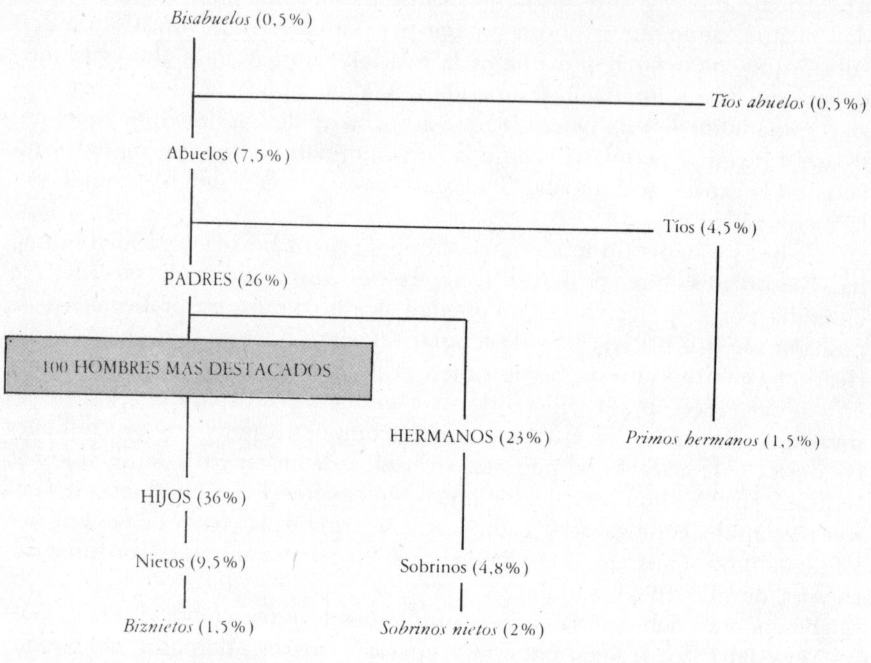

FIGURA 2.4.—*Porcentaje de hombres eminentes entre los parientes de los 100 hombres más destacados en el estudio de Galton. (De* El genio hereditario *por Francis Galton, 1869).*

Galton era consciente de que se podría objetar que los parientes de hombres eminentes compartían ventajas de tipo social, educacional y financiero, y que los resultados de su investigación podrían interpretarse como una prueba de la efectividad de tales factores ambientales. Para demostrar que la reputación era un índice de la capacidad *natural* y no el producto de ventajas ambientales, se expusieron tres argumentos. Primero, Galton resaltó el hecho de que muchos hombres habían alcanzado una alta posición partiendo de familias humildes. Segundo, se constató que la proporción de escritores eminentes, filósofos y artistas en Inglaterra era la misma que en los Estados Unidos, donde la educación de las clases socioeconómicas media y baja era más avanzada. Pensó que la mayor educación de América había extendido la cultura más ampliamente sin producir más personas con el grado de eminencia. Finalmente, Galton comparó el éxito de los nobles adoptivos de los jerarcas de la Iglesia Romana, que recibían grandes ventajas sociales, con los hijos de los hombres eminentes, y estos últimos resultaron ser más destacados.

Estudios pioneros en Psicología y Estadística

Para continuar su investigación, Galton necesitaba encontrar un modo de definir las características mentales. En un prodigioso programa de investigación, desarrolló aparatos y técnicas para medir el umbral auditivo, agudeza visual, visión de los colores, tacto, olfato, percepción de la verticalidad, percepción de longitudes, discriminación de pesos, tiempo de reacción y memoria. Además utilizó una técnica de cuestionarios para investigar las imágenes mentales.

Una investigación especialmente intrigante, aunque no afortunada, requería el uso de retratos compuestos. Fotografías de un cierto número de individuos eran superpuestas para dilucidar las características comunes. La Figura 2.5, que muestra la fotografía compuesta de tres hermanas de frente y perfil, tomada por Galton, ilustra su idea de que la fotografía compuesta es normalmente más atrayente que las fotografías individuales. Galton desarrolló esta técnica en un esfuerzo por determinar qué relaciones existían entre las características faciales de un cierto grupo y diversos atributos de su personalidad, moralidad y salud. Ya que no parecía haber un modo fiable de medir la configuración facial, Galton utilizó el retrato compuesto para obtener el arquetipo de ciertos grupos. Por ejemplo, los contemporáneos de Galton estaban interesados en los rasgos faciales por su posible relación con la criminalidad. Cuando Galton utilizó el retrato compuesto para investigar esta posibilidad, no encontró rasgos faciales distintivos en las fotografías compuestas de tres grupos de criminales: convictos por asesinato y homicidio, malhechores tales como falsificadores, y convictos por delitos sexuales.

Los problemas para analizar y expresar adecuadamente los datos obteni-

FIGURA 2.5.—*Retrato compuesto de tres hermanas, realizado por Galton. (Cortesía del Laboratorio Galton).*

dos de tal investigación eran formidables, y Galton también aplicó su notable dinamismo a la estadística. Fue pionero en el desarrollo de los conceptos de media, percentiles y correlación. Ya que desde luego era necesario poseer datos sobre un gran número de individuos, Galton se sirvió de varias estratagemas con este propósito. Por ejemplo, estableció un «Laboratorio Antropométrico para la medida de varios modos de las Formas y Facultades Humanas» que se instalaría en la Exposición Internacional de la Salud, du-

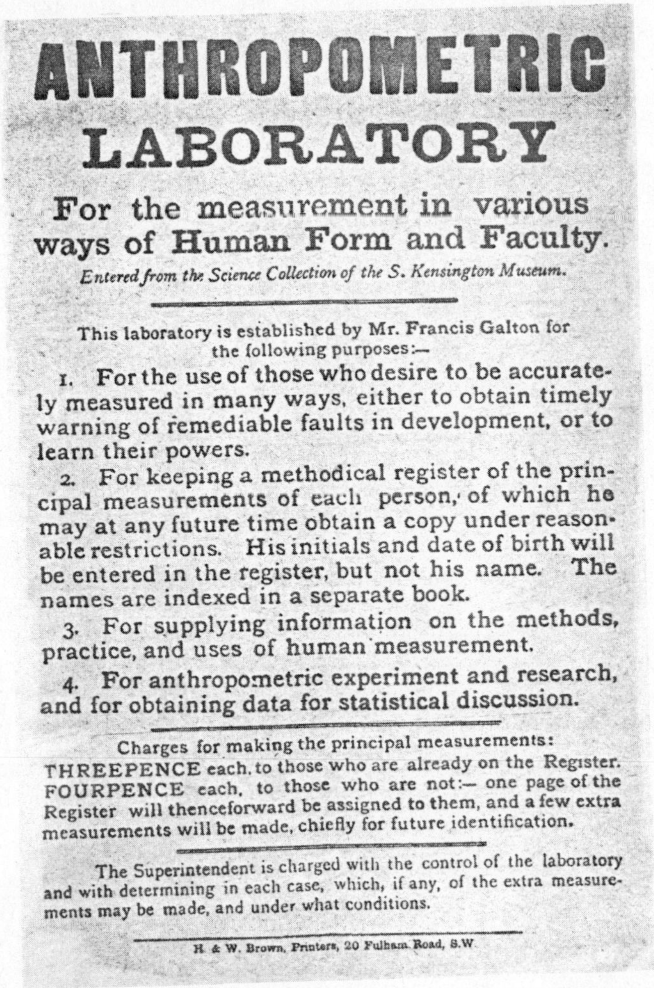

ANTHROPOMETRIC
LABORATORY

For the measurement in various ways of Human Form and Faculty.

Entered from the Science Collection of the S. Kensington Museum.

This laboratory is established by Mr. Francis Galton for the following purposes:—

1. For the use of those who desire to be accurately measured in many ways, either to obtain timely warning of remediable faults in development, or to learn their powers.

2. For keeping a methodical register of the principal measurements of each person, of which he may at any future time obtain a copy under reasonable restrictions. His initials and date of birth will be entered in the register, but not his name. The names are indexed in a separate book.

3. For supplying information on the methods, practice, and uses of human measurement.

4. For anthropometric experiment and research, and for obtaining data for statistical discussion.

Charges for making the principal measurements:
THREEPENCE each, to those who are already on the Register.
FOURPENCE each, to those who are not:— one page of the Register will thenceforward be assigned to them, and a few extra measurements will be made, chiefly for future identification.

The Superintendent is charged with the control of the laboratory and with determining in each case, which, if any, of the extra measurements may be made, and under what conditions.

H. & W. Brown, Printers, 20 Fulham Road, S.W.

FIGURA 2.6.—*Octavilla de 1884 anunciando el Laboratorio Antropométrico de Galton. (Cortesía de A. B. Smith. Laboratorio Galton, University College, Londres).*

rante los años 1884 y 1885. 9.337 personas pagaron tres o cuatro peniques cada una por el privilegio de ver medidas varias de sus características corporales y sensoriales. Cuando se clausuró la Exposición Internacional de la Salud, se estableció un Laboratorio Antropométrico permanente. Durante los siete años siguientes fueron medidos otros 7.500 individuos (al precio de oferta de un solo penique cada uno), incluyendo al propio Galton. Sus datos se reproducen en la Figura 2.7. En otra ocasión se realizó un concurso, en el que se premiaba con 7 libras a los que remitieran los «Resúmenes de su Historia Familiar» más completos y detallados. De este modo Galton obtuvo un gran número de pedigrís, que pudo examinar para analizar la herencia humana.

Gemelos y el dilema «naturaleza-educación»

Galton introdujo (1883) el método de los estudios de gemelos para determinar los papeles de la naturaleza (herencia) y la educación (entorno). La pregunta crucial de su examen de los gemelos era si los gemelos que se parecen al nacer acaban diferenciándose debido a distintas educaciones. Inversamente, los gemelos que no se parecían al nacer, ¿se hacen más similares como consecuencia de una educación idéntica? Galton consideraba dos tipos de gemelos, los provenientes de huevos independientes y los provenientes de un huevo único. Aun así no hacía distinción en sus comentarios entre los dos tipos, excepto si encajaban en sus categorías «parecidos al nacer» o «distintos al nacer».

Galton recopiló sus pruebas a partir de las respuestas a cuestionarios y material biográfico y autobiográfico. Observó que en los 35 pares que se parecían al nacer, y que habían sido criados bajo condiciones muy parecidas, las similitudes persistían aún después de llegar a adultos y seguir caminos más o menos distintos. No había pruebas convincentes de que ninguno de los 20 pares de gemelos originalmente distintos se hubieran hecho más parecidos por estar expuestos a entornos similares.

Según Galton, «no se puede eludir la conclusión de que la naturaleza prevalece enormemente sobre el ambiente cuando las diferencias en el entorno no sobrepasan los límites esperados en personas del mismo estrato social y del mismo país. Mi único temor es que mis datos parezcan probar demasiado, y ser desacreditado por ello mismo, ya que parece contrario a toda experiencia que el entorno influya tan poco» (1883, p. 241).

La obra de Galton en perspectiva

Los diez años que mediaron entre *El origen de las especies* y *El Genio Hereditario* no bastaron para que la concepción de hombre como animal

12

F Galton

Iniciales			¿Padre y madre primos hermanos?	Fecha de nacimiento	Color de ojos	Sezo	Casado Soltero Viudo	Sentido del color	Occupation
Propia	Padre	Madre							
FG	G	D	No	16 2 22	Light Blue	M	M	Normal	Private Gen.

Fecha de la medición			Longitud máxima de la cabeza desde el nacimiento de la nariz		Anchura máxima de la cabeza		Estatura descalzo		Envergadura de los brazos, desde las puntas de los dedos		Peso con vestimenta normal	Fuerza prensil Mano izqda.	Fuerza prensil Mano dcha.	Capacidad respiratoria	Agudeza visual para leer a distancia tipos diamante Ojo dcho.	Agudeza visual para leer a distancia tipos diamante Ojo izqdo.	Lectura de los tipos de Snellen a 90 pies
Dia	Mes	Año	Pulgadas	Décimas	Pulgadas	Décimas	Pulgadas	Décimas	Pulgadas	Décimas	Libras	Libras	Libras	Pulgadas cúbicas	Pulgadas	Pulgadas	Número del tipo
28	2	88	7	1	6	1½	68	7	71	8	171	80	71	159	17	19	D9

Estatura sentado		Altura de la parte superior de la rodilla estando sentado descalzo		Longitud desde el codo a los dedos de la mano izquierda		Longitud del dedo medio de la mano izquierda		AUDICION Agudeza auditiva	AUDICION Nota audible más aguda	TIEMPO DE REACCION A la vista	TIEMPO DE REACCION Al sonido
Pulgadas	Décimas	Pulgadas	Décimas	Pulgadas	Décimas	Pulgadas	Décimas		Vibraciones por segundo	Milésimas por segundo	Milésimas por segundo
36	5	21	6	18	4	4	4				

FIGURA 2.7.—*Datos del propio Galton de los registros de su Laboratorio Antropométrico. Por alguna razón, no se registraron los datos de Galton relativos a la audición y tiempo de reacción. (Cortesía de Cedric A. B. Smith, Laboratorio Galton, University College, Londres).*

fuera completamente aceptada. Para muchos de los que aceptaban la teoría de Darwin, el trabajo de Galton, sin duda, era su lógica extensión: las diferencias más llamativas entre los seres humanos y los animales estriban en sus poderes mentales; los humanos, como todos los animales, han evolucionado; la evolución opera a través de la herencia; los rasgos mentales son heredables. Los que mantienen firme su fe en la creación especial del hombre tachaban la postura de Galton de atea y condenable.

Pero había estudiosos cuya curiosidad era alentada por el deseo generalizado de llegar a comprender la mente. Este enfoque estaba apoyado principalmente por los filósofos británicos, quienes hacían énfasis sobre todo en la experiencia (educación). Basaban sus opiniones en el concepto de tabula rasa que expuso John Locke en el siglo XVII: las ideas no son congénitas sino que se adquieren por la experiencia. La psicología experimental enfatizaba también el papel de la experiencia. Esta ciencia data de la fundación por Wilhelm Wundt, en 1872, del Psychologisches Institut, en Leipzig, Alemania. A pesar de que Wundt llegaba a la psicología desde la fisiología, su enfoque no tenía el mismo sentido biológico que el de Galton. La meta del instituto de Wundt era la identificación de los componentes de la conciencia a través de la introspección. Las diferencias individuales, que eran la raíz de las investigaciones de Galton, eran sólo inconvenientes en la búsqueda de los principios que pudieran aplicarse a todos los individuos. Excepción notable a esta corriente fue el americano J. McK. Cattell, quien, siendo estudiante de Wundt, insistía en el estudio de las diferencias individuales. Cuando Cattell abandonó Leipzig, trabajó durante un tiempo junto a Galton, con el que se vieron fortalecidas sus creencias sobre la importancia de las diferencias individuales. Cattell tuvo gran importancia en el desarrollo de la psicología americana, e inspiró algunos de los primeros trabajos experimentales en genética de la conducta.

Por todo lo dicho, parece evidente que el trabajo de Galton ni estaba totalmente en concordancia, ni en total desacuerdo con los tiempos que corrían. Galton vivió en un período de gran turbulencia intelectual en biología. Su trabajo fue tanto producto como causa de los adelantos que se hicieron en esa época. Al comienzo del capítulo leímos rotundas afirmaciones de los antiguos griegos sobre este tema. Tampoco fue Galton el primero en incluir sus deducciones en un contexto evolutivo. Herbert Spencer introdujo el «asociacionismo evolutivo» en 1855 (Boring, 1950, p. 240). Pero fue Galton quien encabezó, consolidó y extendió la idea de la herencia de la conducta. Sin lugar a dudas, podemos considerar que el inspirado trabajo de Galton señaló los comienzos de la genética de la conducta.

Conceptos premendelianos de herencia y variación

Ni Darwin ni Galton comprendieron el mecanismo a través del cual funciona la herencia, o cómo se mantiene la variación heredable. Estas preguntas estaban siendo contestadas por un científico contemporáneo que trabajaba en lo que hoy es Checoslovaquia. Pero dado que su trabajo no era conocido ni por Darwin ni por Galton, tuvieron que mantenerse en el marco de las ideas prevalecientes sobre herencia y variación heredable.

Herencia

Mucho antes de Darwin y Galton, ya existían pruebas sustanciales de la importancia de la herencia, aunque esas leyes resultaban extremadamente resistentes al análisis. En particular, se habían acumulado gran cantidad de datos sobre la crianza de animales y plantas. Muchos retoños se parecían más a un progenitor que a otro. También era común la aparición de descendientes intermedios entre ambos padres. Pero dos retoños de los mismos padres podían ser muy distintos entre sí. J. L. Lush, bastante después, describió la situación de este modo: la primera regla de la crianza es «igualdad genera igualdad», mientras que la segunda es «igualdad no siempre genera igualdad» (1951, p. 496). En tiempos de Darwin, la teoría de la herencia que parecía explicar adecuadamente la confusión de hechos era la «hipótesis provisional de la pangénesis». En esta corriente, las células del organismo «además de tener la capacidad, como se admite generalmente, de crecer por autodivisión, pueden desprender parte de su contenido como diminutas partículas libres, esto es, gémulas. Estas se multiplican y agregan para formar yemas y elementos sexuales» (Darwin, 1868, p. 481). Se pensaba que las gémulas se desprendían de cada célula en el transcurso de su desarrollo. En la embriogénesis y en el desarrollo posterior, las gémulas de los padres originalmente desprendidas durante los diversos períodos del desarrollo entrarían en juego en el momento adecuado, dirigiendo así el desarrollo de un nuevo órgano idéntico al de los padres. La teoría de la pangénesis era bastante razonable (aunque equivocada). Era especialmente atractiva por ser compatible con el concepto lamarckiano del «uso y desuso» como fuente de la variabilidad en la evolución (véase la Tabla 2.1).

Variación

La fuente de la variabilidad era el componente de más difícil explicación en el modelo evolutivo de Darwin. Si no fuese por la variación heredable de cada generación, la evolución no podría continuar. Ya que los hijos frecuentemente muestran alguna de las características de cada uno de sus progenitores, se solía aceptar que las características de los padres se fundían o mezclaban en su descendencia. La molesta implicación de dicha teoría del «mezclado» era que la variación se vería rápidamente disminuida (aproximadamente reducida a la mitad) en cada generación. Por ejemplo, si un progenitor fuese alto y el otro bajo, la descendencia tendría una altura media. Por tanto la hipótesis del mezclado implicaba que la variabilidad se vería reducida enseguida a un nivel insignificante, si no se restablecía de algún modo. Aunque Darwin se ocupó de este problema, nunca consiguió resolverlo. Indicó dos modos a través de los cuales se podía inducir la variabilidad, pero ambos consideraban que los factores ambientales alteraban el contenido de la herencia. La teoría de la pangénesis sugería que las gémulas (réplicas en miniatura de las células de los padres) podían reflejar cambios en el entorno. Darwin concluía vagamente que los cambios en las condiciones ambientales de algún modo alterarían las gémulas en el sistema reproductor de los animales, de tal manera que su descendencia presentaría más variación que la que se obtendría en condiciones estables. De ordinario, este incremento en la variabilidad sería al azar. La selección natural preservaría entonces las variaciones que por casualidad supusieran, como consecuencia de su desviación, una mejor adaptación.

Sin embargo, a veces una condición ambiental puede inducir un cambio *sistemático*. Darwin, aunque no muy convencido, aceptaba la teoría lamarckiana del uso y desuso, que mantenía las características adquiridas sobre las pretendidas piernas más largas y brazos más cortos de los marineros respecto a los soldados: «No sabemos, aunque es probable si las mencionadas modificaciones se harían o no hereditarias si se mantuvieran las mismas condiciones de vida durante varias generaciones» (1871, p. 418). En alguno de sus escritos, Darwin se mostraba muy seguro de que las variaciones en las experiencias de la vida podían incrementar la variabilidad genética. «No hay duda de que el uso, en algunos animales domésticos, ha fortalecido y aumentado el tamaño de ciertas partes y el desuso las ha disminuido, y tales modificaciones son heredadas» (1859, p. 102). Del mismo modo, afirmaba, con respecto a las características de la conducta, que «algún acto inteligente efectuado durante varias generaciones, se convierte en instintivo y es heredado» (1871, p. 447). Sin embargo, básicamente Darwin no estaba seguro de cuál era el origen de la variabilidad. «Nuestra ignorancia sobre las leyes de la variabilidad es profunda. Ni en un caso de cada cien podemos determinar las razones por las que tal o cual parte ha variado... El hábito produciendo peculiaridades en la constitución, el uso fortaleciendo y el desuso debilitando, parecen en muchos casos haber sido poderosos en sus efectos» (1859, p. 122).

La aportación de Gregor Mendel

Mientras Darwin se devanaba con estas cuestiones, en sus archivos permanecía sin abrir un manuscrito de un monje agustino, Gregor Mendel (Allen, 1975). Mediante sus investigaciones en el jardín de un monasterio de Brunn, Moravia, Mendel encontró la respuesta al enigma de la herencia y la variabilidad.

Como se discutirá detalladamente en el Capítulo 4, Mendel sintetizó sus numerosos experimentos en dos leyes. La ley de la segregación establece que existen dos elementos de la herencia para cada carácter. Estos dos elementos se segregan, o separan, «limpiamente» durante la herencia, de tal modo que la descendencia recibe uno de los dos elementos de cada progenitor. La consecuencia fundamental de esta ley es que los elementos hereditarios son discretos y no se mezclan. Dado que los elementos no se mezclan, no tendría lugar la reducción de la variabilidad que preocupaba a Darwin. La segunda ley de Mendel, la ley de la combinación independiente, se refiere a la herencia de dos rasgos, cada uno con dos elementos. Cuando nos

FIGURA 2.8.—*Gregor Johann Mendel, 1822-1884. Fotografía tomada en la época de sus investigaciones. (Cortesía de V. Ovel, Museo Mendel, Brno, Checoslovaquia).*

fijamos en dos caracteres a la vez, el elemento de un rasgo se combina independientemente del elemento del otro. En otras palabras, la herencia de un rasgo no afecta a la herencia del otro.

Podemos traducir la teoría de Mendel a términos más actuales. Como veremos en el Capítulo 5, un gen es un fragmento codificado de DNA (ácido desoxirribonucleico). Los genes están localizados en los cromosomas, en el núcleo celular, y existe una pareja de cada cromosoma, proveniente uno de la madre y otro del padre. Las formas alternativas de un gen (alelos) están en el mismo lugar (locus) de cromosomas iguales. La mayoría de los humanos poseen 23 pares de cromosomas.

Veamos ahora un ejemplo concreto. En el extremo de cada uno de los miembros de un par de tamaño medio (designado como cromosoma número 9) existe un alelo (bien A, B ó 0) del gen que determina el grupo sanguíneo del sistema AB0. En este locus, en uno de los cromosomas está el alelo (por ejemplo, A) de la madre; en el cromosoma homólogo está el alelo (por ejemplo, 0) del padre. En este ejemplo, este descendiente sería del grupo sanguíneo A0. Los genes no se mezclan en la herencia y así se mantiene la variación. Pero, ¿cuál es la causa original de la variación genética? La fuente principal de la variabilidad genética es la *mutación*, es decir cambios en el código genético del DNA.

Los resultados y la teoría de Mendel se expusieron en la Sociedad de Ciencia Natural de Brunn en 1865, y se publicaron más tarde en las actas de esta sociedad. Por tanto, el experimento crucial había sido realizado y divulgado antes de los comentarios de Darwin sobre la pangénesis. Darwin tampoco fue el único que no reparó en las ideas de Mendel. Durante 34 años, el «Versuche Ueber Pflanzenhybriden» (Mendel, 1866) permaneció casi completamente ignorado.

En 1900, tres investigadores, C. Correns, Hugo de Vries, y Erich von Tschermak, «redescubrieron» el trabajo de Mendel casi simultáneamente. Se inauguró así un período de intensa investigación, en el que se confirmó y extendió la teoría mendeliana. William Bateson bautizó en 1905 con el nombre de *genética* a este área de la investigación que se desarrollaba enormemente, y en 1909 Wilhelm Johannsen propuso el nombre de *gen* para designar los elementos mendelianos. En esta misma época, Johannsen hizo una distinción fundamental entre *genotipo*, que es la composición genética de un individuo, y *fenotipo*, que son las características aparentes, visibles, medibles. La importancia de esta distinción estriba en que establece que los rasgos observables no son un índice perfecto de la constitución genética de un individuo. Dado un número de individuos en el mismo genotipo, podemos esperar, sin embargo, diferencias entre ellos: las causadas por las condiciones ambientales. Así, dos judías pueden ser de la misma «línea pura», tener genotipos idénticos para el tamaño de la semilla, y aun así ser una más grande que la otra, por diferencias en la crianza, tales como las condiciones de suelo. Sin embargo, sus genotipos permanecerían inalterados, y las judías obtenidas de las plantas provenientes de estas dos judías tendrían el mismo tamaño medio. Obviamente, la herencia de las características adquiridas no tiene cabida en este esquema.

El mensaje central de la genética mendeliana es la variabilidad. La ley de la segregación establece que los genes son unidades discretas y que no se mezclan al heredarse, manteniéndose así la variabilidad genética. La ley de la combinación independiente implica que puede esperarse una variabilidad considerable, dado que los rasgos varían independientemente unos de otros. Al considerar la variabilidad causada por la segregación y combinación mendeliana resulta obvio que cada individuo es verdaderamente único. Mendel estudió caracteres de la planta del guisante que implicaban sólo dos formas (alelos) del gen. Cuando sólo se consideran dos alelos para un gen en particular, un individuo puede poseer uno de estos tres genotipos: A_1A_1, A_1A_2, A_2A_2. Sin embargo, si hay más de un gen implicado, el número de genotipos posibles aumenta exponencialmente (3 elevado al número de loci). Más aún, muchos genes tienen más de dos alelos. Con 10 genes con 4 alelos cada uno, ¡el número de posibles genotipos distintos es 10 mil millones!

Así, incluso considerando relativamente pocos alelos para sólo 10 genes, el número de genotipos posibles es considerablemente mayor que la actual población humana de la tierra. No obstante, se han estudiado genes con más de 200 alelos. La investigación ha comenzado a indicar que los alelos múltiples, quizás de una a tres docenas, son más regla que excepción (Coyne, 1976; Singh, Lewontin y Felton, 1976). Aunque no se conoce con exactitud el número de genes en el hombre, se estima (Stern, 1973) que está comprendido entre 10.000 y 100.000, y un tercio o más de estos loci se pueden segregar en dos o más alelos (Hopkinson y Harris, 1971). Por tanto, la segregación y la combinación independiente ofrecen un mecanismo capaz de generar cifras astronómicas de genotipos distintos.

Antes de considerar en detalle los experimentos de Mendel en el Capítulo 4, discutiremos la teoría evolutiva moderna en el siguiente capítulo.

Resumen

Aunque las antiguas concepciones de la herencia son interesantes, la historia de la genética de la conducta comienza con Darwin, Galton y Mendel. La teoría de Darwin sobre la selección natural como explicación del origen de las especies tuvo un gran impacto en el pensamiento científico. Galton fue el primero en el estudio de la herencia de las características mentales y en el uso de hermanos gemelos para estudiar los problemas de naturaleza-educación. Mendel resolvió el enigma de la herencia con sus experimentos con guisantes. Demostró que la herencia incluye elementos discretos, ahora llamados genes, y formuló dos leyes de la herencia, segregación y combinación independiente. Ahora sabemos que la variabilidad heredable está causada por mutaciones del DNA, el material genético, y que se mantiene y transmite de acuerdo con las leyes descubiertas por Mendel.

3
EVOLUCION

La formulación de la teoría evolutiva de Darwin, causó tanto furor como encarnizadas disputas. No obstante, durante los años siguientes quedaron demostrados sus aspectos principales, tanto respecto a las características conductuales como físicas.

Ya que la evolución es el moldeador primario de la variabilidad genética, es apropiado comenzar el estudio de las influencias genéticas en la conducta discutiendo sus orígenes evolutivos.

De los escritos de Darwin se desprende que consideraba la evolución como un proceso normalmente lento, que conllevaba cambios minúsculos a través de muchas generaciones. Sin embargo, es difícil abarcar toda la extensión del tiempo evolutivo si no es con un ejemplo. La analogía con un campo de rugby puede ser útil. Si tomamos el origen de la tierra, hace unos 4,5 mil millones de años, como la línea de fondo del campo (línea de cero yardas) y la otra línea de fondo como el tiempo presente, la vida comenzaría en la línea de 20 yardas. El *homo sapiens* ha aparecido en los últimos 0,60 milímetros. Comenzaremos el relato en la línea de 20 yardas.

El registro evolutivo: variabilidad genética a través del tiempo

Los replicadores

De acuerdo con nuestros acontecimientos actuales, la vida comenzó hace unos 3.500 millones de años, cerca de mil millones de años después de la formación de la tierra (Dickerson, 1978). Comenzó en los océanos, cuando un conjunto de ingredientes atmosféricos se vio sometido a altas temperaturas y a los rayos, produciendo los precursores de los aminoácidos. Los aminoácidos, que son los elementos componentes de las proteínas, se acumularon en los océanos. En este «caldo orgánico», combinaciones de aminoácidos y otros materiales orgánicos formaron moléculas complejas. El paso más importante de la evolución fue la formación de cierta molécula que podía autorreplicarse. Richard Dawkins ha llamado a esta molécula el *replicador:*

En algún momento se formó por accidente una molécula notable. La llamaremos el *replicador.* No tenía por qué ser necesariamente la molécula más grande ni la más compleja de su entorno, pero tenía la extraordinaria propiedad de ser capaz de crear copias de sí misma. Esto puede parecer un accidente con muy pocas probabilidades de ocurrir...

Realmente una molécula que hace copias de sí misma no es tan difícil de imaginar como podría parecer, y sólo tendría que aparecer una vez. Imagínese el replicador como un molde ‑ modelo. Imagíneselo como una compleja cadena de varios tipos de componentes moleculares. Estos abundarían en el caldo que rodearía al replicador. Ahora suponga que cada componente posea cierta afinidad por los componentes idénticos a él. Cuando quiera que un componente suelto, presente en el caldo, caiga cerca de una región del replicador para la que tenga afinidad, tenderá a quedar unido a él. Se unirán más componentes y de esta manera quedarán ordenados en una secuencia que será copia del propio replicador. Es fácil imaginárselos uniéndose hasta formar una cadena estable, igual que en la formación del replicador original. Este proceso continuaría como un apilamiento progresivo, capa tras capa. Así es como se forman los cristales. Por otro lado, las dos cadenas podrían separarse, en cuyo caso obtendríamos dos replicadores, cada uno de los cuales podría continuar produciendo sucesivas copias* (Dawkins 1976, pp. 16-17).

El replicador era un precursor del DNA, la doble espiral de información genética del núcleo de cada una de las células de todos los seres vivos.

Los comienzos de la vida

Una vez que el material podía replicarse, la vida estaba lista para comenzar su singladura. La Figura 3.1 ofrece una perspectiva del desarrollo de la vida. Durante 2 mil millones de años, la vida consistió en organismos unicelulares (Schopt, 1978). Las células primitivas, llamadas células procarióticas, se parecían a las bacterias actuales, que no tienen núcleo (Dickerson, 1978). El paso de organismo unicelular a multicelular, cuyas células son

---

* Reproducido con autorización de Oxford University Press de *The Selfish Gene* de Richard Dawkins. Copyright © 1976, Oxford University Press.

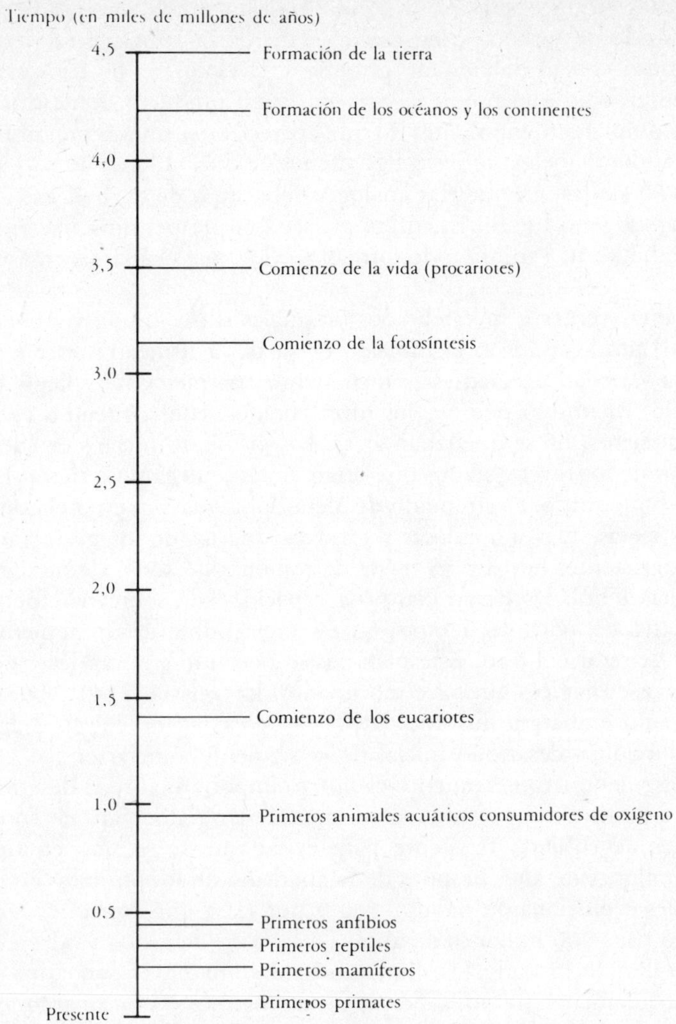

FIGURA 3.1.—*Visión general de la evolución de la vida.*

eucarióticas (provistas de núcleo), fue aparentemente más complejo y hubo muchas salidas en falso (Valentine, 1978). La fotosíntesis fue un nuevo adelanto fundamental durante este período inicial de organismos unicelulares. Esto permitió adquirir a estas primitivas formas de vida un nuevo conjunto de atributos que las preparaba para sobrevivir en un particular nicho ecológico. La fotosíntesis permitió la formación de comida (carbohidratos) a partir del dióxido de carbono que se acumulaba en la atmósfera. La energía de la luz, junto con el dióxido de carbono y la clorofila, no sólo generaba carbohidratos sino que producía oxígeno como producto de desecho.

Pasó mucho tiempo antes de que apareciera el primer organismo acuático consumidor de oxígeno, hace algo menos de mil millones de años (en la línea de las 80 yardas, en nuestras analogía del campo de rugby). La capacidad de respirar oxígeno fue un fructífero avance porque permitía mayor movilidad, y condujo a una explosión de formas de vida que ocuparon gran variedad de nichos.

Plantas verdes e invertebrados (animales sin columna vertebral o cuerda espinal) protagonizaron la invasión de la tierra firme. En este territorio virgen, la variedad de plantas se incrementó enormemente y llegó a alfombrar la tierra. Al mismo tiempo, los invertebrados, con sus tejidos encerrados en exoesqueletos, no se quedaban atrás. Los primeros insectos evolucionaron de algunos de los invertebrados que originalmente llegaron a tierra. Los anfibios surgieron de un pez vertebrado de aletas lobuladas, que poseía un acolchado en sus aletas, más musculosas y carnosas que las de los peces con aletas radiadas existentes hoy día. A través de millones de años, alguno de esos peces de aletas lobuladas desarrollaron la capacidad de sobrevivir fuera del agua por cortos períodos de tiempo, quizás moviéndose de un agujero fangoso a punto de secarse a otro. Este plan básico permitió a los anfibios enjambrarse en nichos ecológicos nuevos e inocupados. La capacidad para vivir en la tierra estaba, sin embargo, disminuida por la necesidad de volver al agua para la reproducción y desarrollo inicial de la siguiente generación.

El siguiente acontecimiento evolutivo importante fue el desarrollo de animales a partir de huevos de mayor tamaño (para albergar más comida) y poseedores de cubierta resistente para evitar que se secaran en tierra firme. Cien millones de años después de la aparición de los primeros anfibios, estos animales evolucionaron dando lugar a una clase que llamamos *reptiles*. Esto sucedió hace 400 millones de años (en la línea de las 91 yardas). Diversidad de reptiles, incluyendo los dinosaurios, dominaron el panorama hasta hace aproximadamente 100 millones de años. Algunos evolucionaron abandonando la estructura de los miembros típica de los reptiles (con los miembros anteriores y posteriores protuyendo en ángulo recto respecto al eje del cuerpo), y desarrollaron miembros paralelos al cuerpo, permitiendo una zancada más eficaz. Otros evolucionaron adquiriendo mecanismos para controlar la temperatura corporal, liberando así al organismo de la dependencia absoluta con respecto a los flujos de temperatura del entorno. Otros desarrollos incluyeron envoltura pilosa, fecundación y desarrollo del retoño dentro de la madre. Todas estas adaptaciones caracterizaron también a los mamíferos primitivos.

Las adaptaciones pueden estar especializadas en mayor o menor grado.

Adaptaciones especializadas son las que adecuan con precisión a un organismo a su entorno. Por ejemplo, las diferentes especies de pinzones que Darwin observó en las Islas Galápagos (como se muestra en la Figura 2.2) desarrollaron picos que eran adecuados para nichos muy especializados. Una especie con un pico especialmente poderoso sobrevivía abriendo semillas duras. Aunque tales adaptaciones especializadas puedan parecer a primera vista ideales en términos de progreso evolutivo, también tienen un precio que pagar. Los organismos con adaptaciones especializadas para un cierto entorno sufren cuando cambian las condiciones ambientales. Las *adaptaciones generalizadas* quizás no encajan en un entorno específico especialmente bien, pero son adecuadas para un amplio margen de entornos. La mano humana, por ejemplo, no es tan especializada como las patas de otros muchos animales. Pero la adaptación generalizada de la mano la hace útil para un gran número de tareas como excavar, golpear, trepar y agarrar. Aunque las adaptaciones de la conducta en mamíferos es a veces especializada, los mamíferos poseen predominantemente adaptaciones generalizadas de conducta. Los seres humanos forman parte de esta corriente con escasos esquemas de conducta fijos y muchos generalizados.

La rápida divergencia de nuestros mamíferos ancestrales demuestra el éxito aparente de sus adaptaciones. La clase mamíferos incluye 19 órdenes tan diversos como marsupiales (opossumes y canguros), insectívoros (musarañas y topos), monotremas (osos hormigueros y ornitorrincos), quirópteros (murciélagos), edentados (perezosos y armadillos), roedores, cetáceos (ballenas), carnívoros, paquidermos y ungulados. Antes o después un mamífero desarrolló las características típicas del orden de los primates: dedos móviles en manos y pies, hocico acortado, ojos situados frontalmente, tendencia a la postura erecta, una sola cría por camada y un cerebro (en particular la corteza cerebral) relativamente grande en comparación con el tamaño corporal.

Primates y homínidos

En la actualidad existen aproximadamente 193 especies de primates de las cuales 53 son animales de pequeño tamaño (musarañas, lemures y társidos) que no tienen mucho aspecto de primates. La familia de los póngidos, que incluye gibones, orangutanes, chimpancés y gorilas, comenzó a separarse hace unos 50 millones de años de la familia de los cercopitécidos a la que pertenecen los monos del Antiguo Mundo y los babuinos. Hace unos 9 millones de años (en la línea de las 99,8 yardas) el *Australopithecus* vagaba por Africa. El *Australopithecus* medía sólo 1,2 metros aproximadamente, era cazador y vivía en grupos no muy numerosos. En ese mismo período apareció el *Homo erectus,* un primate miembro del género *Homo,* al que nosotros pertenecemos (género es la categoría taxonómica comprendida entre familia y especie), aunque de una especie diferente. El *Homo erectus* incluye los hallazgos arqueológicos de Java y Pekín.

La historia evolutiva de la especie humana es incierta. La pregunta básica se relaciona con la variabilidad intraespecífica. Esto es, las diferencias observadas entre varios cráneos, ¿son meras diferencias entre miembros de la misma especie o representan especies distintas? Se ha estimado que la representatividad de los esqueletos obtenidos en excavaciones arqueológicas puede ser comparable a la elección de dos individuos al azar entre toda la población de los Estados Unidos (Walker y Leakey, 1978). Estos dos individuos podrían, por supuesto, ser muy distintos en la forma del cráneo y de ningún modo representar a la población total del país. Por ello, los datos arqueológicos de las especies humanas son muy limitados.

La mayoría de los cráneos encontrados pueden clasificarse ahora en dos géneros: *Australophitecus* y *Homo*. Hasta el año 1970 la interpretación convencional era bastante sencilla. Se les dio el nombre de *Australophitecus robustus* a los individuos cuyos fósiles se habían encontrado frecuentemente en las últimas décadas. Estos fósiles se caracterizaban por su cara grande y voluminosas mandíbulas. Aunque la cara era grande, la cavidad craneana era pequeña, unos 500 centímetros cúbicos (en comparación con la media humana contemporánea de 1.360 c.c.). Otro tipo de cráneo encontrado por Louis Leakey en Paso Olduvai en el este de Africa (Figura 3.2), fue denominado *Zinjanthropus boisei*, pero se modificó posteriormente como *Australopithecus boisei* (para mayor información sobre la nomenclatura de los cráneos de homínidos véase el Cuadro 3.1). Se encontró entonces otro tipo de cráneo *(Australophitecus africanus)*, que era más pequeño y menos «robusto». Muchos pensaban que este tipo correspondía a la hembra de A. robustus. Sin embargo, en 1972, este enfoque simplista cambió considerablemente con el descubrimiento de varios especímenes en el Lago Turkana en Kenia (Figura 3.2). Uno de estos cráneos tenía una bóveda craneana grande pero delicadamente construida, con una capacidad de 775 c.c. No existe acuerdo general sobre si este espécimen y otros parecidos pertenecen al género *Homo* o al *Australopithecus;* Richard Leakey prefiere llamarlo *Homo habilis*. Se encontró también otro tipo de cráneo, con la bóveda craneana ligera y pequeña. R. Leakey sugiere que este tipo puede representar una especie distinta, quizás la misma a la que pertenecían los especímenes de *A. africanus* que originalmente se tomaron como hembras de *A. robustus*. La Figura 3.3 muestra las amplias diferencias entre los tres tipos de cráneos.

Se han aventurado varias hipótesis sobre los tres tipos de cráneos, desde los que afirman que todas las formas corresponden a diversos miembros de la misma especie, hasta los que defienden que cada uno representa una especie diferente. A. Walker y R. Leakey (1978), por ejemplo, mantienen que la va-

CUADRO 3.1.—*¿Qué encierra un nombre?*

Una de las ventajas de haber estudiado latín o griego es que ayuda a comprender el origen de alguno de los nombres dados a los homínidos. El género *Australopithecus* no tiene nada que ver con Australia. El prefijo *Australo* viene del latín *australis,* que significa «sur» y el sufijo, *pithecus,* viene del griego *pithek,* que significa «simio». *A. Robustus,* por supuesto, se refiere a las gruesas facciones de este Australopiteco. *A. africanus* también tiene una interpretación obvia, aunque R. Leakey prefiere llamarlo *A. gracilis,* con objeto de resaltar su menor tamaño y construcción más ligera en comparación con *A. robustus. Boisei* significa «bosque». Luego *A. boisei* significa «el simio sureño de los bosques». Louis Leakey llamó originalmente *Zinjanthropus* a los cráneos de *A. boisei* porque *Zinj* significa en árabe «Africa del este» y *anthropus* proviene de una palabra griega que significa «humano».

Los nombres de los cráneos de *Homo erectus* (hombre «erecto») son aún más fáciles de explicar. Inicialmente los cráneos fueron nombrados de acuerdo con el lugar en el que fueron encontrados. El hombre de Java (también llamado *Pithecantropus,* que significa «hombre-simio»), se encontró en la isla de Java en Indonesia. Del mismo modo hay cráneos de *Homo erectus* que se decía representaban el hombre de Pekín y el hombre de Rodesia. El hombre de Neanderthal se encontró por primera vez en el valle de Neander, cerca de Dusseldorf, en Alemania, y se le refiere como *Homo sapiens neanderthalensis.* El hombre de Cromagnon fue llamado así por el nombre de una gruta en Francia donde se encontraron los primeros restos. Se designa al hombre de Cromagnon, así como a los humanos modernos, como *Homo sapiens sapiens,* dudoso título que significa «hombre sabio, sabio».

Una interesante apostilla es la historia del fraude de Piltdown. En 1912, cerca de la localidad de Piltdown, Inglaterra, se encontró un cráneo idéntico al de los humanos pero con la mandíbula semejante a la de los simios. Se pensó que el hombre de Piltdown, como llegó a conocérsele, podía ser el eslabón perdido entre simios y humanos. En 1953 se demostró que el cráneo era un fraude, compuesto por fragmentos de cráneos humanos modernos y mandíbulas de simio modernas. Los fragmentos de hueso habían sido tratados para que parecieran más viejos. Nadie pensó que se encontraría al bromista. Sin embargo, en unas declaraciones póstumas recientes (Halstead, 1978) el geólogo británico J. A. Douglas acusó a su predecesor en Oxford, W. J. Sollas. Douglas, que trabajaba en el laboratorio de Sollas, afirmó que este quería dañar la reputación de cierto rival, haciéndole aceptar un cráneo falso como auténtico. Sin embargo, el truco se volvió contra él, porque el cráneo fue aceptado como auténtico no sólo por el rival de Sollas, sino por toda la comunidad científica. Sollas no podía desvelar la farsa sin perjudicar a muchos otros además de a su rival.

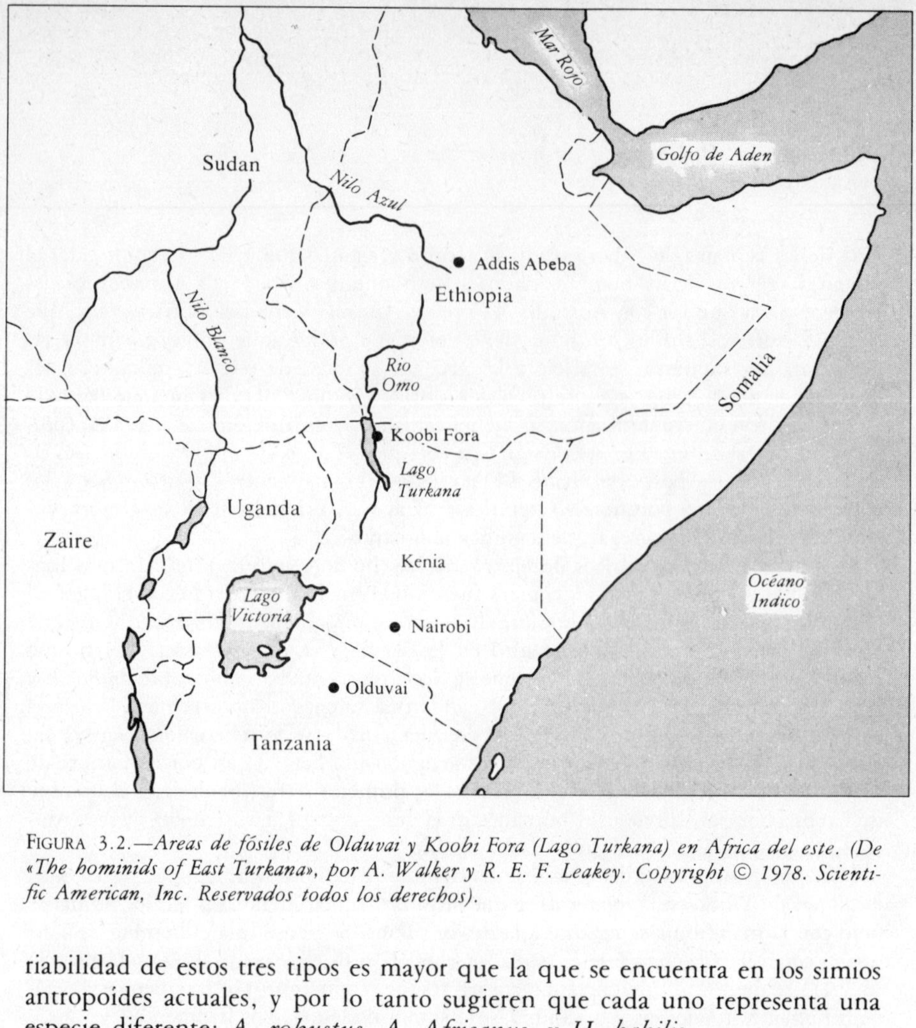

FIGURA 3.2.—*Areas de fósiles de Olduvai y Koobi Fora (Lago Turkana) en Africa del este. (De «The hominids of East Turkana», por A. Walker y R. E. F. Leakey. Copyright © 1978. Scientific American, Inc. Reservados todos los derechos).*

riabilidad de estos tres tipos es mayor que la que se encuentra en los simios antropoides actuales, y por lo tanto sugieren que cada uno representa una especie diferente; *A. robustus, A. Africanus,* y *H. habilis.*

Lo más sorprendente de todo es que cierto cráneo encontrado en el este de Africa en 1975 es muy similar a los cráneos de *Homo erectus* encontrados cerca de Pekín en 1930. A semejanza del «hombre de Pekín» este cráneo es de gruesos huesos con una gran bóveda craneana (unos 850 c.c.) y los característicos arcos superciliares. Sin embargo, el especimen africano es cerca de un millón de años más antiguo que los especímenes del norte de China. Este emocionante descubrimiento sugiere que el género *Homo* fue notablemente estable a lo largo de un millón de años de evolución y que coexistió con algunos de los austrolopitecos más primitivos. Por lo tanto, estos últi-

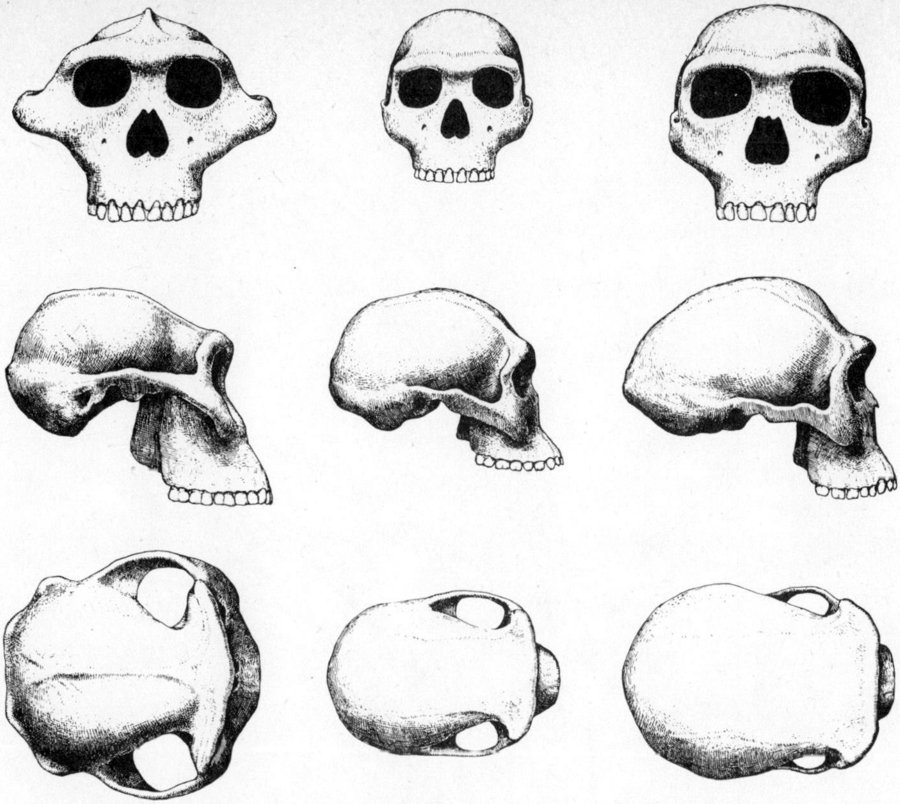

FIGURA 3.3.—*Tres tipos de cráneos fosilizados de homínidos encontrados en Turkana. Aunque se especula considerablemente sobre estos cráneos, una posibilidad es que el cráneo de la izquierda pertenezca a* A. robustus, *el del centro a* A. africanus, *y el de la derecha a* Homo habilis. *(De «The hominids of East Turkana» por A. Walker y R. E. F. Leakey. Copyright © 1978 by Scientific American, Inc. Reservados todos los derechos).*

mos pudieran ser sólo antepasados colaterales, más que antepasados directos de la humanidad moderna. ¿Cuál es el origen del *Homo erectus*? Aunque cualquiera de los homínidos representados en la Figura 3.3 podría serlo, una teoría en boga mantiene que los australopitecos *(robustus* y *africanus),* si bien bastante semejantes a los humanos, llegaron a extinguirse sin sucesores y que el *Homo habilis* evolucionó hasta *Homo erectus* (Walker y Leakey, 1978).

La Figura 3.4 ilustra el escenario evolutivo desde hace unos 10 millones de años hasta el presente.

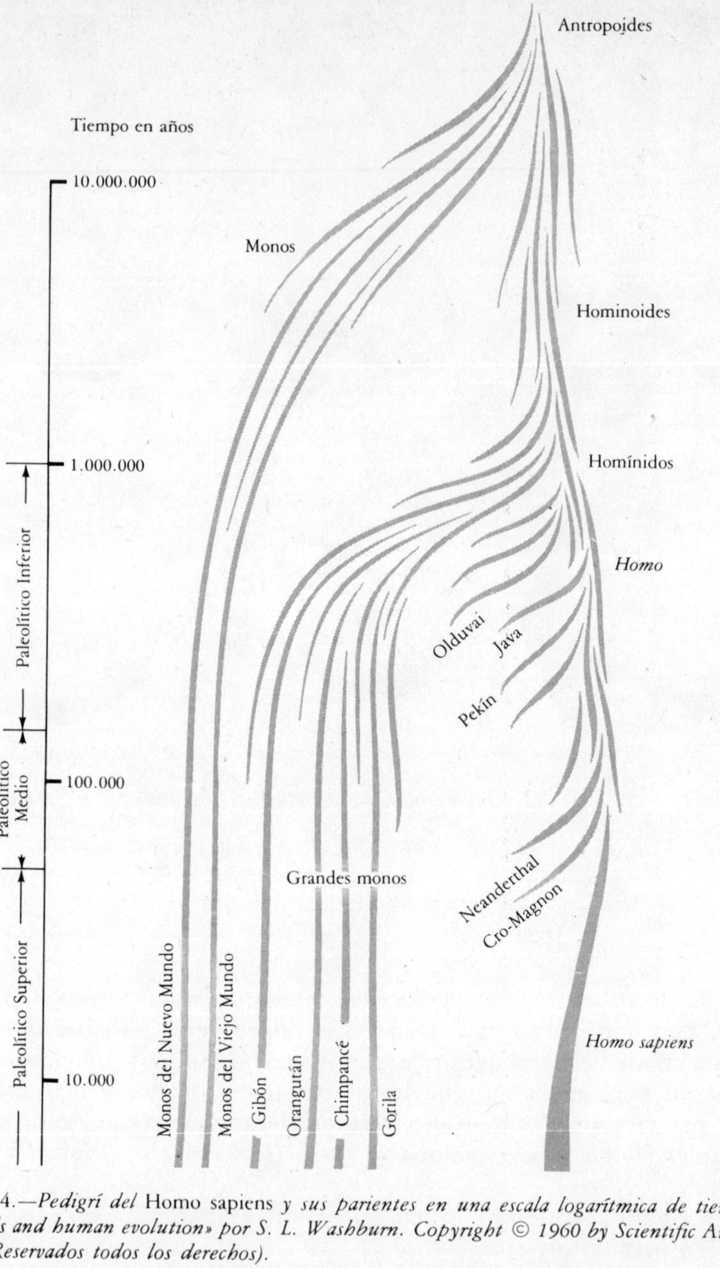

FIGURA 3.4.—*Pedigrí del* Homo sapiens *y sus parientes en una escala logarítmica de tiempo. (De «Tools and human evolution» por S. L. Washburn. Copyright © 1960 by Scientific American Inc. Reservados todos los derechos).*

El *Australopithecus* estaba desapareciendo y el *Homo erectus* estaba bien afincado cuando apareció el *Homo neanderthalensis,* el hombre de Neanderthal. Los restos del Neanderthal se han encontrado por toda Europa y oeste de Asia. Los hallazgos incluyen pruebas de creencias religiosas y enterramientos, y algunos quieren considerarle perteneciente a la misma especie que el hombre moderno. Hace entre 40.000 y 300.000 años el *Homo erectus* comenzó a declinar y se hizo dominante el hombre de Neanderthal. Tras la aparición del *Homo sapiens,* el hombre actual, el hombre de Neanderthal se extinguió pronto. En la Figura 3.5 se muestran los cráneos de estos predecesores de los humanos. Las pinturas rupestres, arcos, flechas y la céramica del *Homo sapiens* tienen 30.000 años.

Conducta y evolución

Aunque estamos acostumbrados a pensar sobre la evolución en términos de procesos anatómicos, los biólogos se han dado cuenta de la importancia de la conducta en el proceso de la especiación. Por ejemplo, Mayr (1978) sugiere que la conducta puede ser el factor crítico en la creación de las especies.

> ... a menudo la conducta, quizás invariablemente, sirve como marcapasos de la evolución. Un cambio en la conducta, como la selección de un nuevo hábitat o fuente de comida, establece nuevas presiones para la selección y puede conducir a la aparición de importantes cambios adaptativos. No cabe duda de que alguno de los sucesos más importantes de la historia de la vida, como la conquista de la tierra o del aire, se iniciaron por cambios en la conducta (Mayr, 1978, pp. 54-55).

El papel de la conducta como mecanismo para el aislamiento de especies incipientes se puede ver claramente en la mosca de la fruta *Drosophila.* En la investigación genética se utiliza frecuentemente *Drosophila,* porque su período de generación es de sólo dos semanas de huevo a adulto, son fáciles de criar y ofrecen varias ventajas únicas para el análisis genético, como veremos en el Capítulo 5. La *Drosophila* ha sido también estudiada exhaustivamente para aclarar la importancia evolutiva de la conducta. Existen miles de especies de *Drosophila* que raramente se aparean entre ellas en la naturaleza. Algunas especies (llamadas *alopátricas*) se aislan simplemente por separación geográfica. Sin embargo, muchas especies (llamadas *simpátricas*) viven en regiones que pueden solaparse; la conducta sexual que restringe los intercruzamientos funciona como mecanismo primario de aislamiento (Ehrman y Parsons, 1976). En el Capítulo 8 discutiremos otras implicaciones evolutivas de la conducta sexual de *Drosophila.*

Como la conducta no se fosiliza, no podemos estudiar directamente la conducta de nuestros antepasados evolutivos. Afortunadamente, algunos

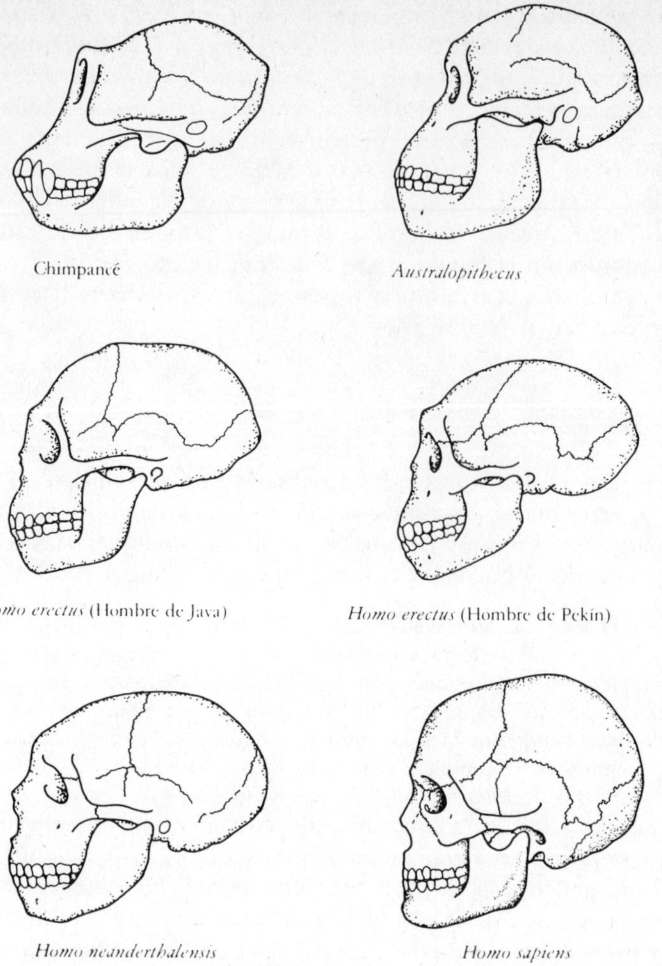

FIGURA 3.5.—*Cinco cráneos de homínidos y uno de simio antropoide para su comparación. (De* Evolution and Genetics: The Modern Theory of Evolution *por D. J. Merrell. Copyright © 1962 by Holt, Rinehart and Winston, Inc. Reproducido con autorización de Holt, Rinehart and Winston, Inc.).*

productos de la conducta se pueden estudiar a partir de restos fósiles. Es posible inferir la conducta de los progenitores del hombre por los restos de enterramientos, herramientas y otros artefactos culturales. Por ejemplo, se ha encontrado que muchos de los cráneos de *Homo erectus* tienen abiertas grandes perforaciones que sugieren una muerte violenta. Y por los restos de huesos de animales cercanos a los campos de *Homo Neanderthalensis*, está claro que los neanderthales eran excelentes cazadores. Las consecuencias conductuales de la caza son muy numerosas. Es posible que «nuestro intelecto, intereses, emociones y vida social básica... sean producto del éxito en la adaptación a la caza» (Washburn y Lancaster, 1968, p. 213). La caza de animales de gran tamaño requiere no sólo el diestro uso de herramientas, sino un alto grado de coordinación y cooperación. Hombres capaces de cooperar para dar muerte a grandes animales serían capaces de entablar guerras contra otros hombres. En R. B. Lee e Irven De Vore (1968) se puede encontrar un tratamiento más extenso de las consecuencias conductuales de la vida cazadora-recolectora.

Sólo en el caso de algunas pocas especies, algunos aspectos de la conducta son menos especulativos. Carl. J. Berg (1978) ha proporcionado un interesante ejemplo de restos fosilizados relativos a la conducta en los caracoles marinos predadores. Algunos caracoles devoran moluscos y otros caracoles, asiéndolos con su gran pie, colocando sus presas en cierta posición y perforando un agujero en la concha (Figura 3.6). Berg encontró que cada especie

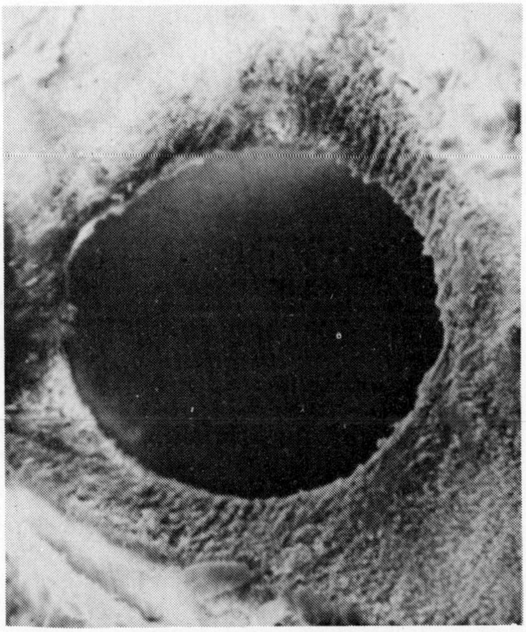

FIGURA 3.6.—*Microfotografía de barrido electrónico de la perforación realizada por un caracol predador joven. El diámetro de la perforación es aproximadamente 125μ. (Cortesía de Carl J. Berg).*

de caracol predador perfora su presa en una zona concreta cerca del centro de la concha. Además de la posición del agujero, Berg estaba interesado en la regularidad interespecífica de la conducta perforadora. Dado que las conchas de los caracoles «agujereados» se fosilizan, se pueden utilizar para estudiar la historia evolutiva de su conducta predadora. Berg encontró que las conchas de caracoles de hace 100 millones de años no presentaban esencialmente modelos sistemáticos de perforaciones. Se puede observar cierto patrón, comenzando hace 60 millones de años. Como las perforaciones en los fósiles podían haber sido hechas por diferentes especies del caracol predador, Berg se centró en el estudio de las más recientes, en las cuales se puede atribuir la perforación a una especie predadora en particular. Estos datos, que se extienden hasta los últimos 20 millones de años, indican que no hay cambios significativos en la posición de la perforación y que se ha incrementado ligeramente la regularidad de esta conducta a lo largo de este período.

Junto con el estudio de restos fósiles, se puede obtener cierta información sobre la evolución de la conducta humana estudiando las poblaciones humanas contemporáneas que están sujetas a condiciones similares a las que existían durante la evolución de los primeros hombres. La evolución humana tuvo lugar, en su mayor parte, antes de la aparición de la agricultura hace unos 10.000 años (en la línea de las 99,9998 yardas en nuestra analogía del campo de rugby). El estilo de vida de estos humanos primitivos giraba en torno a la caza y la recolección. De las varias poblaciones del mundo actual que son cazadoras-recolectoras, la mejor conocida son los San (antes llamados bosquimanos) del desierto de Kalahari, al sur de Africa. No cultivan la tierra, la mayor parte de su alimento viene de la recolección de frutos secos, suplementado ocasionalmente por carne obtenida en expediciones de caza. Los estudios sobre los San han complementado algunas de las líneas de nuestra historia evolutiva (Konner, 1977). Por ejemplo, los hijos se espacian cuatro o cinco años. Los niños son muy consentidos por la madre. Los bebés son transportados en posición vertical en un cabestrillo, de tal modo que cabeza, brazos y piernas quedan libres y el bebé tiene acceso directo al pecho y a un collar de cuentas que cuelga del cuello de la madre (Figura 3.7). Como en muchas especies de primates, los padres San tienen un papel secundario en la educación del hijo. Aunque estos estudios son informativos no se debe olvidar que estas poblaciones han continuado evolucionando y quizás no representen el estilo de vida cazador-recolector de nuestros antepasados.

Otro posible enfoque es la comparación de especies contemporáneas en busca de diferencias y similitudes. Como en el método anterior, existe el problema de que los representantes vivientes de una especie han estado sujetos a presiones evolutivas recientes y puede diferir sustancialmente de las formas ancestrales. La conducta de las aves contemporáneas más primitivas, por ejemplo, puede no ser en absoluto representativa de los archaeopteryx (la primera ave que evolucionó a partir de los reptiles). Sin embargo, la comparación entre especies, como los estudios de las poblaciones humanas actuales que viven en ambientes cazadores-recolectores, pueden utilizarse para bosquejar algunas líneas generales en el cuadro de nuestro pasado evolutivo.

Por ejemplo, hay dos estrategias reproductivas generales que suelen ser utilizadas por diferentes especies. Una enfatiza la cantidad, mientras la otra enfatiza la calidad, pero cada una funciona bien en varias especies. La estrategia de cantidad, que es derrochadora pero efectiva, se basa en producir el mayor número posible de descendientes. Por el gran número de retoños, cada uno recibe un cuidado paterno mínimo. Esta estrategia funciona mientras la tasa de mortalidad sea menor que la tasa de natalidad. La estrategia de calidad, más característica de los mamíferos, se basa en producir pocos descen-

FIGURA 3.7.—*Hijo y madre San, cazadora-recolectora, en el desierto de Kalahari. (Cortesía de Melvin J. Konner).*

dientes, pero abasteciéndolos y protegiéndolos. Madurez tardía y mayores cuidados paternos coevolucionaron con esta estrategia (Wilson, 1975). Dado que los humanos, como otros primates, tienen relativamente pocos retoños, pueden procurarles sustanciales cuidados paternos. Otros rasgos evolutivos que caracterizan a la mayor parte de los primates son un mayor cuidado del pequeño por parte del padre y de la madre, mecanismos para estrechar la unión entre las madres y sus pequeños y el importante papel de los juegos interactivos.

También hay importantes diferencias de conducta entre humanos y otros primates. El desarrollo cognitivo de los monos del viejo mundo y del nuevo mundo se parece estrechamente al de los niños hasta el tercer año de vida, período en el que el desarrollo cognitivo humano se dispara y el desarrollo en otros primates se enlentece (Scar, 1975). Los seres humanos también parecen ser los únicos en la naturaleza que utilizan el lenguaje. El famoso chimpancé Washoe necesitó un entrenamiento intensivo para aprender un lenguaje de signos a nivel comparable al de un niño de 3 años. Esto sugiere que una de las tendencias evolutivas, distintiva de la línea humana, se encaminó hacia la adquisición de la capacidad simbólica necesaria para el uso del lenguaje. Estas diferencias anatómicas y de conducta entre hombres y chimpancés, suscita interesantes preguntas, dadas las considerables similitudes genéticas entre estas especies (véanse los Cuadros 3.2 y 3.3.).

Variabilidad genética entre especies

El propósito de la sección anterior era presentar una escala temporal en la que examinar los orígenes del hombre desde los invertebrados, a través del desarrollo de anfibios, reptiles, mamíferos, primates, hasta el hombre moderno.

Los ejemplos ilustran el aumento de la diversidad genética a través de un largo período de tiempo. En esta sección consideraremos la variabilidad genética entre especies contemporáneas. Cuando Linneo definió la palabra *especie* en 1735, pensó que cada especie era una unidad inmutable creada por Dios. Sabemos ahora que ningún sistema taxonómico puede dar perfecta cuenta de la variabilidad genética de las inmutables unidades discretas (especies), porque hay una variabilidad genética considerable dentro de cada especie. Antes de discutir la variabilidad intraespecífica, consideraremos la variabilidad entre especies.

Aunque la variabilidad genética de los organismos más cercanos al hombre en el sentido evolutivo es la que nos resulta más interesante, es preciso enmarcarla en un contexto más amplio. El orden de los primates pertenece a la clase mamíferos, que incluye otros 18 órdenes, algunos de los cuales ya hemos enumerado. Existen unas 4.300 especies sólo en la clase mamíferos, pero esta gran variabilidad representa sólo una pequeña parte del tronco de los cordados, que engloba principalmente a los vertebrados. Hay unas 3.000 especies de anfibios, 6.000 especies de reptiles, 11.000 especies de aves y 28.000 especies de peces. En conjunto existen más de 55.000 especies de vertebrados. Esta diversidad genética, aunque impresionante, es insignificante comparada con los invertebrados. Se calcula que existen aprox. 1.055.000 especies en el *tronco* de los cordados.

A nuestra perspectiva sobre la variabilidad hay que añadir la visión microscópica de los organismos unicelulares. Se ha calculado que existen unos 100.000 cuatrillones de células vivas en el mundo actual, esto es 100.000.000.000.000.000.000.000.000.000 (Hockett, 1973). De estos 100.000 cuatrillones quizás 99.000 (como mínimo 90.000) se encuentran en forma de organismos unicelulares, como las bacterias. Nosotros, los *metazoa* (multicelulares), estamos en franca minoría. Hay que señalar también que esta variabilidad sólo incluye a los supervivientes del proceso de selección natural. Hay muchas más especies extinguidas que existentes.

Evolución y variabilidad

Como comentamos en el Capítulo 1 la comparación entre especies tiende a ser tipológica, asumiendo conductas invariables entre los miembros de cada especie. Aunque la comparación de especies contemporáneas puede suministrar pistas sobre la evolución, también debemos estudiar la variación dentro de una especie. Hasta hace poco, el pensamiento evolucionista se había centrado en las diferencias entre especies y apenas consideraba las diferencias intraespecies. Existe una tendencia general, aunque errónea, a considerar la selección como una fuerza que crea un acople ideal entre una especie y su entorno, y a asumir que todos los miembros de la especie se ajustan a este ideal y no muestran variaciones importantes. Dada la prevalecencia de este punto de vista, lo discutiremos brevemente ahora y con más detalle en el Capítulo 8.

Como se indicó en el capítulo anterior, Darwin consideraba que la variabilidad era la clave de la selección natural. No estaba convencido del concepto prevaleciente de la mezcla en la herencia, porque reduciría la variabilidad a la mitad en cada generación. Ahora sabemos que en la herencia no existe mezcla, sino que intervienen los elementos discretos descubiertos por Mendel.

A menudo se equipara selección natural y selección direccional (selección de uno de los extremos de un carácter). Quizás estamos acostumbrados a pensar de este modo porque la selección artificial es a menudo direccional.

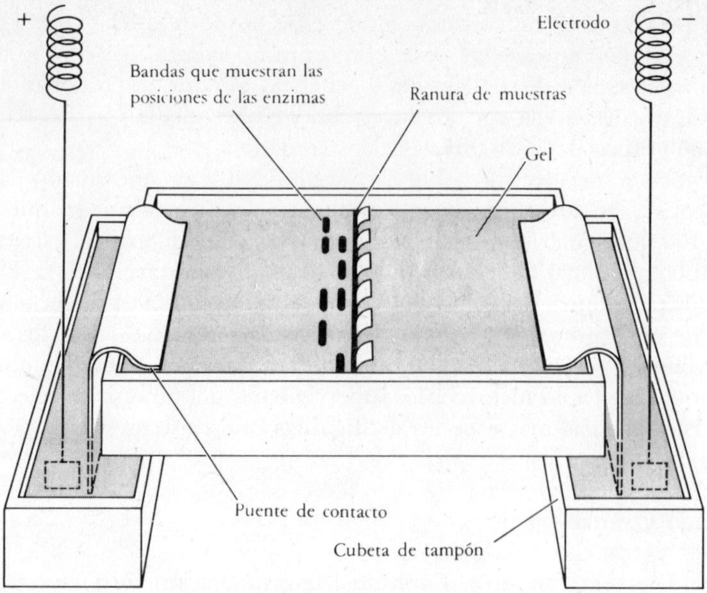

Electroforesis: Se pueden detectar diferencias entre proteínas colocando varias proteínas sobre un gel hecho de almidón, agar o policrilamida. El gel con las muestras de proteína se somete a una corriente eléctrica, normalmente durante unas pocas horas. Cada proteína de la muestra migrará a través del gel en una dirección y a una velocidad determinada por su carga eléctrica neta y su tamaño molecular. Se aplica una disolución química que reacciona con las proteínas produciendo bandas coloreadas en los puntos en los que ha migrado una proteína. Se pueden determinar diferencias entre proteínas por el número y la posición de las bandas electroforéticas. (Adaptado de «El mecanismo de la evolución» por F. J. Ayala. Copyright © 1978 por Scientific American. Inc. Reservados todos los derechos).

Los datos de secuenciación de aminoácidos sugieren que proteínas que poseen diferencias electroforéticas, a menudo sólo difieren en un aminoácido de los cientos que la componen.

Hibridación de DNA

Este método combina DNA de diferentes especies. Compara la temperatura a la que se separa un DNA combinado de dos especies, con la temperatura a la que lo hace un DNA combinado de la misma especie.

CUADRO 3.2.—*Métodos para la determinación de diferencias genéticas entre especies.*

Para investigar las diferencias genéticas entre especies, o entre las poblaciones de una especie, se han utilizado cuatro métodos principales: (1) secuenciación de aminoácidos, (2) técnicas inmunológicas, (3) electroforesis e (4) hibridación de DNA.

Secuenciación de aminoácidos

Los aminoácidos son los elementos constituyentes de las proteínas, y la secuencia en la que éstos se unen para formar una proteína está codificada en los genes, como se describe en el Capítulo 5. Podemos, por lo tanto, comparar la secuencia de aminoácidos de proteínas similares de dos especies distintas para determinar su similitud genética.

Técnicas inmunológicas

Antes de que los bioquímicos descubrieran una técnica para la secuenciación de aminoácidos, se utilizaban varias técnicas inmunológicas para comparar proteínas similares de diferentes especies. La *Inmunología* consiste en el estudio de los anticuerpos que se forman en el suero de la sangre, cuando se introduce una sustancia extraña llamada *antígeno* (una proteína o un carbohidrato). El sistema sanguíneo AB0 es un ejemplo de sistema inmunológico. Cuando se forman anticuerpos contra una proteína en particular, éstas se unen a dicha proteína formando un agregado o *precipitado*. En 1904, G. M. Nuttall utilizó la respuesta inmunológica para estudiar las diferencias entre especies. Consideremos tres especies: chimpancés, conejos y seres humanos. Cuando se inyecta en conejos suero de chimpancé, los conejos formarán anticuerpos contra las proteínas del suero de chimpancé. El suero del conejo (con anticuerpos antichimpancé) se mezcla con sangre humana. Los anticuerpos antichimpancé del suero de conejo se unirán a las proteínas del suero humano que sean similares a las del chimpancé. La gran similitud entre las proteínas humanas y las de chimpancé originarán una gran precipitación o reacción de agregación. Se ha demostrado que este método está de acuerdo con los más recientes resultados de secuenciación de aminoácidos (Goodman et al., 1971) y ha sido más ampliamente utilizado en los estudios sobre primates.

Electroforesis

Otra técnica, llamada electroforesis (literalmente «llevado por electricidad») compara las cargas medias de los aminoácidos en un campo eléctrico, en vez de analizar su secuencia completa en una proteína. Esta técnica, muy utilizada en genética de poblaciones (Capítulo 8), se ilustra en la figura de la siguiente página.

CUADRO 3.3.—*Diferencias genéticas entre humanos y chimpancés.*

Los métodos descritos en el Cuadro 3.2 han sido extensamente aplicados a los primates. En conjunto, los datos indican que el *Homo sapiens* está más cerca genéticamente del chimpancé y otros simios africanos que de cualquier otra especie de primate.

Se ha estudiado la diferencia en secuencia de aminoácidos entre humanos y chimpancés en 8 proteínas, con un total de unas 1.000 posiciones de aminoácidos. En estas proteínas sólo se han encontrado dos diferencias en aminoácidos entre humanos y chimpancés (King y Wilson, 1975). La figura de la página opuesta muestra las diferencias inmunológicas (en unidades arbitrarias) entre los mamíferos seleccionados. Claramente, los seres humanos son más similares a los simios africanos que a cualquier otro primate y difieren relativamente poco de los chimpancés y gorilas (Bruce y Ayala, 1978). Cuando se compararon electroforéticamente 44 proteínas distintas de humanos y chimpancés, cerca de la mitad eran idénticas (King y Wilson, 1975). Sabemos que la mayoría de las proteínas que difieren probablemente lo hacen en sólo un aminoácido de los cientos existentes en cada proteína. Las técnicas de hibridación de DNA dan resultados similares: combinaciones de DNA humano-chimpancé permiten estimar diferencias de sólo un 1 por ciento entre el DNA de las dos especies.

Todos estos métodos demuestran una considerable similitud genética entre el hombre y el chimpancé. De hecho, la distancia genética entre ellos es aproximadamente la misma encontrada entre especies de otros maníferos emparentados y estrechamente relacionados. Sin embargo, estos datos son frecuentemente interpretados erróneamente como indicativos de que el hombre y el chimpancé son genéticamente idénticos en cerca de un 99 por ciento. Algunos llegan a afirmar (por ejemplo, Washburn, 1978b) que por lo tanto los humanos deben ser genéticamente idénticos entre sí en más de un 99 por ciento. Obsérvese que hemos dicho que el DNA de humanos y chimpancés difiere sólo en un 1 por ciento. Esto no es lo mismo que decir que sólo difieren en el 1 por ciento de sus genes. Como veremos en el Capítulo 5, las proteínas están formadas por la unión de unos 300 aminoácidos por término medio. Si falta uno solo de estos aminoácidos o está en una posición equivocada la proteína resultante puede ser completamente distinta. Por ejemplo la anemia falciforme está causada por la sustitución de un solo aminoácido en un polipéptido de la hemoglobina, llamado cadena beta. Hay 146 aminoácidos en la cadena beta, pero una sola sustitución hace que la proteína no funcione adecuadamente. Por lo tanto, la diferencia entre la hemoglobina normal y la mutante es menor que el 1 por ciento de diferencia existente entre el DNA humano y el de chimpancé (una diferencia de 1 cada 146); sin embargo las proteínas son funcionalmente muy distintas. La mayoría de las mutaciones son de este tipo.

En otras palabras, aunque el DNA de chimpancé y el DNA humano son muy similares, las proteínas resultantes pueden ser muy distintas. Si una proteína tiene por término medio 300 aminoácidos y si 1 de cada 100 aminoácidos difiere entre humanos y chimpancés, cada proteína del cuerpo humano sería consecuentemente distinta de las proteínas del chimpancé. De hecho la probabilidad de que la proteína resul-

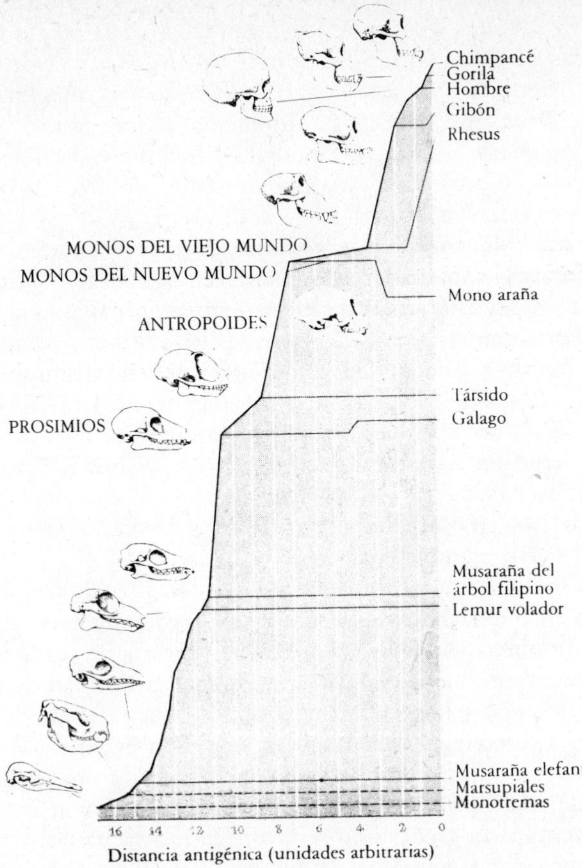

Diferencias inmunológicas: La distancia inmunológica entre los mamíferos seleccionados, se indica por la separación, medida en el eje horizontal, entre las ramas de este «árbol de divergencia». Por ejemplo, los monotremas (mamíferos primitivos ponedores de huevos) distan de los marsupiales solo 1,5 (en unidades arbitrarias) pero les separa de los chimpancés una distancia de casi 17. La distancia entre el hombre y los simios del mundo antiguo es de poco más de 2, entre el hombre y los gibones asiáticos 2, y entre hombre y gorilas y chimpancés africanos menos de 1. Los datos son de Morris Goodman de la Universidad del Estado de Wayne (Adaptado de «La evolución del hombre» por S. L. Washburn. Copyright © 1978 por Scientific American, Inc. Reservados todos los derechos).

tante de un gen en particular sea idéntica en el hombre y en el chimpancé es sólo del 52 por ciento de acuerdo con los datos electroforéticos citados (Plomin y Kuse, 1979).

En resumen, aunque los humanos son ciertamente más parecidos genéticamente a los simios africanos que a cualquier otro primate, hay que ser precavido al hablar de diferencias genéticas absolutas entre especies. Hay que aclarar el significado de la palabra *genético,* y afrontar la difícil pregunta: Diferente, ¿es muy diferente?

Seleccionamos las gallinas que ponen más huevos, vacas que producen más y mejor leche y caballos que corren más rápido. Si la selección es direccional, la variabilidad genética disminuye porque los alelos que favorecen el carácter seleccionado tienden a «fijarse» en las especies (para más detalles véase el Capítulo 8). Dado que la selección direccional reduce la variabilidad, puede conducir a un modo de pensar tipológico. Incluso se ha llegado a afirmar que los rasgos que presentan variabilidad dentro de una especie son «retales genéticos», es decir, sin importancia evolutiva.

Sin embargo, la *selección estabilizadora* es otra estrategia de selección importante y puede mantener la variabilidad genética. Incluso en la selección artificial, la selección estabilizadora opera manteniendo el equilibrio del individuo. Por ejemplo, al ser seleccionadas las gallinas para una producción máxima de huevos, su fertilidad y viabilidad general disminuye, contrarrestando así los efectos de la selección artificial extrema. La selección estabilizadora no es, ni con mucho, tan dramática como la selección direccional, pero es muy frecuente en la naturaleza. Edward O. Wilson señala que «es fácil encontrar en la naturaleza ejemplos de fuerzas de selección contrarrestante (estabilizadora)» y cita la conducta agresiva, sistemas de dominancia y conducta sexual como ejemplos (1975, p. 132).

Francis Galton, como en otros muchos aspectos en los que fue el primero, no tardó en considerar la selección estabilizadora. Durante sus viajes por Africa, Galton observó la marcada conducta gregaria de sus bueyes de carga. En un manuscrito publicado en 1871, consideró la utilidad de esta conducta para la supervivencia y llegó a la conclusión de que la selección estabilizadora, más que la direccional, era la mejor inversión evolutiva. Un gregarismo moderado parecía óptimo tanto para pasar como para protegerse. Un menor gregarismo dejaría a los bueyes en una posición vulnerable frente a los predadores, y demasiado gregarismo sería ineficaz para pastar.

En su libro sobre genética de poblaciones, J. F. Crow y M. Kimura concluyen: «A lo largo de este libro hemos señalado varias veces que para casi cualquier carácter medible (excepto la propia aptitud), los individuos más aptos suelen presentar un valor intermedio para ese rasgo. Si el rasgo es el tamaño, la especie tiene un tamaño típico característico y los individuos demasiado grandes o pequeños son menos viables o fértiles, sucediendo igual con otros rasgos cuantitativos» (1970, p. 293).

Así, la selección estabilizadora mantiene la media de una población. También puede mantener la variabilidad genética —como por ejemplo, cuando los heterozigotos tienen una ventaja selectiva. Cuando están implicados muchos genes puede haber cierta reducción de la variabilidad, pero este tema es muy complejo (Crow y Kimura, 1970). Estos temas se tratarán más extensamente en el Capítulo 8.

Durante la última década los genetistas de poblaciones han estudiado en detalle la selección estabilizadora porque ofrece una posible respuesta evolutiva a un crucial descubrimiento: En muchas especies, al menos un tercio de los genes son polimórficos (es decir, tienen dos o más alelos o formas alternativas del gen). Aunque los genetistas de poblaciones están de acuerdo en que la variabilidad genética dentro de una especie es omnipresente, discrepan sobre su causa evolutiva. Los «neutralistas» afirman que la mayor parte de la variabilidad es selectivamente neutra: se mantiene porque no supone una aptitud reproductiva diferente. Sin embargo, los «seleccionistas» mantienen que la variabilidad es mantenida activamente por algún tipo de equilibrio selectivo. Aunque en los últimos años (véase el Capítulo 8) se han descubierto varios interesantes ejemplos de selección estabilizadora, probablemente ambos puntos de vista son hasta cierto punto ciertos.

Para completar, debemos mencionar un tercer tipo de selección. La *selección disruptiva* favorece ambos extremos de una característica, manteniendo por lo tanto inafectada la media pero aumentando enormemente la variación genética.

En resumen, dado que la selección natural podría mantener activamente la variabilidad genética, debemos considerar tanto las diferencias genéticas *dentro* de una especie, como la diferencia media *entre* especies. Estos temas, que afectan a la evolución y a la variabilidad genética, ayudan a comprender el nuevo campo de la sociobiología y a establecer sus relaciones con la genética de la conducta.

Sociobiología

Aunque los científicos conductistas se han interesado desde hace mucho por las diferencias evolutivas entre especies, hay una teoría evolutiva que recientemente ha recibido especial atención (Campbell, 1975; Gregory, Silvers y Sutch, 1978; Wispé y Thompson, 1976). *Sociobiología: la nueva síntesis* es el título de un libro de E. O. Wilson (1975) que instauró una nueva ola de investigaciones sobre un problema ya antiguo. El problema al que los sociobiólogos se han dirigido es el «altruismo», la conducta de autosacrificio. ¿Cómo puede explicarse esta conducta en términos darwinistas? El mismo Darwin ya se había ocupado de este problema:

> No entraré aquí en estos varios varios casos, sino que me limitaré a una especial dificultad que al principio me pareció insuperable y realmente fatal para el conjunto de la teoría. Me refiero a los asexuados o hembras estériles de las comunidades de insectos; pues estos asexuados a menudo difieren ampliamente en instinto y estructura tanto de machos como de hembras fértiles, y aun así, al ser estériles, no pueden propagar su clase (Darwin, 1859, pp. 203-204).

La respuesta de Darwin al problema incluía la selección de grupo:

> Si tales insectos han sido sociales y ha sido beneficioso para la comunidad que anualmente nazcan un número de individuos capaces de trabajar, pero incapaces de reproducirse, no puedo ver especial dificultad en que ello esté afectado por la selección natural.

En otras palabras, si los miembros individuales de un grupo se autosacrifican para el bien del grupo, es más probable que el grupo sobreviva. La hipótesis de la selección de grupo se puso en candelero gracias a un libro en el que V. C. Wynne-Edwards (1962) utilizaba la selección de grupo para explicar por qué muchos animales parecen reducir su reproducción de modo altruista.

Sin embargo, es difícil reconciliar la selección de grupo con la selección individual. En un grupo altruista, es de esperar que los individuos egoístas tengan una ventaja evolutiva sobre los altruistas. Si la selección actúa contra los altruistas porque no se reproducen y los egoístas se ven favorecidos por la selección, es de esperar que predomine la descendencia de los egoístas.

En *Sociobiología,* Wilson sugiere una respuesta distinta al antiguo problema del altruismo. «La respuesta es el parentesco: Si los genes causantes del altruismo son compartidos por dos organismos por tener un antecesor común, y si el acto altruista de un individuo aumenta la contribución conjunta de estos genes a la siguiente generación, la tendencia al altruismo tenderá a propagarse por el colectivo de genes» (1975, pp. 3-4). Los sociobiólogos mantienen que se debe extender el concepto de aptitud individual al de aptitud inclusiva. La *aptitud inclusiva* es la aptitud de un individuo más la porción de la aptitud compartida genéticamente con los emparentados con él (Hamilton, 1964). J. B. S. Haldane dio a conocer anticipadamente este punto de vista, cuando chistosamente anunció que cambiaría su vida por dos hermanos o por ocho primos hermanos. Dos hermanos (cada uno compartiría 1/2 de sus genes) u ocho primos (cada uno compartiría 1/8) serían su equivalente genético.

La aptitud inclusiva y la selección por parentesco sugieren que la unidad de selección no es el grupo o el individuo, sino el gen. Esta es la premisa del libro de Dawkins (1976), *El gen egoísta.* El título del libro implica que el egoísmo puede explicar aparentemente los actos altruistas de un individuo, si el resultado del acto altruista contribuye a que sobrevivan más genes del individuo y a su transmisión a las futuras generaciones. Este es el motivo de considerar la aptitud inclusiva en vez de la aptitud individual. Wilson (1975) resume así la visión sociobiológica del altruismo: «Un acto altruista, egoísta o de rencor con base genética evolucionará si la aptitud inclusiva media de los individuos que lo realizan es mayor de la aptitud inclusiva de los individuos de un contexto similar, pero que no lo realizan (p. 118).

Ejemplos inter-especies de la sociobiología

La teoría de la selección de parentesco predice que el altruismo será más frecuente al aumentar la similitud genética. Casi todos los exámenes de esta hipótesis se han hecho en base a la comparación entre especies. Esto es, ¿por qué unas especies muestran cierto tipo de altruismo y otras no? Por ejemplo, W. D. Hamilton (1964), en uno de los trabajos fundadores de la sociobiología, utilizaba la teoría de la selección de parentesco para explicar por qué algunas especies, como abejas, hormigas y avispas, tienen una estirpe de hembras obreras que no se reproducen. En términos evolutivos este es el supremo acto altruista. Las hembras obreras que no se reproducen comparten tres cuartos de sus genes con sus hermanas (futuras reinas y otras hembras obreras) debido a un sistema genético especial en el que las hembras, como la mayor parte de los organismos, poseen dos juegos de genes (diploide), si bien los machos sólo poseen un juego (haploide). Si estas hembras obreras se reprodujeran, sólo compartirían la mitad de sus genes con su descendencia. Por lo tanto, su aptitud inclusiva está mejor asegurada trabajando para el resto de la comunidad que criando su propia descendencia (Smith, 1978).

Hay otros ejemplos interespecie que ilustran estos principios. Por ejemplo, ¿por qué, a diferencia de los ñus, las cebras defienden a sus crías? Las cebras viven agrupadas por familias, mientras que los rebaños de ñus son grupos mixtos de familias. La respuesta podría ser que las cebras están genéticamente unidas a las crías a las que protegen, mientras que los ñus podrían estar arriesgando su vida por una cría con la que no tienen relación directa (West-Eberhard, 1975). Ocasionalmente, la investigación sociobiológica se ha centrado en las poblaciones de una especie; por ejemplo, ¿por qué la conducta paternal de las marmotas en unidades familiares aisladas es distinta de la conducta paternal en colonias muy pobladas? (Barrash, 1975). Sin embargo, ésta es una perspectiva tipológica, asume conductas invariables para cada grupo o especie estudiada (Capítulo 1).

Respecto a la especie humana se ha afirmado que «la sociobiología trata de los universos biológicos subyacentes a la conducta social humana» (Barrash, 1977, p. 278). Este es también un enfoque tipológico. Un ejemplo de especulación sociobiológica concerniente a la conducta humana, es la predicción de conflictos entre padres y su descendencia. Si no se piensa en ello con profundidad, se podría esperar que la sociobiología predijera armonía entre padres e hijos porque, después de todo, están emparentados. Sin embargo, la sociobiología reinterpreta la relación entre padres e hijos en términos del egoísmo genético de la aptitud inclusiva, lo cual conduce al conflicto (Trivers, 1974). Para los padres aparece la máxima aptitud inclusiva al tener mucha descendencia, lo cual reduce la inversión genética relativa en cada retoño. Para la descendencia, sin embargo, la historia es distinta. La aptitud inclusiva de cada retoño se mejora tratando de maximizar la inversión de sus padres en él, en vez de en sus hermanos, creando el conflicto no sólo entre padres e hijos sino también entre hermanos.

La sociobiología también ofrece una explicación del mayor cuidado materno que paterno de la descendencia, en la vasta mayoría de las especies de mamíferos, incluyendo la humana. Salvo en especies absolutamente monógamas (como son las águilas, por ejemplo), el macho invierte menos en la cría. Los machos tienen crías con varias hembras, pero cada hembra debe dedicar su energía a la preñez y, en los mamíferos, al subsecuente cuidado después del parto. Aunque el cuidado de los padres se incrementa al aumentar la inversión que realizan, el objetivo fundamental es la aptitud inclusiva. Dada la invervención que las hembras realizan en sus crías, su aptitud se mejora al aumentar los cuidados dados a sus crías. En muchos casos, sin embargo, la inversión del macho se reduce a poco más que la cópula y pueden maximizar su aptitud inclusiva teniendo más crías con diferentes hembras. Una de las posibles causas de los mayores cuidados maternos que paternos puede ser el que las hembras tengan la seguridad de que comparten la mitad de sus genes con sus crías. Sin embargo, los machos no pueden estar tan seguros. De acuerdo con la sociobiología, la mayor atención altruista que las madres dedican a sus crías no es menos egoísta, desde el punto de vista genético, que la de los padres.

La sociobiología ha dado el primer paso para la explicación de algunos hechos generales de la conducta humana. Sin embargo, para ir más allá de estas comparaciones evolutivas generales entre especies, es preciso considerar las diferencias intraespecies. ¿Por qué algunas madres abandonan a sus hijos e incluso abusan de ellos? ¿Por qué en unas familias hay más conflictos entre padres e hijos que en otras?

Sociobiología y diferencias genéticas intraespecie

La sociobiología se ha centrado más en las diferencias entre especies que en las intraespecies. La teoría de la selección de parentesco comienza por los grados de relación genética: los hermanos comparten aproximadamente la mitad de sus genes segregables, los hermanastros comparten un cuarto, los primos comparten un octavo y así sucesivamente. Este importante concepto se discutirá en el Capítulo 9, pero ahora hay que hacer hincapié en la palabra *segregable*. Como se discutió en el Capítulo 2, la segregación se refiere a los genes que tienen formas alternativas (alelos), que se separan de acuerdo con las leyes descubiertas por Mendel. Si todos los genes tuvieran un solo alelo (es decir, si no hubiera variación genética en una especie), todos los miembros de esa especie serían genéticamente idénticos. Por lo tanto la teoría sociobiológica requiere implícitamente variabilidad genética intraespecie.

Ha habido algunos intentos de aplicar las predicciones de la selección de parentesco al estudio de las diferencias de conducta intraespecie, para explicar por qué algunos miembros de la especie son más altruistas que otros. La teoría de la selección de parentesco predice que la respuesta es el egoísmo genético; somos más altruistas con los que comparten más genes con nosotros.

Un estudio (Sherman, 1977) consideraba la llamada de alarma en respuesta a los predadores, de cierta especie de ardilla (Figura 3.8). Durante más de 3.000 horas de observación, los investigadores registraron 102 encuentros con predadores, que causaron la muerte de 9 ardillas. Dado que las ardillas que dan la voz de alarma tienen más probabilidades de ser acechadas o cazadas por los predadores, se puede considerar la llamada de alarma como una conducta altruista. La selección de parentesco predice que las llamadas de alarma prevalecen entre individuos con muchos familiares. Esta predicción se apoya en la observación de que las hembras con parientes dan más llamadas de alarma que las que no los tienen. Las hembras preñadas,

FIGURA 3.8.—*Ardilla dando la llamada de alarma. (Fotografía de George D. Lepp; cortesía de Paul W. Sherman).*

lactantes, o que viven con crías destetadas, dieron la voz de alarma 14 de las 19 veces que estaban presentes cuando apareció un predador. Hembras sin parientes conocidos sólo dieron la voz de alarma cuando apareció un predador en 2 de las 14 ocasiones. Los datos sobre los machos no apoyaron la teoría de la selección de parentesco. Por ejemplo, la frecuencia de la cópula no se relacionaba con la frecuencia de las llamadas de alarma. Sin embargo, es difícil interpretar estos datos en el caso de los machos, por su bajo número total de llamadas de alarma y porque las ardillas forman una sociedad claramente matriarcal.

En este estudio, se observaron diferencias intraespecie en las llamadas de alarma. La predicción de la teoría de la selección de parentesco que mantenía que el altruismo será más frecuente entre individuos que tengan más parientes, se cumplía para el caso de las hembras. Sin embargo, ésto no prueba que el altruismo tenga una base genética, porque los parientes no sólo comparten los genes sino también el ambiente. Por ejemplo, es posible que las hembras con crías aprendan a protegerlas del mismo modo que ellas fueron protegidas. Para aplicar con rigor la teoría de la selección de parentesco, es necesario determinar hasta qué punto la variabilidad observada es de origen genético.

Sociobiología y genética de la conducta

Tanto la sociobiología como la genética de la conducta se relacionan, en parte, con la herencia de la conducta social. Parte de la dificultad para definir las relaciones entre la sociobiología y cualquier otro campo de estudio, estriba en que el término *sociobiología,* por definición, incluye evolución, genética y ciencias de la conducta. Wilson definió la sociobiología como «el estudio sistemático de las bases biológicas de toda conducta social» (p. 595). Aparentemente una definición tan envolvente no tiene justificación.

La contribución fundamental de la sociobiología a la teoría evolutiva consiste en la prolongación de la aptitud individual a aptitud inclusiva. Cuando se utiliza esta definición, la genética de la conducta se diferencia de la sociobiología en varios aspectos importantes. En primer lugar, la genética de la conducta engloba muchos aspectos genéticos de la conducta: enfoques desde el punto de vista de genes independientes mendelianos, genética molecular, genética cuantitativa, genética de poblaciones y genética evolutiva. La sociobiología incluye básicamente a las dos últimas, aunque se puede incorporar a éstas un enfoque evolutivo de la conducta (Broadhurst, 1979). En segundo lugar, la genética de la conducta no se limita al estudio de la conducta social. Por ejemplo, en estudios sobre seres humanos, la conducta individual, como capacidades cognitivas específicas y psicopatología, han sido la raíz de muchas investigaciones en genética de la conducta. En tercer lugar, la genética de la conducta se centra en las diferencias dentro de una especie, mientras que la sociobiología recalca las diferencias entre especies. Aunque ambas perspectivas son útiles, es importante distinguirlas. Las causas de las diferencias medias entre especies pueden no estar relacionadas con las causas de las diferencias individuales intraespecies. Por ejemplo, las similitudes entre humanos y chimpancés pueden deberse a su similitud genética, pero factores tanto genéticos como ambientales pueden ser los responables primarios de las diferencias dentro de cualquiera de las dos especies. Del mismo modo, las diferencias dentro de cualquiera de las especies podrían deberse a factores mayoritariamente genéticos y aún así, las diferencias medias de conducta entre las especies podrían estar causadas por la influencia de la cultura sobre la conducta humana. Por último, la genética de la conducta ha desarrollado métodos para determinar hasta qué punto las variaciones observadas en la conducta se pueden adscribir a influencias genéticas o ambientales. Es importante señalar que la mayoría de las conductas humanas y no humanas estudiadas por los genetistas de la conducta se encuentran influidas tanto por la herencia como por el entorno. Por el contrario, la opinión sociobiológica sobre la conducta humana tiende a apoyarse en las diferencias medias y similitudes entre la especie humana y otra especie cualquiera contemporánea, diferencias medias y similitudes entre culturas humanas y especulaciones sobre el valor adaptativo de las conductas en las sociedades cazadoras-recolectoras. El libro de E. O. Wilson (1978), *Sobre la naturaleza humana*, ejemplifica el enfoque sociobiológico de la conducta humana.

Por ejemplo, así es como los genéticos de la conducta abordarían el tema del cuidado paterno en humanos. En vez de tomar una posición tipológica preguntándose en qué se diferencia el cuidado paterno en conjunto, del cuidado materno, un genético de la conducta estudiaría la variabilidad en el cuidado de ambos padres. Los progenitores varían en los cuidados que dan a su descendencia, llegando a la negligencia, rechazo e incluso al abuso. Después de describir tales variaciones en el cuidado de los padres en la especie humana, la siguiente pregunta se refiere a la extensión en la que las influencias genéticas y ambientales son causa de tales variaciones. Inicialmente, las causas ambientales parecen probables. Por ejemplo, una hipótesis en boga mantiene que los que abusan de sus hijos sufrieron a su vez abusos por parte de sus padres, aprendiendo así a reaccionar de este modo destructivo ante la frustración de haber sido criados de este modo. Sin embargo, también es posible que estén implicados factores genéticos. Por ejemplo, el abusar de un hijo puede darse en una familia por una propensión heredada a ser emocionalmente inestable o malhumorado. Sin embargo, esta especulación tan a la ligera no contesta la pregunta. En las familias en las que los padres cuidan de sus hijos se comparten tanto genes como ambiente y por lo tanto no podemos separar sus efectos. Los genéticos conductistas, por lo tanto, se valen de otros diseños como los estudios de adopciones, en los que se comparten bien los benes o el ambiente pero no ambos. De este modo, un genético conductista puede estudiar las diferencias en el cuidado de los padres y determinar hasta qué punto estas diferencias son de origen genético o ambiental.

Variabilidad genética intraespecie

Hay que aprender de la evolución la importante lección de la difusibilidad de la variación genética. La mayoría de los teóricos evolucionistas se centran en la variabilidad genética de una especie a otra. Sin embargo, como se comentó en el Capítulo 2, la variación genética dentro de una especie es la base del proceso evolutivo. Los humanos poseen al menos 100.000 loci genéticos y al menos un tercio de ellos tienen dos o más alelos. La variabilidad potencial en la especie humana es tan grande que es casi imposible imaginar que pudieran haber existido nunca dos individuos con la misma combinación de genes. De hecho, cada uno de nosotros tiene la capacidad de producir 10^{3000} óvulos o espermatozoides distintos. El número de espermatozoides de todos los hombres que han existido es 10^{24}. Si consideramos los 10^{3000} óvulos distintos posibles que puede generar una única mujer y el mismo número de posibles espermatozoides generados por un único hombre, la probabilidad de que exista en el futuro o en el pasado un individuo con un genotipo como el suyo es insignificante (Bodmer y Cavalli-Sforza, 1976).

Hay que confesar que aunque las ciencias de la conducta ya tienen en cuenta a Darwin, todavía no ocurre lo mismo con Mendel. Esta afirmación, quizás exagerada, indica que los científicos conductista han empezado a aceptar el origen evolutivo de las diferencias entre especies, pero aún no han comprendido el barajado genético de la reproducción sexual. Esto crea una imagen distinta de la variabilidad. Nuestro sistema biológico no se limita a tolerar las diferencias. El sistema genera diferencias y depende de ellas. Son el *sine qua non* de la evolución, la quintaesencia de la vida. De este tema trata el siguiente capítulo.

Resumen

La variabilidad genética es la clave para comprender la evolución. Podemos considerarla dinámicamente al variar con el tiempo la historia evolutiva, o podemos considerarla como una sección transversal del proceso evolutivo, atendiendo a la variabilidad genética *entre* especies y a la variabilidad genética *dentro* de una especie. La vida comenzó hace 3.500 millones de años con «los replicadores». Las plantas verdes y los invertebrados llevaron a la conquista de la tierra firme, seguidos relativamente poco después por los reptiles y mamíferos. Las líneas de primates y homínidos son muy recientes. Aunque la conducta no se fosiliza, existen métodos para delimitar las posibilidades en lo que se refiere a la evolución de la conducta. Un método consiste en estudiar las especies actuales y tratar de resolver el rompecabezas de la evolución de la conducta. La sociobiología hace predicciones sobre diferencias interespecíficas basándose en la teoría de la selección de parentesco. Aunque los sociobiólogos suelen concentrarse en la variabilidad genética, interespecífica, los genéticos conductistas se centran en la variabilidad genética dentro de una especie.

4
GENES INDEPENDIENTES

Aunque los profesores de genética pueden inventar complicados problemas, los principios básicos de la genética mendeliana son elegantemente sencillos. Esto, por supuesto, no quiere decir que el campo de la genética esté exento de complicaciones. La búsqueda de la comprensión detallada de la transmisión de los factores hereditarios y su modo de acción ha llevado a los investigadores a estudiar citología, embriología, fisiología, bioquímica, biofísica y matemáticas. Sin embargo, los fundamentos de la genética mendeliana se establecieron sin conocimiento de la naturaleza física o química del material hereditario. Aún así, es conveniente introducir los principios de la genética tratando a los determinantes de la herencia como factores hipotéticos.

Experimentos y leyes de Mendel

Para comprender la lógica de los experimentos de Mendel, conviene recordar que en los años 1800 nadie conocía los genes y que la teoría prevaleciente sobre la herencia era la pangénesis (como se discutió en el Capítulo 2). Gran parte de la investigación sobre la herencia implicaba el cruce de plantas de distintas especies. Un obstáculo crítico en este planteamiento es que la descendencia es estéril normalmente, lo que significa que no se pueden estudiar las sucesivas generaciones. Por otro lado, las características de las plantas investigadas eran demasiado complejas para un análisis claro. Gran parte del éxito de Mendel consistió en solventar estos problemas. Cruzó diferentes variedades de plantas de guisantes de la misma especie, obteniendo así descendencia fértil que podía cruzarse para estudiar las generaciones sucesivas. Además, escogió rasgos cualitativos simples («todo o nada»), que dio la casualidad poseían un número de características afortunadas que consideraremos dentro de un momento. Mendel contó además toda la progenie en vez de contentarse, como su predecesores, con un escueto resumen del resultado típico.

Las investigaciones de Mendel incluyeron dos tipos de experimentos. El primero, que utilizaba cruces *monohíbridos,* seguía la herencia de un carácter cada vez. Estos experimentos condujeron a la primera ley de Mendel, la *ley de la segregación.* Esta ley establece la existencia de dos «elementos» hereditarios para cada carácter. Y que estos elementos se separan, o segregan, durante la herencia. La descendencia recibe uno de los dos elementos de cada progenitor. Estos elementos no se mezclan al heredarse, como sugería la teoría de la pangénesis. El segundo tipo de experimento utilizaba cruces dihíbridos y trihíbridos, valorando la herencia de los caracteres, considerándolos de dos en dos o de tres en tres. Los experimentos con dihíbridos y trihíbridos llevaron a Mendel a la conclusión de que los elementos de un carácter se combinan independiente de los elementos de otros caracteres. En otras palabras, la herencia de un rasgo no influye de ningún modo en la herencia de otro. Esta conclusión se conoce como la segunda ley de Mendel, la *ley de la combinación independiente.*

Experimentos con monohíbridos

Mendel estudió siete rasgos cualitativos de la planta del guisante. Tres de ellos eran: interior de la semilla (cotiledón) verde o amarillo, semillas lisas o rugosas y tallo largo o corto. Obtuvo veintidós variedades de planta del guisante que diferían en alguna de estas características. Cruzó dos variedades raza pura. Una planta raza pura es la que siempre da el mismo resultado cuando se autopoliniza o se cruza con el mismo tipo de planta.

En un experimento, Mendel cruzó plantas raza pura de semilla redonda con plantas raza pura de semilla rugosa. Avanzado el verano, cuando abrió las vainas que contenían la descendencia (llamada la F_1, o primera generación filial), encontró que todas contenían semillas lisas. Este resultado indicaba que no era correcto el punto de vista tradicional del mezclado en la herencia. La F_1 no tenía semillas moderadamente rugosas. Dado que la descendencia de F_1 era fértil, Mendel pudo dar el paso siguiente autofecundando plantas de la F_1 para estudiar su descendencia, conocida como F_2. Los resultados fueron sorprendentes: 3/4 de la descendencia tenía semillas redondas y 1/4 tenía semillas rugosas. De 7.324 semillas de la F_2, 5.474 eran redondas y 1.850 eran rugosas. Estos resultados indicaban que el factor responsable de la semilla rugosa no se había perdido en la generación F_1, sino que había sido dominado por el factor causante de las semillas redondas. En el Cuadro 4.1 se presentan fragmentos de la publicación de Mendel en la que describen estos experimentos.

A partir de estos hechos, Mendel dedujo una sencilla explicación que incluía dos hipótesis, resumidas en la Figura 4.1. En primer lugar, cada individuo tiene dos factores hereditarios, ahora llamados alelos (formas alternativas de un gen), que determinan el que la semilla sea rugosa o lisa. Así, cada progenitor posee dos alelos, pero transmite sólo uno de ellos a su descendiente. La segunda hipótesis mantenía que un alelo podía dominar sobre el otro. Estas dos hipótesis explicaban limpiamente los datos. La planta progenitora raza pura con semilla redonda posee dos alelos para la semilla redonda (A_1A_1). La planta raza pura de semilla rugosa es A_2A_2. Por lo tanto la progenie F_1 tendrá un alelo de cada progenitor (A_1A_2). Si A_1 domina sobre A_2, la F_1 tendrá semillas redondas. La verdadera prueba es la población de la F_2.

La teoría de Mendel predecía que cuando se autofecunda la F_1, o se cruza con otro individuo de la F_1 (A_1A_2 con A_1A_2), 1/4 de la F_2 debe ser A_1A_1, 1/2 A_1A_2 y 1/4 A_2A_2. Sin embargo, si asumimos que A_1 domina sobre A_2, A_1A_2 debe tener semillas redondas como la A_1A_1. Por lo tanto 3/4 de la F_2 deben tener semillas redondas y 1/4 rugosas, que es exactamente lo que indican los datos de Mendel. Mendel llevó a cabo muchos experimentos con otras características y otras variedades de plantas de guisantes y todos confirmaron su teoría.

En este momento es preciso introducir varios términos nuevos junto a los de gen y alelo. Los individuos que poseen los mismos alelos para un gen en particular, se llaman *homozigotos;* los que tienen alelos distintos son *heterozigotos.* Las variedades progenitoras raza pura eran todas homozigotas (A_1A_1 o A_2A_2) y en la F_1 eran todas heterozigotas (A_1A_2). *Genotipo* es la constitución genética de un individuo. Con dos alelos para un gen, existen tres tipos distintos para ese gen en particular: A_1A_1, A_1A_2 y A_2A_2. Lo que observamos es el *fenotipo,* no el genotipo. Por ejemplo en la población F_2 los genotipos se distribuían en una relación 1:2:1 (1/4 A_1A_1, 1/2 A_1A_2, 1/4 A_2A_2), mientras que los fenotipos estaban en relación 3:1 (3/4 redondas y 1/4 rugosas). En otras palabras, el fenotipo no siempre es fiel reflejo del genotipo, ya que el genotipo A_1A_2 tiene la misma apariencia que el genotipo A_1A_1. Afortunadamente para la teoría de Mendel la dominancia de A_1 sobre A_2 era completa. Si no hubiera dominancia, el fenotipo de A_1A_2 sería intermedio entre A_1A_1 y A_2A_2 y parecería que en la F_1 hubiera ocurrido un mezclado. En la Figura 4.2 se muestran diversos tipos de expresión génica. Para las características de las plantas del guisante de Mendel, había dominancia completa en el sentido de que el valor fenotípico (aspecto) del genotipo heterozigoto era el mismo que el del genotipo homozigoto. La otra cara de la moneda es la

CUADRO 4.1.—*El trabajo clásico de Mendel: Resultados de monohíbridos.*

Mendel presentó los resultados de ocho años de investigaciones sobre la planta del guisante en una reunión de naturalistas en Brunn, Moravia, en 1865 y su trabajo se publicó en 1.866. Dado que sus estudios son la piedra angular de la genética, transcribimos las siguientes secciones haciendo énfasis en sus resultados de monohíbridos*.

Experimentos de hibridación de plantas

La experiencia en fertilización artificial, como la que se efectúa con plantas ornamentales para obtener nuevas variedades de color, ha conducido a los experimentos que se discutirán aquí. La sorprendente regularidad con la que siempre reaparecen las mismas formas híbridas, cuando quiera que la fecundación tenga lugar entre la misma especie, indujo experimentos subsecuentes con el objeto de seguir el desarrollo de los híbridos y su progenie...

El trabajo que presentamos ahora, registra los resultados de un detallado experimento. El experimento se confinó en la práctica a un pequeño grupo de plantas y está ahora, después de ocho años de búsqueda, concluido en todo lo esencial. Se deja al amable lector el decidir si el plan bajo el que se han conducido y llevado a cabo por separado los experimentos, era el más adecuado para alcanzar el fin deseado...

Formas de híbridos [F_1]

...en este trabajo, aquellos caracteres que se transmiten como un todo o casi inalterados por la hibridación, y por lo tanto constituyen por sí mismos el carácter del híbrido, son denominados *dominantes* y aquellos que permanecen latentes en el proceso, *recesivos.* Se ha escogido el término «recesivo» porque los caracteres así designados se enmascaran o desaparecen completamente en los híbridos, pero sin embargo reaparecen inalterados en su progenie, como se demostrará más adelante... De los caracteres diferenciadores utilizados en el experimento, son dominantes los siguientes:

1. La forma redonda o redondeada de la semilla con o sin depresiones superficiales.

* Traducido al inglés por William Bateson y la Real Sociedad Horticultora de Londres. El trabajo original se publicó en *Verh. Naturj. Ver. in Brunn, Abhandlungen,* 1866.

recesividad. En vez de decir que el alelo A_1 domina sobre el A_2, podríamos decir que el alelo A_2 es recesivo respecto al alelo A_1. Por otro lado, si el alelo A_1 fuera recesivo respecto al A_2, el genotipo A_1A_2 tendría la misma apariencia que el genotipo A_2A_2. Estos ejemplos consideran dominancia o recesivi-

2. El color amarillo del albumen de la semilla (cotiledones).

3. El color de la semilla gris, gris-marrón, o marrón cuero, asociado con florescencias rojo-violeta y puntos rojizos en las axilas de las hojas.

4. Forma hinchada de la vaina.

5. El coloreado verdoso de las vainas inmaduras en asociación con el mismo color en tallo, nervios de las hojas y cáliz.

6. Distribución de las flores a lo largo del tallo.

7. Mayor longitud del tallo.

La generación a partir de híbridos [F_2]

Los valores relativos que se obtuvieron para cada pareja de caracteres diferenciales fueron:

Expt. 1. Forma de la semilla.—A partir de 253 híbridos se obtuvieron en el segundo año 7.324 semillas. Entre ellas había 5.474 redondas o redondeadas y 1.850 con rugosidades angulosas. Por lo tanto se dedujo la relación de 2,96 a 1.

Expt. 2. Color del albumen.—258 plantas dieron 8.023 semillas, 6.022 amarillas y 2.001 verdes, su proporción por lo tanto es 3,01 a 1...

Expt. 3. Color de la envoltura de la semilla.—Entre 929 plantas, 705 exhibían flores rojo-violeta y envolturas de la semilla gris-marrón; 224 tenían flores y envolturas blancas, dando la proporción 3,15 a 1.

Expt. 4. Forma de las vainas.—De 1.181 plantas, 882 las tenían hinchadas y 299 presentaban constricciones. Relación resultante 2,95 a 1.

Expt. 5. Color de las vainas inmaduras.—El número de plantas ensayadas fue 580, de las cuales 428 tenían vainas verdes y 152 amarillas. Por lo tanto están en relación de 2,81 a 1.

Expt. 6. Posición de las flores.—De 858 casos 651 mostraban inflorescencia axial y 207 terminal. Relación 2,82 a 1.

Expt. 7. Longitud del tallo.—De 1.064 plantas, el tallo era largo en 787 casos y corto en 277. Se deduce la relación mutua de 2,84 a 1.

Si se consideran en conjunto la totalidad de los resultados, se encuentra entre el número de formas del carácter dominante y recesivo, una relación media de 2,98 a 1 ó 3 a 1.

dad completa, pero ambas podrían ser parciales. Es decir, el heterozigoto A_1A_2 podría situarse en cualquier punto sobre los dos homozigotos.

Mendel resumió su teoría en la *ley de la segregación:* la herencia es particulada; es decir, existen unidades de herencia discretas e inviolables que se transmiten de tal modo que la descendencia tendrá dos unidades, una de cada progenitor. En otras palabras, los alelos de un gen se separan limpiamente, sin dejar efectos residuales uno en otro. Un alelo A_1 transmitido por un

	Observado	Hipotético
Progenitores raza pura	Raza pura redonda × Raza pura rugosa	$A_1A_1 \times A_2A_2$
F_1	Todas redondas	Todas A_1A_2 (A_1 dominante)
F_2	3/4 redondas, 1/4 rugosas	¼ A_1A_1, ½ A_1A_2 (Redondas); ¼ A_2A_2 (Rugosas)

FIGURA 4.1.—*Resumen de los experimentos de Mendel con monohíbridos.*

progenitor A_1A_1 es idéntico al transmitido por un progenitor A_1A_2. Las relaciones de la población F_2 se llaman *relación de segregación de monohíbridos:* «mono» porque consideran un solo rasgo, como la redondez de la semilla; «híbrido» porque son el resultado del cruce entre dos poblaciones raza pura; y «segregación» porque indican que los alelos se separan o segregan en la generación F_2. La relación 1:2:1: es la segregación *genotípica* de monohíbridos y la relación 3:1 es la segregación *fenotípica* de monohíbridos.

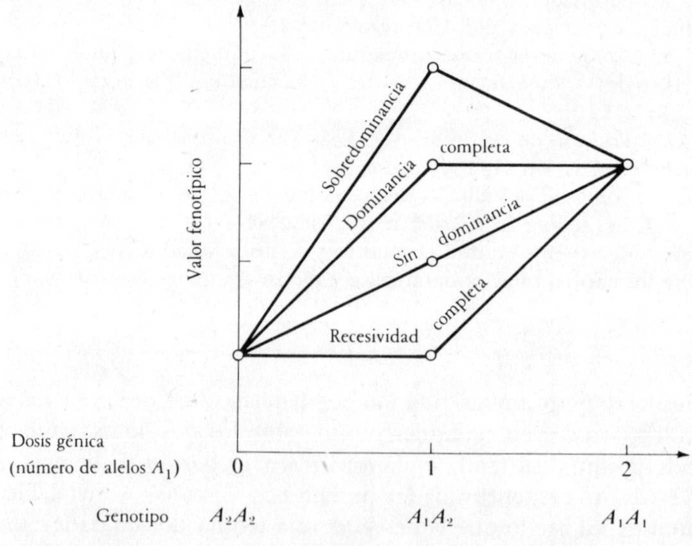

FIGURA 4.2.—*Representación gráfica de cuatro tipos de expresión génica.*

En la Tabla 4.1 se indica un modo distinto de considerar la ley de la segregación. Cada gameto (óvulo o espermatozoide) contiene un alelo de cada par de genes que posee el progenitor productor del gameto. Los individuos de la F_1 son todos heterozigotos A_1A_2. Cuando se cruzan para obtener la generación F_2, la mitad de los espermatozoides llevarán el alelo A_1 y la otra mitad llevarán el alelo A_2. Esto también se cumple para los gametos de la hembra. Si espermatozoides y óvulos se unen al azar, la descendencia sería la que se indica en la Tabla 4.1. Hay tres genotipos distintos en la F_2. Sus frecuencias relativas son 1/4 A_1A_1, 1/2 A_1A_2 y 1/4 A_2A_2. Si hay dominancia completa, no se observará ninguna diferencia entre el genotipo A_1A_1 y el A_1A_2, dando por lo tanto una relación de segregación fenotípica de 3:1.

TABLA 4.1.—*Descendencia F_2 de un cruce entre monohíbridos F_1.*

		Espermatozoides	
		1/2 A_1	1/1 A_2
Ovulos	1/2 A_1	1/4 A_1A_1	1/4 A_1A_2
	1/2 A_2	1/4 A_1A_2	1/4 A_2A_2

Experimentos con dihíbridos

Mendel experimentó también con cruces de plantas que diferían en dos rasgos, dando lugar a las relaciones de segregación de dihíbridos en la población F_2. El Cuadro 4.2 contiene un corto fragmento del trabajo de Mendel detallando algunos de estos resultados. Como se describe en el Cuadro 4.2, Mendel cruzó plantas raza pura que tenían cotiledones amarillos (el interior de la semilla, que Mendel designa como «albumen») y semillas redondas, con planta raza pura que tenían cotiledones verdes y semillas rugosas. Las semillas de la F_1 eran todas amarillas y redondas, ya que los caracteres amarillo y redondo son dominantes. La pregunta inquietante se refería a la F_2. ¿Se transmitirían el carácter amarillo y redondo como un solo paquete o se heredarían independientemente? Cuando abrió las vainas de la F_2 encontró que 3/16 de las semillas eran amarillas y rugosas y un igual número eran verdes y redondas. Así, Mendel llegó a la conclusión de que los dos rasgos se hereda-

CUADRO 4.2.—*El trabajo clásico de Mendel: Resultados de dihíbridos.*

El Cuadro 4.1 contiene citas de la presentación por Mendel de sus resultados de monohíbridos. Aquí presentamos un fragmento de la discusión de los resultados obtenidos cuando se investigaban dos rasgos simultáneos*. La frase final es su exposición de la ley de la combinación independiente.

LA DESCENDENCIA DE LOS HIBRIDOS EN LOS QUE ESTAN ASOCIADOS VARIOS CARACTERES DIFERENCIADORES

En los experimentos descritos anteriormente se utilizaban plantas que diferían sólo en un carácter esencial. La siguiente tarea consistía en determinar si la ley del desarrollo descubierta en éstos se podría aplicar a cada par de caracteres diferenciadores, cuando varios caracteres diversos se unan en el híbrido por cruzamiento...

Para facilitar el estudio de los datos obtenidos en estos experimentos, se indicarán los distintos caracteres de la planta de la que se utilizó el óvulo como A, B y C, los de la planta de la que se utilizó el polen como a, b y c, y las formas híbridas de los caracteres como Aa, Bb y Cc.

Expto. 1. AB, progenitores «óvulo».
A,forma redondeada.
B,albumen amarillo.
ab,progenitores «polen».
a,forma rugosa.
b,albumen verde.

Tras la fecundación se originaron semillas redondeadas y amarillas como las de los progenitores «óvulo». Las plantas obtenidas de ellas dieron semillas de cuatro tipos, que frecuentemente aparecía en una sola vaina. En total se originaron 556 semillas a partir de 15 plantas y de éstas eran:

315 redondas y amarillas
101 rugosas y amarillas
108 redondas y verdes
32 rugosas y verdes

... *La relación de cada par de caracteres distintos en la reunión de híbridos es independiente de otras diferencias en los grupos progenitores originales.*

* Traducido al inglés por Willam Bateson y la Real Sociedad Horticultora de Londres. El original se publicó en *Verh. Naturf. in Brunn, Abhandlungen,* 1866.

ban independientemente. La relación observada era 9:3:3:1 (véase el Cuadro 4.2). Es decir, 9/16 eran dominantes para ambos rasgos (amarillo y redondo) 3/16 eran recesivos para el color y dominantes para la textura, 3/16 eran dominantes para el color y recesivos para la textura y 1/16 eran recesivos para ambos rasgos. Esta relación se conoce ahora como la *relación de segregación fenotípica de dihíbridos.*

Estos hallazgos se resumen en la segunda ley de Mendel, la *ley de la combinación independiente.* Cuando se heredan dos rasgos, los alelos de cada gen se combinan independientemente de los del otro gen. En otras palabras, los alelos de cada uno de los genes se segregan del mismo modo que en un cruce monohíbrido. Por ejemplo 12/16 de las semillas eran amarillas, y 4/16 eran verdes, que es el 3:1 de la relación de segregación de monohíbridos para el color del cotiledón.

Si generalizamos a espermatozoides y óvulos el cruce de dihíbridos, vemos en la Tabla 4.2 que los individuos dihíbridos (para los rasgos A y B) de la generación F_1, producen cuatro tipos de gametos distintos de las mismas frecuencias: 1/4 A_1B_1, 1/4 A_1B_2, 1/4 A_2B_1, 1/4 A_2B_2. Ya que los dos genes, A y B, se transmiten independientemente, podemos determinar su frecuencia conjunta multiplicando sus probabilidades por separado. Por ejemplo, la probabilidad de que exista un alelo A_1 en un espermatozoide de un individuo A_1A_2 de la generación F_1 es 1/2 (véase la Tabla 4.1). Para el gen B la probabilidad de que exista un alelo B_1 es también 1/2. Por lo tanto la probabilidad de que las células sexuales de la F_1 contengan tanto A_1 como B_1 es el producto de sus probabilidades respectivas: $1/2 \times 1/2 = 1/4$ como se indica en la Tabla 4.2.

Dado que la generación F_2 resulta del cruce o autopolinización de los individuos de la F_1, podemos determinar los tipos y frecuencias esperadas en la

TABLA 4.2.—*Descendencia F_2 de un cruzamiento dihíbrido F_1.*

		Espermatozoides			
		1/4 A_1B_1	1/4 A_1B_2	1/4 A_2B_1	1/4 A_2B_2
Ovulo	1/4 A_1B_1	1/16 $A_1A_1B_1B_1$	1/16 $A_1A_1B_1B_2$	1/16 $A_1A_2B_1B_1$	1/16 $A_1A_2B_1B_2$
	1/4 A_1B_2	1/16 $A_1A_1B_1B_2$	1/16 $A_1A_1B_2B_2$	1/16 $A_1A_2B_1B_2$	1/16 $A_1A_2B_2B_2$
	1/4 A_2B_1	1/16 $A_1A_2B_1B_1$	1/16 $A_1A_2B_1B_2$	1/16 $A_2A_2B_1B_1$	1/16 $A_2A_2B_1B_2$
	1/4 A_2B_2	1/16 $A_1A_2B_1B_2$	1/16 $A_1A_2B_2B_2$	1/16 $A_2A_2B_1B_2$	1/16 $A_2A_2B_2B_2$

descendencia F_2, teniendo en cuenta la combinación de las células sexuales que se ilustra en la Tabla 4.2. Resulta una tabla con 16 casillas, con algunos genotipos que aparecen en más de una casilla. Por ejemplo, hay dos casillas que contienen 1/16 $A_1A_1B_1B_2$. Nótese que los genotipos se suman en la relación 9:3:3:1 de segregación genotípica de dihíbridos.

Mendel fue afortunado al elegir para sus estudios de monohíbridos caracteres determinados por genes independientes, con dos alelos que operan con dominancia completa. Hay muchos otros rasgos, como el tamaño de la semilla, que están determinados por más de un gen. Y hay muchos genes con más de dos posibles alelos. Estas complicaciones hubieran dificultado mucho a Mendel la búsqueda de las leyes de la herencia. Su suerte continuó cuando considero las relaciones de segregación de dihíbridos. Sabemos que los genes no están simplemente vagando en los óvulos y espermatozoides. Se localizan en los *cromosomas,* que significa literalmente «cuerpos coloreados», porque se tiñen de modo distinto del resto del núcleo de la célula. Los genes se localizan en lugares llamados *loci* (en singular: *locus*) en los cromosomas. Los óvulos contienen un cromosoma de cada par de cromosomas maternos y los espermatozoides contienen uno de cada paterno. Un óvulo fecundado por un espermatozoide contiene por lo tanto un juego completo de cromosomas; en humanos, 23 pares de cromosomas. Si Mendel hubiera estudiado dos genes que estuviesen cercanos en el mismo cromosoma, se habría sorprendido del resultado. Los dos rasgos no se habrían heredado independientemente. De hecho, si hubieran estado muy próximos en el mismo cromosoma, no hubiera encontrado ni semillas amarillas y rugosas ni semillas redondas y verdes. En el Capítulo 6 comentaremos este hecho con más detalle.

Cuando Mendel expuso su publicación sobre su teoría de la herencia en 1865, se enviaron separatas a los científicos y bibliotecas de Europa y Estados Unidos, e incluso una fue a parar al despacho de Darwin. Sin embargo, la mayoría de los biólogos ignoraron los descubrimientos de Mendel, por estar más interesados en la evolución de los animales superiores. Mendel murió en 1884, sin conocer la profunda repercusión que en el siglo veinte tendrían sus experimentos.

Los cruces mendelianos y las relaciones esperadas de segregación son ampliamente utilizadas hoy en día, sobre todo para determinar si un fenotipo en particular está determinado por un gen independiente. Aunque las conductas complejas como los giros, chillidos y respuestas audiogénicas del ratón parecen estar muy lejos de las semillas del guisante, las leyes de la herencia descubiertas por Mendel se aplican tanto a la conducta como a los guisantes. Consideraremos ahora la influencia de los genes independientes sobre algunas conductas en animales no humanos.

Distribuciones

Si una conducta está influida en origen por un gen, se puede esperar que ésta aparezca siguiendo la ley del «todo o nada». Por ejemplo, Mendel consideraba que sus guisantes eran o bien redondos o bien rugosos. Este tipo de distribución se llama cualitativa o discontinua. Sin embargo, muchas conductas no se manifiestan siguiendo la ley del todo o nada. Por el contrario, muestran una distribución continua, sin altibajos. Esto puede deberse a que estas conductas estén influidas por muchos genes, cada uno de los cuales tendría un pequeño efecto parcial, además de por varios factores ambientales. Para tales conductas no son adecuados los sencillos cruces mendelianos, que asumen genes independientes. Por el contrario, necesitamos utilizar los métodos de la genética cuantitativa, que se comentan del Capítulo 9 al 13. No obstante, algunas conductas poseen una distribución «todo o nada», lo que sugiere la influencia de un único gen principal.

Un ejemplo de una distribución que se aproxima al todo o nada, es la capacidad para percibir el sabor de una sustancia amarga, llamada feniltiocarbamida (FTC). El 70 por ciento de los caucásicos de los Estados Unidos pueden gustarla. Sin embargo, no basta con afirmar si una persona puede percibir el sabor de la FTC o no; depende de la concentración. Se puede determinar la sensibilidad para la percepción de la FTC y otras sustancias análogas, depositando una gotita de una disolución de prueba en la lengua de los sujetos, preguntándoles si pueden gustarla. Normalmente se administran varias concentraciones, de modo que es posible establecer el umbral de percepción de cada sujeto. Mientras que algunos pueden percibir disoluciones muy diluidas de FTC, otros sólo distinguen del agua pura las disoluciones muy concentradas. En la Figura 4.3 se presenta la distribución de los umbrales de percepción en ingleses, africanos y chinos. Los individuos capaces de percibir la FTC en la disolución n.º 13, la más diluida, y en todas las demás, eran más sensibles, y por lo tanto con el umbral de percepción más bajo. Los individuos que no podían gustar la FTC ni en la disolución n.º 1, la más concentrada, eran menos sensibles.

A diferencia de muchos caracteres de la conducta, la percepción de la FTC no se ajusta a una distribución normal, con la mayor parte de los individuos con una puntuación media. Por el contrario, la distribución, en particular la de los ingleses, presenta dos picos (llamada distribución bimodal) —uno para umbrales altos y otro para umbrales bajos. La variación dentro de las categorías gustadoras y no gustadoras podría deberse a la segregación de otros loci que tienen relativamente poca influencia sobre la capacidad para gustar la FTC, a variaciones ambientales o a errores de medida. Esta bimodalidad sugiere que un único gen mayor puede controlar la capacidad para gustar la FTC. Los cruces mendelianos sencillos, como se detallará en la si-

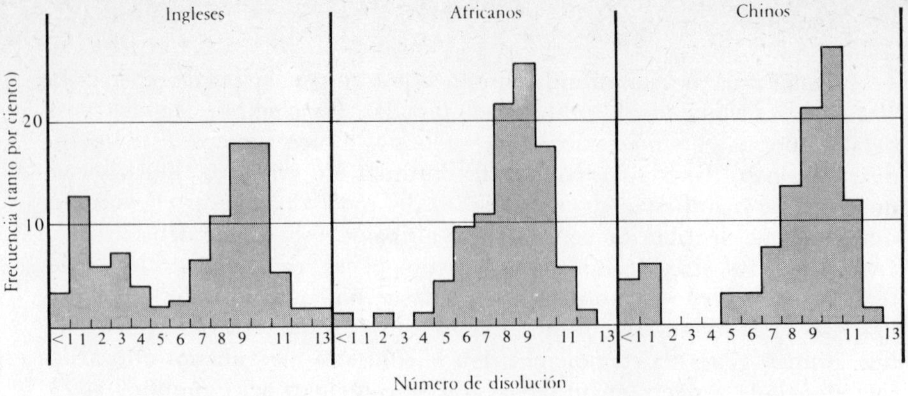

FIGURA 4.3.—*Distribución de los umbrales de percepción de la FTC en 155 varones ingleses, 74 africanos y 66 chinos. La disolución más concentrada (1) era del 0,13 por ciento en agua, la siguiente (2) la mitad de concentración, y así sucesivamente hasta la número 13. (De «Taste deficiency for phenylthiourea in African Negroes and Chinese» por N. A. Barnicot: Annals of Eugenics, 1950, 15, 243-254. Reproducido con autorización de Cambridge University Press).*

guiente sección, apoyan la hipótesis de que se trata de un carácter con un solo locus y dos alelos, siendo dominante el alelo para gustar la FTC. Las enfermedades genéticas que afectan a la conducta son otro ejemplo de distribución discontinua. Por ejemplo la FCU es una enfermedad recesiva, debida a un solo gen, que causa un fuerte retraso mental sino se trata, como veremos más adelante.

Aunque la mayoría de los caracteres de la conducta muestran una variación progresiva, cuantitativa en vez de cualitativa, no se puede descartar la posible participación de un único gen principal. Puede estar implicado un gen principal, aunque su papel esté disminuido por los factores genéticos o ambientales responsables de la variación cuantitativa. Un factor también a tener en cuenta es que los genotipos no siempre se expresan del mismo modo en todos los individuos, debido a la complejidad de las líneas de desarrollo por las que los genes se expresan en los fenotipos. Se dice que los caracteres que no se expresan en todos los individuos con el genotipo adecuado presentan *penetración incompleta.* Los genotipos que se expresan en un grado variable se dice que muestran *expresividad variable.* Aunque no está totalmente explicado, la penetración incompleta y la expresividad variable se deben probablemente a efectos ambientales o de otros genes. En cualquier caso, estos fenómenos pueden enmascarar los efectos de los genes independientes.

Sin embargo, la principal dificultad que presenta la determinación de la influencia de los genes independientes sobre la conducta, estriba en los problemas de medida. Los fenotipos que estudian los conductistas son frecuentemente colecciones heterogéneas de diversas y complicadas conductas. Por ejemplo, es poco probable que se encuentre un único gen responsable de problemas de conducta tan complejos como la incapacidad para la lectura o la hiperactividad. En la investigación del cáncer ya no se habla de la causa y cura del cáncer, sino de las causas y curas, porque sabemos que hay muchos tipos distintos de cáncer. Es más seguro asumir que muchos de nuestros fenotipos de conducta son igualmente heterogéneos.

En resumen, no es necesaria una distribución bimodal para la demostración del efecto de un único gen, aunque resulte alentador encontrar esta distribución. Una prueba más concluyente de la influencia de un gen independiente es el *análisis de segregación*, que en esencia busca la segregación mendeliana esperada a partir de los datos familiares. Los primeros análisis de segregación asumían distribuciones cualitativas (Morton, 1958). Los sofisticados métodos actuales pueden detectar genes mayores en variables cuantitativas (Elson y Stewart, 1971). Si bien los análisis de segregación sugieren la influencia de genes independientes, los análisis de ligamiento (ver Capítulo 6) son apropiados para localizar con precisión un gen en un cromosoma en particular.

Cruces mendelianos en ratones

Con animales de experimentación podemos llevar a cabo estudios paralelos a los de Mendel sobre las características de las plantas del guisante. Los cruces entre poblaciones parentales raza pura rinden una generación F_1, cuyos miembros se pueden cruzar para obtener una F_2. Uno de los sujetos favoritos en la investigación en genética de la conducta es el ratón.

Genética de los ratones danzarines

Se han hecho muchos estudios sobre los efectos de las mutaciones de un gen independiente sobre la conducta del ratón. Por ejemplo, uno de los primeros estudios sobre tipos de conducta en mamíferos fue el de los ratones «danzarines». A pesar del nombre, los animales que exhiben esta conducta son bastante poco gráciles. Agitan la cabeza, describen rápidos círculos y son muy irritables. Los ratones danzarines eran muy codiciados por los coleccionistas de ratones y se importaron desde Asia a Europa y Norteamérica hacia 1890 (Gruneberg, 1952). Se conocen varios tipos distintos. Por ejemplo, el danzarín Nijmegen (Van Abeelen y Van der Kroon, 1967) corre describiendo círculos muy cerrados, en ambas direcciones, acompañado de movimientos de cabeza horizontales y verticales. Los investigadores se preguntaron si sería el resultado de un único gen. Cuando se cruzaron ratones danzarines machos y hembras, todos los descendientes eran danzarines, sugiriendo que los danzarines eran raza pura. Se cruzó entonces a los danzarines con una población no danzarina para producir una generación F_1. De los 254 descendientes, todos eran no danzarines. Esto sugiere que, si hay un solo gen en juego, el alelo para el carácter danzarín es recesivo respecto al alelo normal.

Si un único alelo recesivo origina el carácter danzarín, la generación F_2 debe proporcionar una segregación mendeliana típica de 3/4 no danzarines y 1/4 danzarines. Como se indica en la Tabla 4.3, los datos de la F_2 están muy próximos a la relación 3:1 esperada.

TABLA 4.3.—*Datos observados y esperados de acuerdo con un modelo autosómico-recesivo de un locus único, en una F_2 de ratones danzarines Nijmegen.*

	Normal	*Mutante*
Observado	124	47
Esperado	128,25	42,75

Hay otros muchos ejemplos de defectos neurológicos heredados en el ratón. La mayoría parece deberse a un gen recesivo con un solo locus. Sin embargo, algunos parecen estar causados por genes dominantes y unos pocos parecen deberse a los efectos combinados de los genes de varios loci. En la Tabla 4.4 se enumeran algunas de las diversas conductas anómalas que se han descrito. Sin embargo, el estudio de las mutaciones en la conducta del ratón ha sido eclipsado en los últimos años por las mutaciones inducidas y el examen en masa de conductas mutantes en organismos unicelulares como bacterias y paramecios, y en organismos invertebrados como nemátodos y moscas de la fruta. Estos estudios se comentarán en el siguiente capítulo, ya que ilustran la naturaleza química de los genes en su influencia sobre la conducta. Consideremos ahora un par de ejemplos adicionales de los efectos de la mutación de un único gen sobre la conducta del ratón, por introducir otros conceptos del análisis mendeliano.

Genética de los ratones giradores

No siempre se observan las relaciones mendelianas exactas. Podemos citar como ejemplo el ratón «girador», descrito por primera vez por Mary Lyon (1958) por sus frecuentes movimientos de cabeza en el plano horizontal y por su marcha describiendo círculos. Las pruebas indican que este estado se debía probablemente a un solo alelo dominante. Una manera de probar esta hipótesis es cruzar machos y hembras giradores. Si está en juego un único alelo dominante, los giradores (nacidos del cruce entre giradores y no giradores) serán heterozigotos, y este cruzamiento debía ser como un cruce F_1. Por lo tanto la descendencia exhibirá una relación de segregación 3:1 típica de la F_2. Sin embargo, los resultados del cruce fueron 84 descendientes giradores y 58 normales. Dado que una relación de segregación 3:1 daría 106,5 giradores y 35,5 normales, la relación observada se aparta significativamente de lo esperado.

TABLA 4.4.—*Lista parcial de los defectos neurológicos heredables en el ratón.*

Tipo de síndrome	*Nombre*
Danzarín-Agitado	Agitado (1 y 2), pirueta, brincador, danzarín, andares de pato, girador, zig-zag.
Convulsivo	Tembloroso, espasmódico, vacilante.
Incoordinación	Saltimbanqui, saltarín, bamboleante, agitado, tambaleante.

Sin embargo, los genes mutantes dominantes son frecuentemente letales en homozigosis. Si los individuos con el genotipo homozigoto mueren antes de que los investigadores puedan analizar su conducta, la relación esperada en la descendencia de un cruce monohíbrido sería de 2 giradores por cada uno normal, en vez de 3:1. Al comprobar esta hipótesis se detectó aún una pequeña disminución en los descendientes giradores, pero la diferencia con lo esperado no llega a ser estadísticamente significativa. Las investigaciones posteriores apoyan también esta hipótesis. Cerca de un 25 por ciento de los recién nacidos resultantes del cruce entre giradores, tienen el paladar o el labio y el paladar hendido. Estas crías mueren en las primeras 24 horas y por lo tanto sus anormalidades en la conducta no son estudiadas.

Se cree que estos ratones son los homozigotos restantes, que dan cuenta de la relación 2:1 en vez de la 3:1.

Genética de la respuesta audiogénica del ratón

Basándose en el análisis de genes independientes de las respuestas audiogénicas del ratón, se pueden destacar dos hechos importantes. Algunos ratones responden a los sonidos de alta frecuencia con salvajes carreras, convulsiones e incluso mueren; otros no son afectados aparentemente. El primer hecho es que los análisis en genética de la conducta sólo son tan fiables como lo sea la medida de la conducta en la que se basan. El segundo punto es que los cruces mendelianos no tienen por qué limitarse al análisis de las generaciones F_1 y F_2. Se pueden hacer predicciones para comprobar la hipótesis de un gen independiente utilizando otros cruces, como el cruce entre la generación F_1 y la población progenitora.

Los primeros estudios sugerían varios modos de herencia para la susceptibilidad a la respuesta audiogénica. Algunos investigadores propusieron dominancia (Witt y Hall, 1949), un modelo con dos genes (Ginsburg y Miller, 1963), o un modelo poligénico (Fuller, Easler, y Smith, 1950). Sin embargo, los problemas de medida, dado que los individuos eran ensayados repetidas veces, han invalidado algunos de los primeros resultados. Los animales de una cepa resistente a la respuesta audiogénica se pueden llegar a hacer susceptibles si se les somete a un fuerte sonido en edad temprana (Henry, 1967). Por lo tanto, el realizar el ensayo repetidamente con los mismos animales puede haber falseado la respuesta al primer sonido y a la de sonidos posteriores.

Cuando se miden los efectos de la exposición inicial a un fuerte ruido, la situación se aclara enormemente (Collins, 1970; Collins y Fuller, 1968). Ratones de la cepa C57BL/6J, cuyos miembros raramente sufren convulsiones al ser expuestos por primera vez a un fuerte ruido, se cruzaron con ratones de la cepa DBA/2J, que casi siempre sufren convulsiones al ser expuestos por primera vez. Como se ilustra en la Figura 4.4, se llevaron a cabo varios cruces adicionales para realizar un análisis más completo. Los animales de la F_1 se cruzaron con la línea progenitora. Estos cruces reciben el apropiado nombre de retrocruzamientos. R_1 es el retrocruzamiento con una línea parental (P_1, por ejemplo, la cepa C57BL) y R_2 es el retrocruzamiento con P_2 (DBA). Se obtiene también una generación F_2, del mismo modo que los cruces entre la generación F_1 y las generaciones fruto de los retrocruzamientos dan lugar a las generaciones representadas como R_1F_1 y R_2F_2. También se cruzaron las dos generaciones fruto del retrocruzamiento (R_1R_2).

Se comprobó individualmente la sensibilidad inicial a la respuesta audiogénica de estos 9 grupos de ratones a la edad de 3 semanas. Cada sujeto fue colocado en una caja y sometido al sonido de un timbre eléctrico hasta que experimentaba una convulsión o durante un máximo de un minuto. En la Tabla 4.5 se presenta la proporción de respuestas observadas y las esperadas de acuerdo con el modelo de locus único. Como se indica en la tabla, los ratones C57BL no presentaban respuesta, ni casi ningún ratón de la F_1, pero casi todos los DBA la presentaban. Estos resultados indican que la susceptibilidad a la respuesta audiogénica por la exposición inicial a un fuerte ruido puede estar determinada en un solo locus por un alelo recesivo.

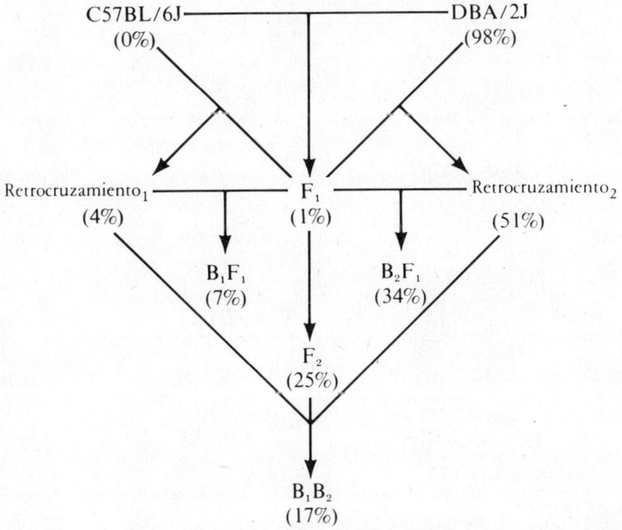

FIGURA 4.4.—*Cruces utilizados para comprobar la hipótesis del gen único en la respuesta audiogénica del ratón. Los porcentajes entre paréntesis se refieren a los datos de la Tabla 4.5.*

Para comprobar la idoneidad del modelo del locus único recesivo, se podía predecir que: (1) los ratones DBA son homozigotos recesivos y por lo tanto propensos a la respuesta audiogénica; (2) los ratones C57BL son homozigotos dominantes; y (3) los ratones de la F_1 son heterozigotos. Podemos hacer uso de la proporción de respuestas observadas para predecir la proporción de respuestas en cada una de las 6 generaciones. Por ejemplo, en la generación F_2 la relación de segregación genotípica debe ser: 1/4 homozigotos dominantes (con una frecuencia de respuestas de 0,000), 1/2 heterozigotos (con una frecuencia de respuestas de 0,011), 1/2 heterozigotos (con una frecuencia de respuestas de 0,983). Por lo tanto, la proporción esperada de respuestas en la F_1 se puede calcular del siguiente modo: 1/4 (0,000) + 1/2 (0,011) + 1/4 (0,983) = 0,251. En la Tabla 4.5 se puede comprobar que los resultados se ajustan estrechamente a los esperados de acuerdo con el modelo. Estos resultados concuerdan con la hipótesis de que las diferencias en la susceptibilidad a la respuesta audiogénica de las dos cepas se deben a un solo gen, y que la susceptibilidad es un rasgo recesivo.

TABLA 4.5.—*Resumen de los datos y análisis genético de la incidencia de la respuesta audiogénica en el ratón.*

Generación	*Número de sujetos*	*Proporción observada con respuesta*	*Proporción esperada con respuesta. (Modelo autosómico de locus único)*
P_1 (C57BL/6J)	45	0,000	
P_2 (DBA/2J)	58	0,983	
F_1	89	0,011	
R_1	115	0,035	0,006
R_2	119	0,513	0,497
F_2	105	0,247	0,251
R_1F_1	128	0,070	0,128
R_2F_1	96	0,344	0,374
R_1R_2	185	0,168	0,191

Procedencia: Collins y Fuller, «Propensión a la respuesta audiogénica (pra): Un gen que afecta a la conducta en ligamiento con el grupo VIII del ratón», *Science*, 162, 1137-1139, 1968. Copyright © 1968. Asociación Americana para el Avance de la Ciencia.

Aunque estos resultados concuerdan con la hipótesis del gen independiente, también lo hacen con otros modelos, como el de dos genes. Un modelo de dos genes, también predeciría estos resultados si los efectos de los alelos de los dos loci se sumaran simplemente para producir el efecto total. Un modelo de dos genes implicaría que el genotipo de los ratones C57BL sería $A_1A_1B_1B_1$ y el de los DBA, $A_2A_2B_2B_2$. Las predicciones del modelo de dos genes serían idénticas a las del gen único. Así, aunque los datos son compatibles con la hipótesis del gen único, también encajan con otros modelos. Un modo de aportar pruebas definitivas al modelo del gen único, es estudiar el mantenimiento de la conducta de varias cepas consanguíneas o en cepas consanguíneas recombinantes. Estos métodos se discuten en la siguiente sección. Como se comenta en la sección relativa a las cepas consanguíneas recombinantes, los datos de un reciente estudio mediante esta técnica indican que las diferencias en la susceptibilidad a la respuesta audiogénica entre las cepas C57BL y DBA se deben a más de un gen.

Genética del chillido en el ratón

Se ha investigado la hipótesis de un gen único en la herencia de la tendencia de algunos ratones a chillar cuando se les suspende de la cola. Glayde Whitney (1969), descubrió que los ratones C57BL raramente vocalizan cuando se les suspende de la cola, pero unos 2/3 de la cepa JK sí lo hacen. En la Tabla 4.6 se resumen los resultados de varios cruces. Los ratones de la F_1 del cruce entre las cepas C57BL y JK, vocalizan algo menos que los ratones JK, pero considerablemente más que los C57BL. Por lo tanto, si la hipótesis de un solo gen es correcta, parece existir dominancia parcial. De hecho, las proporciones observadas de la Tabla 4.6 coinciden estrechamente con los resultados esperados.

TABLA 4.6.—*Análisis genético de la vocalización inducida por manipulación en el ratón.*

Generación	*Número de sujetos*	*Proporción observada de vocalización*	*Proporción esperada de vocalización. (Modelo de gen único)*
P_1 (C57BL)	70	0,03	
P_2 (JK)	71	0,68	
F_1	99	0,56	
R_1	47	0,26	0,29
R_2	45	0,62	0,62
F_2	80	0,46	0,46

Procedencia: Whitney, 1969.

Cuando comentábamos la susceptibilidad a la respuesta audiogénica, mencionamos que uno de los modos de aportar más datos en apoyo de la hipótesis del gen único era estudiar el mantenimiento del chillido en varias cepas consanguíneas. Si el chillido está influenciado por dos o más genes, algunas cepas de ratones deben presentar una frecuencia de chillidos intermedia. Cuando Whitney experimentó con siete cepas consanguíneas diferentes, obtuvo los resultados que se indican en la Tabla 4.7. Las cepas de ratones consanguíneas se asemejan a las plantas raza pura en que tienen alelos idénticos (homozigotos) en todos los loci (para más detalles véase el Capítulo 8). Los resultados de Whitney apoyan la hipótesis del gen único, ya que la distribución del chillido entre las líneas es bimodal. Seis de las siete cepas vocalizaban en la misma proporción que la C57BL. Una cepa (I^s/Bi) vocalizaba con casi la misma frecuencia que los ratones JK en un experimento previo. Por lo tanto, las diferencias en la incidencia de la vocalización por manipulación parecen ser cualitativas más que cuantitativas. Cuando se estudió el origen de estas cepas, se encontró que varias de las cepas con bajo índice de vocalización estaban relacionadas entre sí, y que las dos cepas con alto grado de vocalización se relacionaban entre sí, pero no con las cepas de índice bajo. En conjunto, estos datos apoyan la hipótesis de un gen único dominante.

El pleiotropismo en la conducta

Por regla general, un gen afecta a más de un fenotipo. A estos efectos múltiples de un gen se le llama *pleiotropismo*. Por ejemplo, la FCU se atribuye a un solo gen cuyo efecto más marcado es el causar retraso mental. Sin embargo, los individuos que padecen FCU suelen tener la piel y el pelo de color más claro. Las infuencias genéticas sobre la conducta son también fre-

TABLA 4.7.—*Vocalización por manipulación observada en siete cepas consanguíneas de ratones.*

Cepa	*Número de sujetos*	*Proporción de vocalización por manipulación*
A	134	0,00
BALB	179	0,02
DBA	109	0,04
C57BL	126	0,02
C3H	32	0,00
CBA	10	0,00
(I^s/Bi)	27	0,48

cuentemente pleiotrópicas. En 1915, A. H. Sturtevant, inventor del mapa cromosómico, llevó a cabo el primer estudio sobre el pleiotropismo en la conducta. Encontró que la mutación de un solo gen que altera el color de los ojos o del cuerpo en *Drosophila*, también alteraba la conducta en el apareamiento.

Uno de los ejemplos de pleiotropismo en la conducta más estudiados consiste en la relación entre el albinismo en el ratón y la conducta en Campo Abierto. El test de Campo Abierto fue empleado inicialmente por Calvin Hall (1934) para obtener un índice objetivo de la emocionalidad. El test consiste en colocar al animal en un recinto fuertemente iluminado y valorar su conducta. En la Figura 4.5 se muestra un Campo Abierto «automatizado». Algunos animales quedan inmovilizados, defecan y orinan, cuando se les somete a esta supuestamente agobiante situación, mientras que otros se dedican diligentemente a explorar. Los animales con una actividad

FIGURA 4.5.—*Ratón en el Campo Abierto utilizado por De Fries et al., (1966). Los agujeros cercanos al suelo transmiten haces de luz que registran electrónicamente la actividad del animal. (Cortesía de E. A. Thomas).*

relativamente baja y un valor alto de defecaciones se clasifican como «emocionales» o «reactivos» y por el contrario se consideran como «no emocionales» o «no reactivos» a los que tienen una actividad relativamente alta y un índice bajo de defecaciones. Las pruebas de la validez de estas medidas han sido discutidas con cierto detalle (Broadhurst, 1960; Eysenck y Broadhurst, 1964).

Se conoce desde hace algún tiempo que varias cepas de ratones albinos obtienen puntuaciones de actividad más bajas y puntuaciones de defecaciones más altas que los ratones pigmentados. Sin embargo, dado que estas cepas se diferencian entre sí en muchos loci y algunas de las cepas albino están estrechamente relacionadas, se acepta generalmente que las diferencias observadas en el test de Campo Abierto se deben a genes distintos de los responsables del color del pelaje. Es decir, se asumió que la correlación observada entre el albinismo y la conducta en Campo Abierto no era causal.

Un extenso análisis genético iniciado por De Fries, sobre la conducta en Campo Abierto, ha permitido determinar que la mayor emocionalidad de los ratones albinos se debía en parte al gen determinante del albinismo. En otras palabras el gen único que determina el color de pelaje (llamado el locus *c*) tiene un efecto pleiotrópico sobre la conducta en Campo Abierto. Pero, ¿cómo sabemos que el responsable de la mayor emocionalidad es el propio locus *c* y no otro locus estrechamente ligado a éste? Una solución podría ser romper todos los posibles ligamientos. Como veremos en el Capítulo 6, la naturaleza lo hace por nosotros mediante un proceso llamado recombinación, en el cual las parejas de cromosomas se intercambian fragmentos. Como se explicará en el Capítulo 10, una cepa consanguínea es homozigota para todos los loci. Es decir, los dos alelos de cada locus en cada par de cromosomas son idénticos en todos los miembros de la cepa. Dado que una cepa consanguínea es homozigota en todos los loci, la recombinación cromosómica dará lugar normalmente a la misma estructura cromosómica, de tal modo que los loci ligados no se verán alterados. Sin embargo, las cepas consanguíneas se diferencian entre sí en muchos loci y los cruces entre ellas tenderán a romper el ligamiento mediante la recombinación. En otras palabras, cuando existe recombinación en los cruces entre cepas consanguíneas, los cromosomas intercambian fragmentos que contienen alelos diferentes y se rompen los ligamientos. De Fries (1969) cruzó una cepa consanguínea albina muy «emocional» (BALB/cJ) con una cepa consanguínea pigmentada «no emocional» (C57BL/6J) y los crió durante muchas generaciones. Encontró que los ratones de las últimas generaciones con el gen para el albinismo eran tan «emocionales» como los ratones de la F_2, a pesar de que era probable que el loci ligado al locus *c* se hubiera separado por recombinación.

Para asegurarse de que se rompe el ligamiento existe un método mejor que el del cruce de dos cepas consanguíneas, que consiste en utilizar animales heterogéneos HS que provienen de, por ejemplo, el cruce de ocho direcciones de cepas consanguíneas (M. C. Clearn, Wilson, y Meredith, 1970). Incluso cuando se utilizan animales HS cabe la posibilidad de que algunos ligamientos no se separen con recombinación. La prueba más contundente de pleiotropismo en la conducta la aporta la comparación de individuos que poseen exactamente el mismo genotipo excepto para una nueva mutación aparecida. Cuando aparece y se mantiene una nueva mutación en una cepa consanguínea, los individuos mutantes y no mutantes de la cepa, se conocen como *coisogénicos* (Green, 1966). Se crió un mutante albino de una cepa 57BL pigmentada para producir una cepa albina coisogénica. Las dos cepas tienen el mismo genotipo excepto para el locus que determina el color del pelaje. Si la mayor «emocionalidad» de los ratones albinos es un efecto pleiotrópico del propio locus *c*, los mutantes albinos coisogénicos deberían distinguirse de los ratones pigmentados C57BL. La respuesta está a favor de la hipótesis del efecto pleiotrópico. Los mutantes albinos coisogénicos eran menos activos en el test de Campo Abierto que los ratones pigmentados coisogénicos C57BL (Henry y Schlesinger, 1967).

Otros análisis sugieren que el efecto pleiotrópico del locus *c* sobre la conducta en Campo Abierto, está mediado por el sistema visual. Mc Clearn (1960) observó que las diferencias en la conducta en Campo Abierto entre las cepas albinas y pigmentadas disminuían si se utilizaba luz roja, que reduce la estimulación visual. Esto condujo a la hipótesis de que los albinos estaban, en realidad, asustados por la luz; podrían ser fotofóbicos. Los datos de ratones albinos y pigmentados de la misma camada apoyan la hipótesis (Figura 4.6). Sometidos a luz roja no hay diferencias significativas entre ratones albinos y pigmentados en la actividad o defecaciones en Campo Abierto (DeFries et al., 1966).

Los resultados de este estudio demuestran que los ratones albinos muestran una actividad más baja y un índice de defecación más alto que los ratones pigmentados cuando se realiza el test con luz blanca, pero las diferencias desaparecen casi por completo cuando se realiza el test con luz roja. Se puede concluir que el efecto pleiotrópico de este gen está mediado por el sistema visual. Si aceptamos la interpretación de que baja actividad y alta defecación son indicativos de alta «emocionalidad», se podría considerar a los albinos como más fotofóbicos que los animales pigmentados. Como veremos en el Capítulo 10, existen otros muchos genes que afectan a conductas tan complejas como la de Campo Abierto.

Cepas consanguíneas recombinantes

Una nueva estrategia para descubrir los efectos de un único gen sobre la conducta es el llamado método de las cepas consanguíneas recombinantes

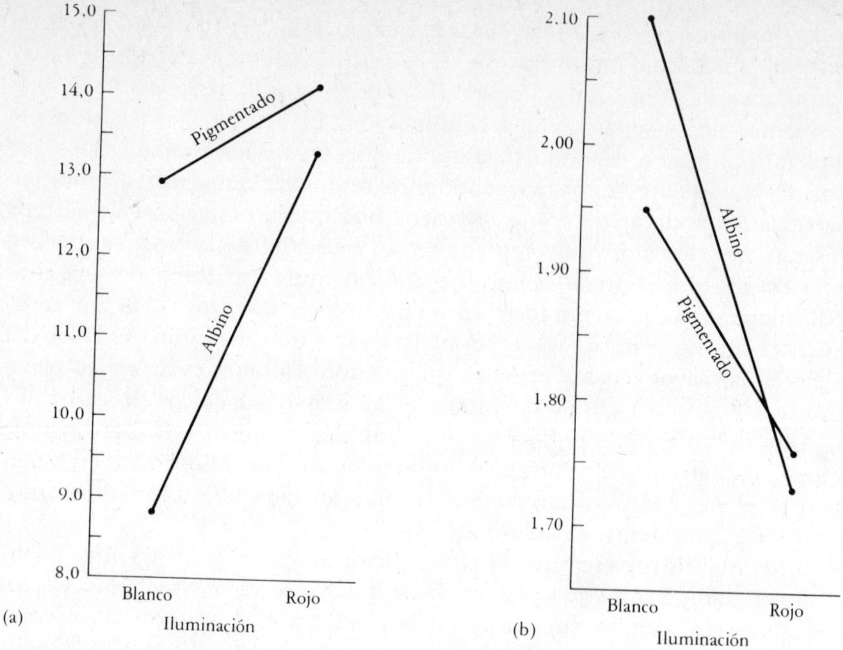

FIGURA 4.6.—*Puntuaciones de actividad (a) y defecaciones (b) en Campo Abierto de ratones, bajo diferentes iluminaciones. (De De Fries et al., 1966).*

(Bailey, 1971; Eleftheriou, 1975). Como se indica en la Figura 4.7, comienza con un cruce mendeliano clásico entre dos cepas consanguíneas. Se produce una generación F_1, seguida de una F_2. En la F_2, los genes se combinarán de acuerdo con las leyes de Mendel. Las cepas consanguíneas recombinantes (CR) son diferentes cepas consanguíneas derivadas de la misma generación F_2. Se les llama cepas consanguíneas recombinantes porque proceden de la misma generación F_2, a partir de la cual ha existido recombinación de fragmentos de los cromosomas de las cepas progenitoras. Al igual que todas las cepas consanguíneas (como se describe en el Capítulo 10), las cepas CR se hacen homozigotas para casi todos los loci, a través de cruces consanguíneos entre hermanos y hermanas a lo largo de muchas generaciones.

¿Cómo pueden ser diferentes las cepas CR, si derivan de la misma generación F_2? Las cepas CR tendrán distinta combinación de alelos en aquellos loci en los que las cepas progenitoras tenían alelos distintos. Por ejemplo, supongamos que la cepa progenitora tenía alelos diferentes en el locus A (Figura 4.7). La F_1 tendrá un alelo de cada progenitor, pero en la A_2 existirá segregación. La F_2 está compuesta por individuos homo y heterozigotos. Sin embargo, la consanguineidad aumenta la homozigosidad. Por lo tanto, cada cepa CR derivada de la F_2 será A_1A_1 o bien A_2A_2. Con los otros loci ocurrirá del mismo modo. Cuando consideremos dos loci a la vez (el locus A y el B), sólo 1/4 de las cepa CR serán $A_1A_1B_2B_2$, 1/4 serán $A_1A_1B_2B_2$, 1/4 $A_2A_2B_1B_1$ y 1/4 $A_2A_2B_2B_2$. En otras palabras, aunque las cepas CR son homozigotas en todos los loci, presentan combinaciones nuevas de genes en distintos loci. Aunque cada cepa CR posee la mitad de los genes de cada cepa progenitora, hay muy pocas probabilidades de que el genotipo de una cepa CR sea idéntico al de cualquiera de las dos cepas progenitoras.

Estas cepas CR se pueden utilizar para determinar si cualquier diferencia en la conducta entre las dos cepas progenitoras se debe a un único gen mayor. Si el responsable es un único gen, cada cepa CR debe ser idéntica a una de las dos cepas progenitoras. En otras palabras, si está implicado un solo locus no deben existir fenotipos intermedios, porque cada cepa CR será homozigota por el alelo de una de las cepas progenitoras. Sin embargo, si las diferencias en la conducta entre las dos cepas progenitoras están causadas por más de un locus se encontrarán más de dos tipos de cepas CR. Más aún, si sólo un gen es responsable de las diferencias de conducta, cerca de la mitad de las cepas CR deben ser como una de las progenitoras y la mitad restante

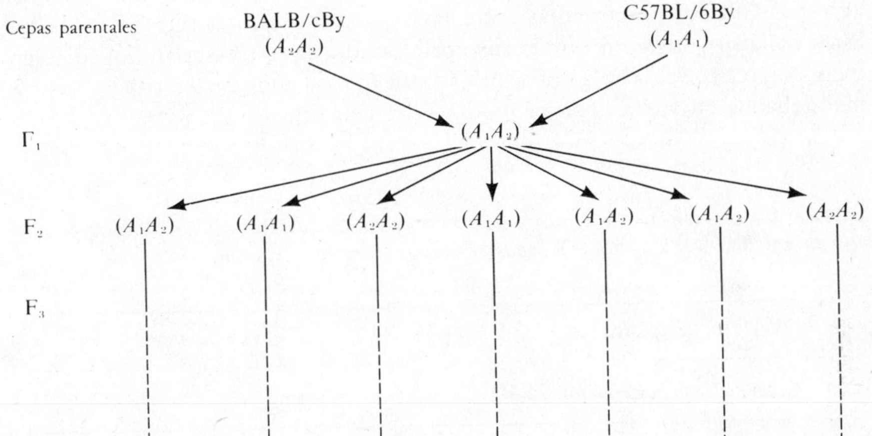

FIGURA 4.7.—*Proceso de obtención de cepas consanguíneas recombinantes (CR) utilizado por Bailey (1971). Se indica entre paréntesis, como ejemplo, el locus A, en el que difieren las cepas progenitoras. Este ejemplo, explicado en el texto, ilustra los resultados de la Tabla 4.8.*

como la otra, porque cada cepa CR tiene la misma probabilidad de recibir el alelo de cualquiera de las progenitoras.

D. W. Bailey (1971), cruzó las cepas consanguíneas BALB/cBy y C57BL/5By, que se diferencian en muchos rasgos de conducta. A partir de la generación F_2 de este cruce, se produjeron siete cepas consanguíneas recombinantes (Figura 4.7), que han sido utilizadas desde entonces en muchos experimentos. Un ejemplo de conducta influida por un gen mayor, es el aprendizaje de los ratones a evitar un shock en una caja de salto (Oliverio, Eleftheriou, y Bailey, 1973). Es posible enseñar a los ratones a que eviten un shock, cambiándose de compartimento tan pronto como se enciende una luz. Los ratones C57BL realizan esta tarea deficientemente, evitando el shock sólo un 14 por ciento de las veces. Las siete cepas CR son, o bien deficientes como los C57BL, o muy eficientes como los BALB, según se indica en la Tabla 4.8. Estos resultados sugieren que un único gen podría ser el causante de las marcadas diferencias en el aprendizaje entre los ratones BALB y C57BL. Si las cepas CR hubieran sido intermedias entre las cepas progenitoras, habrían estado implicados *poligenes* (muchos genes). Por ejemplo, ese fue el resultado encontrado en un estudio sobre la susceptibilidad a la respuesta audiogénica (Seyfried, Yu y Glasser, 1979). Utilizando 21 cepas CR obtenidas a partir de progenitores C57BL y DBA, se encontró que 13 de las 21 cepas CR eran intermedias entre las cepas progenitoras (C57BL y DBA). Estos hallazgos sugieren que la susceptibilidad a la respuesta audiogénica en estas dos cepas se debe a influencias poligénicas, aunque los cruces clásicos mendelianos encajaban con el modelo del gen único.

TABLA 4.8.—*Porcentaje de éxitos en 250 ensayos (50 ensayos diarios durante 5 días) en ratones BALB y C57BL y 7 cepas consanguíneas recombinantes.*

Poco eficientes		*Muy eficientes*	
Cepa	*Evitación (%)*	*Cepa*	*Evitación (%)*
C57BL	14	BALB/c	46
CR - 2	13	CR - 1	60
CR - 4	17	CR - 3	36
CR - 5	7	CR - 7	58
CR - 6	8		

FUENTE: Según Oliverio et al., 1973.

Aunque hay otros modos de estudiar los efectos de los genes independientes, el método del CR es útil para detectar diferencias de conducta entre dos cepas progenitoras. Además de las cepas CR, se han creado cepas *congénicas* que son idénticas a uno de los progenitores excepto en un pequeño fragmento del cromosoma que deriva del otro progenitor. La utilización de cepas congénicas y la comparación entre cepas CR, facilita la localización de genes independientes en cromosomas específicos (Eleftheriou y Elías, 1975). Por ejemplo, las diferencias en la rapidez para aprender a evitar el shock, parecen deberse a un gen mayor que se encuentra en el cromosoma número 9 (Oliverio et al., 1973). Sin embargo, como era de esperar, la mayoría de las conductas que se analizan mediante el sistema de CR parecen presentar efectos poligénicos (Broadhurst, 1978).

Análisis mendelianos en humanos

En muchos aspectos, la especie humana no es una población idónea para el análisis genético; no se pueden realizar cruces experimentales, no se puede ejercer un control ambiental, el intervalo entre generaciones es relativamente largo y el número de descendientes por familia es relativamente pequeño. Sin embargo, estos problemas no son insuperables. Dado que la población humana es grande, existe en potencia una gran fuente de información genética. Si bien no son factibles cruces mendelianos programados, se pueden recoger datos sobre familias en las que han ocurrido casos de uniones especiales. Aunque no se puede ejercer un control ambiental, es posible estudiar miembros de distintas familias que han sido criados en ambientes más o menos parecidos. Aunque el intervalo entre generaciones es largo, se pueden obtener, no obstante, datos sobre varias generaciones. Y finalmente, si bien el número de hijos de las familias humanas es relativamente pequeño, se pueden considerar los datos conjuntos de varias familias para obtener muestras susceptibles de análisis estadístico. El hecho de que se hayan realizado importantes avances en genética humana durante las dos últimas décadas, demuestra que las poblaciones humanas, del mismo modo que las de ratones, moscas de la fruta, mohos del pan o bacterias intestinales, pueden ser sometidas a análisis genético.

Los análisis de las influencias de los genes independientes sobre la conducta humana, tratan de comprobar la idoneidad de la hipótesis del gen único. Los investigadores se cercioran primero de la transmisión familiar de algún carácter interesante, y determinan entonces si el modo observado de transmisión se ajusta a lo esperado en base al modelo mendeliano. Los pedigrís, o árboles familiares, se utilizan frecuentemente para representar la información sobre la herencia. En el Cuadro 4.3 se presenta un ejemplo de pedigrí.

Se puede utilizar el análisis del pedigrí de varias familias para determinar si una conducta en particular concuerda con las predicciones mendelianas. Como en el ejemplo de la conducta del ratón, podemos tanto comprobar la idoneidad del modelo del gen único, como determinar el modo de transmisión. Las siguientes secciones consideran las predicciones básicas de ciertos cruces en la transmisión dominante y recesiva. Las predicciones serán distintas según se trate de genes situados en los cromosomas sexuales o en los 22 pares restantes de cromosomas humanos, llamados *autosomas*. Discutiremos primero la transmisión autosómica de genes independientes situados en los cromosomas sexuales. Se pueden hacer predicciones sobre los caracteres determinados por un único gen, que resultan de gran utilidad en el consejo genético (véase el Cuadro 4.4).

Transmisión dominante

El comprobar una hipótesis en particular sobre la transmisión de genes independientes, es, en el fondo, un problema de lógica. En la Tabla 4.9 se enumeran los resultados esperados en ciertos cruces, en el caso de un carácter influido por un gen dominante independiente. Por definición, el que un individuo que esté afectado por un carácter determinado dependerá de un solo alelo (A). Por lo tanto, un descendiente sólo estará afectado si lo está al menos uno de los progenitores. En otras palabras, no deberíamos encontrar descendencia afectada por el carácter si los padres no exhiben esa característica (Tabla 4.9 [1]). Del mismo modo, cerca de la mitad de la descendencia de un progenitor afectado por el carácter deben exhibir la característica, ya que cada descendiente tiene una probabilidad del 50 por ciento de heredar ese alelo del progenitor afectado. Podemos determinar si un progenitor es homo o heterozigoto estudiando sus progenitores. Si un individuo que exhibe el carácter tiene un solo progenitor afectado, el individuo debe ser heterozigoto. Tal y como se indica en la Tabla 4.9 (2), la mitad de la descendencia de cruce entre heterozigotos afectados e individuos no afectados estará probablemente afectada por el carácter. Las tres cuartas partes de la descendencia de las uniones entre dos heterozigotos afectados estará a su vez afectada. Toda la descendencia de un homozigoto afectado estará también afectada. Para determinar el tipo de herencia se deben analizar pedigrís sencillos, como el de la Figura 4.8.

Muchos defectos genéticos son caracteres recesivos determinados por un único gen, y raramente son dominantes. Se eliminan rápidamente por selección natural, como veremos en el Capítulo 8. Sin embargo, una enfermedad

CUADRO 4.3.—*Análisis de pedigrís.*

Al final del cuadro se ilustra un ejemplo de *pedigrí* (de *pié de grue*, «pata de grulla», una notación de tres líneas que indican sucesión). Los individuos afectados, los que exhiben la característica estudiada, se representan mediante símbolos negros. Los individuos probablemente afectados se representan con una cruz. Los individuos no afectados se representan mediante un símbolo blanco. Las hembras se representan por círculos y los varones por cuadrados. Los rombos representan individuos cuyo sexo se desconoce. Los progenitores se unen mediante una *línea de matrimonio* horizontal y debajo se enumeran los descendientes. La descendencia se conecta a una línea horizontal, unida por un trazo vertical a la línea de matrimonio de sus progenitores. Los hermanos y hermanas se enumeran de izquierda a derecha según el orden de nacimiento.

En este pedigrí hipotético, se designa cada generación siguiendo la numeración romana y a cada individuo de una generación se le asigna un número arábigo. Por ejemplo, los individuos II-5 y II-6 eran hermanos. El matrimonio de los individuos II-2 y II-3 no tuvo descendencia. Para ahorrar espacio se puede utilizar un número en el interior de un símbolo para indicar el número de hermanos con las mismas características. Así, III-1, III-2 y III-3 eran varones no afectados de una familia con siete hijos. Los hermanos gemelos se indican con dos símbolos conectados a la línea de hermanos o justo por debajo de ella. Los individuos III-4 y III-5 eran gemelos monozigóticos (idénticos), como indica la pequeña línea vertical que baja desde la línea de hermanos. Los individuos III-6 y III-7 eran gemelos dizigóticos (fraternos). El interés por una familia surge, generalmente, al descubrirse un individuo afectado en particular. Este individuo que originalmente atrajo la atención del investigador, se denomina *caso índice* (o *propositus* o *probando*). El caso índice, el individuo III-6, se indica mediante una flecha.

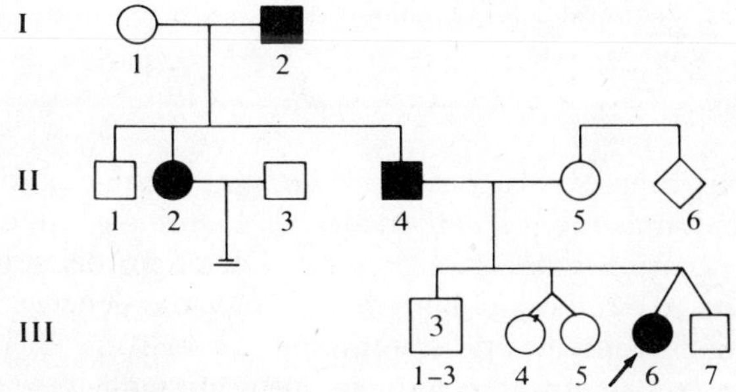

CUADRO 4.4.—*Consejo genético.*

La necesidad del consejo genético es evidente. Actualmente se atribuyen cerca de un 20 por ciento de la mortalidad infantil a defectos genéticos (Porter, 1977), y el 3 por ciento de los recién nacidos presentan algún defecto genético. Aproximadamente, 1 de cada 200 tiene una anormalidad cromosómica (véase el Capítulo 7), 1 de cada 250 tiene un defecto determinado por un gen único, y al menos el 1 ó 2 por ciento tiene problemas relacionados con influencias poligénicas (Epstein y Golbus, 1977). El consejo genético se está destacando como una importante herramienta de la medicina preventiva (Lubs y De la Cruz, 1977).

Existen tres etapas igualmente importantes en el consejo genético: Primero, se debe realizar un diagnóstico preciso. Segundo, se debe obtener un pedigrí detallado. Tercero, se debe explicar claramente el factor de riesgo y las consecuencias. El riesgo puede ser alto, pero las consecuencias pueden no revestir demasiada importancia, como es el caso de la ceguera para los colores. Incluso cuando se utilizan todas las técnicas de análisis de genes independientes para hacer una estimación del riesgo lo más exacta posible, las predicciones son a menudo erróneas debido a una información incompleta o a una reducción de la penetración.

Un nuevo y prometedor campo es la diagnosis prenatal mediante amniocentesis (descrita más adelante en el Cuadro 7.4). Esta técnica permite el análisis de deficiencias enzimáticas del feto, en ni más ni menos que setenta y cinco enfermedades causadas por genes independientes, así como el diagnóstico de cualquier anormalidad cromosómica. Otra vertiente muy prometedora del consejo genético, es la detección en una población de individuos con problemas debidos a un gen independiente. Antiguamente, la mayoría de los que pedían consejo genético lo hacían porque ellos mismos, o alguno de sus familiares, habían tenido ya un hijo afectado por algún problema. Ahora, en el caso de enfermedades causadas por un gen independiente recesivo, es posible no sólo detectar a los individuos portadores, sino el diagnóstico prenatal de la enfermedad. El identificar a los portadores es importante, porque el 25 por ciento

neurológica muy conocida, la *corea de Huntington,* está causada por un gen independiente dominante. La enfermedad de Huntington se caracteriza por la pérdida del control motriz y el progresivo deterioro del sistema nervioso central. Cuando se estudió esta enfermedad en varias generaciones, se pudo observar un modo constante de transmisión. La mayoría de los individuos afectados derivaban de un progenitor también afectado, y la mitad aproximadamente de los hijos de un progenitor afectado acaban por padecer la ende la descendencia de las uniones entre portadores se verá afectada. Un cierto número de ciudades de los Estados Unidos han establecido programas para la detección de portadores de la enfermedad de Tay-Sachs (idiocia amaurótica infantil, que se comentará en el siguiente capítulo). En California se detectaron 33.000 portadores y 350 parejas en las que ambos resultaron ser portadores (Epstein y Golbus, 1977). En el caso de estas parejas, mediante la diagnosis prenatal se puede determinar si un embarazo en concreto dará lugar a un niño con la enfermedad de Tay-Sachs. La anemia falciforme es otro ejemplo de enfermedad determinada por un gen recesivo independiente, que puede ser detectada en gran escala y es susceptible de diagnóstico prenatal.

Otro aspecto preventivo es el de la detección en recién nacidos, como se comentó para el caso de la FCU. En cuarenta estados existen leyes para la detección temprana de la FCU, y como resultado se detecta al 90 por ciento de los niños con FCU antes de que abandonen el hospital. A través del análisis de unos veinte millones de personas se han detectado unos 1.500 niños con FCU (Scriver, 1977). Por otro lado, en otros catorce estados existen programas para la detección de otras enfermedades en recién nacidos (Culliton, 1976). En 1974, Nueva York promulgó un proyecto de ley, en el que se obligaba a los hospitales que dispusieran de los medios adecuados, a la detección de posibles anormalidades. Sin embargo, hay opiniones en contra de estos programas. Por ejemplo, la detección de la anemia falciforme en recién nacidos es cuestionable porque no existe tratamiento. Por otro lado, de este modo es posible detectar a los portadores de la enfermedad.

Los nuevos datos importantes crean a menudo dilemas éticos (Omenn, 1978). En el consejo genético abundan los nuevos datos y los dilemas. La discusión de temas éticos es compleja, porque requiere un equilibrio entre el derecho de un feto a nacer sano, los derechos de los padres, y los derechos de la sociedad. La sombra del aborto envuelve a menudo estas discusiones en un tono negativo. Sin embargo, en la gran mayoría de los casos, el consejo genético proporciona una información positiva para los padres. Por ejemplo, el 98 por ciento de las mujeres embarazadas que se someten a la amniocentesis tienen el alivio de saber que su feto no tiene anormalidades cromosómicas. Muchos padres deciden no tener hijos por temer un defecto genético en sus familias, aunque el consejo genético y el diagnóstico prenatal podrían liberarlos de tal temor.

fermedad. La persistencia en la población de este insidioso gen letal dominante, se debe a que la enfermedad normalmente no se manifiesta hasta pasada la edad reproductora. Esta tardía edad de aparición ilustra el principio de que las características hereditarias no siempre se manifiestan al nacer.

La enfermedad de Huntington ilustra también el hecho de que la edad de aparición de un estado puede variar dependiendo del individuo. En la Figura 4.9 se representa la distribución por edades de la aparición de la corea

TABLA 4.9.—*Descendencia esperada de varios cruces en el caso de un gen autosómico dominante. (*A *simboliza al alelo dominante; por lo tanto los individuos* AA *y* Aa *están afectados).*

1. Cruces entre dos individuos no afectados.

		No afectado	
		a	*a*
No afectado	*a*	*aa*	*aa*
	a	*aa*	*aa*

2. Cruces entre un heterozigoto y un individuo no afectado (las áreas sombreadas indican la descendencia afectada).

		Afectado	
		A	*a*
No afectado	*a*	*Aa*	*aa*
	a	*Aa*	*aa*

3. Cruces entre dos heterozigotos.

		Afectado	
		A	*a*
Afectado	A	*AA*	*Aa*
	a	*Aa*	*aa*

TABLA 4.9.—*(Continuación)*.

4. Cruces entre un homozigoto afectado y un individuo afectado.

		Afectado	
		A	*A*
No afectado	*a*	*Aa*	*Aa*
	a	*Aa*	*Aa*

de Huntington en 762 pacientes. La edad usual de aparición está comprendida entre los treinta y los cincuenta años. Este tipo de datos son muy útiles para la estimación de la incidencia con corrección de edad. Como un ejemplo muy simplificado, imagine que sólo la mitad de los individuos genéticamente propensos a padecer la enfermedad, lleguen a padecerla a los cuarenta años de edad. En tal caso, la incidencia observada de la enfermedad en los individuos de cuarenta años, debe multiplicarse por dos para obtener el valor de la incidencia con corrección de edad. Otra enfermedad con edad de aparición variable es la esquizofrenia, como se comentará en los Capítulos 11, 12 y 13.

Transmisión recesiva

En el caso de un carácter recesivo determinado por un gen independiente, los individuos afectados son homozigotos recesivos. Los portadores son

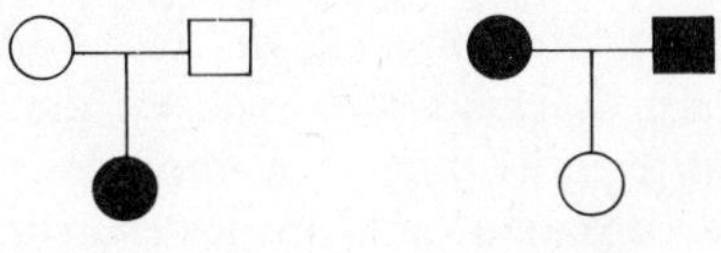

(a) (b)

FIGURA 4.8.—*Pedigrís hipotéticos. La característica indicada en (a) podría deberse a un gen autosómico recesivo, pero no a uno dominante; mientras que en (b) podría deberse a uno dominante, pero no a uno recesivo.*

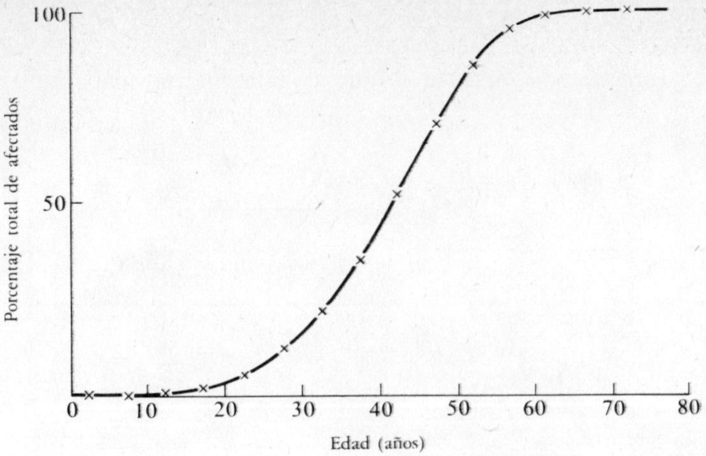

FIGURA 4.9.—*Corea de Huntington. Distribución de la edad de instauración en 762 pacientes. (De* Principles of Human Genetics, *3.ª edición, por Curt Stern, W. H. Freeman and Company. Copyright © 1973).*

heterozigotos, y por lo tanto sólo tienen un alelo de este tipo. En la tabla 4.10 se indican las descendencias esperadas en diferentes tipos de cruces. El problema estriba en que a menudo no podemos asegurar si un individuo es homozigoto no afectado o portador. Tampoco la selección natural puede distinguirlos y, por lo tanto, persisten los problemas de herencia recesiva. A veces es posible distinguir a los portadores mediante el análisis de pedigrís. Los portadores se pueden distinguir, a veces, de los homozigotos dominantes a nivel bioquímico y pueden ser discriminados mediante el uso del «test de portadores», como se comentará en el siguiente capítulo.

Si se trata de un carácter recesivo, normalmente se encuentra descendencia afectada a partir de padres no afectados (portadores) (tabla 4.10 [1]). Un cuarto de la descendencia de dos portadores estará afectada. Del mismo modo, como se indica en la tabla 4.10, la descendencia de un individuo no afectado no estará afectada, salvo si el otro progenitor está afectado o, al menos, es portador. Toda la descendencia de dos individuos afectados estará afectada. Otra indicación de carácter recesivo es que aparece más frecuentemente en los cruces entre individuos emparentados, es decir, en la descendencia de matrimonios consanguíneos. En los matrimonios entre individuos emparentados, por ejemplo entre primos, existe una alta probabilidad de que la descendencia tenga una dosis doble de los alelos recesivos que los padres poseían en homozigosis.

Como habíamos comentado previamente, la fenilcetonuria (FCU) es un

TABLA 4.10.—*Descendencia esperada en varios cruces, en el caso de un gen autosómico con recesividad completa (*a *simboliza el alelo recesivo; por lo tanto los individuos* aa *están afectados).*

1. Cruces entre dos individuos no afectados.
   (Las áreas sombreadas indican la descendencia afectada).

		Portador	
		A	*a*
Portador	*A*	*AA*	*Aa*
	a	*Aa*	*aa*

2. Cruces entre un individuo afectado y un homozigoto no afectado.

		Afectado	
		a	*a*
No afectados	*A*	*Aa*	*Aa*
	A	*Aa*	*Aa*

3. Cruces entre un individuo afectado y un portador.

		Afectado	
		a	*a*
Portador	*A*	*Aa*	*Aa*
	a	*aa*	*aa*

TABLA 4.10.—*(Continuación).*

4. Cruces entre dos individuos afectados.

		Afectado	
		a	*a*
Afectados	*a*	*aa*	*aa*
	a	*aa*	*aa*

tipo grave de retraso mental causado por un único gen recesivo. En la figura 4.10 se presenta un pedigrí de la FCU. Los individuos marcados con una cruz estaban probablemente afectados, pero no se puede determinar con exactitud por haber muerto jóvenes. En el centro del pedigrí se indica un matrimonio entre primos. Ya que todos estos individuos vivían como un grupo aislado en un pequeño archipiélago noruego, podrían haber ocurrido más matrimonios consanguíneos de los que figuran en el pedigrí. Si bien la FCU puede tener penetración incompleta, el esquema de transmisión de la figura 4.10 se ajusta a lo esperado en el caso de un gen autosómico recesivo,

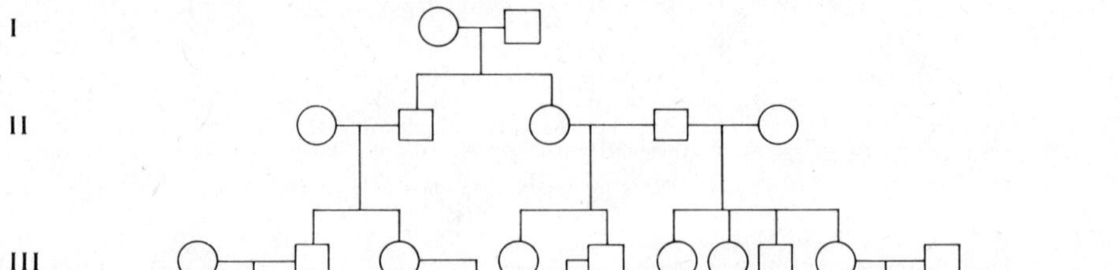

FIGURA 4.10.—*Pedigrí de la fenilcetonuria y deficiencia mental asociada. Para la clave de símbolos véase el cuadro 4.3. (De* Principles of Human Genetics, *3.ª edición, por Curt Stern, W. H. Freeman and Company. Copyright © 1973. Según Følling, Mohr y Ruud, 1945).*

porque los sujetos afectados tienen padres normales y el aumento de uniones consanguíneas produce un incremento en la incidencia. De los 18 hijos de la generación IV, 4 estaban con seguridad afectados, y 2 probablemente también lo estaban. Si los padres de cada grupo de hermanos fueran portadores, como debe ser el caso, para un carácter recesivo sería de esperar que sólo un cuarto de la descendencia estuviera afectada. Aunque esta diferencia con lo esperado (6 contra 4,5) no es significativa, se encuentra frecuentemente un exceso de individuos afectados en los análisis de pedigrís debido a un factor llamado *selección truncada*. Las parejas que podrían tener descendencia afectada pero en realidad no la han tenido, no son incluidas en el pedigrí. Esto conlleva la aparición de más individuos afectados de lo que se podría esperar según los cálculos mendelianos.

En el siguiente capítulo discutiremos la FCU con mayor detalle.

Transmisión ligada al sexo

Los pedigrís también són útiles en la detección de genes localizados en los cromosomas sexuales. Como se indica en el capítulo 6, las hembras poseen dos grandes cromosomas X, mientras que los varones sólo tienen un X y un pequeño cromosoma llamado Y. Los genes recesivos de los cromosomas X se manifiestan por sí solos en los varones que poseen este alelo en su único cromosoma X. En las hembras, sin embargo, sólo se manifiesta si tienen el alelo en ambos cromosomas X. Por lo tanto, uno de los primeros indicios de transmisión recesiva ligada al sexo (ligada al cromosoma X) es la mayor incidencia en varones.

En la figura 4.11 se esquematiza la transmisión de los cromosomas sexuales de una generación a otra. La figura muestra cómo las hijas heredan el cromosoma X de su padre, a diferencia de los hijos. Por lo tanto los hijos no pueden heredar de su padre caracteres ligados al sexo. Las hijas heredan los genes ligados al sexo de su padre pero no expresan un carácter recesivo a menos que reciban otro alelo similar en el cromosoma X materno.

La tabla 4.11 indica la descendencia esperada de ciertos cruces en los que está implicado un gen recesivo situado en el cromosoma X. Los padres afectados no darán lugar a descendencia afectada si la madre no es portadora. Sin embargo, todas las hijas de un varón afectado son portadoras (1). La mitad de los hijos de una madre portadora estarán afectados (2 y 3); la mitad de sus hijas serán portadoras si la unión se lleva a cabo con un varón normal (2), y la mitad estarán afectadas si es con un varón afectado (3). Finalmente, todos los hijos varones de una mujer afectada estarán afectados y todas sus hijas serán portadoras si el padre es normal (4).

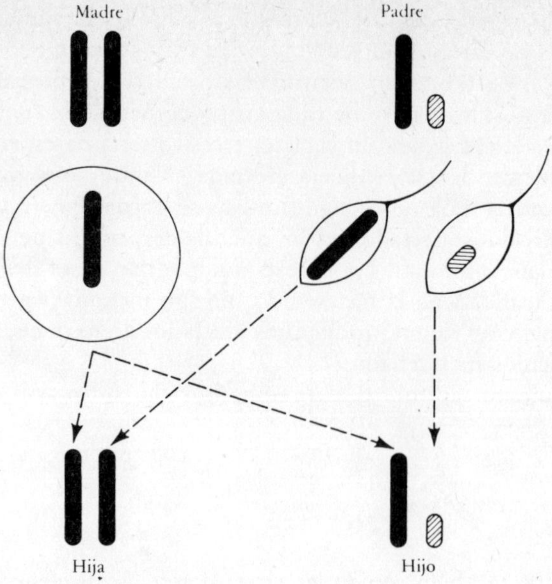

FIGURA 4.11.—*Transmisión del cromosoma X de una generación a otra. (De* Principles of Human Genetics, *3.ª edición, por Curt Stern, W. H. Freeman and Company. Copyright © 1973).*

TABLA 4.11.—*Frecuencias esperadas en la descendencia para un carácter recesivo ligado al sexo. (Xa representa el cromosoma X con el alelo recesivo; por lo tanto, los varones Xa y las hembras Xa Xa estarán afectadas).*

1. Cruces entre padre afectado y madre homozigota normal.

		Padre afectado	
		Y	X_a
Madre normal	X	XY	XX_a
	X	XY	XX_a
		(Hijos)	(Hijas)

TABLA 4.11.—*(Continuación).*

2. Cruces entre padre normal y madre portadora.
(Las áreas sombreadas indican la descendencia afectada).

		Padre normal	
		Y	X
Madre portadora	X_a	X_aY	XX_a
	X	XY	XX
		(Hijos)	(Hijas)

3. Cruces entre padre afectado y madre portadora.

		Padre afectado	
		Y	X_a
Madre portadora	X_a	X_aY	X_aX_a
	X	XY	XX_a
		(Hijos)	(Hijas)

4. Cruces entre padre normal y madre afectada.

		Padre normal	
		Y	X
Madre afectada	X_a	X_aY	XX_a
	X_a	X_aY	XX_a
		(Hijos)	(Hijas)

Otra peculiaridad de la herencia recesiva ligada al sexo es el fenómeno de la alternancia de generaciones, en el cual tanto el abuelo materno como sus nietos varones están afectados, pero no los individuos de la generación intermedia. Sin embargo, estarán afectados la mitad de los hijos de las hijas del abuelo. Dado que las hijas del abuelo afectado son portadoras, sus hijos tienen una probabilidad de 50 por ciento de ser portadores.

En la figura 4.12 se presentan cinco pedigrís que ilustran la transmisión de la ceguera de colores. Aunque se conocen cierto número de tipos de ceguera a los colores (Stern, 1973), los más comunes tienen una base genética similar, por lo que aquí no haremos distinciones entre ellos. El modo de transmisión que se pone de manifiesto en la figura 4.12, se ajusta estrechamente a lo esperado en el caso de un gen recesivo ligado al sexo.

En la década de los sesenta, algunos datos parecían indicar que un gen mayor situado en el cromosoma X afectaba a cierto parámetro cognitivo específico conocido como organización espacial. Los test de organización espacial consisten en averiguar cómo sería en tres dimensiones un objeto bidimensional, así como en girar mentalmente un objeto bi o tridimensional para determinar si son similares o distintos respecto a un formato estándar. De todas las capacidades cognitivas específicas, la ordenación espacial es la que muestra una diferencia sexual más marcada. Los varones suelen obtener puntuaciones más altas que las hembras en los test de ordenación espacial.

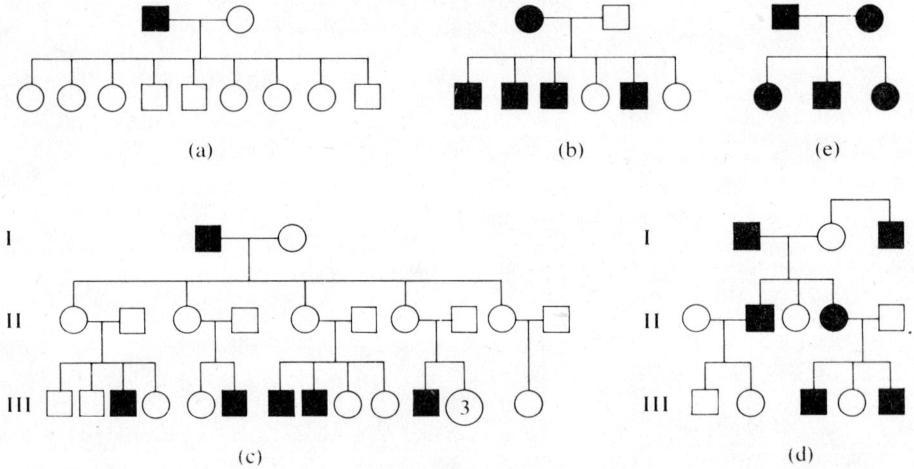

FIGURA 4.12.—*Pedigrís de la ceguera a los colores. (a) Parte del pedigrí Nettleship n.° 406. (b) Pedigrí n.° 584. (c) Parte del pedigrí de Horner. (d) Pedigrí Whisson, 1978, el primer pedigrí conocido sobre la ceguera a los colores. (e) Pedigrí Vogt. (De* Principles of Human Genetics, *3.ª edición, por Curt Stern, W. H Freeman and Company. Copyright © 1973).*

Una posible explicación de las diferencias sexuales es el ligamiento al sexo. Suponga que un gen mayor recesivo que aumenta la ordenación espacial está situado en el cromosoma X. Los varones manifestarían este alelo con más frecuencia que las hembras y por lo tanto obtendrían puntuaciones más altas. Más aún, dado que los hijos varones nunca reciben el cromosoma X paterno, padres e hijos varones no deben ser tan parecidos entre sí como madres e hijas, madres e hijos o padres e hijas, si están implicados genes ligados al cromosoma X. Datos anteriores parecían indicar que padres e hijos varones eran menos parecidos entre sí que otros familiares, y apuntaban hacia otro tipo de predicciones respecto a la similitud familiar en los test de ordenación espacial. Estos datos parecían apoyar la hipótesis del gen mayor ligado al cromosoma X en la ordenación espacial. Sin embargo, datos recientes de estudios más extensos no confirman la hipótesis del ligamiento al sexo (Bouchard y Mc Gee, 1977; De Fries et al., 1976; De Fries et al., 1979; Guttman, 1974; Loehlin, Sharan y Jacoby, 1978). Por ejemplo en el estudio de De Fries y asociados (1979), la correlación de la capacidad espacial entre 672 parejas, padre-hijo varón, fue 0,33 en un grupo caucásico y 0,26 entre 241 parejas padre-hijo varón en una muestra de raza oriental. La correlación media de otras relaciones familiares fue 0,33 para la muestra caucásica y 0,25 para la muestra de raza oriental. Por lo tanto, estos resultados no apoyan la hipótesis de que la ordenación espacial esté influenciada por un gen recesivo ligado al sexo.

Efectos de los genes independientes sobre la conducta humana

En este capítulo se han comentado sólo algunos de los muchos efectos conocidos de los genes independientes sobre la conducta humana. Una referencia excelente sobre los efectos de genes independientes es *Mendelian Inheritance in Man* de Victor Mc Kusich (1975). Este libro comenta 583 características autosómicas dominantes, 466 autosómicas recesivas y 93 ligadas al cromosoma X, en los seres humanos. Además, figuran cerca de mil efectos adscritos tentativamente a genes independientes. El retraso mental se enumera entre los síntomas clínicos de 117 caracteres autosómicos dominantes y 21 caracteres ligados al cromosoma X. Es interesante destacar que casi todas las influencias de genes independientes sobre la conducta parecen ser deléteras, en términos de capacidad mental. Sin embargo, la capacidad mental es sólo uno de los muchos caracteres de la conducta humana que pueden someterse a análisis de genes únicos. Así, aunque conozcamos un gran número de efectos de genes independientes sobre la conducta humana, la búsqueda sólo ha empezado.

Resumen

En cada célula del cuerpo de los organismos superiores existen pares de cromosomas en los que se albergan los factores hereditarios, ahora llamados genes. Un gen puede existir en dos o más formas (alelos). Un alelo puede dominar sobre el otro. El genotipo considera los alelos tomados de dos en dos, tal como existen en el individuo. Los experimentos con monohíbridos de Mendel, indicaban que los alelos no están contaminados por la presencia en el genotipo del otro alelo alternativo, y que los dos alelos se separan (segregan) completamente durante la transmisión hereditaria. Los experimentos de Mendel con dihíbridos y trihíbridos demostraron que los alelos de un rasgo se combinan independientemente de los alelos de otros rasgos. De este modo, la genética mendeliana brinda una explicación del mantenimiento de la gran variabilidad genética.

Se pueden utilizar cruces mendelianos para determinar el tipo de herencia de los caracteres de la conducta en animales no humanos. Hay muchos ejemplos de anormalidades debidos a un gen independiente en el ratón. Genes con efectos morfológicos muy estudiados, como el albinismo, pueden también afectar a la conducta (pleiotropismo). La utilización de cepas consanguíneas recombinantes proporciona una nueva estrategia para descubrir los efectos debidos a un gen independiente.

Aunque alguna vez se pensó que los humanos no eran sujetos muy adecuados para el análisis genético, se han realizado grandes avances en genética humana en los últimos veinte años. Los pedigrís pueden suministrar información sobre cruces mendelianos espontáneos, para averiguar el modo de transmisión de las influencias de los genes independientes. En este capítulo también se comentan los tipos de herencia: dominante recesiva y ligada al sexo.

5
MECANISMOS DE LA HERENCIA Y LA CONDUCTA

Mendel estaba convencido de que sus «elementos» eran unidades materiales situadas en los gametos. Con los conocimientos de la época era, sin embargo, imposible para él especificar su naturaleza física con mayor detalle. Afortunadamente, fue posible establecer las leyes mendelianas básicas, tratando a los «elementos» como componentes hipotéticos, sin necesidad de conocer con precisión su naturaleza o localización.

En este capítulo, se completará el relato describiendo la estructura química y función de los genes. En la segunda parte del capítulo, consideraremos algunos ejemplos de los mecanismos a través de los cuales los genes influencian la conducta, y cómo pueden utilizarse las mutaciones para «diseccionar» la conducta.

Mecanismos de la acción génica

En el Capítulo 3 comentamos la evolución de los replicadores, el material vivo que tiene la capacidad crítica de autorreproducirse. Estos replicadores son los genes, situados en los cromosomas que se encuentran en el núcleo de cada una de las células de nuestro cuerpo. La función de los genes se determinó antes de que se conociera su naturaleza química.

En 1902, A. E. Garrod estudió una extraña enfermedad humana, llamada alcaptonuria, en la que los individuos afectados poseen la peculiaridad de que la orina excretada se vuelve de color negro al contacto con el aire. Garrod llegó a la conclusión de que la enfermedad era heredable y obedecía las recientemente redescubiertas leyes de Mendel. Si era importante tener entonces un ejemplo de herencia mendeliana, las conclusiones a las que llegó Garrod sobre las bases fisiológicas de la enfermedad lo eran aún más. Los análisis han puesto de manifiesto que la orina de los individuos afectados, contiene grandes cantidades de ácido homogentísico, en lugar del componente normal, urea. Garrod sabía que normalmente el ácido homogentísico se convierte en urea. Por lo tanto, sugirió que la ruta metabólica que transforma el ácido en urea podría estar bloqueada, y lo llamó un «error congénito metabólico». Garrod (1908) también propuso que otros defectos del hombre, como el albinismo, podrían deberse a similares bloqueos metabólicos. William Bateson (1909) sugirió que los errores metabólicos congénitos podían deberse al fallo de los enzimas que controlan las reacciones en condiciones normales.

Otros estudios distribuidos a lo largo de los veinte años siguientes, relativos a la herencia de la pigmentación en plantas y animales (véase la revisión de Sturtevant, 1965) apoyaban la hipótesis de que los genes producen algún tipo de sustancia bioquímica. Otra línea de investigación prestó también apoyo a esta proposición. En 1900 se describió la existencia de los grupos sanguíneos, y, en 1929, se demostró su herencia mendeliana, estableciéndose otra unión entre la genética y un proceso bioquímico. Aunque estos resultados mostraban que los genes pueden modificar el funcionamiento fisiológico de un individuo, aún no estaba claro si se trataba de una situación normal o atípica.

En la década de los treinta, el moho común del pan, *Neurospora,* fue introducido en la investigación genética. Este organismo tiene unos requisitos nutricionales extremadamente sencillos, y normalmente puede sobrevivir en un medio con sal, glucosa y un compuesto llamado biotina. A partir de esta sencilla dieta, el organismo es capaz de metabolizar todas las complejas sustancias requeridas para la vida. George Beadle y E. L. Tatun (1941) irradiaron con rayos X esporas del hongo y encontraron que algunos organismos habían sufrido mutaciones y ya no eran capaces de sobrevivir en este sencillo medio. Analizando los requerimientos nutricionales de estos mutantes, pudieron describir la secuencia metabólica normal, y demostrar que cada paso enzimático de la secuencia está bajo el control de un gen. Estos resultados dieron lugar a la hipótesis de «un gen, un enzima», y se hizo cada vez más razonable aceptar que el mecanismo básico de la acción génica es la producción de enzimas.

Más adelante, en este mismo capítulo, describiremos genes importantes desde el punto de vista de la conducta. El hecho importante es que la función básica de los genes era ya conocida en los años cuarenta. Se supo que los genes controlaban la producción de enzimas. Sin embargo, hasta los años cincuenta no se conoció la estructura química de los genes. El conocimiento de la estructura química de los genes permitió averiguar cómo éstos se autorreplican con exactitud y cómo controlan la producción de enzimas.

Naturaleza química de los genes

Se han dedicado muchas investigaciones a intentar descifrar la naturaleza química del propio gen. La sustancia química hereditaria debía cumplir varios requisitos:

1. Debía encontrarse en el núcleo, pues es donde se encuentran los cromosomas, portadores de los genes.
2. La sustancia debía ser capaz de autoduplicarse, ya que los genes poseen esta capacidad.
3. La sustancia debía ser capaz de existir en varias formas, ya que se sabía que hay gran número de genes y que aparecen en distintas formas alélicas. En otras palabras, debía ser capaz de albergar distintas informaciones genéticas.

La respuesta correcta ya había sido adivinada en la época en la que Galton escribió *El genio hereditario.* Pero fueron necesarias varias decenas de años de intenso trabajo para encontrar pruebas concluyentes que la apoyaran y poder bosquejar con cierto detalle su mecanismo de acción.

James Watson y Francis Crick (1953a, 1953b) llevaron a cabo la síntesis de todos los datos disponibles. Emitieron la hipótesis de que el ácido desoxirribonucleico (DNA) es el componente fundamental del material genético, y propusieron una estructura molecular que podía dar cuenta de sus propiedades biológicas. Esta estructura fue confirmada por investigaciones ulteriores, y marcó el comienzo del crecimiento explosivo y posterior desarrollo de la biología molecular. En resumen, y de un modo simplificado, las características básicas de la estructura molecular del gen y su acción son como sigue. Una molécula de DNA está compuesta por dos hebras, cada una de ellas constituida por fosfato y grupos de un azúcar llamado desoxirribosa. Las hebras están separadas a cierta distancia fija por pares de bases (compuestos nitrogenados). Están implicadas cuatro bases: adenina, timina, guanina y citosina. Debido a las propiedades estructurales de estas bases, la adenina siempre se aparea con la timina y la guanina siempre se aparea con la citosina (Figura 5.1). Las hebras se enroscan una en otra para formar una doble hélice (Figura 5.2).

La naturaleza doble de la hélice, junto con las restricciones impuestas por el apareamiento de bases, hace posible la autorreplicación de la molécula de DNA. En el proceso de la división celular, las hélices de la molécula de DNA se desenrollan, los pares de bases se separan, quedando unidas a cada

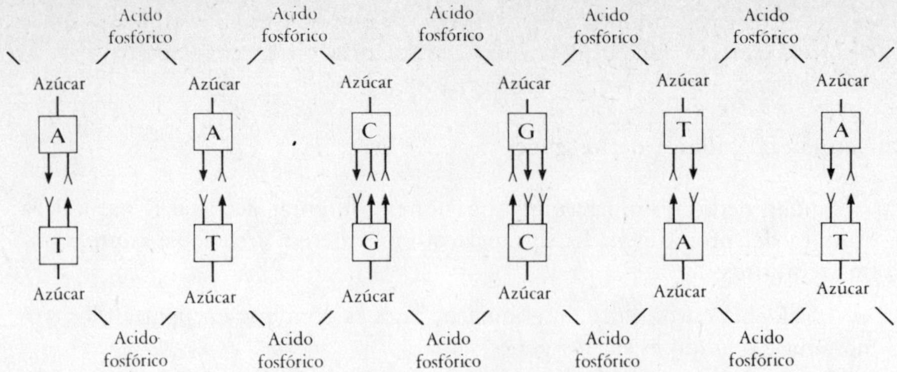

FIGURA 5.1.—*Representación plana de una molécula de DNA. A = adenina; T = timina; C = citosina; G = guanina. (De* Heredity, Evolution and Society *por I. M. Lerner, W. H. Freeman and Company. Copyright © 1968).*

hebra una de cada par (Figura 5.3). Las materias primas necesarias para la construcción de un nuevo DNA están en el núcleo celular en forma de nucleótidos, que consisten en una de las cuatro bases, un azúcar desoxirribosa y un fosfato. Los nucleótidos se aparean con las bases libres de las hebras desenrolladas, y acaban por formar dos hebras complementarias apareadas con las originales. Mediante este proceso se producen dos moléculas de DNA donde previamente sólo existía una.

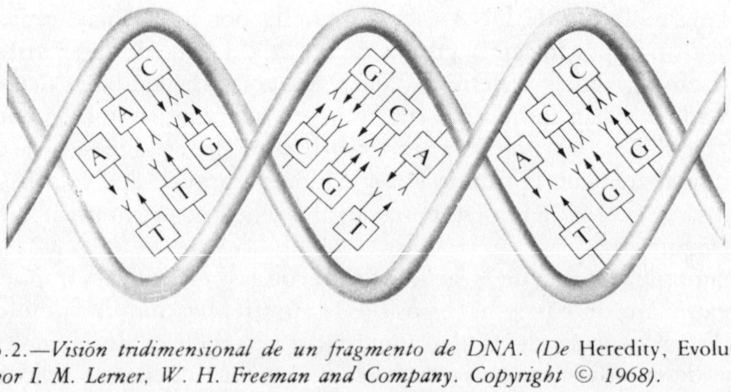

FIGURA 5.2.—*Visión tridimensional de un fragmento de DNA. (De* Heredity, Evolution and Society *por I. M. Lerner, W. H. Freeman and Company. Copyright © 1968).*

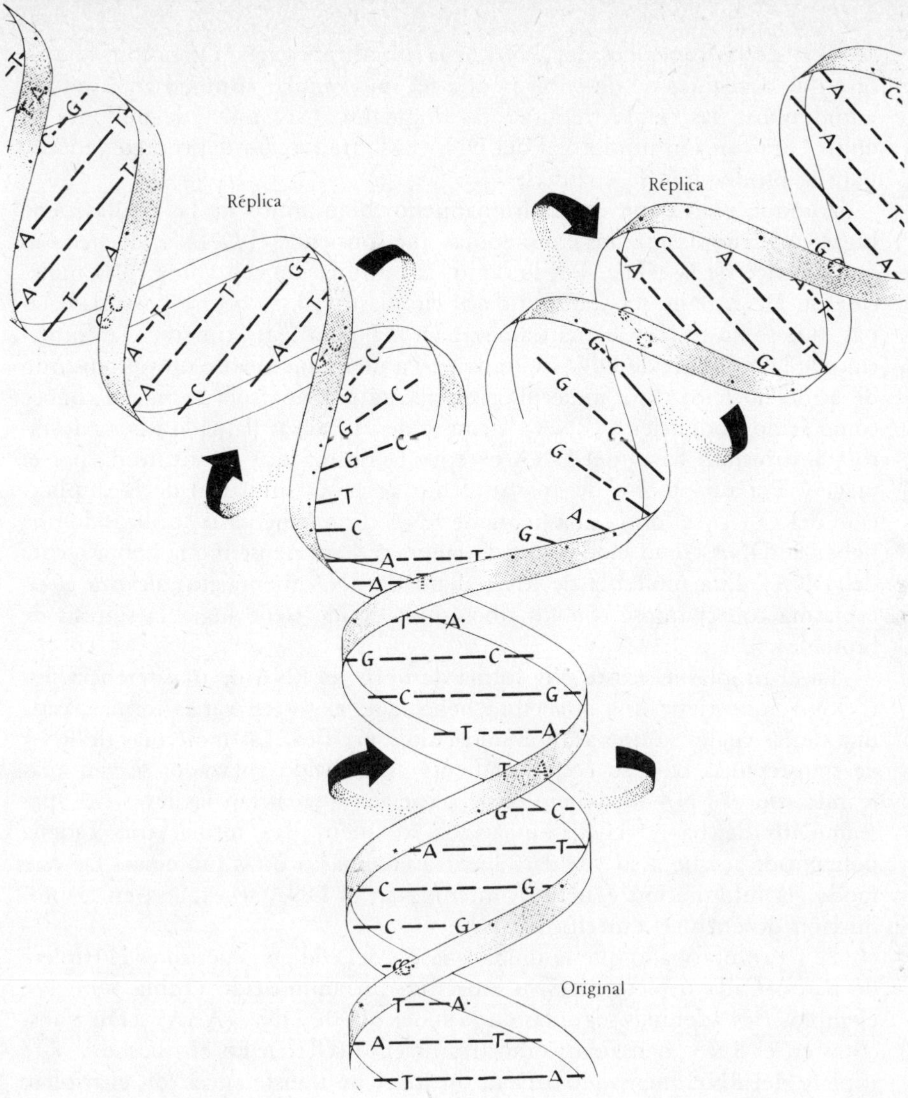

FIGURA 5.3.—*Replicación del DNA. (De* Molecular Biology of Bacterial Viruses *por G. S. Stent., W. H. Freeman and Company. Copyright © 1963).*

Genes y síntesis de proteínas

Una de las funciones del DNA es la autoduplicación. De hecho, el proceso que acabamos de describir podría ser muy similar al modo en el que se autoduplican las células replicadoras originales, hace miles de millones de años. Otra función primordial del DNA es la traducción del código genético para la producción de enzimas.

Aunque gran parte del funcionamiento bioquímico de las células tiene lugar en el citoplasma, los cromosomas que contienen el DNA se encuentran en el núcleo de la célula. Por lo tanto, la información contenida en la molécula de DNA debe ser transmitida al citoplasma. Esto ocurre en varias etapas, que se ilustran esquemáticamente en la Figura 5.4. Primero, la información de la molécula de DNA se transcribe a una molécula de un tipo distinto de ácido nucleico. Esta molécula, compuesta por una sola hebra, se conoce como ácido ribonucleico (RNA), y consta de un azúcar llamado ribosa, fosfato y las mismas bases del DNA excepto la timina que es sustituida por el uracilo. Por un proceso de apareamiento de bases similar al de la duplicación del DNA, se forma una hebra de RNA complementaria, utilizando una hebra de DNA como modelo (en la Figura 5.4, se transcribe la hebra oscura del DNA). Esta molécula de RNA, llamada RNA mensajero, alcanza el citoplasma conectándose con los ribosomas, donde tiene lugar la síntesis de proteínas.

En el citoplasma existe otra forma de RNA, el RNA de transferencia. Este RNA, que tiene una estructura helicoidal, existe en varias formas, cada una de las cuales se une a un aminoácido específico. Las moléculas de RNA de transferencia, con su correspondiente aminoácido enlazado, se van apareando con el RNA mensajero en la secuencia que dictan las leyes del apareamiento de bases. Los aminoácidos se unen para formar una cadena polipeptídica, que a su vez dará lugar a enzimas u otras proteínas. De este modo, la información genética contenida en el DNA se expresa en la producción de enzimas específicos.

Se ha comprobado que la unidad básica del código genético es el triplete de bases. Cada triplete sucesivo especifica un aminoácido (Tabla 5.1). Por ejemplo, tres adeninas seguidas en la molécula de DNA (AAA) serán transcritas en el RNA mensajero como tres uracilos (UUU). En el ribosoma, este triplete del RNA mensajero atraerá un RNA de transferencia con el triplete AAA. Este RNA de transferencia en particular es el que «transporta» al aminoácido fenilalanina. Aunque existen 64 tripletes posibles, sólo hay 20 aminoácidos; algunos aminoácidos están codificados por hasta seis tripletes. Dado que este código genético se aplica a todos los organismos vivos, uno de los grandes triunfos de la biología molecular ha sido el «descifrar» este código.

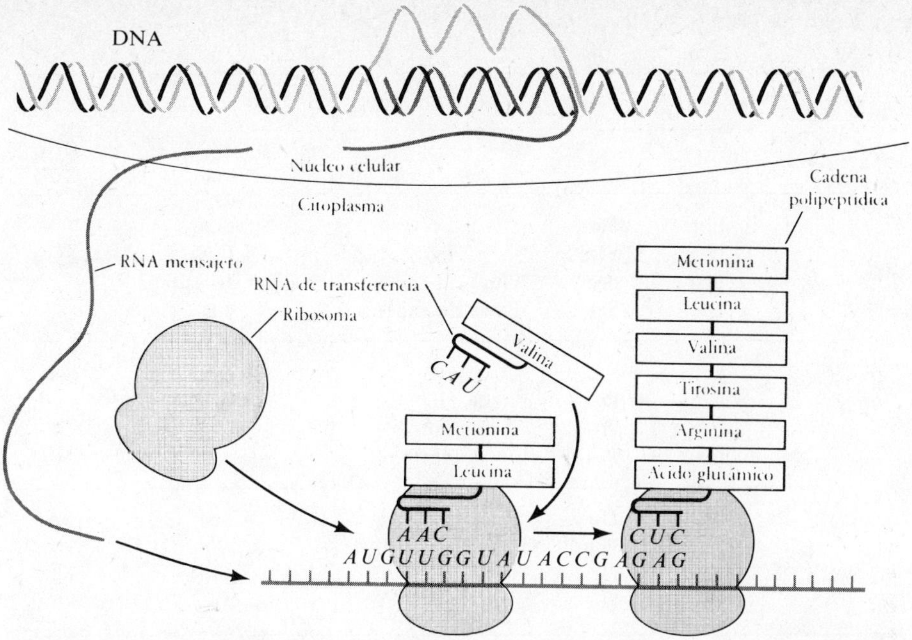

FIGURA 5.4.—*El «dogma central» de la genética establece que existe un flujo de información desde el DNA al RNA mensajero, y desde éste a las proteínas. Los genes son segmentos relativamente cortos de las largas moléculas de DNA celulares. La molécula de DNA encierra un código lineal compuesto por cuatro tipos de bases nucleotídicas: adenina (A), citosina (C), guanina (G) y timina (T). La expresión del código comprende dos etapas: primero, la secuencia de bases nucleotídicas de una hebra de la doble hélice de DNA se transcribe en una hebra complementaria de RNA mensajero (con las mismas bases que en DNA, excepto la timina que es sustituida por el uracilo (u), de estructura muy similar). El RNA mensajero es traducido a proteínas mediante las moléculas de RNA de transferencia complementarias, que añaden aminoácidos de uno en uno a la cadena en formación, a medida que el ribosoma recorre la hebra de RNA mensajero. Cada uno de los 20 aminoácidos presentes en las proteínas se especifica mediante un «codón» compuesto por una secuencia de tres bases del RNA. (De «The mechanism of evolution» por F. J. Ayala. Copyright © 1978 by Scientific American, Inc. Reservados todos los derechos.*

Esta información ha hecho posible la síntesis de genes artificiales (Cuadro 5.1).

Nueva visión de los «elementos» de Mendel

Estos adelantos han llevado consigo una visión totalmente nueva de los hipotéticos «elementos» de Mendel. Un gen es una unidad funcional que co-

TABLA 5.1.—*El código genético.*

Primera letra	*Segunda letra* A	G	T	C	*Tercera letra*
A	Phe	Ser	Tyr	Cys	A
	Phe	Ser	Tyr	Cys	G
	Leu	Ser	Final de cadena	Final de cadena	T
	Leu	Ser	Final de cadena	Try	C
G	Leu	Pro	His	Arg	A
	Leu	Pro	His	Arg	G
	Leu	Pro	Gln	Arg	T
	Leu	Pro	Gln	Arg	C
T	Ile	Thr	Asn	Ser	A
	Ile	Thr	Asn	Ser	G
	Ile	Thr	Lys	Arq	T
	Met	Thr	Lys	Arq	C
C	Val	Ala	Asp	Gly	A
	Val	Ala	Asp	Gly	G
	Val	Ala	Glu	Gly	T
	Val	Ala	Glu	Gly	C

Nota: Cada aminoácido está codificado por un triplete de bases, como se indica en la tabla, que es una forma resumida de enumerar los 64 tripletes posibles.

Las cuatro bases se designan por las letras A, G, T y C. En el DNA las cuatro bases son A = Adenina; G = Guanina; T = Timina; C = Citosina.

Los 20 aminoácidos se nombra del siguiente modo:

Ala = Alanina
Arg = Arginina
Asn = Asparagina
Asp = Acido aspártico
Cys = Cisteína
Glu = Acido glutámico
Gln = Glutamina
Gly = Glicina
His = Histidina
Ile = Isoleucina
Leu = Leucina
Lys = Lisina
Met = Metionina
Phe = Fenilalanina
Pro = Prolina
Ser = Serina
Thr = Treonina
Try = Triptófano
Tyr = Tirosina
Val = Valina

Procedencia: Cavalli-Sforza y Bodmer, *The Genetics of Human Populations.* W. H. Freeman y Compañía. Copyright © 1971. Datos de Crick, 1966.

difica específicamente un polipéptido. Estructuralmente, está compuesto por una cinta de bases nucleotídicas de DNA. El número medio de pares de bases nucleotídicas de un gen es de unas 900 a 1500. Por lo tanto, cabría esperar que el número medio de aminoácidos de un polipéptido estuviera entre 300 y 500, ya que cada secuencia de tres bases codifica un aminoácido concreto. Sin embargo, existen partes de DNA «sin sentido» intercaladas en muchos genes (Crick, 1979). El RNA es transcripción del DNA, incluyendo los tramos sin sentido, pero los códigos sin sentido son eliminados antes de que el RNA llegue al citoplasma.

Los enzimas son proteínas (secuencias de aminoácidos) que actúan como catalizadores orgánicos. Aceleran las reacciones bioquímicas, que de otro modo serían lentas o ni siquiera ocurrirían bajo las condiciones de temperatura y presión existentes en el cuerpo de los organismos. Estas reacciones y su control temporal son fundamentales para el desarrollo de todos los sistemas de un organismo y el funcionamiento de los distintos organos. La influencia de los genes no se ejerce, por tanto, a través de un misterioso mecanismo. El camino entre genes y conducta transcurre por el sistema esquelético; los músculos; glándulas endocrinas; los sistemas respiratorio, digestivo y excretor; y los sistemas nerviosos, autónomo, central y periférico. El estudio de estos caminos lleva consigo la investigación sobre biología molecular y psicología.

Si bien podemos considerar la conexión entre genes y conducta como una proposición teórica general, los detalles concretos sólo se han elucidado en un limitado número de casos. No obstante, esta línea de investigación está ganando popularidad, y podemos predecir que en un futuro próximo se incrementará el conocimiento sobre los mecanismos bioquímicos, fisiológicos y anatómicos de la influencia genética sobre la conducta.

Fenilcetonuria

La fenilcetonuria (FCU) permite ilustrar el modo en el que un gen puede influir sobre la conducta. Es el primer y mejor conocido ejemplo de participación genética en el retraso mental. La línea de investigación que desemboca en los conocimientos actuales sobre la FCU comenzó en Noruega en 1934. Cierto dentista, padre de dos hijos que padecían retraso mental, estaba angustiado porque exudaban un olor peculiar que agravaba su estado asmático, hasta el punto de no poder permanecer con ellos en una habitación cerrada. Hizo que sus hijos fueran examinados por Asbjörn Fölling, quien comenzó a investigar la causa de aquel peculiar olor, analizando la orina de los niños. Su búsqueda pronto se vio recompensada por el aislamiento del ácido fenilpirúvico. Fölling postuló que la enfermedad era hereditaria y que el fenilpirúvico aparecía en la orina debido a un defecto en el metabolismo de la fenil-

CUADRO 5.1.—*Genes sintéticos y DNA recombinante.*

Una vez descubierta la estructura del DNA y descifrado el código genético, la idea de construir genes artificiales llamó enseguida la atención. En 1976, tras nueve años de trabajo de un equipo compuesto por veinticuatro investigadores, el galardonado con el premio Nobel, Har Gobind Khorana (1979), construyó un gen de dos hebras que medía 207 unidades de nucleótidos. Este gen codifica el RNA de transferencia de la tirosina, el RNA que transfiere el aminoácido tirosina al ribosoma, para formar parte de las crecientes cadenas proteicas. El núcleo principal del gen, que mide 126 unidades de nucleótidos, se sintetizó en 1973. El resto de los nucleótidos sirven como señalización: una señal de comienzo compuesta por 56 nucleótidos, y una señal de final compuesta por 25 nucleótidos. Esta señalización hace que el gen funcione en los virus. Una cepa mutante de cierto bacteriófago (un virus que infecta bacterias) tiene un defecto en ese gen, que le impide utilizar tirosina y por lo tanto no puede sobrevivir. Sin embargo, cuando se añadió el gen sintético al DNA del bacteriófago mutante, el bacteriófago funcionó normalmente. El trabajo de Khorana proporcionó una técnica que permitía cambios de secuencias de nucleótidos a voluntad, y ahora es posible técnicamente sintetizar genes que manufacturen ciertos productos proteicos.

El método de Khorana es distinto de las técnicas de DNA recombinante que tan comentadas han sido en los últimos años. Las técnicas de DNA recombinante combinan genes ya existentes, procedentes de diversos organismos, para crear organismos con combinaciones genéticas nuevas. Khorana sintetizó un gen que ya existía en el bacteriófago y en todas las células vivas. Sin embargo, su método hubiera sido muy parecido a las técnicas de DNA recombinante, si el gen sintético se hubiera introducido en un organismo que normalmente no tiene ese gen. En 1977 se pusieron de manifiesto las posibilidades de este tipo de investigaciones. La somatostatina es una hormona presente en el cerebro de los mamíferos, que inhibe a las hormonas del creci-

alanina, un aminoácido esencial. De algún modo, el exceso de fenilpirúvico estaba conectado con el retraso mental.

Esta enfermedad llegó a conocerse como la enfermedad de Fölling, o fenilcetonuria, y fue objeto de investigaciones en cierto número de laboratorios distribuidos por todo el mundo. Estas investigaciones revelaron que la causa del problema metabólico es la ausencia o inactividad de un enzima en particular, fenilalanina hidroxilasa, enzima que convierte la fenilalanina en tirosina. Si está bloqueada esta conversión aumentan los niveles en la sangre de ácido fenilpirúvico, que se acumula en orina. Aparentemente, los altos niveles de fenilalanina en sangre hacen que desciendan los niveles de otros miento, y que se utiliza en el tratamiento de enfermedades relacionadas con la hormona del crecimiento. Keiichi Itakura y colaboradores (1977) sintetizaron el gen de esta hormona y consiguieron insertarlo en el DNA de la bacteria *E. coli.* Estas bacterias, al multiplicarse, se convirtieron en auténticas factorías de somatostatina. Para darse cuenta de la importancia de este hecho, basta pensar que los investigadores que obtuvieron la somatostatina por primera vez necesitaron los cerebros de medio millón de ovejas para obtener unos 0,0007 gramos de hormona. Otro ejemplo de la utilidad de las técnicas de DNA recombinante fue la síntesis en 1978 de los genes de la insulina humana, que fueron insertados en *E. coli,* creando así factorías de insulina que aseguran el abundante aporte de esta hormona necesario para el metabolismo del azúcar y otros carbohidratos en los individuos diabéticos. En un futuro cercano es de esperar que se realicen otros adelantos en este mismo sentido.

Otra estrategia de las investigaciones con DNA recombinante es la conocida como *ingeniería genética.* Estas técnicas incluyen la transferencia de genes de un organismo a otro distinto de *E. coli.* Por ejemplo, los investigadores actualmente están trabajando en el problema de la transferencia de la cadena beta de la hemoglobina de un mamífero a otro. Si esa transferencia se pudiera realizar entre dos seres humanos, la hemoglobina producida gracias al trasplante de genes permitiría vivir a los individuos con anemia falciforme.

Uno de los temores asociados a las investigaciones con DNA recombinante se relaciona con *E. coli,* la bacteria que se utiliza habitualmente, que se encuentra normalmente en el intestino humano y en el de todos los animales de sangre caliente, así como en peces y algunos insectos. Si se creasen nuevas bacterias, productoras de sustancias tóxicas y que fueran resistentes a los antibióticos, podrían infectar a los humanos. Como resultado de estos riesgos potenciales los gobiernos han establecido estrictas directrices para regular estas investigaciones (Wade, 1976). Recientemente han aparecido muchos libros y revistas que tratan el tema de las investigaciones con DNA recombinante. Uno de los mejores es el libro de Nicholas Wade (*The ultimate experiment: Man-made evolution,* Walker Press, 1977).

aminoácidos, privando de los necesarios nutrientes al sistema nervioso en desarrollo.

El conocimiento del origen bioquímico de la FCU hizo posible la búsqueda de terapias racionales. Si hay deficiencia en un enzima en particular, podrían suministrarse las cantidades de enzima requeridas. Aunque esta iniciativa puede ser pronto técnicamente factible (Ambrus et al., 1978), se ha intentado con éxito minimizar la necesidad del enzima. Si en la FCU el retraso mental está causado por el aumento de fenilalanina, se puede reducir la cantidad de fenilalanina en la dieta. La fenilalanina se encuentra en gran variedad de alimentos, sobre todo en la carne. En 1953 se preparó una dieta muy baja en fenilalanina. Aunque normalizaba los niveles de fenilalanina, no mejoraba la inteligencia de los niños más mayores que padecían FCU. Sin embargo, cuando se administraba la dieta a niños muy pequeños, se evitaba aparentemente el retraso mental (Hsia et al., 1958). Como resultado de este trabajo se han establecido programas de análisis de rutina para detectar la FCU en recién nacidos.

A través de estos programas y otros paralelos para el análisis de los parientes de personas afectadas, ha sido posible valorar la inteligencia de los individuos identificados en base a su defecto bioquímico. Anteriormente, la mayor parte de las investigaciones se habían realizado con individuos identificados bioquímicamente como fenilcetonúricos, de una población de individuos previamente identificados como retrasados mentales. Se asumía que todos los fenilcetonúricos estaban probablemente ingresados por retraso mental. Con estas premisas, se calculó un C.I. medio de aproximadamente 30 en los fenilcetonúricos. Gracias a los nuevos protocolos analíticos fueron descubiertos un número sorprendente alto de individuos bioquímicamente fenilcetonúricos, pero con una inteligencia en el rango normal. Este descubrimiento hizo necesaria una revisión de la eficacia del tratamiento dietético. Si al menos alguno de los individuos tratados con la dieta especial hubiera desarrollado una inteligencia normal, el que algunos individuos tratados hubieran alcanzado un C.I. de 80 a 90, difícilmente podría tomarse como prueba de la eficacia de la dieta en la prevención del retraso.

A raíz de estas consideraciones, se ha dedicado gran cantidad de trabajo al problema de la eficacia de la dieta baja en fenilalanina, y todavía existe cierta controversia. Un experimento clarificador sería el comparar los resultados de grupos tratados y no tratados, ambos identificados al nacer. Sin embargo, esto supondría privar a un grupo de un tratamiento potencialmente efectivo, lo cual es éticamente cuestionable, y es muy improbable que llegue nunca a realizarse. El problema puede también abordarse contrastando el C.I. de los individuos tratados con el de sus hermanos mayores, que no habían sido tratados debido a que la terapia dietética aún no había sido inventada. Los resultados de estas comparaciones realizadas por Hsia (1970) se muestran en la Figura 5.5. Con tratamiento tardío o sin tratamiento en absoluto, la distribución del C.I. va de 10 a 110; los hermanos tratados en edad temprana poseen un C.I. que va de 65 a 120. Más aún, la distribución del C.I. en este último grupo presenta la mayoría de los casos en el extremo más alto de la distribución. Estos resultados constituyen una prueba razonable de que la dieta es de hecho una terapia eficaz.

El descubrimiento de individuos fenilcetonúricos no tratados y con C.I. normal plantea también la cuestión de la posible heterogeneidad de la enfermedad. En la actualidad hay descritas varias formas de FCU. Hsia (1970) recomienda como definición práctica que los individuos con niveles persistentes de fenilalanina superiores a 25 miligramos por ciento, sean diagnosticados como fenilcetonúricos «clásicos». De éstos, aproximadamente un cuarto desarrollan funciones intelectuales normales, sin tratamiento dietético. Es difícil estar seguro del diagnóstico de individuos con niveles comprendidos entre 15 y 25 miligramos por ciento, pero los que presentan niveles entre 2 y 15 miligramos por ciento padecen probablemente una forma de fenilcetonuria que no causa retraso mental. De hecho, los datos de programas de análisis de recién nacidos indican que por cada dos casos de FCU se encuentra uno de niveles de fenilalanina superiores a lo normal no causados por la FCU.

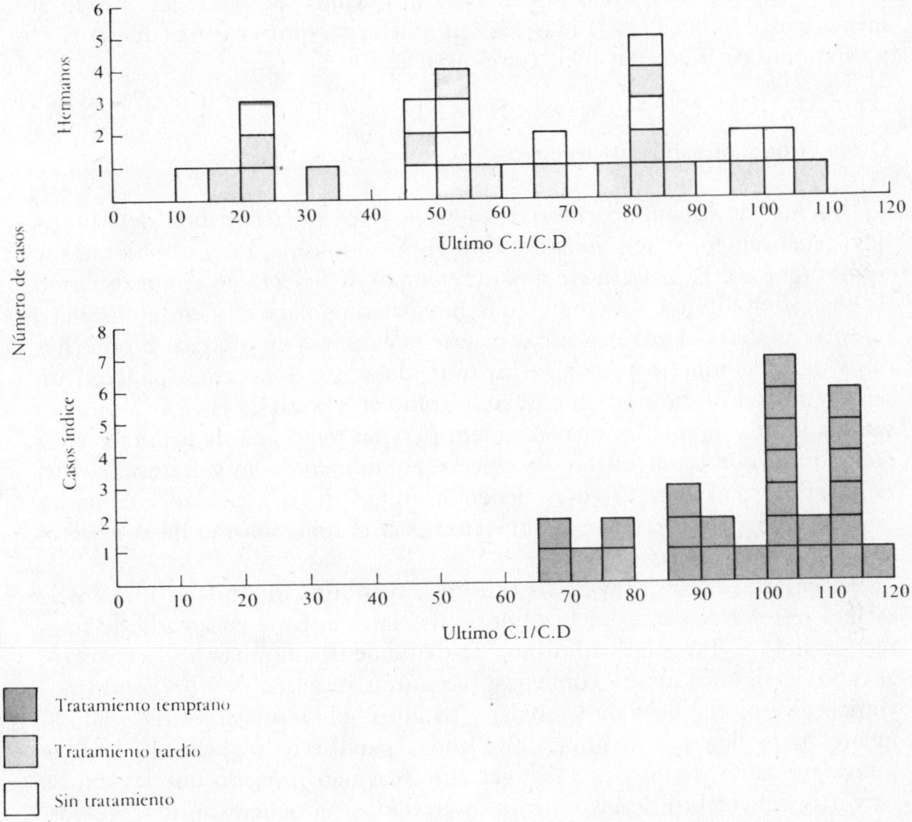

FIGURA 5.5.—*Histograma de frecuencias de las puntuaciones en C.I. o C.D. de casos índice tratados tempranamente frente a hermanos tratados tardíamente o no tratados. (De «Phenylketonuria and its variants» por D. Y.-Y. Hsia. En* Progress in Medical Genetics. *A. G. Steinberg y A. G. Bearn editores. Grune and Stratton, Inc. 1970. Reproducido con autorización).*

Nuevos e importantes datos sobre la FCU continúan apareciendo. Por ejemplo, se conoce desde hace tiempo que los heterozigotos para la FCU convierten la fenilalanina en tirosina con mayor dificultad que los homozigotos normales. Pero sólo recientemente se ha descubierto que los heterozigotos pueden tener un C.I. más bajo que los homozigotos normales (Bessman, Williamson, y Koch, 1978). Este y otros estudios indican que el retraso causado por la FCU podría comenzar hasta cierto punto prenatalmente, no sólo después del nacimiento.

El considerable éxito obtenido en la elucidación de los mecanismos bioquímicos de la FCU ha inspirado gran cantidad de investigaciones encaminadas a la identificación y análisis de otros tipos de retraso mental asociados a un metabolismo anormal de aminoácidos. Se han identificado al menos una docena, pero la mayoría son mucho más infrecuentes que la FCU y ninguno se conoce tan bien como ésta.

Otros errores metabólicos recesivos

Además de las aminoacidurias, como la FCU, existen errores determinados genéticamente, relacionados con el metabolismo de carbohidratos y lípidos (grasas). La galactosemia es un ejemplo de defecto en el metabolismo de los carbohidratos. Los individuos homozigotos para el alelo autosómico recesivo carecen del enzima que convierte la galactosa en glucosa. En muchos casos causa la muerte precoz, y los individuos que sobreviven padecen un retraso mental profundo. Sin embargo, como en el caso de la FCU, se ha desarrollado una terapia racional. La identificación temprana de los niños afectados, junto con la sustitución de la leche por alimentos sin galactosa, es bastante eficaz. Los heterozigotos tienen la mitad de la actividad enzimática normal, que aparentemente es suficiente para el metabolismo de la galactosa.

La enfermedad de Tay-Sachs (idiocia amaurótica infantil) es una enfermedad recesiva causada por la ausencia de cierto enzima encargado de fragmentar lípidos. Estos individuos son aparentemente normales al nacer, pero, al cabo de algunos meses, comienzan a mostrar síntomas de *nistagmus* (movimientos espasmódicos de los ojos) y parálisis. El estado empeora gradualmente hasta llegar a la idiocia profunda, parálisis y ceguera. La muerte sobreviene antes de los dos años. Las autopsias han revelado que las células nerviosas del cerebro de los individuos afectados contienen cantidades anormales de cierta sustancia lipídica, y que las neuronas sufren cambios degenerativos. Se ha desarrollado un test para la detección de portadores, y es además posible el diagnóstico prenatal de los fetos afectados, tomando muestras del líquido amniótico (Cuadro 7.1).

El motivo de estos ejemplos es indicar que los genes afectan a la conducta del mismo modo que afectan a otros fenotipos. Cuando hablamos de la influencia de los genes sobre la conducta, es sólo como una manera simplificada de indicar que estamos considerando los efectos de la producción de DNA y regulación de proteínas, como hemos descrito anteriormente. La reacción de algunos estudiantes ante estos ejemplos es afirmar: «entonces los genes no causaron *realmente* los problemas de conducta. Los genes causaron problemas metabólicos y el efecto sobre la conducta era sólo un subproducto de la deficiencia enzimática». Este es precisamente el objetivo. Los genes son elementos mágicos que aparecen en los esquemas de conducta, como si tirasen de los hilos de una marioneta. Los genes son segmentos de DNA que codifican la producción de proteínas. En este sentido, todos nuestros aspectos, tanto nuestros huesos como nuestra conducta, son subproductos de este proceso.

Genes reguladores

Hasta ahora, hemos considerado las bases físicas de los genes que codifican proteínas particulares, los llamados *genes estructurales*. Sin embargo, es evidente que los genes no funcionan a plena actividad desde el momento de la concepción. Ya que los genes se «conectan y desconectan» a lo largo del desarrollo, tanto antes del nacimiento como después, debe existir algún mecanismo responsable de la regulación del momento y la tasa de producción de proteínas. El mecanismo hipotético sugerido por Jacob y Monod (1961) se conoce como el *modelo del operón*. Además de los genes estructurales que sirven como modelo para la fabricación de proteínas, existen *genes operadores* y *genes reguladores*. El gen operador es un corto segmento de DNA, próximo al gen estructural, que actúa como un interruptor, determinando si el gen estructural será transcrito o no para la producción de proteínas. El conjunto del gen operador y el gen estructural se conoce como *operón*. Los genes reguladores «conectan y desconectan» al gen operador, a través de la producción de un represor que se una al segmento de DNA correspondiente al gen operador. Este modelo proporciona un mecanismo para explicar la regulación genética (Figura 5.6). El represor, producido por el gen regulador, se unirá al gen operador, bloqueando al gen estructural. Si este fuera el final del cuento, todos los genes estructurales estarían permanentemente bloqueados. Sin embargo, el represor puede unirse también a un *metabolito regulador*, producto de otros operones, o a sustancias del exterior de la célula. Cuando esto ocurre, el represor queda en cierto modo inactivo porque quedará unido al metabolito regulador en vez de al gen operador. El resultado es que el gen operador, libre de su unión al represor, permitirá que los

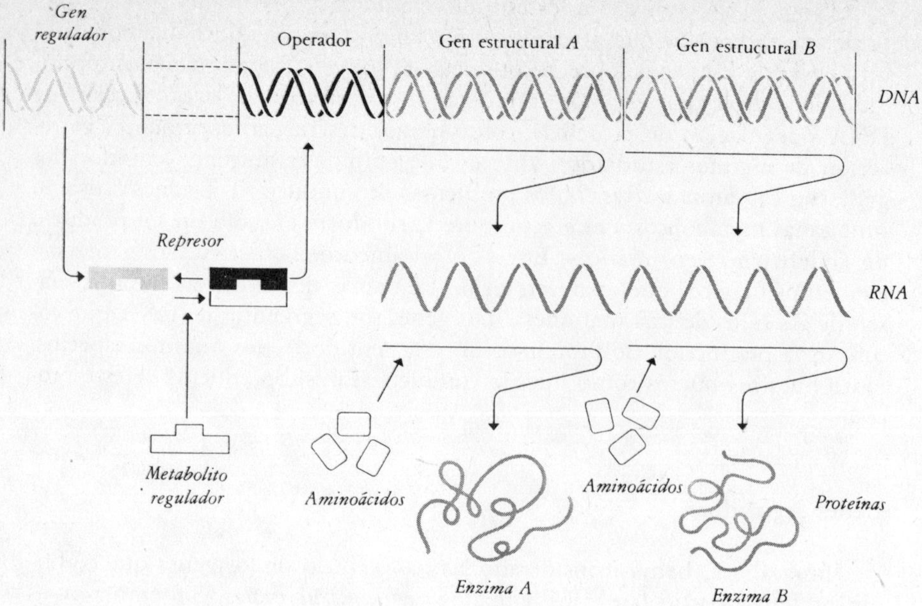

FIGURA 5.6.—*El modelo del operón. Cuando un metabolito regulador se une al represor (producido por el gen regulador), el represor no se une al operador. El gen estructural quedará activado y transcrito a RNA, produciendo por tanto su enzima. (De «The control of biochemical reactions» por J. P. Changeux. Copyright © 1965 by Scientific American, Inc. Reservados todos los derechos).*

genes estructurales se transcriban a RNA. Imagine que estos genes estructurales producen un enzima que rompe el metabolito regulador, y que el metabolito se une al represor. Cuando se bloquea un gen estructural por un represor, aumenta la cantidad de metabolito regulador. Al aumentar el metabolito, comenzará a unirse al represor hasta que éste se inactive y el gen estructural sea transcrito. El gen estructural comenzará a producir un enzima que metabolizará al metabolito regulador. Al romperse el metabolito, comenzará a unirse de nuevo el represor al gen operador y acabará bloqueando al operón. En efecto, la presencia del metabolito regulador activa al operón y su ausencia lo bloquea.

El modelo del operón ha sido demostrado en la bacteria *E. coli.* La discusión de los detalles del operón en bacterias puede ayudar a aclarar el concepto de gen regulador (Figura 5.7). *E. coli* produce unos 700 enzimas distintos. El enzima que conocemos mejor es el β-galactosidasa, que metaboliza lactosa convirtiéndola en glucosa y galactosa. En una célula de *E. coli* normal, existen unas 3.000 moléculas de β-galactosidasa porque la célula vive normalmente en un medio rico en galactosa. La célula necesita el enzima para metabolizar lactosa, su principal fuente de energía. Sin embargo, cuando se coloca a *E. coli* en un medio sin lactosa, hay tan solo unas 3 moléculas de β-galactosidasa por célula. Esto es un buen ejemplo de cómo la producción enzimática está rígidamente controlada, no simplemente trabajando a un ritmo fijo.

La síntesis de RNA mensajero es un factor crítico en esta regulación. Sabemos esto porque el RNA mensajero existe sólo durante 2 ó 3 minutos, y las variaciones en su síntesis están relacionadas con la producción de proteínas. Por ejemplo, en un medio rico en lactosa, una célula media posee de 35 a 50 RNA mensajeros de β-galactosidasa en cualquier momento dado. En ausencia de lactosa de la misma célula tendrá menos de un RNA mensajero por término medio. Por lo tanto, la presencia de un RNA mensajero de tan corta vida para ser traducido a un enzima dependerá de las necesidades de ese enzima. La síntesis de RNA mensajero está controlada por el sistema del operón.

El gen regulador de la β-galactosidasa comprende 1.040 bases nucleotídicas y el represor al que codifica consta de 347 aminoácidos. Este represor se une a otro segmento de DNA (el gen operador), que sólo mide

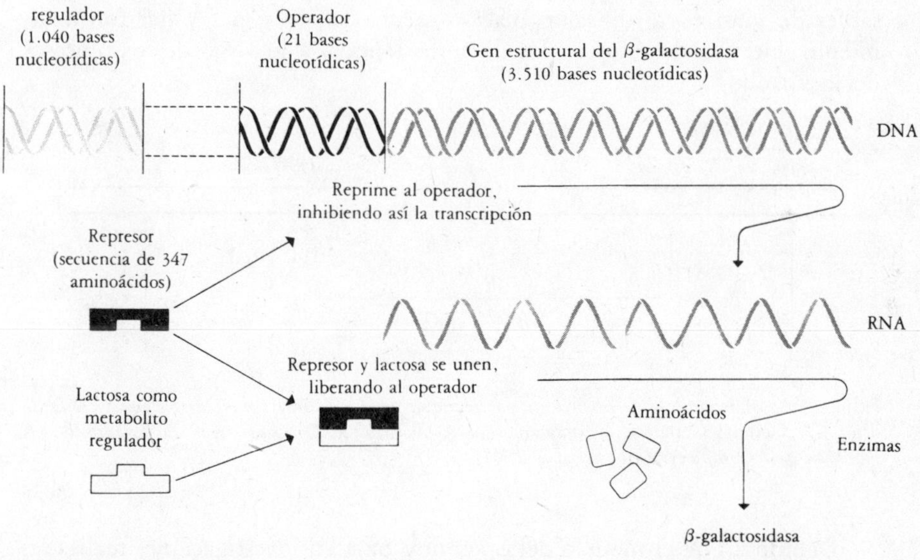

FIGURA 5.7.—*El modelo del operón del β-galactosidasa de* E. coli. *(Adaptado de J. D. Watson, 1976).*

21 bases nucleotídicas. Cuando el represor se une al operador, bloquea la transcripción a RNA mensajero del gen estructural (3.510 bases) que codifica al enzima β-galactosidasa. De este modo se bloquea el operón de este enzima. Sin embargo, el represor se inactiva cuando la lactosa se une a él. Cuando aumenta la cantidad de lactosa el represor desbloquea al operón, y se vuelve a producir el enzima β-galactosidasa. Este enzima metaboliza la lactosa, y, cuando ha cumplido su tarea, es reprimido de nuevo. Por otro lado, se sabe que el represor de la β-galactosidasa también reprime a otros dos genes estructurales vecinos, que producen enzimas cruciales para el metabolismo de la lactosa.

Las interacciones entre operones pueden constituir el mecanismo de los cambios relativamente permanentes del funcionamiento de los genes. En la Figura 5.8 se representan dos operones, en el que cada uno contiene un gen estructural que es, a su vez, gen regulador (GR) del otro operón. Así, si el operón 1 está en funcionamiento, el producto del GR_1 bloqueará al operón 2. Si aparece, aunque sea brevemente, un inductor del exterior (I_1), un metabolito regulador del represor codificado por GR_1, el operón 2 quedará en funcionamiento. G_2 producirá el enzima 2 y GR_2 producirá su represor, que bloqueará al operón 1. El operón 2 estará ahora en funcionamiento y el operón 1 bloqueado hasta el momento en que aparezca un inductor del operón 2. Se pueden postular modos de interacción mucho más complejos. Todo lo dicho debe dejar claro que los sistemas de tipo operón pueden ser responsables de gran parte de la regulación secuencial de genes y del funcionamiento selectivo de éstos en los distintos tejidos, a lo largo de los procesos del desarrollo.

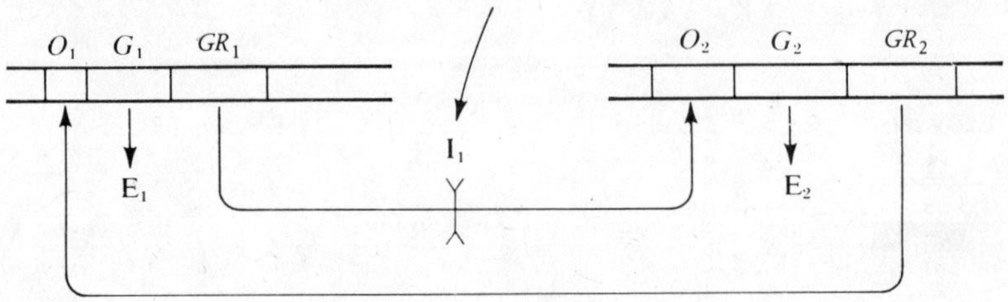

FIGURA 5.8.—*Un modelo de operón que activaría la producción de un enzima e inhibiría la de otro. (De* General Genetics, *2.ª edición, por A. M. Sib, R. D. Owen, y R. S. Edgar. W. H. Freeman and Company. Copyright © 1965).*

Debido a que el modelo del operón se basa en investigaciones realizadas con microorganismos, está aún por establecer hasta qué punto es aplicable a organismos más complejos. Sin embargo, el que éste o mecanismos similares funcionen en organismos superiores parece una hipótesis de trabajo razonable. Ya que la regulación génica es un concepto relativamente nuevo, no ha sido incorporado sistemáticamente a la teoría evolutiva ni a la genética de la conducta. Conceptualmente, la regulación génica causará un impacto considerable.

La mutación

Aunque la replicación del DNA es muy segura, a veces se cometen errores. Algunos de los primeros trabajos genéticos versaban sobre las mutaciones inducidas por rayos X, método utilizado por Hermann J. Muller en 1927 con la *Drosophila.* Desde el descubrimiento de los efectos *mutagénicos* de los rayos X, se han identificado otros agentes capaces de inducir mutaciones experimentalmente, incluyendo algunas sustancias químicas y temperaturas extremas. De este modo, ciertos entornos pueden producir cambios en los genes. Hay que señalar que este fenómeno es muy distinto del antiguo concepto de la herencia de los caracteres adquiridos. Las mutaciones ocurren al azar y en su mayoría son perjudiciales. Estas mutaciones son infrecuentes en la naturaleza, quizás sólo una por cada mil millones de replicaciones de DNA. Sin embargo, dado el gran número de genes de un individuo, es evidente que estas mutaciones son también una importante fuente de variación genética, teniendo en cuenta los períodos de tiempo implicados en la evolución.

Como hemos visto, una proteína media está constituida por una secuencia de 300 aminoácidos, cada uno de los cuales está codificado por una secuencia de tres bases nucleotídicas. Un cambio en una de estas bases puede alterar radicalmente el funcionamiento del producto génico a causa de un cambio en la secuencia de aminoácidos. Por ejemplo, la anemia falciforme se debe al cambio de un solo aminoácido de los 146 que forman la cadena β de la hemoglobina.

Como veremos en la siguiente sección, la posibilidad de inducir mutaciones experimentalmente ha resultado de incalculable valor en la investigación genética y en el análisis de la genética de la conducta. Ha contribuido tanto a la comprensión de la estructura molecular del gen, como a la bioquímica de la acción génica. También ha sido importante para el desarrollo de la teoría evolutiva. Recuérdese el gran esfuerzo de Darwin por encontrar las posibles causas de las variaciones hereditarias. Llegó a la conclusión, aunque algo reacio, de que los mecanismos lamarckianos eran una importante fuente de variabilidad. Las teorías evolutivas contemporáneas consideraban a la mutación como fuente primaria de la variabilidad genética de la que depende la selección natural.

Utilización de las mutaciones para el análisis de la conducta

Como ya mencionamos, Beadle y Tatum (1941) utilizaron las mutaciones del moho común del pan para estudiar el funcionamiento de los genes. Encontraron mutantes que eran incapaces de convertir ciertas sustancias en otras más complejas. Su trabajo reveló la secuencia metabólica normal, y demostró que cada paso de la secuencia está controlado por un único gen: la hipótesis de «un gen, un enzima».

En 1967, Seymour Benzer apuntaba que se podía utilizar un enfoque similar para analizar los fenómenos en los que se apoya la conducta. En los diez años siguientes a la publicación del trabajo de Benzer, se seleccionaron cientos de conductas mutantes en organismos tan diversos como bacterias, moscas de la fruta, grillos y ratones. Casi todos estos estudios consistían en la inducción de mutaciones mediante productos químicos y búsqueda de los individuos con conductas anormales, seguida de la identificación de las causas genéticas específicas.

En esta sección consideraremos los intentos más recientes de llevar a cabo análisis de la conducta en organismos unicelulares, como bacterias y paramecios, así como en organismos más complejos, como nemátodos y moscas de la fruta. El objeto de esta sección es mostrar cómo los genes influyen sobre la conducta. Los genes afectan a la conducta del mismo modo que afectan a cualquier fenotipo, controlando la producción de enzimas.

Bacterias

Aunque la conducta de las bacterias fue estudiada con gran detalle en las primeras décadas de este siglo, este campo de investigación ha sido ignorado hasta hace poco. Para ser honestos, la conducta de las bacterias no es desde luego absorbente; de hecho, la mayoría de los investigadores sólo pueden asegurarse de si las bacterias están vivas o muertas determinando si se reproducen o no. Sin embargo, tienen una conducta. Se mueven acercándose o alejándose de muchos tipos de sustancias químicas (llamadas *quimiotácticas*), rotando como remos sus cuatro a ochos diminutos flagelos. Cuando los flagelos rotan en el sentido de las agujas del reloj, el organismo nada suavemente hacia adelante durante un segundo aproximadamente. Cuando los flagelos rotan en sentido contrario al de las agujas del reloj, el organismo da un tumbo y cambia de dirección. El motivo de este renovado interés por esta sencilla conducta estriba en la gran cantidad de información ya existente sobre la genética de las bacterias. Esta información ha determinado un rápido avance en el aislamiento de los genes y proteínas responsables de esta conducta (Adler, 1976; Parkinson, 1977).

Se han hecho grandes progresos desde que se identificó en 1966 la primera conducta mutante en bacterias. Las conductas mutantes se aíslan analizando enormes cantidades de bacterias, en busca de una sola conducta aberrante. Las mutantes de una conducta específica que sólo realizan ciertos aspectos de una respuesta son especialmente importantes. Por ejemplo, algunas bacterias mutantes pueden nadar perfectamente, pero no pueden reconocer ciertos estímulos químicos. Una cepa mutante puede nadar y reconocer sustancias químicas, pero no puede metabolizar la galactosa. El único defecto de otra cepa es el no poder metabolizar ribosa. Cuando estas cepas se siembran en una placa con ribosa y galactosa, cada una consume el azúcar que es capaz de metabolizar y cada cepa se extiende independientemente, como se indica en la Figura 5.9.

La natación normal de las bacterias conlleva etapas muy parecidas a las de conductas más complejas de los organismos superiores. La célula bacteriana debe detectar el estímulo para luego transmitir esta información de modo que produzca una respuesta adecuada. El análisis genético realizado con cepas mutantes indica que el primer paso, el reconocimiento del estímulo químico, afecta probablemente a unos 20 genes, siendo necesarios al menos 9 genes sólo para detectar los diferentes tipos de azúcares. Los genes producen proteínas que se unen a ciertas sustancias, como azúcares y

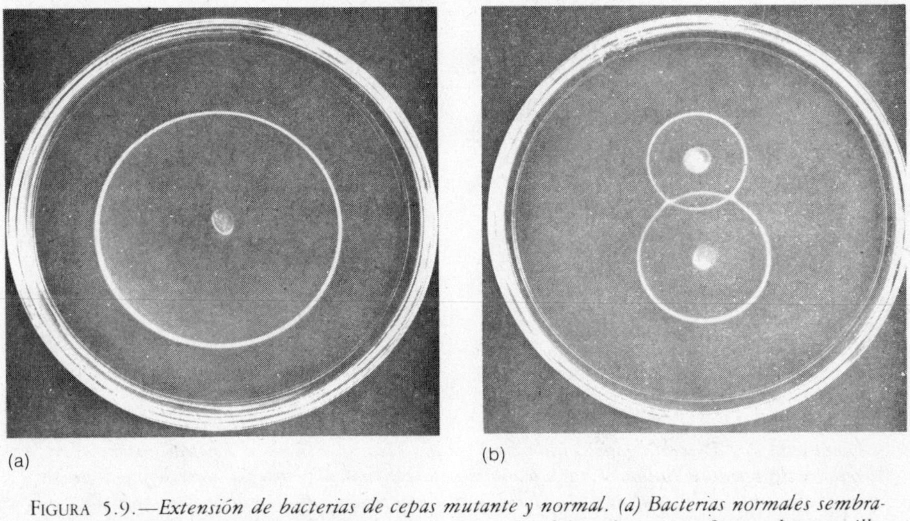

(a) (b)

FIGURA 5.9.—*Extensión de bacterias de cepas mutante y normal. (a) Bacterias normales sembradas en el centro de una placa con galactosa se extienden hacia el exterior, formando un anillo. (b) Esta placa contiene galactosa y ribosa, y dos cepas mutantes; una que no puede metabolizar la galactosa y otra que no puede metabolizar la ribosa. Cada cepa se extiende independientemente, formando dos anillos separados. (Cortesía de Julius Alder).*

aminoácidos. El segundo paso, la transmisión de la señal, afecta al menos a 3 genes que detectan la magnitud de la unión que ha ocurrido. Por último, hay muchos genes relacionados con la rotación de los flagelos. Unos influyen sobre el mecanismo de giro, otros determinan la dirección del giro y otros controlan la duración de la respuesta. Se ha localizado la posición de estos genes en el único cromosoma circular de *E. coli,* como se indica en la Figura 5.10. Esta figura hace énfasis en la complejidad genética de una conducta aparentemente simple de un organismo sencillo.

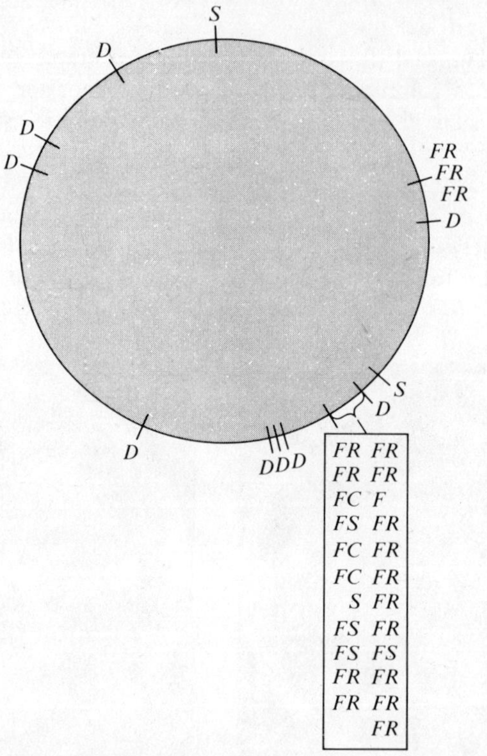

FIGURA 5.10.—*El único cromosoma circular de* E. coli *con la posición de los genes que influyen sobre la natación.* D *indica genes productores de proteínas que se unen a ciertas sustancias en la detección del estímulo químico.* S *son loci que desencadenan la respuesta, detectando la proporción de sitios de unión ocupados. Los loci* F *son mutantes que afectan al propio rotor* (FR), *a la dirección de giro del rotor* (FS) *y genes que controlan la actividad del rotor* (FC). *(De «Behavioral genetics in Bacteria» por J. S. Parkinson. Reproducido con autorización del* Annual Review of Genetics *11, 397 - 414. Copyright © 1977 by Annual Reviews, Inc. Reservados todos los derechos).*

Esto ilustra el hecho de que la mayoría de las conductas normales están influidas por muchos genes. Como señalamos en el capítulo anterior, hay muchos genes que pueden alterar profundamente el desarrollo de la conducta normal. Sin embargo, aunque sobre una conducta en particular puedan influir muchos genes, la conducta puede ser alterada por un único gen.

Una buena analogía podría ser el automóvil, que requiere miles de componentes para su normal funcionamiento. Si cualquiera de ellos falla, el coche no marchará adecuadamente. Del mismo modo, un único gen puede influir drásticamente sobre una conducta que normalmente está afectada por varios genes.

Paramecios

Los paramecios, como las bacterias, son organismos unicelulares, aunque más grandes y de movimientos más marcados. Están recubiertos por cilios, que propulsan a la célula hacia delante o hacia atrás. Los paramecios evitan ciertos estímulos químicos y térmicos, deteniéndose y nadando a continuación en una nueva dirección. Los paramecios son también interesantes por su peculiar modo de reproducción. Son diploides (es decir, tienen un par de cromosomas), a diferencia de las bacterias que poseen un único cromosoma. La diploidía complicaría el análisis genético-molecular del paramecio, si no fuera porque pueden reproducirse mediante un proceso llamado *autogamia.* La autogamia es una autorreproducción sexual, en la que se producen gametos idénticos y éstos se fecundan entre sí, dando lugar en cuestión de horas a un organismo totalmente homozigoto. Se suministra un agente mutágeno a los paramecios y se les permite que se reproduzcan por autogamia, transmitiendo por lo tanto la mutación a su descendencia. Se analizan miles de estos organismos en busca de mutantes de conducta. Se han aislado más de 300 mutantes de conducta, y se ha determinado que en la reacción de evitación del paramecio están implicados 20 genes (Kung et al., 1975). Por ejemplo, en algunas disoluciones, el paramecio tipo salvaje experimenta repetidamente reacciones de evitación. Ciertos mutantes, sin embargo, no pueden nada hacia atrás; se les llama mutantes *peón* (como la pieza de ajedrez que sólo puede moverse hacia adelante). Se han identificado 150 mutantes peón distintos, de los que 62 se deben a mutaciones en sólo tres loci. Otros mutantes son: *paranoico* (movimiento hacia atrás prolongado), que se debe a la mutación de uno cualquier de cinco loci distintos; *girador* (en cierta disolución gira manteniéndose en el mismo sitio), influido por un solo locus; y *perezoso* (se mueve muy lentamente), influido por un solo locus. En la Figura 5.11 se indican las trayectorias de los movimientos de estas cepas correspondientes a un período de unos 10 segundos.

Los análisis de la respuesta de evitación en paramecios se han centrado en la membrana y sus propiedades eléctricas. Por ejemplo, el mutante peón tiene un defecto en la permeabilidad de la membrana para un elemento particular implicado en la respuesta eléctrica. Aunque los investigadores han realizado análisis moleculares de los productos de genes específicos (enzimas) implicados en estos mutantes, no se ha avanzado tanto en estos estudios como en los realizados con bacterias.

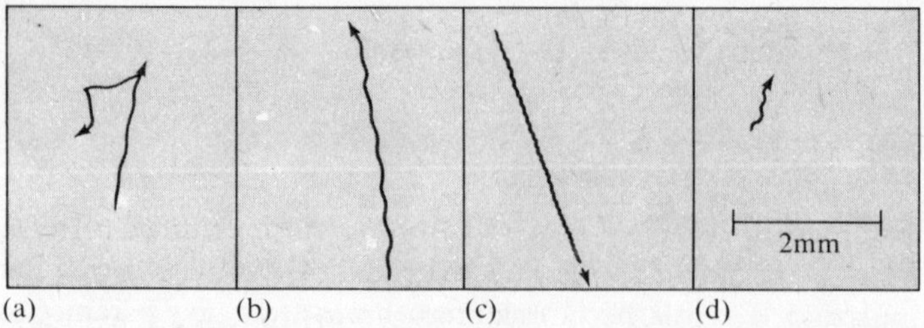

FIGURA 5.11.—*Movimientos de varias cepas de paramecios. (a) Tipo salvaje: reacción de evitación espontánea, realizando un giro. (b) Peón: movimiento hacia adelante, sin reacción de evitación. (c) Paranoico: movimiento rápido y sostenido hacia atrás. (d) Perezoso: movimiento muy lento. (Adaptado de «Genetic dissection of behavior in* Paramecium» *por C. Kung et al.* Science, *188, 898-904, Copyright © 1975 by The American Association for the Advancement of Science).*

Nematodos

Los nematodos son gusanos de una complejidad intermedia entre los organismos unicelulares y los metazoos complejos, como las moscas de la fruta, los ratones, o los seres humanos.

Miden cerca de 1 mm y están compuestos por unas seiscientas células, la mitad de las cuales son células nerviosas. La mayoría son autógamos, y en una semana se pueden obtener unos 100.000 descendientes. El análisis genético del sistema nervioso de los nematodos ha concedido a este insignificante gusano la distinción de ser el único organismo del que conocemos el completo diseño del sistema nervioso. Desde el punto de vista conductista, se han identificado unos cuarenta mutantes quimiotácticos, en los que están implicados unos quince loci (Ward, 1977). Cerca de la mitad de estos mutantes de conducta tienen diferencias anatómicas observables en el sistema nervioso. Como en el caso de los paramecios, se está comenzando a identificar los productos génicos subyacentes a estas conductas mutantes.

Drosophila

Benzer estudió mutantes de conducta en *Drosophila,* debido a la gran cantidad de información genética disponible. Se han compilado largas listas de conducta mutante en *Drosophila* (p. e., Grossfield, 1975). Estas incluyen: mutantes *perezosos* e *hipercinéticos; alas en alto,* los cuales no pueden volar debido a un efecto muscular; *shock fácil,* en los que la agitación desencadena una conducta similar al ataque epiléptico; *paralizados,* el descenso de la temperatura por debajo de los 28 ° C causa un colapso; *muerte súbita,* caminan y vuelan normalmente durante un par de días y de repente caen de espaldas y mueren en cuestión de horas. También se están estudiando conductas más complejas. Una de éstas es la conducta de cortejo del macho de *Drosophila.* Los machos persiguen a otras moscas y hacen vibrar sus alas antes de la cópula. Se han encontrado conductas mutantes de aspectos del cortejo. Un macho mutante llamado *sinfrutos* corteja tanto a machos como a hembras, pero no copula con las hembras. Otro macho mutante no puede separarse de la hembra tras la cópula, y recibe el dudoso nombre de *ensartado* (Hall, 1977a).

Benzer utilizó un ingenioso truco para delimitar la búsqueda de genes mutantes al cromosoma X. Su truco hizo también posible el uso de una importante herramienta genética conocida como el mosaicismo genético, que comentaremos en la siguiente sección. Aunque el método es algo complicado, se trata básicamente de obtener *Drosophila* con genes mutantes en el cromosoma X. Como en los seres humanos, los machos de *Drosophila* tienen un cromosoma X y uno Y, y las hembras tienen dos cromosomas X. Sin embargo, a diferencia de la especie humana, las moscas con dos cromosomas X y uno Y son hembras fértiles. Consideraremos el caso de los cromosomas X *unidos* que son heredados como un todo.

Supongamos que inducimos mutaciones en los machos de *Drosophila* y los cruzamos con hembras no mutadas con un cromosoma X doble y un cromosoma Y. La Tabla 5.2 indica la descendencia posible de este cruce. Dos tipos de descendientes no pueden sobrevivir: los que reciben el doble X de la madre y un X del padre, y los descendientes que reciben el Y de la madre y el Y del padre. Sólo quedan dos tipos de descendientes. Un tipo incluye a los machos XY con el cromosoma X del padre, que por lo tanto muestran cualquier mutación recesiva inducida en el cromosoma X del padre. Nótese que este macho en particular recibe el cromosoma Y de la madre no mutada. El otro tipo de descendiente son las hembras semejantes a la madre (doble X e Y). Estas reciben el doble cromosoma X de la madre, y no pueden exhibir mutaciones del cromosoma X porque no han recibido el cromosoma X del padre. No obstante, estas hembras pueden expresar mutaciones de los otros cromosomas del padre, pero sólo en el caso de que sean dominantes, ya que reciben un solo autosoma de cada pareja del padre mutado. En resumen, los machos resultantes del cruce expresan todas las mutaciones recesivas del cromosoma X, y las hembras expresan sólo las mutaciones dominantes autosómicas.

En sus primeros trabajos, Benzer (1967) analizó esta descendencia, determinando su respuesta a la luz. La *Drosophila* tipo salvaje normal es *fototáctica* positiva, es decir, se mueve en dirección a la luz. Se descubrió que dos machos mutantes, descendientes del cruce anterior, eran no fototácticos (no se movían hacia la luz). Los análisis indicaron que el responsable de esta extraña conducta era un único gen situado en el cromosoma X. Por ejemplo, cuando estos machos se apareaban con hembras doble X e Y, todos los hijos mostraban la misma conducta. En este caso el mecanismo es similar al ilustrado en la Tabla 5.2. El único descendiente macho viable recibía el cromosoma X de su padre y expresaba el gen mutado recesivo del cromosoma X. Las hembras no reciben el cromosoma X paterno. Estos resultados indican que la ausencia de fototaxia se debía a la mutación de un gen del cromosoma X. Benzer e Y. Hotta (1970) completaron su trabajo con la descripción de una serie de mutantes no fototácticos con problemas de retina. Todos los genes mutantes se localizaban en cinco loci del cromosoma X. Actualmente, mediante el análisis de mutantes, se ha determinado que hay más de cien genes implicados en la estructura del ojo de *Drosophila* (Ready, Hansen y Benzer, 1976). También se han estudiado otras conductas mutantes. Por ejemplo, se han encontrado 48 mutantes con conductas de vuelo defectuosas. Las mutaciones se han podido localizar en 34 puntos distintos del cromosoma X.

TABLA 5.2.—*Descendencia del cruce entre un macho normal y una hembra con el cromosoma X unido, en* Drosophila.

		Gametos masculinos	
		X	Y
Gametos femeninos	$\widehat{XX}$	$\widehat{XX}$X (inviable)	$\widehat{XX}$Y (hembra con X unido)
	X	XY (macho normal)	YY (inviable)

Mosaicismo genético

Otro método desarrollado por Benzer para el análisis de la conducta con mayor precisión es el estudio de los *mosaicos genéticos*. Los mosaicos genéticos son individuos que poseen genes diferentes en varias células del organismo. Normalmente, por supuesto, la vida comienza como una sola célula, y el material genético de ésta se replica en todas las demás celulas del organismo. Además de la hembra doble X e Y, *Drosophila* tienen otra peculiaridad genética que permite el análisis de mosaicos. Existe un cromosoma X inestable, en forma de anillo, que frecuentemente se pierde poco después de la fecundación (Figura 5.12). Las hembras con un cromosoma X normal y otro inestable se convierten en mosaicos genéticos, porque unas células pierden el cromosoma X inestable, y por lo tanto sólo poseen un cromosoma X, mientras que otras poseen los dos cromosomas X. Las células con un solo cromosoma X expresarán todos los genes de ese cromosoma. Más aún, en *Drosophila* los individuos con un solo cromosoma X son machos y los que tienen

Primera etapa: Detección de machos con cromosomas X mutados (véase la Tabla 5.2).

Segunda etapa: Detección de hembras mosaico con cromosoma X inestable (X_i).

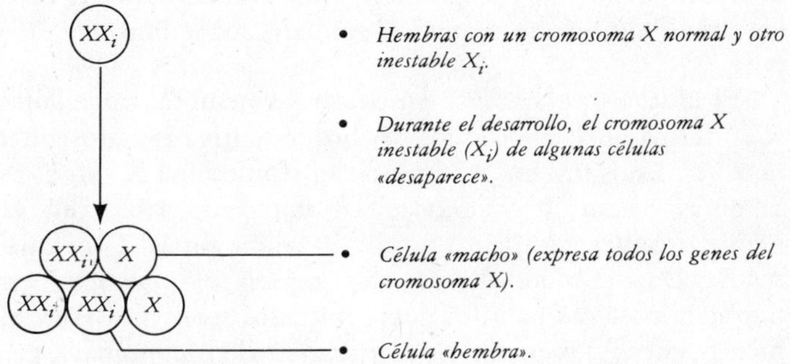

Tercera etapa: Apareamiento de machos con cromosoma X mutado con hembra con cromosoma X inestable (X_i).

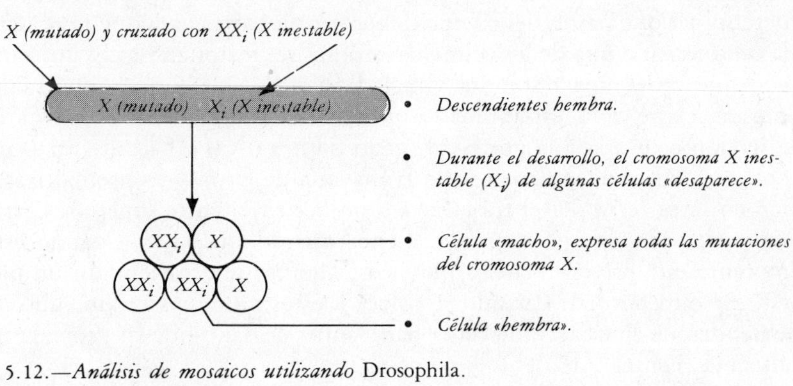

FIGURA 5.12.—*Análisis de mosaicos utilizando* Drosophila.

dos cromosomas X son hembras. Así, estos mosaicos genéticos están compuestos por células masculinas y femeninas, y se llaman *ginandromorfos* (del griego, «caracteres de ambos sexos»), o mosaicos XX-XO.

Las células XX y XO de los ginandromorfos no están intercaladas al azar; extensas áreas continuas, compuestas por muchas células, muestran el mismo genotipo. Comparando gran número de estos mosaicos XX-XO, es posible identificar las partes del cuerpo responsables de ciertas conductas. Por ejemplo, el trabajo de Hott y Benzer (1976) con 477 mosaicos indica que si la cabeza es de macho, la conducta en el cortejo también lo es. Un mosaico con cabeza de macho perseguirá a otras moscas y hará vibrar sus alas independientemente del sexo de las otras partes de su anatomía. Trabajos posteriores indican que basta que medio cerebro sea de macho para que la conducta en el cortejo sea de macho (Hall, 1977b). Hotta y Benzer examinaron también 130 mosaicos capaces de perseguir, hacer vibrar las alas y de copular. Los análisis de estos mosaicos indicaron que para la cópula es necesario el tórax de macho (la parte de un insecto comprendida entre la cabeza y el abdómen), además de cabeza de macho. Por supuesto, el sexo no está sólo en la cabeza, también se requerían genitales masculinos para llevar a cabo la cópula.

El último paso consiste en cruzar las hembras poseedoras del cromosoma X en forma de anillo con los machos mutantes descritos anteriormente (Figura 5.12). Estos machos transmiten su cromosoma X con el gen mutante a las hembras de su descendencia. La mitad de las veces, las descendientes hembra reciben también uno de los cromosomas X «desaparecedores» de su madre. De este modo, los mosaicos no son sólo mosaicos hembra-macho; son también mosaicos para los genes mutados recesivos del cromosoma X. También pueden, por ejemplo, insertarse en el cromosoma X genes «marcadores» del color del cuerpo, para permitir la rápida identificación de las células masculinas y femeninas.

Este método se ha aplicado al estudio de conductas mutantes, con el fin de determinar qué partes del cuerpo deben ser mutantes para que también lo sea la conducta. En uno de los primeros estudios se crearon mosaicos utilizando un gen que causa una respuesta visual defectuosa a la luz. Aunque entre las moscas existe una variabilidad considerable, normalmente se mueven en dirección contraria a la gravedad (geotaxia negativa) y hacia la luz (fototaxia positiva). Así, en un tubo oscuro la mayoría de las moscas normales ascenderán en línea recta por el tubo haya o no luz en la parte superior. Cierto gen mutante produce una respuesta menos marcada a la luz. Cuando este gen mutante esté presente en los mosaicos, algunas moscas tendrán un ojo mutante y otro normal. Cuando se coloca a estos mutantes en un tubo oscuro, ascienden en línea recta hacia la parte superior dado que su geotaxia no está alterada (Figura 5.13a).

Sin embargo, cuando se coloca una luz en el extremo superior del tubo, las moscas mosaico tratan de igualar la luz que llega a sus ojos y mantienen, por lo tanto, el ojo defectuoso en dirección a la luz. En consecuencia, las moscas mutantes ascienden por el tubo en espiral, manteniendo el ojo mutante más cerca de la luz (Figura 5.13b). La ascensión en espiral tiene lugar independientemente de la cantidad presente de tejido femenino normal, mientras uno de los ojos sea mutante y el otro normal. Por lo tanto, la mutación es específica y se limita a la respuesta visual defectuosa del propio ojo. Como Benzer indicó, la fototaxia es una respuesta de conducta compleja: «La luz es absorbida por un pigmento de la célula receptora, produciéndose excitación neuronal, transmisión a la unión sináptica, integración en el sistema nervioso central, que incluye la comparación con otras señales, y generación de la señal motora adecuada para que la mosca se mueva en una dirección concreta» (1967, p. 1118). Una mutación que determine una alteración de cualquiera de estas estructuras o procesos llevará consigo cambios en la fototaxia. Como ya mencionamos, se han aislado mutantes de unos cien genes distintos, que afectan a los ojos. Estos se utilizan actualmente en el análisis

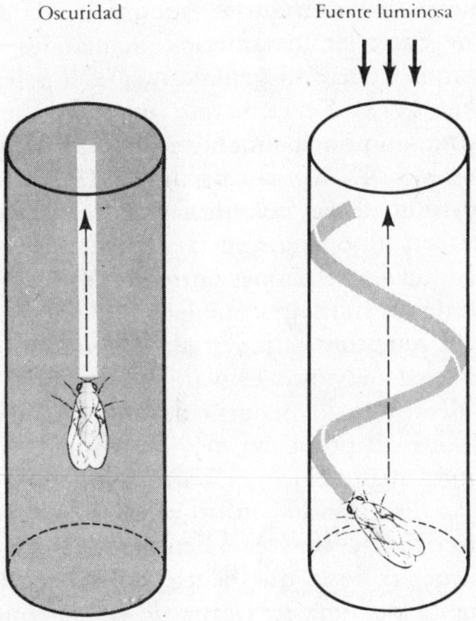

FIGURA 5.13.—*(a) Conducta en la oscuridad de una mosca mosaico con visión normal en un ojo y defectuosa en el otro. Dado que la mosca es geotáctica negativa, trepa en línea recta. (b) Cuando se ilumina desde arriba, la misma mosca gira para mantener su ojo defectuoso hacia la luz, y trepa siguiendo una espiral. (De Hotta y Benzer, 1970).*

de mosaicos para el estudio del sistema visual y para recoger información sobre la sucesión de acontecimientos.

También se han aplicado al aprendizaje los estudios de mutantes y mosaicos. Se ha identificado un mutante de *Drosophila* que exhibe una respuesta de evitación defectuosa. Se enseñó a las moscas a evitar un olor en particular, que se había acoplado a un shock. Aunque las moscas sólo rechazaban el olor un 30 por ciento de las veces, el aprendizaje se mantenía durante un día. (Quinn, Harris y Benzer, 1974). Después de analizar unas quinientas líneas de moscas con mutaciones en el cromosoma X, se encontró una línea mutante que no era capaz de aprender a evitar el olor asociado al shock, aunque mostraba una conducta sensora y motora normal. Este mutante, denominado *«bobo»*, está siendo sometido actualmente a análisis de mosaicos para precisar cuál es la fuente de los problemas de aprendizaje.

Análisis genético y desarrollo (mapas de destinos)

Presumiblemente, los métodos de análisis genético cobrarán aún mayor importancia en genética de la conducta. Aunque la cría de ratones es mucho más lenta que la de bacterias, paramecios, nemátodos o *Drosophila,* también se está empezando a analizar genéticamente el sistema nervioso del ratón (Caviness y Rakic, 1978). Sin embargo, los análisis de mosaicos de mayor resolución se han limitado principalmente a *Drosophila,* debido a la posibilidad de generar mosaicos XX-XO con facilidad (Hall, 1977a).

Una reciente revisión de las investigaciones realizadas sobre los análisis genéticos llega a la conclusión de que la siguiente fase de la investigación comenzará por esclarecer las relaciones entre genes y conducta a lo largo del desarrollo: «Muchos de los mutantes que han sido seleccionados por sus alteraciones de conducta muestran también alteraciones en el desarrollo de algunas partes del sistema nervioso. Esto significa que el esclarecimiento del control génico del desarrollo, dependerá de que entendamos los efectos de estas mutaciones. Este es el problema más desafiante con el que se enfrenta el análisis de mutantes neurológicos» (Ward, 1977, p. 444).

Un avance en esta dirección lo constituyen los mapas de destinos de mosaicos. En 1929, Alfred Sturtevant (véase Benzer, 1973) propuso utilizar mosaicos para hacer un «mapa» de lo que ocurre con las células del *blastodermo* —superficie compuesta por una sola capa de células que forma una esfera hueca llamada blástula, durante las primeras etapas del desarrollo embrionario. En los blastodermos de los mosaicos XX-XO, existe una línea divisoria entre las áreas de células XX y XO. La orientación de esta frontera es aleatoria, lo que significa que la probabilidad de que esta frontera pase entre dos células concretas es proporcional a la distancia que las separa.

También sabemos por estudios histológicos (de tejidos) que la posición de una célula en el blastodermo determina su destino a lo largo del desarrollo (Baker, 1978). Así, en el mosaico adulto, las partes del cuerpo que poseen normalmente genotipos distintos (XX frente a XO), en el blastodermo estaban probablemente muy alejadas unas de otras. Sturtevant computó en parejas de partes del cuerpo de 379 mosaicos la frecuencia con que una era XX y la otra XO. Cuanto mayor era la frecuencia, más alejadas estaban en el blastodermo las células originales, como se pudo determinar por análisis histológicos (Gehring, 1976). Aunque aún queda mucho que aprender sobre los cambios genéticos implicados en la diferenciación de los tejidos, un modelo propuesto recientemente expone que en el mecanismo genético estaría implicada la represión irreversible de genes que antes eran activos, en vez de la activación selectiva de genes (Caplan y Ordahl, 1978).

Benzer y Hotta también abarcaron la conducta en sus estudios (Benzer, 1973). En primer lugar, utilizando 703 mosaicos, confeccionaron un mapa anatómico de destinos, como el que se ilustra en la Figura 5.14. Las distancias entre los orígenes de las distintas partes se miden en *sturts,* en honor a Sturtevant. Un sturt representa la probabilidad de un 1 por ciento de que dos estructuras tengan distintos genotipos. Por ejemplo, las patas 1 y 2 eran de

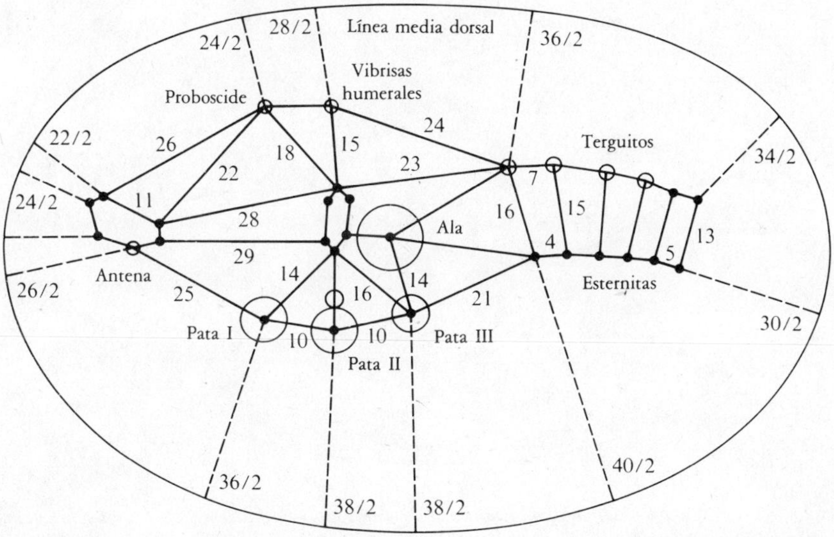

FIGURA 5.14.—*Mapa de destinos blastodérmico de las partes externas del cuerpo de* Drosophila, *basándose en la probabilidad de que dos partes del cuerpo sean de distinto genotipo en los individuos mosaico. (De «Genetic dissection of behavior» por S. Benzer. Copyright © 1973 by Scientific American Inc. Reservados todos los derechos).*

distinto genotipo el 10 por ciento de las veces; las patas 2 y 3 eran de distinto genotipo el 10 por ciento de las veces; y las patas 1 y 3 diferían el 20 por ciento de las veces.

Benzer y Hotta comenzaron entonces a relacionar las características de la conducta en los mapas de destinos. Por ejemplo, los mutantes hipercinéticos agitan las seis patas cuando se les anestesia. Cuando confeccionaron un mapa basándose en el movimiento de las patas de moscas hipercinéticas, encontraron que la localización en el blastodermo de la célula original estaba siempre cerca de la posición de las patas correspondientes, pero siempre por debajo de ellas, en una región que es origen de ciertas partes del sistema nervioso (Figura 5.15). En la Figura 5.15 se muestra la localización embrionaria de los genes mutantes *muerte súbita* y *alas en alto,* que ya hemos mencionado. Se han llevado a cabo análisis de mutantes y mosaicos para otras conductas como el vuelo (Homyk, 1977), y es de esperar que en el futuro aparezcan muchas más aplicaciones de estas importantes técnicas (Flanagan, 1977).

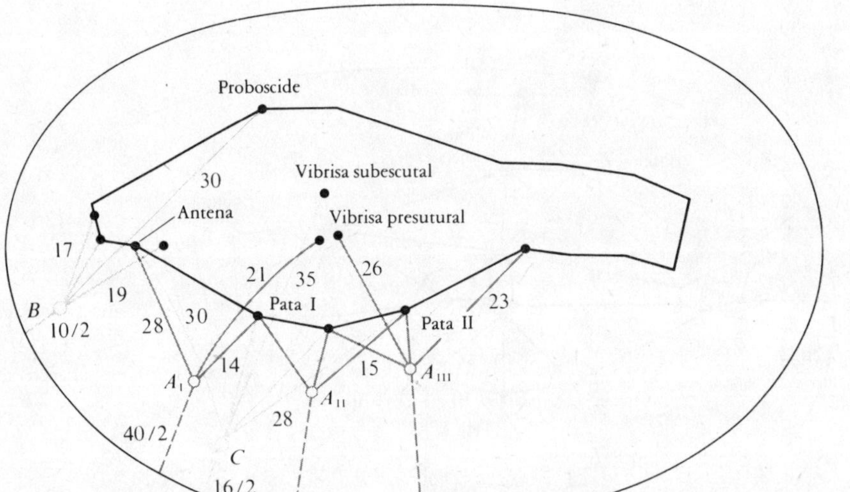

FIGURA 5.15.—*Mapa de destinos mostrando los puntos del blastodermo en los que los genes mutantes (A) afectan al movimiento de las patas en el mutante hiperactivo. Para el otro lado del blastodermo existe un mapa similar que afecta al movimiento de las patas del otro lado del cuerpo de* Drosophila. *También se indica el punto blastodérmico de los genes mutantes muerte súbita (B) y alas en alto (C). (De «Genetic dissection of behavior» por S. Benzer. Copyright © 1973 by Scientific American, Inc. Reservados todos los derechos).*

Benzer ha resumido este punto de vista del siguiente modo:

En el enfrentamiento de los complejos problemas de la conducta, los genes constituyen, sin lugar a dudas, un utensilio de microcirugía con el que provocar bloqueos muy específicos en los caminos de la conducta. En el caso de las mutaciones dependientes de la temperatura, se pueden establecer y eliminar los bloqueos a voluntad. Es posible etiquetar genéticamente células individuales del sistema nervioso y seguir su evolución durante el desarrollo.

Los mosaicos genéticos resultan equivalentes a los más delicados injertos de partes normales y mutantes, manteniendo intacta la estructura general. Lo que hacemos al confeccionar mapas de mosaicos es de hecho «desenrollar» la increíblemente compleja mosca adulta, en la que los órganos de los sentidos, células nerviosas y músculos están entrelazados, retrocediendo en el desarrollo y en el tiempo hasta el blastodermo, estado en el que aún no se han fundido las distintas estructuras.

Genes y diferencias individuales

En los capítulos previos sobre la evolución y la genética mendeliana, el tema central ha sido la variabilidad genética. El descubrimiento de que los genes son secuencias de bases nucleotídicas se suma a nuestro conocimiento sobre la variabilidad genética. Aunque la mayoría de las mutaciones son dañinas, es el precio que se ha de pagar por la variabilidad genética y la posibilidad de cambios evolutivos. También sabemos que los genes no son simplemente modelos para la fabricación de proteínas. Los genes reguladores controlan la producción de proteínas, y las mutaciones de estos genes pueden dar lugar a una variabilidad genética adicional.

Como ya mencionamos en el capítulo anterior, cerca de un tercio de los genes estructurales humanos tienen dos o más alelos. Esto lo sabemos porque estos genes producen enzimas cuyas diferencias podemos detectar. Más aún, estamos descubriendo que existe más variación genética en los genes estructurales de la que podemos detectar mediante el análisis de la función de sus enzimas, al menos dadas las exigencias ambientales existentes. Harry y Harris y sus colaboradores encontraron frecuentes variaciones en la secuencia de aminoácidos de proteínas funcionalmente equivalentes. Por ejemplo, en una primera tanda de observaciones, 3 de los 12 enzimas examinados eran polimórficos, es decir, varios alelos distintos codifican las variantes de estos enzimas. Harris resumió los resultados de su trabajo junto con el de otros autores, llegando a la siguiente conclusión:

Por lo tanto, el alto grado de diferenciación individual en la constitución enzimática puede demostrarse incluso con este limitado número de ejemplos, y es interesante el que la mayoría de éstos se pueda atribuir a variaciones de la estructura molecular de los enzimas. Esto sólo es, seguramente, la punta del iceberg y es plausible imaginar que un análisis definitivo revelaría que cada individuo posee una constitución enzimática única (Harris, 1967, p. 211).

Resumen

En este siglo, el avance más espectacular de la biología ha sido, quizás, el entender los «elementos» de Mendel. A principios de siglo los estudios sobre los errores metabólicos congénitos permitieron postular la hipótesis de «un gen, un enzima». Siguió el descubrimiento de la doble hélice de la molécula de DNA. La estructura del DNA está en relación con sus dos funciones principales: autoreplicación y síntesis de proteínas. Los genes son secuencias de pares de nucleótidos con la longitud suficiente para codificar la secuencia específica de aminoácidos de un polipéptido. Además de los genes estructurales, que sirven como moldes para la producción de proteínas, existen también genes reguladores que controlan la transcripción de los genes estructurales.

Las mutaciones son cambios en las bases nucleotídicas del DNA. La mayor parte de nuestros conocimientos originales sobre los genes son resultado de las mutaciones inducidas experimentalmente. Las mutaciones se utilizan ahora para el análisis de la sucesión de acontecimientos en la conducta de muchos organismos, tales como bacterias, paramecios, nematodos y *Drosophila.* La combinación de mutantes y mosaicos en *Drosophila* permite el análisis detallado de la delicada estructura del desarrollo de la conducta.

6
CROMOSOMAS

Los avances en el campo de la citología (el estudio de la célula y su contenido), han provocado un cambio radical en nuestros conocimientos sobre las bases físicas de la herencia. A mediados del siglo XIX era comúnmente aceptado que las células eran las unidades básicas de los organismos vivos. Con ayuda de los nuevos conocimientos sobre la química de las tinciones, los citólogos pudieron teñir el contenido de las células para hacerlo más visible. Pronto se descubrió que una parte de la célula, el *núcleo,* contenía cierto número de pequeños cuerpos redondeados llamados cromosomas («cuerpos coloreados»), que podían teñirse con ciertos compuestos. El número de cromosomas es el mismo en todas las células de un organismo, excepto en las células sexuales (espermatozoides y óvulos, llamados gametos). En las células no sexuales (llamadas células somáticas), los cromosomas se encuentran por parejas. El número total de cromosomas de cada célula somática se denomina número diploide. En las células sexuales sólo están presentes la mitad de los cromosomas, un miembro de cada par. El número de cromosomas existentes en cada célula sexual se denomina número haploide. Todos los individuos de una especie tienen el mismo número de cromosomas en cada célula, aunque el número varía ampliamente de una especie a otra. Por ejemplo, la planta del guisante tiene 7 pares de cromosomas, el trigo tiene 21, los mosquitos tienen 3, las moscas de la fruta tienen 4, las carpas tienen 52, los ratones 20, los perros 39 y los humanos tienen 23. Cada vez se hacía más evidente que los cromosomas estaban implicados en la herencia.

Mendelismo y cromosomas

Mendel no sabía que sus elementos eran parte de los cromosomas. Su ley de la combinación independiente establece que los elementos, o alelos, de dos rasgos distintos se heredan independientemente. Sin embargo, en el Capítulo 4 comentamos que Mendel se habría llevado una sorpresa si hubiera estudiado dos rasgos determinados por genes situados próximamente en el mismo cromosoma. En este caso, los rasgos se habrían heredado conjuntamente, y no habría encontrado una distribución independiente. La relación de segregación de dihíbridos de 9:3:3:1 se hubiera aproximado a la relación 3:1. Como se indica en la Figura 6.1, la relación sería 3:1 si los dos loci estuvieran tan estrechamente ligados que no dieran lugar a recombinación. Si los loci A y B no estuvieran tan estrechamente unidos, en la progenie de la F_2 aparecerían algunos recombinantes (tales como $A_1A_1B_2B_2$).

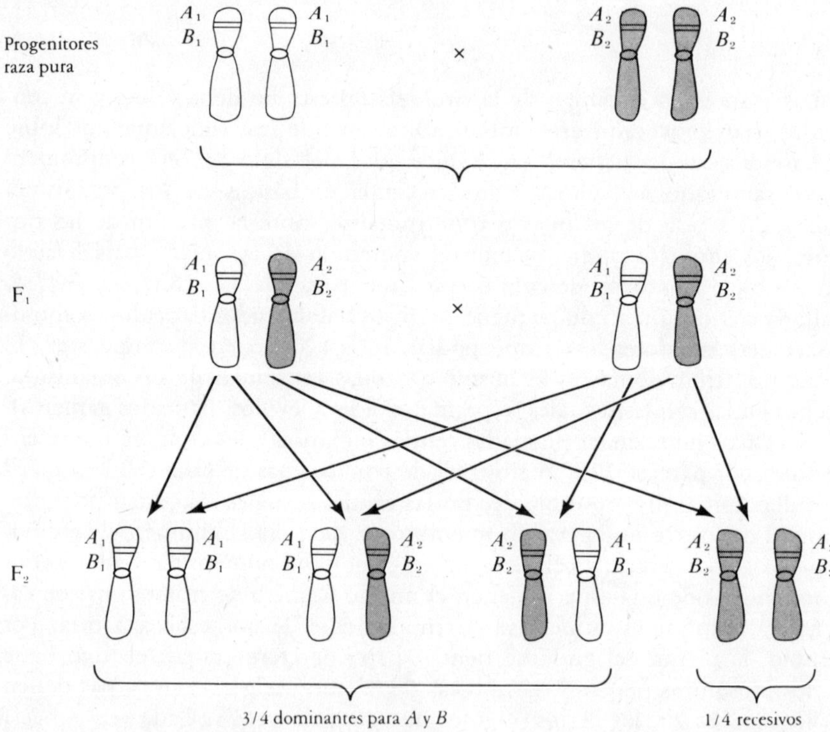

FIGURA 6.1.—*Relación de segregación de dihíbridos cuando los genes están próximos en el mismo cromosoma.* (A_1 *y* B_1 *son dominantes*).

CUADRO 6.1.—*¿Por qué Mendel no encontró ligamiento?*

Mendel estudió siete caracteres de la planta del guisante determinados por siete genes. La planta del guisante sólo tiene siete cromosomas. La probabilidad de que cada uno de los siete genes elegidos al azar esté en un cromosoma distinto, es sólo de 6 en 1.000. Entonces, ¿por qué la única relación de segregación de dihíbridos fue la 9:3:3:1?

La respuesta a esta paradoja es que los siete genes estudiados por Mendel *no* están en siete cromosomas distintos (Blixt, 1975). Los siete genes han sido ya localizados en sus cromosomas específicos y sabemos que dos de ellos están estrechamente ligados en el cromosoma 4. Estos loci están lo suficientemente cerca como para obtener diferencias significativas respecto a la segregación de dihíbridos 9:3:3:1 esperada. Aparentemente, Mendel no llevó a cabo cruces entre estos dihíbridos en particular.

Además de estos dos genes ligados, Mendel estudió relaciones de dihíbridos de otros genes situados en el mismo cromosoma. Sin embargo, salvo en el caso de que los genes estén situados muy próximos en el mismo cromosoma se recombinarán, debido al proceso denominado *sobrecruzamiento* en el que los cromosomas intercambian fragmentos (como veremos con mayor detalle más adelante). Cuanto mayor es la distancia entre loci, mayor es la frecuencia de recombinación. De hecho, los genes que Mendel eligió para su estudio están tan apartados entre sí, que no habría obtenido diferencias significativas respecto a la relación esperada de segregación de híbridos típica de genes independientes.

Como información colateral y prólogo al Cuadro 6.3 debemos destacar que las diferencias con las segregaciones de dihíbridos esperadas no son simples inconvenientes de la genética mendeliana. Constituyen una importante ayuda para determinar si dos genes están situados en el mismo cromosoma. Las diferencias respecto a las relaciones de segregación son indicativas de que los genes están ligados. Cuanto más cerca están situados los genes en un cromosoma, menos sobrecruzamientos ocurren.

Ahora sabemos que la planta del guisante tiene siete pares de cromosomas. Por lo tanto, dado que Mendel estudió siete caracteres, la probabilidad de que cada gen esté situado en un par de cromosomas distintos es muy pequeña (0,006). Entonces, ¿por qué no encontró Mendel las relaciones de segregación de dihíbridos propias del ligamiento? La respuesta se puede encontrar en el Cuadro 6.1.

División celular

La división celular comprende dos procesos. El primero implica la duplicación de las células. Comenzamos la vida como una sola célula y acabamos de adultos con unas 10^{14} células. En el segundo proceso, una muestra con la mitad de nuestros genes se transmite de una generación a otra, en nuestras células sexuales (espermatozoides y óvulos). Los dos tipos de división celular implicados en estos procesos son la *mitosis* y la *meiosis,* respectivamente (Figura 6.2).

Mitosis

En el proceso del crecimiento, las células se dividen en dos «células hijas», cada una de las cuales se divide más tarde en otras dos, y así sucesivamente. Muchas células de nuestro organismo sufren un ciclo de división típico que dura cerca de un día (Cuadro 6.2). Por otro lado, algunas células, como por ejemplo las nerviosas, raramente se dividen. Otras (como los hepatocitos) sólo se dividen cuando se les daña; las células cancerosas se dividen muy rápido.

Mediante estudios cromosómicos se ha comprobado que durante la división celular tienen lugar una serie de cambios. En la mitad izquierda de la Figura 6.2 se ilustran las principales características del proceso mitótico. Antes de que la célula se divida, se replica el material cromosómico y las fibras del huso mitótico se unen a los centrómetros de cada cromosoma (región del cromosoma genéticamente inactiva). Durante la división, la mitad del material cromosómico va a cada una de las células hijas. Dado que los distintos cromosomas tienen formas y tamaños distintos, fue posible determinar que cada célula hija recibe un juego cromosómico similar. El poder diferenciar los cromosomas permitió también establecer que éstos existen por parejas. En la Figura 6.2, un cromosoma de cada pareja es de origen paterno y el otro de origen materno. Por lo tanto, en la figura se muestran dos pares de cromosomas homólogos o juegos complementarios.

Meiosis

Se llama *meiosis* el proceso por el que cada progenitor contribuye con un juego de cromosomas. La meiosis consiste esencialmente en el desdoblamiento de una célula en dos, sin duplicación cromosómica previa como ocurre en la mitosis (Figura 6.2). Más exactamente, la meiosis comienza con cromosomas duplicados. Cada célula diploide se divide dos veces, de tal modo que a

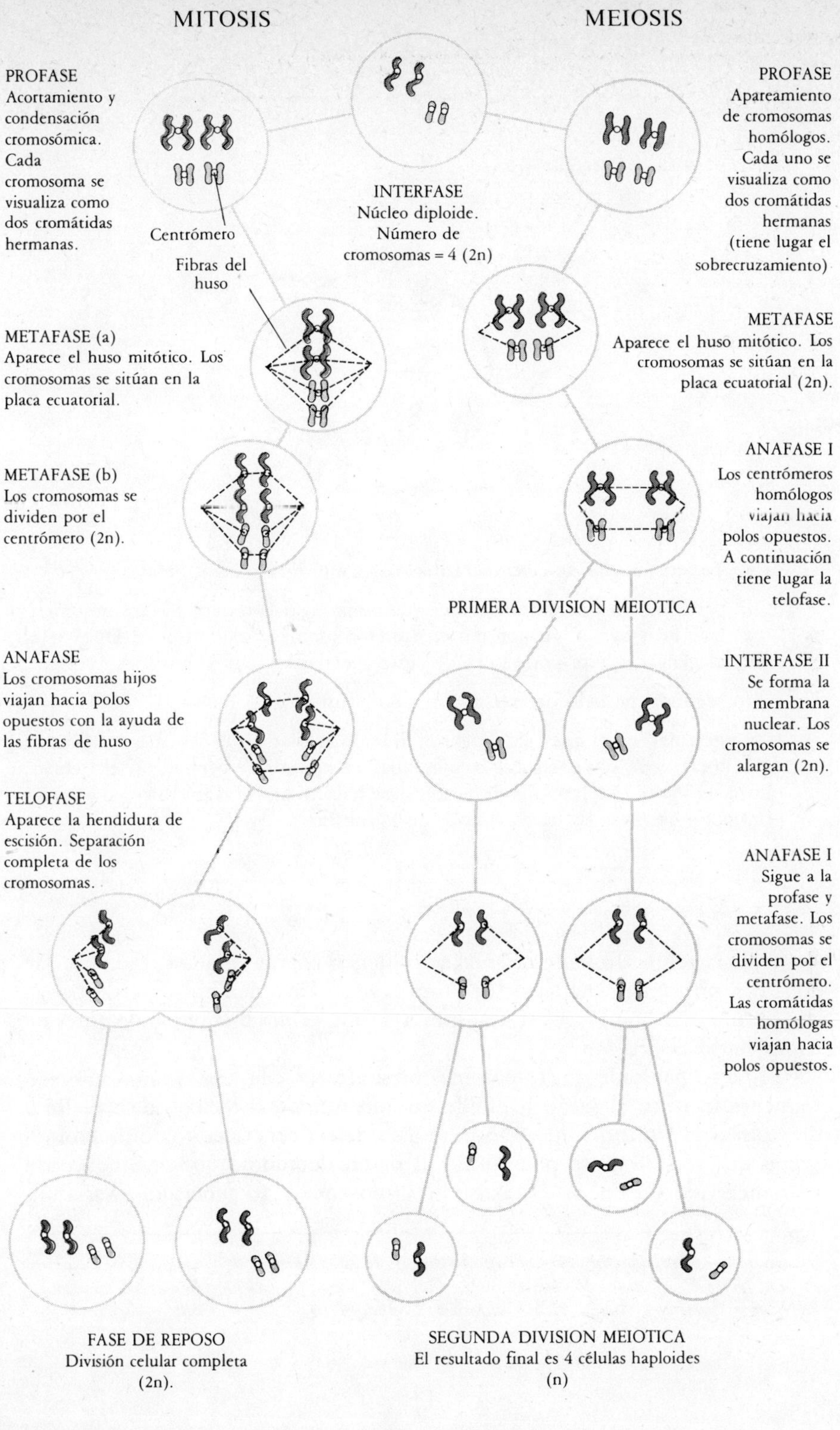
MITOSIS
MEIOSIS
PROFASE
Acortamiento y condensación cromosómica. Cada cromosoma se visualiza como dos cromátidas hermanas.
Centrómero
Fibras del huso
INTERFASE
Núcleo diploide.
Número de cromosomas = 4 (2n)
PROFASE
Apareamiento de cromosomas homólogos. Cada uno se visualiza como dos cromátidas hermanas (tiene lugar el sobrecruzamiento)
METAFASE (a)
Aparece el huso mitótico. Los cromosomas se sitúan en la placa ecuatorial.
METAFASE
Aparece el huso mitótico. Los cromosomas se sitúan en la placa ecuatorial (2n).
METAFASE (b)
Los cromosomas se dividen por el centrómero (2n).
ANAFASE I
Los centrómeros homólogos viajan hacia polos opuestos. A continuación tiene lugar la telofase.
PRIMERA DIVISION MEIOTICA
ANAFASE
Los cromosomas hijos viajan hacia polos opuestos con la ayuda de las fibras de huso
INTERFASE II
Se forma la membrana nuclear. Los cromosomas se alargan (2n).
TELOFASE
Aparece la hendidura de escisión. Separación completa de los cromosomas.
ANAFASE I
Sigue a la profase y metafase. Los cromosomas se dividen por el centrómero. Las cromátidas homólogas viajan hacia polos opuestos.
FASE DE REPOSO
División celular completa (2n).
SEGUNDA DIVISION MEIOTICA
El resultado final es 4 células haploides (n)

CUADRO 6.2.—*El ciclo celular típico.*

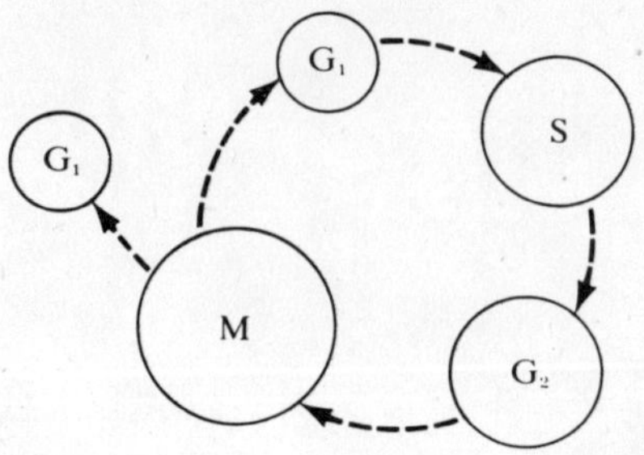

G_1 es un período inicial de crecimiento celular, que dura unas 8 horas.

S es un período (cerca de 6 horas) en el que tiene lugar la replicación cromosómica. Dado que los genes se encuentran en los cromosomas y dado que el DNA es el material genético, este período es de síntesis activa de DNA.

G_2 es un segundo período de crecimiento, que dura unas 5 horas.

M es la fase final, en la que tiene lugar la división celular. Es la fase más corta (cerca de 1 hora), y se obtienen dos células hijas idénticas que comienzan el ciclo de nuevo. Durante esta fase, los cromosomas se hacen visibles al microscopio óptico y se pueden observar las diversas fases de la mitosis.

partir de la célula diploide original se obtienen cuatro gametos, cada uno de ellos con un número haploide de cromosomas. Un miembro de cada pareja de cromosomas homólogos se transporta a cada célula hija haploide antes de completarse la división.

El juego haploide de cromosomas presente en cada gameto no es necesariamente idéntico al juego haploide que un individuo recibe de su padre o de su madre. Un individuo transmite a su descendencia parte de los cromosomas que recibió de su padre y de su madre, debido a que se produce un entremezclado previo. Al barajarse los cromosomas, se genera una variabili-

FIGURA 6.2.—*Comparación entre mitosis y meiosis. N es el número de cromosomas de cada tipo. De James D. Watson,* Molecular Biology of the Genes. *3.ª edición, Benjamin/Cummings Publishing Company. Menlo Park. California. Copyright 1976).*

dad genética considerable. Por ejemplo, sus gametos (espermatozoides u óvulos) pueden tener cualquiera de los 8 millones de combinaciones haploides posibles (2^{23}) en sus 23 pares de cromosomas. Cualquiera de estas combinaciones haploides puede fecundar o ser fecundada por cualquiera de los 8 millones de combinaciones posibles de los gametos de su pareja. Esto significa que usted y su pareja pueden potencialmente crear 64 billones de zigotos cromosómicamente distintos.

La meiosis da lugar a más variabilidad genética aún, a través del proceso del sobrecruzamiento, como comentaremos en la siguiente sección.

En resumen, la mitosis ocurre en casi todas las células del organismo. Su función es la duplicación celular. La meiosis sólo tiene lugar en los ovarios y testículos, productores de las células sexuales. Su función es la de barajar los cromosomas y producir gametos con cromosomas individuales en vez de emparejados.

Sobrecruzamiento

La elucidación de las bases cromosómicas de la herencia contribuyó a delinear las excepciones a la ley de la combinación independiente, como mencionamos en el Cuadro 6.1. Es evidente que existen más genes que cromosomas. En otras palabras, cada cromosoma debe contener cierto número de loci. Si dos caracteres están determinados por loci del mismo cromosoma, los alelos de los dos loci podrían no combinarse independientemente.

Se dice que los genes de un mismo cromosoma están *ligados* si sus alelos no se combinan independientemente. Sin embargo, el ligamiento no implica que los rasgos siempre aparezcan juntos en una población. El ligamiento se refiere a los loci, no a los alelos en los que se segregan los loci. Por ejemplo, la hemofilia y la ceguera a los colores están ambas determinadas por alelos recesivos de genes situados en el mismo cromosoma X. Sin embargo, un hemofílico tiene la misma probabilidad que cualquier otro individuo de sufrir ceguera a los colores, porque los alelos para la hemofilia y la ceguera a los colores no se heredan juntos aunque sus loci estén en el mismo cromosoma.

Los alelos de dos loci del mismo cromosoma pueden ser separados en una población por el fenómeno del *sobrecruzamiento*. Durante la primera etapa de la meiosis, los cromosomas homólogos se alinean por parejas (Figura 6.2). Cada miembro de cada par se duplica, y el duplicado (cromátidas) se separa excepto por el centrómero. Frecuentemente, los cromosomas se ponen en contacto e intercambian fragmentos (se «sobrecruzan»). El sobrecruzamiento puede tener lugar en un locus, o entre dos loci. Es decir, el sobrecruzamiento puede cortar la molécula de DNA en cualquier punto, no sólo en el sitio de separación de dos loci. Esta es otra importante fuente de variabilidad genética, ya que si los cromosomas intercambian bases en un locus (creando nuevos alelos), cambia la secuencia de bases nucleotídicas.

La «esperanza de vida» de una unidad genética está en relación con su tamaño. Un cromosoma entero sólo permanecerá intacto a lo largo de una generación, si el cromosoma, por término medio, sufre un sobrecrecuzamiento cada vez que se forma un gameto. Una unidad genética menor, digamos un 0,002 de cromosoma (cercano al tamaño medio de un gen), tiene una probabilidad de 0,9998 de llegar intacto de cada progenitor.

Los padres de uno pueden servir como ejemplo para comprender la importante contribución del sobrecruzamiento a la variabilidad genética. Su padre de Vd. tenía los mismos 23 pares de cromosomas paternos y maternos en cada una de sus células, excepto en sus espermatozoides. Cuando se formaron éstos, en el proceso de la meiosis, algunos de los cromosomas homólogos provenientes de su padre y de su madre sufrirían sobrecruzamientos de tal modo que los espermatozoides serían un «collage» de los cromosomas paternos y maternos. Estos cromosomas de los espermatozoides que fecundaron el óvulo que le engendró a usted, son ahora la mitad de los cromosomas de cada célula de su cuerpo. A su vez, sus gametos son cromosomas recombinados de su padre y de su madre.

En la Figura 6.3 se ilustra este proceso para el caso de un solo par de cromosomas. Hay que recordar que estos procesos pueden ocurrir simultáneamente en todas las parejas de cromosomas. El cromosoma materno, portador de los alelos A_1, B_2 y C_1, se representa en blanco; el cromosoma paterno con A_2, B_2 y C_2, se representa en gris. Cuando cada cromosoma homólogo se duplica para formar las cromátidas hermanas, éstas pueden sufrir sobrecruzamientos. En esta fase, las cromátidas pueden romperse y soldarse de nuevo. Cada una de las cromátidas será transmitida a un gameto distinto. Considere sólo los loci *A* y *B* por el momento. Como se indica en la parte inferior de la Figura 6.3, un gameto llevará los genes A_1 y B_1 como su abuelo. Los otros llevarán A_1 con B_1 y A_2 con B_2. En el caso de los dos últimos, ha ocurrido recombinación.

Sobrecruzamientos de este tipo pueden ocurrir en cualquier punto a lo largo del cromosoma, y la probabilidad de que exista recombinación es función de la distancia entre los dos genes en particular. Por ejemplo, en la Figura 6.3, el sobrecruzamiento no ha afectado a la relación entre los locus *A* y *C*. Todos los gametos son A_1C_1 o A_2C_2, como en el caso de los abuelos, dado que no han aparecido sobrecruzamientos entre estos dos loci. Podrían aparecer sobrecruzamientos entre los loci *A* y *C* pero serían menos frecuentes que entre *A* y *B*. Por este motivo, aparecen con menos frecuencia gametos con sobrecruzamiento que sin él. Por supuesto, los genes situados en cromoso-

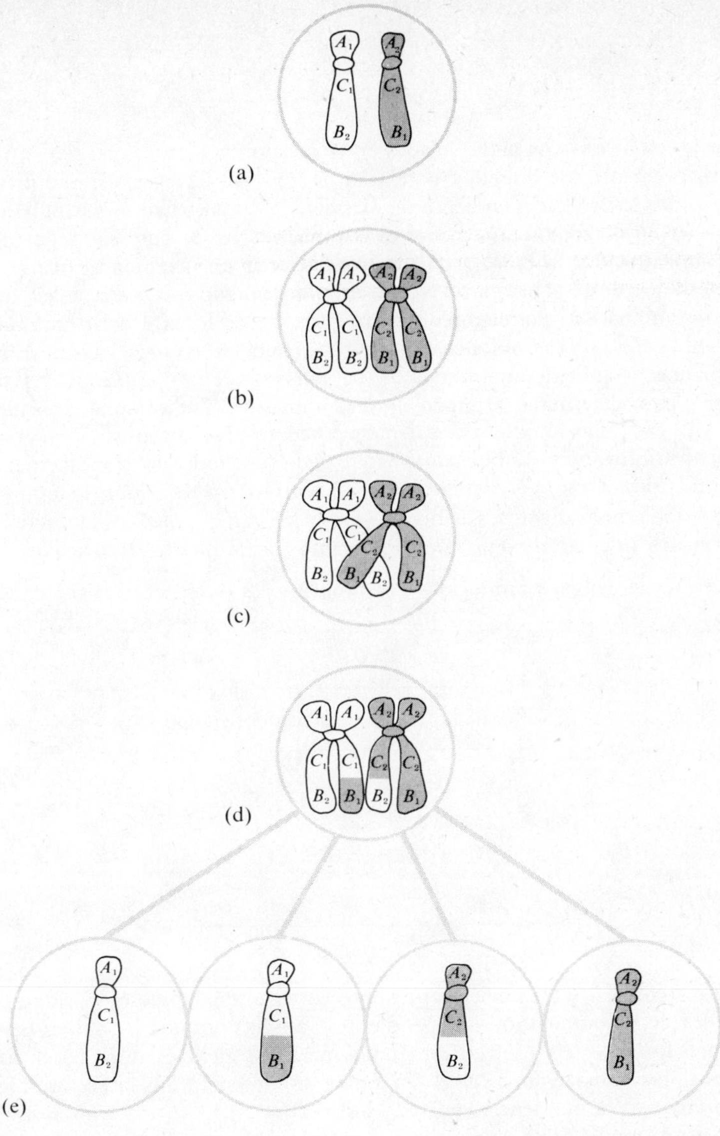

FIGURA 6.3.—*Ilustración diagramática de un sobrecruzamiento (intercambio mutuo de material entre cromosomas homólogos). (De «The inheritance of behavior» por G. E. McClearn. En L. G. Postman, ed.* Psychology in the Making, Copyright © 1963. Con autorización de Alfred A. Knopf, Inc.).

CUADRO 6.3.—*Confección de mapas de genes.*

Si dos genes están estrechamente ligados en el mismo cromosoma, no se distribuirán independientemente con arreglo a la relación 9:3:3:1 de segregación, que predice la ley de la combinación independiente de Mendel. Más aún, cuanto más próximos estén los genes en el cromosoma, menor es la probabilidad de que sean separados por sobrecruzamiento. Por lo tanto, podemos confeccionar un mapa en el que se represente la distancia entre genes en un cromosoma, de acuerdo con la frecuencia con que existe la recombinación. Por ejemplo, en la Figura 6.3, el locus *A* debe estar más cerca del *C* que del *B*, si la recombinación es menos frecuente entre *A* y *C* que entre *A* y *B*. En plantas y animales no humanos, se pueden realizar cruzamientos prueba controlados para determinar el grado de recombinación. Por ejemplo, considere los genes *A* y *B*, cada uno con dos alelos. Un cruzamiento-prueba consistiría en el apareamiento entre individuos «doblemente heterozigotos» e individuos «doblemente homozigotos». Considérese, por ejemplo, el cruce entre $A_1A_2B_1B_1$ (doble heterozigoto) y $A_2A_2B_2B_2$ (doble homozigoto). Cuando los loci *A* y *B* están en cromosomas distintos, existirán cuatro tipos de descendientes, cada uno con la misma frecuencia:

Frecuencia de gametos producidos por progenitores doble heterozigotos.

		$\frac{1}{4} A_1B_1$		$\frac{1}{4} A_1B_2$		$\frac{1}{4} A_2B_1$		$\frac{1}{4} A_2B_2$
		Descendencia						
Gametos de los progenitores dobles homozigotos	A_2B_2	$\frac{1}{4} A_1A_2B_1B_2$	+	$\frac{1}{4} A_1A_2B_2B_2$	+	$\frac{1}{4} A_2A_2B_1B_2$	+	$\frac{1}{4} A_2A_2B_2B_2$

Sin embargo, si *A* y *B* estuvieran próximos en el mismo cromosoma, no se podría aplicar la ley de la combinación independiente. Supongamos que los dobles heterozigotos tienen los alelos A_1 y B_1 en un cromosoma y los alelos A_2 y B_2 en el otro. El progenitor doble homozigoto tiene A_2 en ambos cromosomas. Sin sobrecruzamientos, no encontraríamos descendencia «mixta», $A_1A_2B_2B_2$ o $A_2A_2B_1B_2$. Si un descendiente tiene el alelo A_1 tendrá también el alelo B_1 (es decir, no tendrá B_2B_2), dado que el alelo A_1 y el B_1 están en el mismo cromosoma del progenitor doble heterozigoto. Del mismo modo si un descendiente tiene el alelo B_1 también tendrá un alelo A_1, no A_2A_2. Sin embargo, estas combinaciones también podrían generarse por sobrecruzamiento. Las *distancias en el mapa,* la distancia relativa entre los genes de un cromosoma, son sencillamente porcentajes de recombinación. Por ejemplo, cuando *A* y *B* están en cromosomas distintos, la distancia en el mapa (porcentaje de recombinación) es 50, indicando que el 50 por ciento de la descendencia son de tipo recombinante. Esto indica que no hay ligamiento, sino que se combinan independientemente. Sin embargo, supongamos que el porcentaje de dos genotipos recombinantes sea del 40 en vez del 50 por ciento. La distancia en el mapa entre los genes *A* y *B* sería de 40 unidades. Si existe menos recombinación, la distancia en el mapa será menor, y los genes estarán situados más próximos en el cromosoma.

En 1906, Bateson descubrió que dos genes de la planta del guisante de olor no se combinaban independientemente. En 1915, T. H. Morgan et al. recopilaron los resultados de 85 genes de la mosca de la fruta *(Drosophila),* y demostraron que pertenecían a cuatro grupos de ligamiento. Ahora sabemos que *Drosophila* tiene cuatro cromosomas.

En la especie humana, el problema presenta más dificultades, ya que han de buscarse cruzamientos de prueba que hayan ocurrido espontáneamente. Es preciso estimar la frecuencia esperada de recombinación a partir de un conjunto dado de datos familiares. El ligamiento en los cromosomas sexuales es de más fácil estudio, dado que los varones poseen un cromosoma X y otro Y, y las hembras poseen dos cromosomas X. Los rasgos recesivos del cromosoma X presentan una mayor incidencia en los varones. Si un gen es recesivo, una mujer sólo exhibirá esa característica si es homozigota para estos alelos. Sin embargo, en los varones no existe el locus correspondiente en el cromosoma Y, de modo que se expresará el carácter aún con un solo gen recesivo en el cromosoma X. Si un gen está situado en el cromosoma X, no aparecerá transmisión de padre a hijo dado que el padre transmite a sus hijos varones únicamente el cromosoma Y. Es posible hacer otras predicciones relativas al parecido familiar cuando se trata de un rasgo ligado al cromosoma X (Capítulo 4).

Una vez que se ha demostrado la existencia de ligamiento al sexo, se pueden determinar las distancias de mapa mediante el «método del abuelo». Es posible detectar a una hembra doble homozigota para dos genes del cromosoma X, dado que su padre tendría los alelos en su cromosoma X. Se puede estudiar la recombinación en el caso de los hijos de la hembra doble homozigota y así determinar las distancias de mapa.

En 1936, Haldane determinó la distancia existente entre los genes de la ceguera a los colores y la hemofilia, ambos situados en el cromosoma X. En la actualidad se han identificado unos cien genes situados en el cromosoma X. En 1954, J. Mohr demostró por primera vez la existencia de ligamiento entre dos genes autosómicos humanos (situados en cromosomas distintos de los sexuales), y M. C. Weiss y H. Green localizaron el primer gen humano en un cromosoma específico. La investigación sobre mapas y ligamiento progresa muy rápidamente, debido principalmente a una nueva técnica para la confección de mapas, llamada hibridación de células somáticas. Esta técnica se comentará en el Cuadro 6.4.

mas distintos se combinan al azar. Esta información se ha utilizado para la confección de mapas cromosómicos; véase el Cuadro 6.3.

Cromosomas humanos

Aunque ya a principios de la década de los treinta se realizaban análisis detallados de los cromosomas de *Drosophila* y otros organismos, la genética humana había apenas comenzado a desarrollarse. Hace unos veinticinco años, se enseñaba a los alumnos que en el hombre el número de cromosomas era 48 (24 pares). Sin embargo, gracias a técnicas más avanzadas, en 1956 se concluyó que el número diploide normal de cromosomas en el hombre era 46 y no 48 (Tjio y Leran, 1956). A partir de esa fecha, se han sucedido con gran rapidez importantes adelantos en citogenética humana.

Cariotipos

Normalmente, para estudiar el complemento cromosómico, o *cariotipo* de un individuo, se toma una muestra de glóbulos blancos sanguíneos *(leucocitos)* y se cultivan en el laboratorio durante dos o tres días. Se añade una sustancia (fitohemaglutinina) al cultivo para estimular el crecimiento y la división celular. Las células en período de división son tratadas con colchicina, una sustancia que inhibe la separación de los cromosomas. El resultado consiste en la acumulación de células de la fase de la mitosis ilustrada en la Figura 6.2, en la que los cromosomas son más cortos y gruesos, y aún permanecen unidos por el centrómero. Las células son lavadas con una disolución salina que hace que se hinchen, esparciéndose los cromosomas. Cuando estas células se aplastan o se dejan secar al aire, los cromosomas tienden a ocupar el mismo plano óptico. Después de teñirse las células, se fotografían con muchos aumentos. Los cromosomas de la fotografía pueden ahora ser recortados y reordenados de acuerdo con su tamaño y la localización del centrómero. En la Figura 6.4 se muestra el cariotipo de un varón normal.

En 1960 se celebró una conferencia internacional en Denver, Colorado, con el fin de estandarizar la clasificación de los cromosomas humanos. La «clasificación de Denver» a la que dio lugar, se basa tanto en el tamaño cromosómico como en la posición del centrómero. Si el centrómero divide al cromosoma en dos brazos de aproximadamente la misma longitud, se dice que el cromosoma es *metacéntrico*. Si el centrómero está muy cerca de uno de los extremos se designa al cromosoma como *acrocéntrico*. Si el centrómero se localiza entre un extremo y el centro del cromosoma, se le denomina cromosoma *submetacéntrico*.

Como se indica en la Figura 6.4, los 23 pares de cromosomas humanos se clasifican en siete grupos distintos. El grupo A incluye a los pares 1, 2, y 3. Se trata de cromosomas grandes, que se pueden distinguir del resto por su tamaño y la localización central del centrómero. El grupo B incluye los pares cromosómicos 4 y 5, que son cromosomas submetacéntricos de gran tamaño. El grupo C, el más numeroso, incluye los pares cromosómicos del 6 al 12 y al cromosoma X, siendo todos de tamaño medio y submetacéntricos. El grupo D incluye los pares cromosómicos 13, 14 y 15, acrocéntricos y de tamaño medio. En el grupo E los pares cromosómicos (16, 17 y 18), son relativamente cortos y metacéntricos o submetacéntricos, y los del grupo F (19 y 20), son metacéntricos y más cortos. Los cromosomas del grupo G son muy cortos y acrocéntricos. En este grupo están incluidos los cromosomas 21 y 22, así como el cromosoma Y.

De igual modo se ha diseñado un código simbólico para la descripción el complemento cromosómico de un individuo. En primer lugar, se indica el número total de cromosomas, seguido de la constitución de los cromosomas sexuales y de las posibles anormalidades autosómicas. Un signo más o un signo menos precediendo al número o letra de un cromosoma, indica que todo

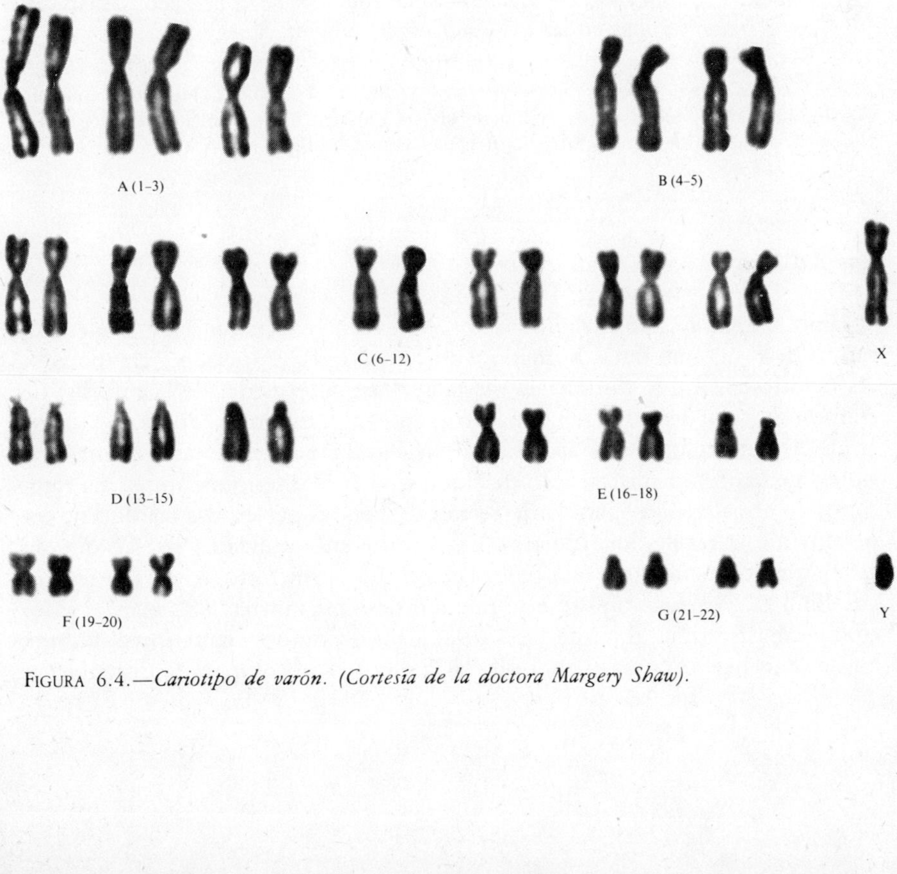

FIGURA 6.4.—*Cariotipo de varón. (Cortesía de la doctora Margery Shaw).*

el autosoma está repetido una vez de más o que no existe, y un signo de interrogación indica incertidumbre. En la Tabla 6.1 se ilustra este tipo de nomenclatura.

TABLA 6.1.—*Nomenclatura de los complementos cromosómicos humanos incluyendo los aberrantes.*

Abreviatura	*Descripción*
46, XY	Varón normal
46, XX	Hembra normal
45, X	22 pares de autosomas; un cromosoma X; falta un cromosoma sexual
47, XXY	22 pares de autosomas, un cromosoma sexual extra
45, XY, —C	Varón; falta un cromosoma del Grupo C
47, XX, +21	Hembra; un cromosoma 21 de más
45, XX, —?C	Hembra; falta un autosoma, probablemente del grupo C
45, X/46, XX	Un mosaico, algunas células como las de la hembra normal y algunas en las que falta un cromosoma X

Procedencia: Hsia, *Human Developmental Genetics.* Year Book Medical Publishers. Copyright © 1968. Adaptado de la conferencia de Chicago, Estandarización en citogenética Humana, Defectos Congénitos, Series de Artículos Originales II: 2. Nueva York: The National Foundation, 1966.

Bandeo

En 1968, se realizó un importante avance en la tecnología de la identificación de los cromosomas humanos. En ese año, T. Casperson y colaboradores manifestaron que durante la metafase (fase intermedia de la mitosis) los cromosomas pueden teñirse mediante agentes fluorescentes capaces de unirse al DNA, dando lugar a la aparición de hasta 320 bandas claras y oscuras, visibles mediante un microscopio de fluorescencia. Posteriormente, se han encontrado otras técnicas para la detección de bandas pero todas conducen, generalmente, a resultados similares. Las técnicas más utilizadas son las que no requieren equipamientos especiales tales como el microscopio de fluorescencia. En 1977, se descubrió que se pueden detectar muchas más bandas si los cromosomas se tiñen durante fases de la división mitótica anteriores a la metafase (Sánchez y Yunis, 1977). En la Figura 6.5 se compara la distribución

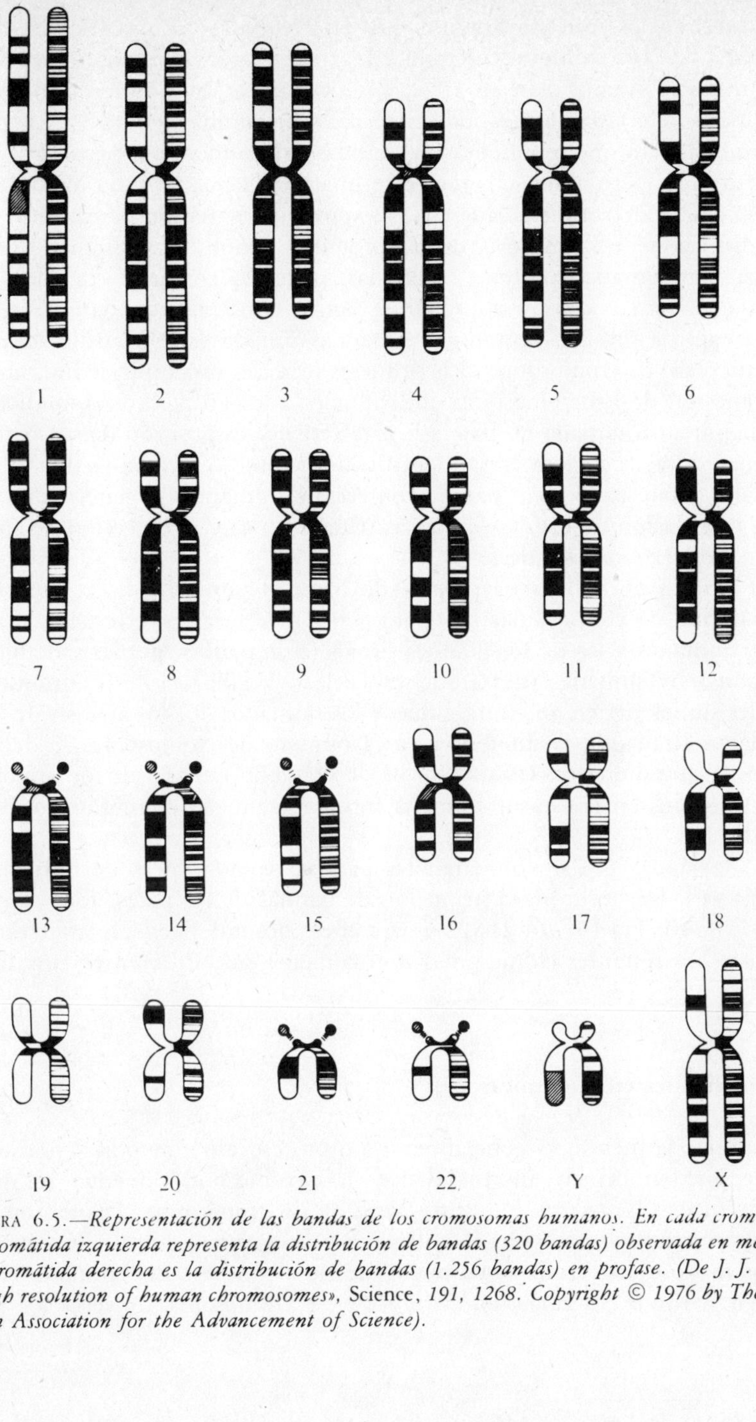

FIGURA 6.5.—*Representación de las bandas de los cromosomas humanos. En cada cromosoma, la cromátida izquierda representa la distribución de bandas (320 bandas) observada en metafase. La cromátida derecha es la distribución de bandas (1.256 bandas) en profase. (De J. J. Yunis, «High resolution of human chromosomes»,* Science, *191, 1268. Copyright © 1976 by The American Association for the Advancement of Science).*

de bandas en los cromosomas humanos en metafase y profase. En la mitad izquierda de cada cromosoma (cromátida izquierda) se representan las bandas tal y como se visualizaban en 1972. Las cromátidas de la derecha muestran las bandas detectadas utilizando las técnicas disponibles en 1977.

No está claro qué representan las bandas. Inicialmente se pensó que eran genes activos, pero ahora sabemos que una banda por término medio tiene 30.000 bases nucleotídicas, que es unas veinte veces más de lo necesario para la codificación de la mayoría de las proteínas. Entonces se sugirió que las bandas representaban proteínas asociadas, pero hoy en día se considera este punto de vista como muy improbable. Por lo tanto, nos quedamos sin una buena explicación. No obstante, las bandas son de extrema utilidad en la identificación de cromosomas. Las primeras técnicas a menudo se limitaban a la asignación de los cromosomas individuales a los grupos correspondientes, atendiendo a su tamaño en base a la característica disposición de sus bandas. Por añadidura, la mejora en la identificación cromosómica ha facilitado análisis tales como las técnicas para la confección de mapas de genes, conocidas como hibridación de células somáticas (Cuadro 6.4) y la detección de sutiles anormalidades cromosómicas.

El estudio de bandas ha progresado hasta el punto de hacer posible la comparación de cromosomas humanos con los de otras especies. Los cromosomas humanos y los de los grandes simios (chimpancés, gorilas y orangutanes) son muy similares (de Grouchy, Turleau y Finaz, 1978). Aunque los grandes simios tienen 48 cromosomas y los humanos 46, los análisis de bandas demuestran que la diferencia en el número de cromosomas se debe al hecho de que dos pares cromosómicos de pequeño tamaño de los simios están fusionados en la especie humana formando un par cromosómico mayor (número 2).

En la Figura 6.6 se comparan las bandas cromosómicas de humanos y chimpancés. De hecho, la distribución de bandas de los pares cromosómicos 3, 6, 7, 8, 10, 11, 19, 20, 21, 22 y para el cromosoma X es similar en ambas especies. Los restantes cromosomas normalmente sólo difieren en una única inversión.

Anormalidades cromosómicas

Aunque la meiosis es generalmente un proceso muy metódico, ocasionalmente pueden ocurrir anormalidades. Los cromosomas pueden romperse dando lugar a la *delección* de una parte de un cromosoma. Los fragmentos cromosómicos sueltos tienden a adherirse a otros cromosomas. Un segmento deleccionado de un cromosoma puede unirse al extremo del cromosoma homólogo, creando así una *duplicación* de ese cromosoma. A veces los frag-

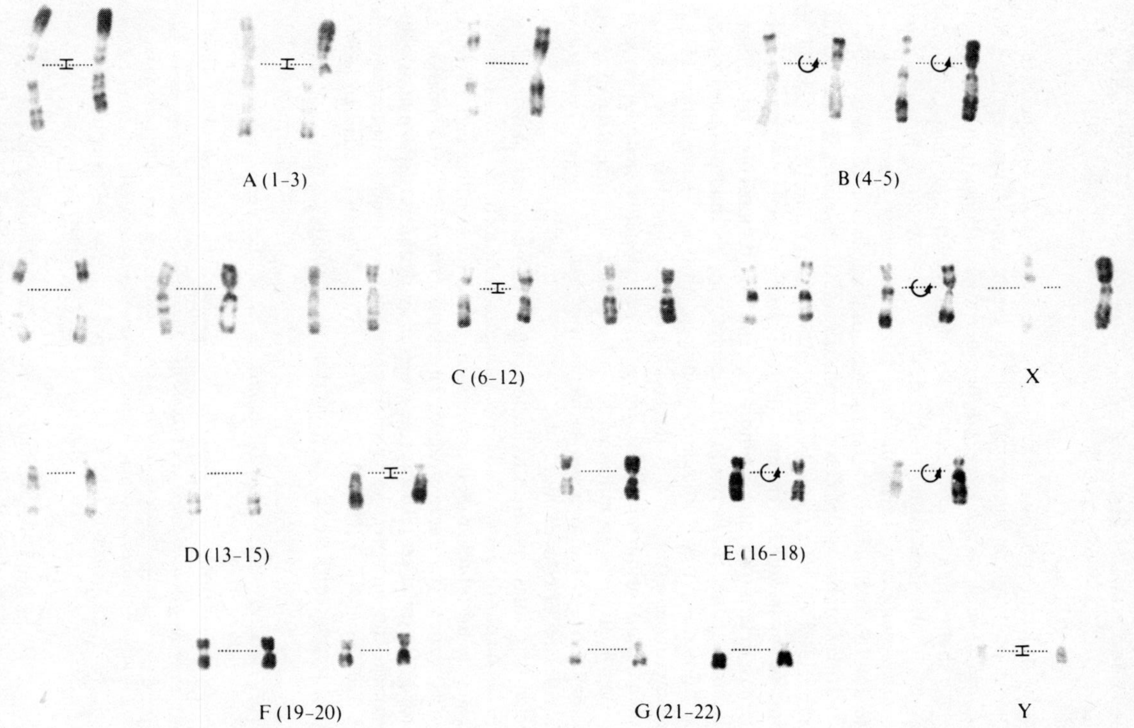

FIGURA 6.6.—*Comparación de los cariotipos humano y de chimpancé* (Pan troglodites) *tras la aplicación de la técnica R de bandas. En cada par, el cromosoma izquierdo es humano, y el derecho es el cromosoma homólogo más próximo de chimpancé. El símbolo ○ indica una inversión. El símbolo I indica otras reordenaciones como por ejemplo fusiones. (De J. de-Grouchy, C. Turlean y C. Finaz, «Chromosomal Phylogeny of the primates». Reproducido con autorización de* Annual Review of Genetics, 12, 289-328. Copyright © 1978 by Annual Reviews, Inc. Reservados todos los derechos).

CUADRO 6.4.—*Hibridación de células somáticas.*

Un método completamente distinto (y que suena a ciencia ficción) ha incrementado enormemente nuestros conocimientos sobre los cromosomas humanos. Esta técnica se llama *hibridación de células somáticas* porque fusiona células humanas con células de otros mamíferos. *Somáticas* indica células del organismo distintas de las sexuales. Las células híbridas resultantes tienen distintas distribuciones de cromosomas humanos y de otros mamíferos. La figura de la página siguiente muestra: (a) los 40 cromosomas de una célula de ratón, (b) los 40 cromosomas de una célula humana, y (c) una célula híbrida hombre-ratón, con 73 cromosomas, de los cuales sólo 8 son humanos. En estas células híbridas todos los cromosomas, tanto humanos como de ratón, son activos. Comparando los enzimas de replicados, o clones, de estas células híbridas, podemos determinar qué cromosomas son los responsables de enzimas específicos. El último panel de la figura (d), muestra los resultados hipotéticos de cuatro enzimas humanos y tres cromosomas humanos, en cinco clones híbridos. Las asociaciones se determinan estudiando cuáles son los enzimas humanos y los cromosomas que aparecen simultáneamente en los diferentes híbridos. Por ejemplo, en la figura, los enzimas I y III aparecen juntos en los cinco clones y se correlacionan con la presencia del cromosoma 2. Por lo tanto, los genes responsables de estos dos enzimas deben estar situados en el cromosoma 2.

La hibridación de células somáticas ha incrementado enormemente nuestros conocimientos sobre los mapas de genes. Cada mes aumenta el número de genes incluidos en los mapas. Más de un centenar de loci autosómicos y unos cien loci pertenecientes a los cromosomas sexuales han sido situados en mapas cromosómicos humanos. La mayoría de estos genes están en relación con proteínas sanguíneas. Estos mapas génicos, en combinación con otras técnicas para la confección de mapas, distintos de la hibridación de células somáticas (Cuadro 6.3), pueden ser de gran utilidad en la localización de genes responsables de las características de la conducta.

Hibridación de células somáticas (a) Los 40 cromosomas de una célula de ratón. (b) Los 46 cromosomas de una célula humana. (c) Tanto cromosomas humanos como de ratón están presentes en una célula híbrida formada por la fusión de dos células como las señaladas. Esta célula posee 73 cromosomas, de los que sólo 8 son humanos. (Cortesía de F. H. Ruddle y R. S. Kucherlapati). (d) Resultados hipotéticos de la hibridación de células somáticas (de «Células híbridas y genes humanos» por F. H. Ruddle y R. S. Kucherlapati. Copyright © 1974. Scientific American Inc. Reservados todos los derechos).

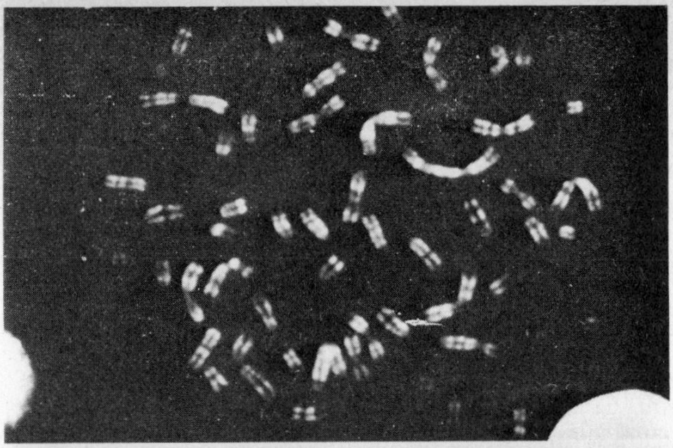

(a)

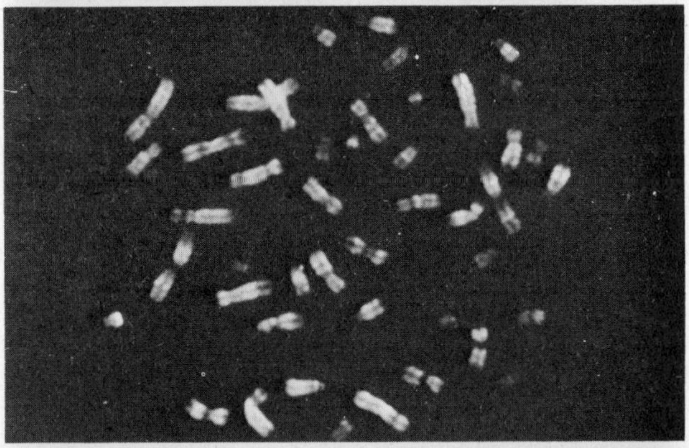

(b)

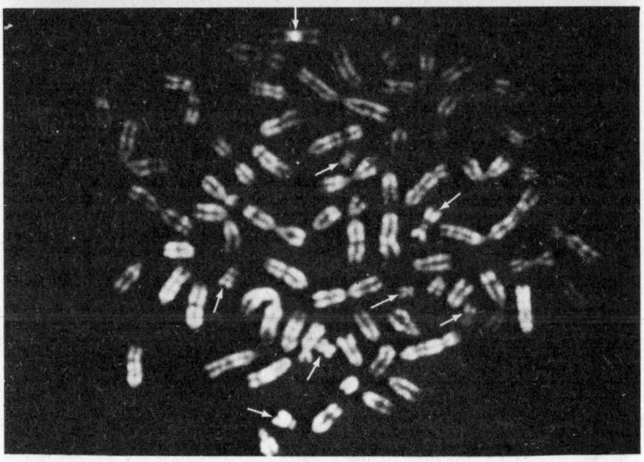

(c)

		Clones híbridos				
		A	B	C	D	E
Enzimas humanas	I	+	−	−	+	−
	II	−	+	−	+	−
	III	+	−	−	+	−
	IV	+	+	+	−	−
Cromosomas humanos	1	−	+	−	+	−
	2	+	−	−	+	−
	3	−	−	−	+	+

(d)

mentos pueden adherirse al mismo cromosoma, pero de forma *invertida*. Las inversiones pueden cambiar la posición del centrómero. En algunos casos, los fragmentos cromosómicos pueden unirse a cromosomas no homólogos, lo que da lugar a una *translocación*. En la Figura 6.7 se ilustran estos tipos de anormalidades cromosómicas.

A veces las cromátidas de un cromosoma no se separan adecuadamente durante la meiosis *(no-disyunción)*, de modo que en algunos gametos pueden sobrar o faltar cromosomas, como se indica en la Figura 6.8. Esto se conoce como *aneuploidía*. Cuando un gameto con un cromosoma de más se une durante la fecundación a un gameto normal, el zigoto resultante tendrá tres unidades de ese cromosoma en particular. Esto se conoce como *trisomía* («tres cuerpos»). Cuando un gameto que carece de un cromosoma en particular se une a un gameto normal, da lugar a una *monosomía* («cuerpo único»).

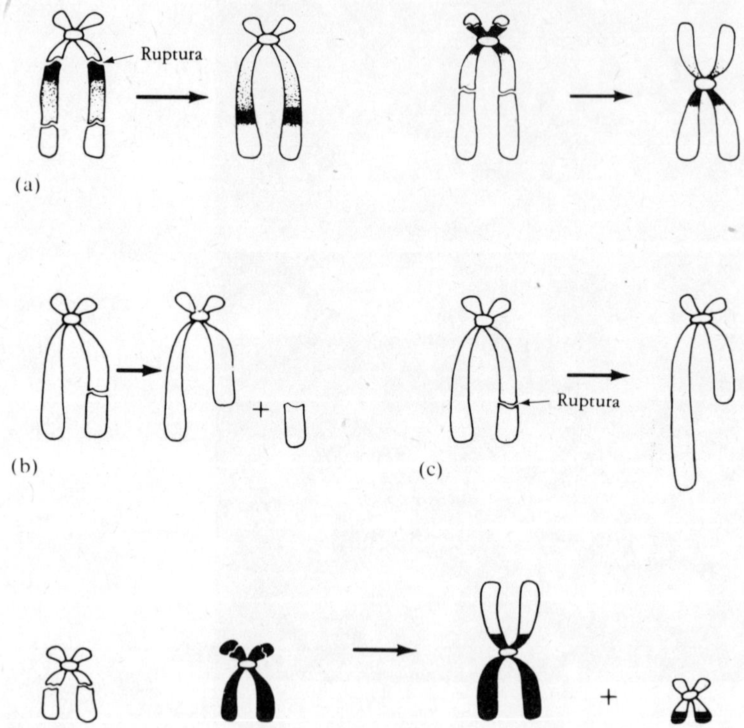

FIGURA 6.7.—*Tipos comunes de reordenaciones cromosómicas. (a) Inversión. (b) Delección. (c) Duplicación. (d) Traslocación entre cromosomas no homólogos.*

Las anormalidades cromosómicas dan lugar a un desequilibrio genético general, y normalmente ocasionan múltiples trastornos, que incluyen problemas de conducta tales como el retraso mental. J. G. Boué (1977), presentó unos datos estadísticos sorprendentes acerca de las anormalidades cromosómicas. La mitad de los óvulos fecundados humanos poseen una anormalidad cromosómica, y la mayoría conducen a abortos espontáneos tempranos. Al nacer, aproximadamente 1 de cada 200 niños tienen una anormalidad cromosómica patente. Cerca de la mitad de éstas son anormalidades de los cromosomas sexuales.

Las técnicas más recientes de bandeo han permitido establecer que en cada uno de los 23 cromosomas humanos pueden ocurrir anormalidades cromosómicas deletéreas (Sánchez y Yunis, 1977). Además, existen muchas anormalidades cromosómicas menores sin manifestaciones aparentes. Las trisomías parciales y delecciones menores son las más comunes y se han detectado en casi todos los cromosomas. La mayoría de las trisomías completas sólo se detectan en los abortos espontáneos, aunque en partos normales se han descubierto trisomías en los pares cromosómicos 8, 9, 13, 18, 20, 21, 22 y en los cromosomas sexuales. Las monosomías se encuentran sólo en los abortos espontáneos tempranos, excepto en el par 21 y en el cromosoma X. Tanto en humanos como en *Drosophila,* el exceso o la falta de material cromosómico en los nacimientos normales no sobrepasa el 5 por ciento del DNA total. Presumiblemente, las anormalidades cromosómicas mayores son letales.

Cromosomas sexuales y la hipótesis de Lyon

En 1949, se observó que los varones y las hembras normales exhíben una marcada diferencia en el núcleo celular (Barr y Bertran, 1949). En las hembras normales, cerca de la superficie interior de la membrana del núcleo existe un pequeño corpúsculo llamado *cromatina sexual* o *corpúsculo de Barr.* Las tinciones indican que estos corpúsculos están compuestos por DNA. En los varones normales, sin embargo, no existe corpúsculo de Barr. Más tarde se descubrió que el número de estos corpúsculos es uno menos que el número de cromosomas X, como se indica en la Figura 6.9. Un varón con un cromosoma X extra (XXY), por lo tanto, daría una tinción positiva en un corpúsculo de Barr.

Investigaciones posteriores revelaron que la cromatina sexual es un cromosoma X único condensado. En 1961, Lyon emitió la hipótesis de que este cromosoma X era genéticamente inactivo. La inactivación de un cromosoma X en las hembras compensa en parte las diferencias existentes en la cantidad de material genético entre los cromosomas sexuales de las hembras y de los

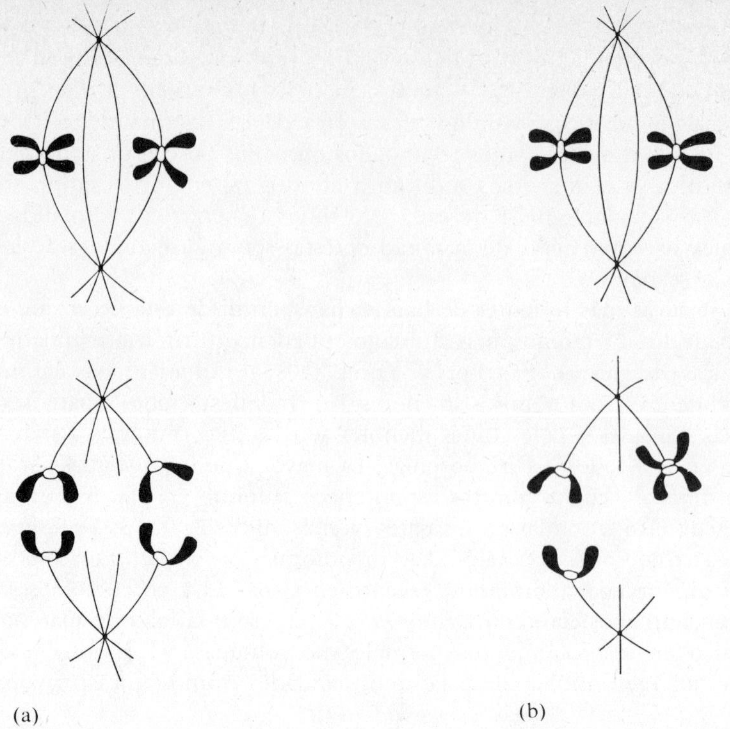

FIGURA 6.8.—*Representación diagramática de una división celular normal (a) y una no-disyunción (b). (De Nadler y Borges, 1966).*

varones normales. Los varones sólo poseen un cromosoma X grande y el cromosoma Y, que es muy pequeño, mientras que las hembras tienen dos grandes cromosomas X. Lyon hipotetizó también que el cromosoma X inactivo podría ser de origen paterno o materno indistintamente, incluso en distintas células del mismo individuo. Si el cromosoma X que se inactiva es de origen materno, todas las células hijas de la línea celular resultante de las divisiones mitóticas subsiguientes, también tendrán inactivo el cromosoma X de origen materno. Así, las hembras son mosaicos para el cromosoma X: en algunas de sus células, estará activo el cromosoma X de origen paterno, y en otras el cromosoma X activo será el de origen materno. Esta inactivación del cromosoma X tiene lugar en el embrión hacia la tercera semana de vida. Se han acumulado gran cantidad de pruebas en apoyo de la hipótesis de Lyon. El test de la cromatina sexual ha facilitado enormemente la identificación de individuos con anomalías en el cromosoma X. Este test es mucho más sencillo y barato que los análisis de cariotipos. Se pueden obtener fácilmente células para ser examinadas, raspando ligeramente el interior de la mejilla. Estas células se extienden en un portaobjetos, se tiñen y se examinan al microscopio para detectar la presencia de masas de cromatina sexual. Dado lo económico de este test, se han podido emprender programas de análisis a gran escala. Por ejemplo, de 8.621 varones con defectos mentales y escolares disminuidos mentales, cerca del 0,8 por ciento tenían anomalías en la cromatina sexual (Hsia, 1968). Esto representa una incidencia de aproximadamente el doble de la encontrada en el total de la población.

Las anormalidades en los cromosomas sexuales y autosomas, y sus efectos en la conducta humana, son el tema del que trata el siguiente capítulo.

Cromosomas y variabilidad genética

Actualmente sabemos que los elementos mendelianos de la herencia se localizan en los cromosomas, y que se combinan independientemente en el barajado que tiene lugar durante la meiosis. Los sobrecruzamientos contribuyen aún más a la variabilidad genética, dando lugar a la recombinación de genes de diferentes loci del mismo cromosoma. La meiosis es responsable de que seamos, en cierto modo, parecidos a nuestros padres, dado que recibimos un cromosoma de cada par de homólogos de cada uno de los progenitores. Sin embargo, la meiosis y el sobrecruzamiento garantizan el que seamos

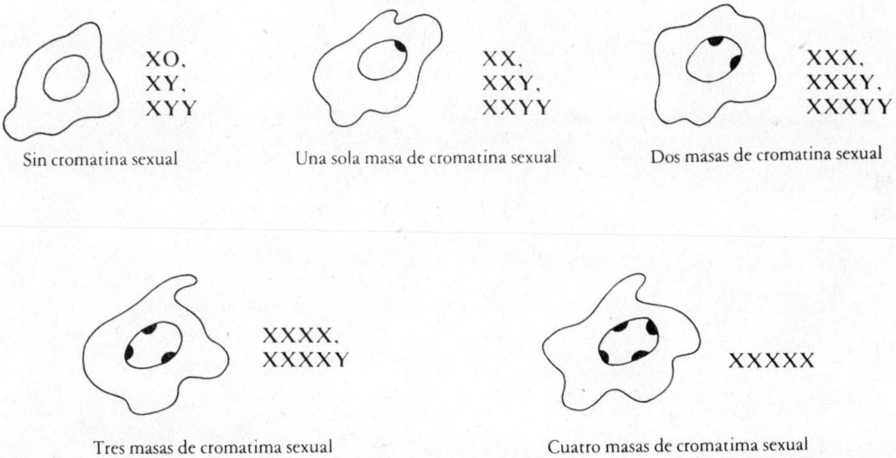

FIGURA 6.9.—*Correspondencia entre la distribución de la cromatina sexual y los complementos cromosómicos sexuales. (De Hsia, 1968).*

genéticamente únicos. Nuestra combinación particular de cromosomas y genes no ha existido nunca antes ni se volverá a repetir.

Resumen

Los genes no se combinan con completa independencia, porque se asocian al estar en el mismo cromosoma. El sobrecruzamiento rompe el ligamiento entre alelos del mismo cromosoma, y la frecuencia con que esto ocurre ha sido utilizada por la localización de genes de un mismo cromosoma. Los cromosomas se replican durante el proceso de la mitosis, creando células duplicadas. La meiosis baraja los pares cromosómicos y da lugar a gametos haploides. Los 23 pares de cromosomas humanos se pueden distinguir por la distribución única de sus bandas. Los cariotipos anormales, que aparecen con una frecuencia de 1 de cada 200 nacimientos, están causados por delecciones, translocaciones, inversiones, no disyunciones, y otras anormalidades cromosómicas.

7
ANORMALIDADES CROMOSOMICAS Y CONDUCTA HUMANA

Como señalamos en el capítulo precedente, las anormalidades cromosómicas, son bastante comunes. Hasta la mitad del total de los óvulos fecundados humanos poseen estas anormalidades y muchas de ellas conducen a abortos espontáneos precoces. Aproximadamente uno de cada 200 fetos con anormalidades cromosómicas sobrevive hasta el nacimiento. Sin embargo, algunos de éstos mueren poco después de nacer. Por ejemplo, sólo el 10 por ciento de los individuos con trisomía del par 18 (incidencia: aproximadamente 1 de cada 5.000 nacimientos; Figura 7.1), viven durante más de un año (Gorlin, 1977). En el 50 por ciento de los individuos con trisomía del par 13, la muerte acontece en el primer mes de vida (incidencia: aproximadamente 1 de cada 6.000 nacimientos; Figura 7.2). Otras anormalidades cromosómicas permiten que el individuo sobreviva, aunque se manifiestan en la conducta y en los rasgos físicos. A éstas pertenecen la delección del 15 al 80 por ciento del brazo corto de los cromosomas 4 ó 5 (Figura 7.3). El síndrome se conoce como *cri du chat* (grito de gato) debido al monótono lloro, casi una octava por encima de lo normal, durante el primer o segundo mes de vida. Esta anormalidad cromosómica desemboca en un retraso profundo, dando cuenta de cerca del 1 por ciento de los retrasados mentales con un C.I. inferior a 35. Sin embargo, una causa aún más importante de retraso mental es la trisomía de par 21, que será comentada posteriormente junto a otras anormalidades cromosómicas relacionadas con la conducta.

Aunque los efectos de las anormalidades cromosómicas sobre la conducta han sido estudiadas en especies distintas del *Homo sapiens*, la mayoría de las investigaciones se ha centrado en los seres humanos (Borgaonkar, 1977). Es-

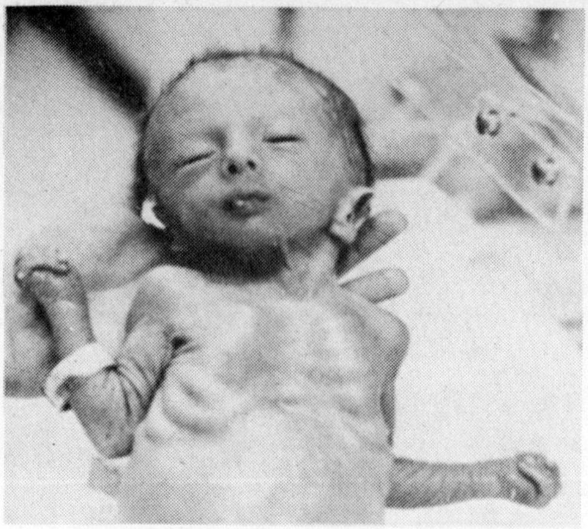

FIGURA 7.1.—*Paciente con trisomía del par 18. (Cortesía del Dr. George F. Smith).*

tas investigaciones han demostrado que los efectos de la mayoría de las anormalidades son amplios y generalizados. Esto no es sorprendente teniendo en cuenta que en una anormalidad cromosómica importante puede haber implicados muchos genes. Dado que el efecto es generalizado, normalmente no encontraremos anormalidades específicas bioquímicas o morfológicas que caractericen a una anormalidad cromosómica concreta (Smith, 1977). Desde el punto de vista de la conducta, el resultado de este efecto generalizado es

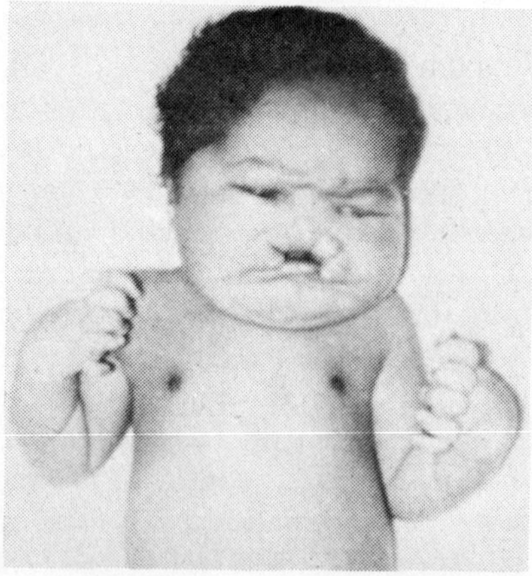

FIGURA 7.2.—*Paciente con trisomía D (del par 13). (Cortesía del Dr. George F. Smith).*

(a)

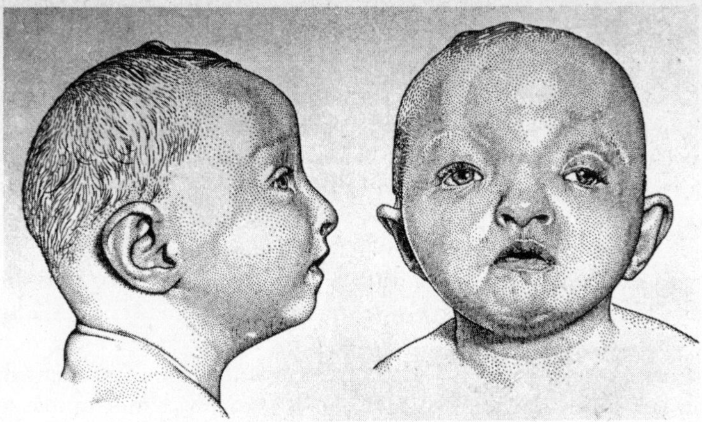

(b)

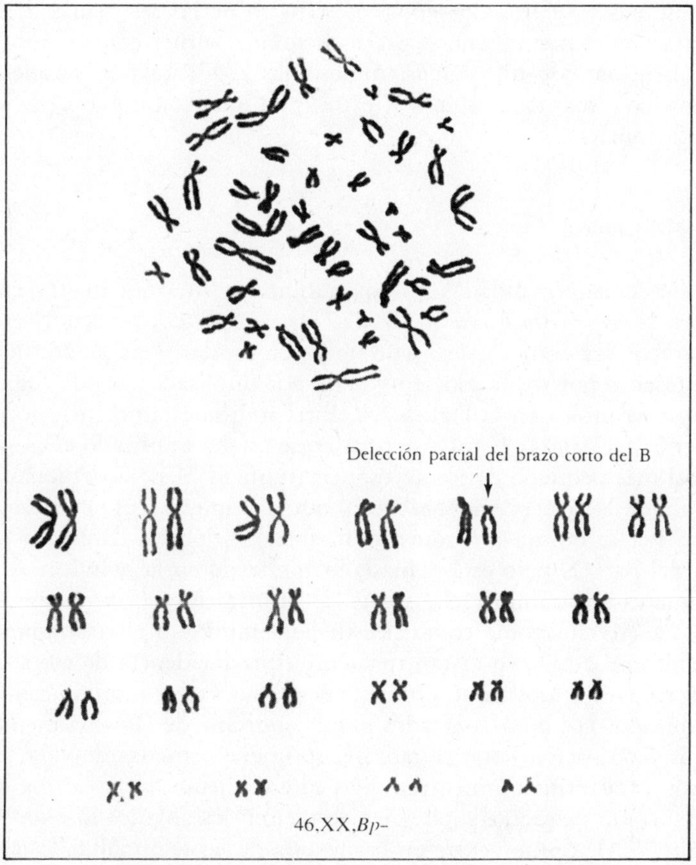

FIGURA 7.3.—*(a) Paciente con* cri du chat. *(Cortesía del Dr. George F. Smith). (b) Cariotipo de un paciente afectado de* cri du chat, *mostrando la delección parcial del brazo corto de un cromosoma del par 5. (Cortesía del Dr. Arthur Robinson).*

que casi todas las anormalidades cromosómicas importantes influencian la capacidad cognitiva, lo cual es de esperar si la capacidad cognitiva está influida por muchos genes (Lewandowsky y Yunis, 1977).

Las recientes mejoras de las técnicas de bandeo han permitido la identificación de muchas anormalidades cromosómicas nuevas. La mayoría de ellas consisten en delecciones únicas e inserciones de pedacitos de material cromosómico. Sin embargo, en este capítulo nos centraremos en los síndromes cromosómicos humanos clásicos, consistentes en cromosomas enteros adicionales o deleccionados. El síndrome de Down, causado por la presencia de un cromosoma autosómico extra, fue el primero descubierto. El número de anormalidades determinadas por los cromosomas sexuales es mucho más alto que el de anormalidades de origen autosómico. Cerca de la mitad de los individuos que sobreviven con anormalidades cromosómicas, tienen anomalías en los cromosomas sexuales. Comentaremos cuatro de las anomalías de los cromosomas sexuales mejor conocidas: Las hembras Turner con sólo un cromosoma X, hembras con uno o más cromosomas X adicionales, varones Klinefelter con uno o más cromosomas X extra, y varones con uno o más cromosomas Y adicionales.

Síndrome de Down

La primera anormalidad autosómica humana fue descubierta en 1959. Los pacientes con el *síndrome de Down,* o *mongolismo,* poseen 47 cromosomas en vez de los 46 normales. Uno de los cromosomas pequeños del grupo G está presente por triplicado, en vez de por duplicado, dando lugar al cariotipo que se indica en la Figura 7.4. Este síndrome también se conoce como trisomía del par 21, porque se pensó que estaba implicado el cromosoma anterior al más pequeño de los autosomas (número 21 de acuerdo con la nomenclatura de Denver). Ahora sabemos que el triplicado es el autosoma más pequeño. Por lo tanto, la trisomía del par 21 se debería llamar en realidad trisomía del par 22, pero está demasiado enraizado en la literatura como para que intentemos cambiar el sistema de numeración. Continuaremos refiriéndonos a este síndrome como si estuviera implicado el cromosoma 21.

El síndrome de Down es tan frecuente (una incidencia de cerca de 1 de cada 700 recién nacidos), que probablemente sus rasgos resultan familiares a todo el mundo. Los niños afectados por el síndrome de Down a menudo son tranquilos y no suelen llorar durante las primeras semanas de vida. Sus rasgos físicos característicos incluyen párpados oblicuos hacia arriba y hacia afuera, así como pequeños repliegues de piel en los ángulos interiores de los ojos (Figura 7.5). Como ocurre en la mayoría de las anormalidades cromosómicas, hay otros muchos efectos paralelos. Por ejemplo, en cerca del 85 por

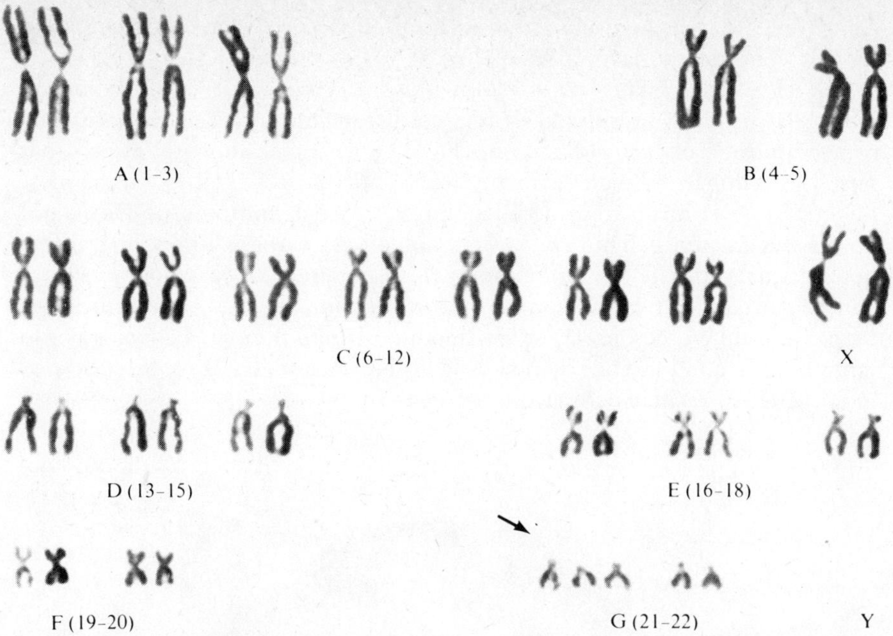

FIGURA 7.4.—*Cariotipo de una hembra con el síndrome Down (trisomía del par 21). (De* Slide Guide for Human Genetics *por R. A. Boolootian. Copyright © 1971. John Wiley and Sons, Inc. Reproducido con autorización de John Wiley and Sons, Inc.).*

ciento de los individuos afectados por el síndrome de Down, el iris del ojo está moteado. También padecen frecuentemente problemas auditivos, así como problemas esqueléticos que aparecen en aproximadamente el 80 por ciento de los individuos afectados por el síndrome. Los casos de infecciones respiratorias, problemas cardíacos y leucemia son más frecuentes en los individuos con trisomía del par 21. Antiguamente, estos problemas determinaban una alta mortalidad durante los primeros meses de vida y una esperanza media de vida de sólo 20 años, aunque la intervención médica moderna ha hecho disminuir considerablemente la tasa de mortalidad. Debido a que los efectos de la trisomía del par 21 son tan generalizados, es muy improbable que se descubra un tratamiento farmacológico que altere el desarrollo del síndrome de Down.

Una de las características más sorprendentes del síndrome de Down es la intensidad con la que se manifiestan los defectos mentales. El C.I. medio de los pacientes con el síndrome de Down está por debajo de 50, y el 95 por ciento tienen un C.I. entre 20 y 80 (Connolly, 1978). El valor límite tradicional del C.I. indicativo de retraso mental es de 70, siendo 100 el C.I. medio del conjunto de la población.

En el 95 por ciento de los individuos afectados por el síndrome de Down, la trisomía es resultado de una no disyunción durante la meiosis, que comentamos en el capítulo anterior (Figura 6.8). Esencialmente, al no separarse las cromátidas, un gameto acaba por poseer ambas cromátidas, mientras que el otro carece de ellas. En el caso del síndrome de Down por no disyunción, un gameto con un cromosoma 21 extra se une a un gameto normal que contiene un cromosoma 21, resultando así la trisomía. No se han encontrado individuos con un solo cromosoma 21, caso que ocurriría si un gameto sin cromosoma 21 se uniera a un gameto normal. Podemos por lo tanto asumir que esta monosomía es letal. Normalmente, la carencia de material genético es más dañina que su exceso.

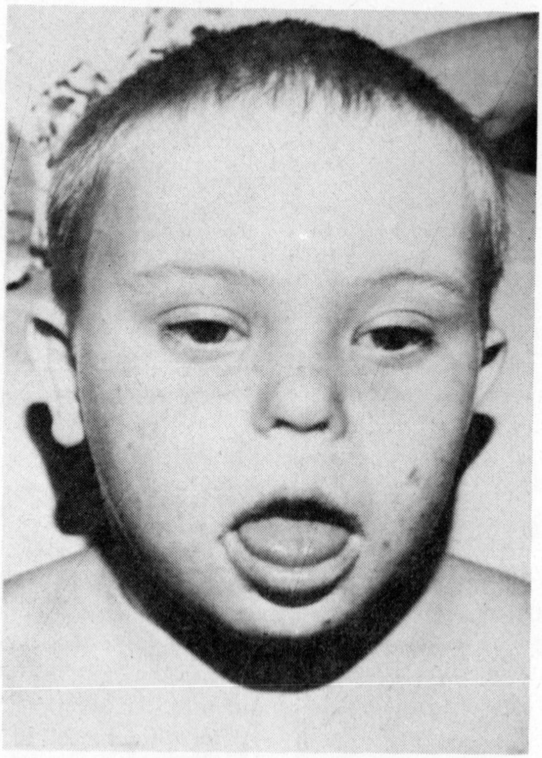

FIGURA 7.5.—*Paciente con el síndrome de Down. (Cortesía del Dr. George F. Smith).*

Translocación 15/21 en el síndrome de Down

A veces el cromosoma 21 extra, o parte de él, se une a uno de los cromosomas del grupo D. Esta particular translocación (Figura 6.7) se conoce como translocación 15/21, aunque ahora sabemos que en esta translocación está implicado con mayor frecuencia el cromosoma 14. También se produce una trisomía del par 21, si el individuo posee el par de cromosomas 21 normal además del cromosoma 21 translocado. Estos individuos parecen poseer 46, en vez de 47 cromosomas. La variedad del síndrome de Down por la translocación 15/21 se diferencia de la descrita originalmente en que frecuentemente es heredable. La trisomía del par 21 por no disyunción raramente es heredable, porque muy pocos individuos afectados por el síndrome de Down se reproducen. De hecho, en casi todos los casos, los individuos con el síndrome de Down por no disyunción tienen padres normales. Por el contrario, los individuos afectados por el síndrome de Down con translocación 15/21, tienen normalmente padres con el mismo síndrome. Como se ilustra en la Figura 7.6, la translocación de los padres está compensada en el sentido de

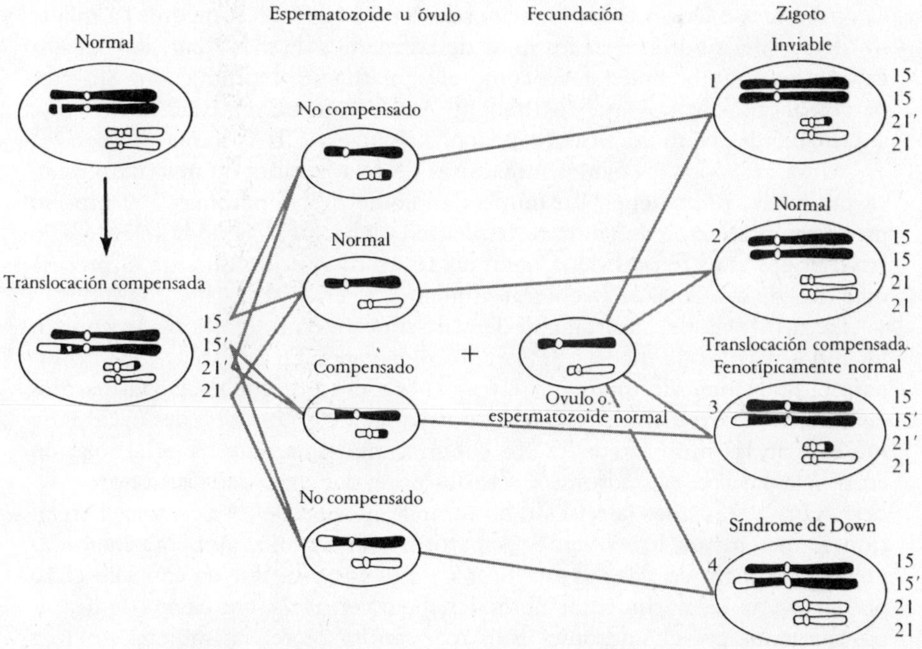

FIGURA 7.6.—*Diagrama indicando el supuesto origen de la traslocación (15/21 y sus consecuencias genéticas. (De Polani et al., 1960).*

que hay una cantidad normal de material cromosómico y el individuo es fenotípicamente normal. Sin embargo, algunos gametos producidos por este progenitor poseen translocaciones compensadas y no compensadas. Cuando estos gametos se unen a gametos normales, pueden dar lugar a cuatro tipos de zigotos: inviables, normal, con translocación compensada y con translocación 15/21. Desde el punto de vista del consejo genético, es importante determinar si los hermanos de un niño con el síndrome de Down por translocación 15/21 son portadores de una translocación compensada. En caso afirmativo, existe un riesgo importante de volver a engendrar un hijo con el síndrome.

Relación con la edad materna

El síndrome de Down, descrito originalmente por Langdon Down en 1866, el mismo año en que Mendel publicaba su clásico trabajo, permaneció sin explicación durante muchos años. Aunque ocasionalmente se encontraba una asociación familiar, no estaba claramente determinado por un único gen dominante o recesivo. Otro factor que sorprendía a los investigadores era que el síndrome de Down estaba relacionado con la edad de la madre. La mayor incidencia del síndrome en los hijos de las madres de más edad, dio lugar a explicaciones ambientales tales como el agotamiento reproductivo. Sin embargo, ahora sabemos que los hijos de madres de mayor edad tienen más anormalidades cromosómicas en general, incluyendo la trisomía del par 21.

Al nacer, todos los óvulos inmaduros de una hembra de mamífero están ya presentes. Estos tienen un número diploide de cromosomas y el proceso meiótico, productor de gametos haploides, tiene lugar periódicamente a lo largo de los años fértiles de la hembra. La no disyunción durante el proceso meiótico se hace más frecuente al aumentar la edad de la hembra.

La incidencia del síndrome de Down se incrementa significativamente en los niños nacidos de madres de 35 años o mayores. En la Tabla 7.1, se compara el porcentaje de niños (9.441 casos) con el síndrome de Down nacidos de madres de diversas edades, con el porcentaje de niños normales nacidos de mujeres de las mismas edades. La columna más a la derecha es la relación entre nacidos con el síndrome y nacidos normales, para cada grupo de edades. Hasta los 30 años la relación no cambia mucho. De 30 a 34 años la relación se incrementa ligeramente. A partir de los 35 años aumenta marcadamente. Por ejemplo, las mujeres de 35 a 39 años contribuyen con sólo el 12 por ciento de los nacimientos normales, pero con el 27 por ciento de los niños afectados por el síndrome. Aún más sorprendente, las mujeres de 40 a 44 años producen sólo el 4 por ciento de todos los nacimientos normales, pero el 25 por ciento de los niños con el síndrome de Down.

TABLA 7.1.—*Distribución del síndrome de Down con la edad de las madres.*

Edad de la madre	% Niños nacidos con el síndrome de Down	% Niños normales	% Niños Down / % Niños normales
-19	1,9	4,9	0,39
20-24	10,5	26,1	0,40
25-29	14,5	30,9	0,47
30-34	16,6	22,1	0,75
35-39	27,0	12,0	2,25
40-44	25,2	3,7	6,81
45 +	4,3	0,3	14,33
Total	100,0	100,0	1,00
Edad media	34,43	28,17	

PROCEDENCIA: Penrose y Smith, 1966.

Los porcentajes de las columnas 2 y 3 de la Tabla 7.1 pueden también tomarse como probabilidades. Por ejemplo, la probabilidad de que la madre de un niño con el síndrome de Down tuviera una edad comprendida entre 35 y 39 años cuando nació el niño, es del 27,0 por ciento. La probabilidad de que la madre de ese niño tuviera 35 años o más es igual a 27,0% + 25,2% + 4,3% = 56,5%. Por el contrario, la probabilidad de que la madre de un niño normal tuviera 35 años o más es sólo del 12,0% + 3,7% + 0,3% = 16%. Por lo tanto, más del 56 por ciento de los niños con el síndrome de Down nacen de madres de 35 años o más, aunque sólo el 16 por ciento de los niños normales nacen de madres de este grupo de edad. Esto indica que el número de niños con el síndrome de Down se vería reducido a la mitad si todas las mujeres completaran sus embarazos antes de la edad de 35 años.

Este es un problema social importante. Un 10 por ciento de todos los retrasados mentales analizados padecen el síndrome de Down, convirtiéndolo en la causa individual más importante de retraso mental. En términos económicos, el coste a la sociedad es de al menos 10.000 dólares al año por el cuidado en instituciones en el período de vida medio de 20 años, es decir, unos 200.000 dólares por cada individuo con el síndrome de Down. En 1971, existían 44.000 individuos con el síndrome de Down en los Estados Unidos. El coste a lo largo de la vida de los pacientes con el síndrome de

CUADRO 7.1.—*Amniocentesis.*

Como se mencionó en el Cuadro 4.4, las anormalidades cromosómicas y ciertos problemas debidos a un único gen, pueden detectarse antes del nacimiento. La amniocentesis es un procedimiento por el que se extrae un líquido con células fetales sueltas de la cavidad amniótica (véase la figura). Después de cultivar estas células fetales, puede realizarse un cariotipo para detectar anormalidades cromosómicas y deficiencias enzimáticas características de cerca de 75 alteraciones debidas a un gen único (Epstein y Golbus, 1977). Desgraciadamente, hasta la decimotercera semana de embarazo no existe suficiente líquido amniótico como para realizar este test, y se tarda dos semanas en cultivas estas células. Por tanto, antes de poder realizar un diagnóstico, el embarazo habrá alcanzado el cuarto mes. Sin embargo, todavía se está a tiempo de realizar un aborto si los padres lo desean.

Se temía que el feto pudiera resultar dañado por la aguja hipodérmica que extrae el líquido amniótico. Pero estos temores han sido disipados por investigaciones en las que se ha demostrado que los fetos no resultan dañados, ni hay un aumento de la tasa de abortos espontáneos tras las amniocentesis. La inocuidad de esta técnica ha quedado demostrada en un trabajo, realizado a lo largo de cuatro años, en el que se estudiaron más de mil casos de amniocentesis junto con un grupo de mujeres embarazadas que no se habían sometido a este análisis (Culliton, 1975). En 1974 sólo se llevaron a cabo 3.000 amniocentesis, pero este número probablemente se incrementará cuando los profesionales de la medicina se den cuenta de su importancia en el diagnóstico prenatal de anormalidades cromosómicas.

No se pueden negar los efectos positivos de la amniocentesis. En cierto estudio que recogía 10.754 amniocentesis realizadas a mujeres de todas las edades, se detectaron un total de 209 anormalidades cromosómicas. Muchas de estas podrían haber dado lugar a individuos con retraso mental. También se diagnosticaron 199 enfermedades ligadas al cromosoma X, 106 defectos bioquímicos y 86 casos de defectos en el conducto neural (Epstein y Golbus, 1977).

Down será por tanto 8.800 millones de dólares. Sin embargo, los costes económicos son despreciables frente al coste emocional de los padres.

El riesgo de engendrar un hijo con el síndrome de Down es de aproximadamente 1 de cada 300 en mujeres de edades comprendidas entre 35 y 39 años, 1 de cada 100 en mujeres de edades comprendidas entre 40 y 44 años, y 1 de cada 50 para mujeres de más de 44 años de edad. En las décadas de los 60 y 70, las mujeres frecuentemente retrasaban sus embarazos y es probable que en los años 80 se experimente un incremento en la tasa de reproducción de mujeres pertenecientes a categorías de edades de mayor riesgo.

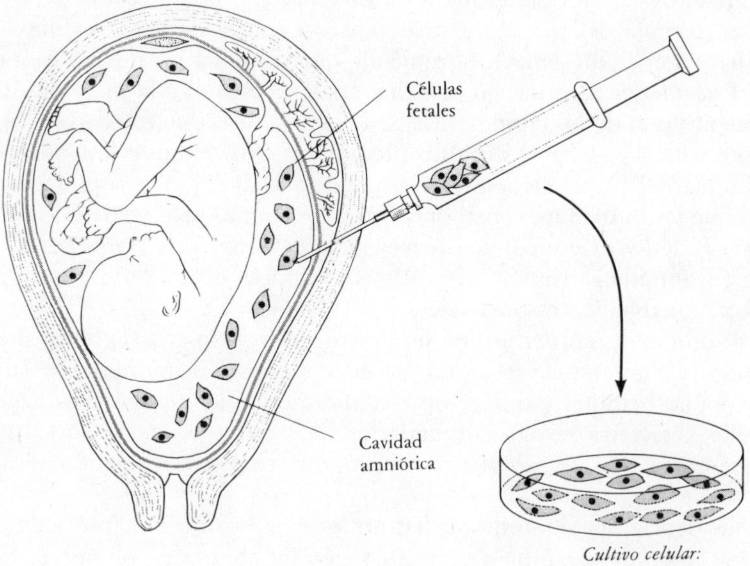

Para muchas mujeres es preocupante el quedar embarazadas a edades más avanzadas, debido a anormalidades cromosómicas tales como el síndrome de Down. Mediante la amniocentesis, un proceso por el que se puede realizar un cariotipo de las células fetales, como se describe en el Cuadro 7.1, se pueden reducir estos temores en los casos de embarazos en edad avanzada. En un estudio de las amniocentesis realizadas a 3.012 mujeres embarazadas de 35 años de edad o mayores, se descubrió que 79 (el 2,6 por ciento) de los fetos presentaban anormalidades cromosómicas (Epstein y Golbus, 1977). Las restantes 2.933 mujeres (97,4 por ciento) no tuvieron que preocuparse más por la posibilidad de que su embarazo diese lugar a un niño con una anormalidad cromosómica.

El síndrome de Turner (XO)

El grado de retraso mental de los individuos con un autosoma del grupo G extra (trisomía del par 21) es más acusado que el de los individuos con anomalías en el cromosoma X, asumiendo que tengan al menos un cromosoma X. Esta menor acentuación se debe, aparentemente, a la inactivación de todos menos uno de los cromosomas X de cada célula, que fue descrita como la hipótesis de Lyon en el capítulo precedente. Así, aunque los individuos con trisomía del par 21 tienen una cantidad total de DNA más próxima a lo normal que los individuos con anomalías en los cromosomas sexuales, su desequilibrio genético es en realidad mayor. Esta es también la razón por la que se han encontrado tan pocas trisomías autosómicas de cromosomas de gran tamaño; probablemente son letales.

El síndrome de Turner es una interesante excepción a la regla de que las anomalías cromosómicas causan retraso generalizado. El síndrome de Turner aparece en las hembras y casi siempre conlleva esterilidad y limitado desarrollo de los caracteres sexuales secundarios (por ejemplo, menos del 10 por ciento menstrual). Hay también otros estigmas físicos, como baja estatura y ancho cuello (Figura 7.7).

La incidencia del síndrome de Turner es de aproximadamente 1 de cada 2.500 nacimientos, y también es frecuente en los abortos espontáneos. Cerca del 60 por ciento de las mujeres con el síndrome de Turner tienen sólo 45 cromosomas, y sus células no poseen cuerpos de Barr (véase el Capítulo 6), aunque desde luego son hembras. Su cariotipo indica que sólo tienen un cromosoma X y no tienen cromosoma Y, como se indica en la Figura 7.8. El síndrome de Turner clásico está causado por una no disyunción, pero no se incrementa con la edad de los progenitores. Otro tipo de síndrome de Turner es el causado por la pérdida de un cromosoma X en los primeros estadios del desarrollo embrionario, de tal modo que algunas células tienen dos cromosomas X y otras sólo tienen uno, denominándose mosaicos XO/XX. Otra causa del síndrome es la delección de parte de un cromosoma X.

Aunque se pensó que las hembras con el síndrome de Turner estaban por debajo del C.I. medio, ahora sabemos que no es así. Por ejemplo, no hay más hembras con el síndrome de Turner en instituciones para retrasados mentales que las que serían de esperar teniendo en cuenta la frecuencia de estas hembras en el conjunto de la población. De hecho, la mayoría de los problemas con los que se enfrentan las hembras con el síndrome de Turner son de apariencia física, debidos a su baja estatura, incapacidad para desarrollarse sexualmente (que ahora puede ser paliado mediante terapia hormonal), y problemas causados por la esterilidad. Sin embargo, las hembras con el síndrome de Turner tienen una gran probabilidad de padecer defectos cognitivos muy específicos. En 1962 se afirmó que las hembras con el síndrome de Turner tienen baja «capacidad perceptiva», aunque en conjunto tienen un C.I. casi normal (Schaffer, 1962). Sus puntuaciones medias en los elementos verbales de los test de C.I. son superiores en unos 20 puntos a las puntuaciones alcanzadas en los elementos no verbales.

Investigaciones posteriores realizadas por John Money (1964, 1968), han demostrado que las deficiencias más serias de las hembras con el síndrome de Turner afectan a su ordenación espacial y sentido direccional. Por ejemplo, muchas tienen dificultades para copiar un diseño geométrico o seguir un mapa de carreteras.

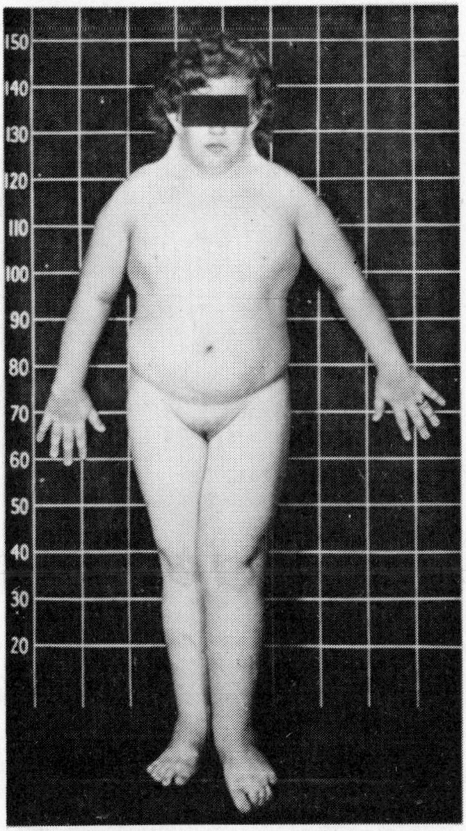

FIGURA 7.7.—*Paciente con el síndrome de Turner. (Cortesía de John Money).*

Las hembras con el síndrome de Turner exhiben también características recesivas ligadas al cromosoma X, como en el caso de los varones. En el Capítulo 4 comentamos la hipótesis de que la capacidad espacial estaba influida por un alelo recesivo situado en el cromosoma X. Esta hipótesis se desarrolló para explicar la mayor capacidad espacial de los varones. Llegamos a la conclusión de que, hasta la fecha, las pruebas están en contra de esta hipótesis, y ahora podemos sumar a esta conclusión negativa los datos relativos a las mujeres con el síndrome de Turner. Si la hipótesis fuera correcta, las hembras con el síndrome de Turner deberían tener mayor capacidad espacial que otras hembras ya que sólo tienen un cromosoma X, como los varones normales. El hecho de que sus puntuaciones de capacidad espacial sean más bajas contradice esta hipótesis.

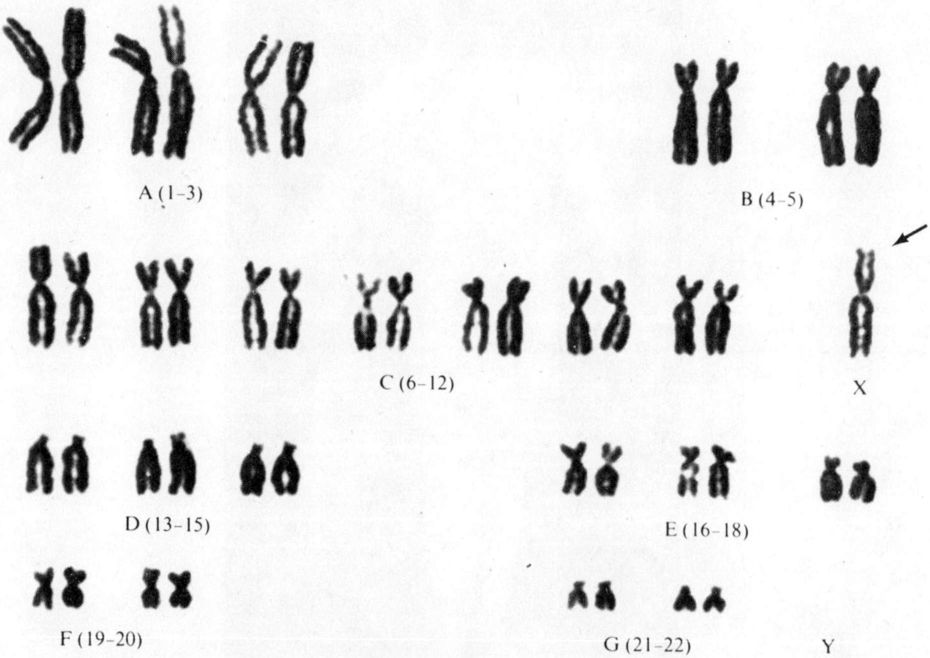

FIGURA 7.8.—*Cariotipo de una hembra con el síndrome de Turner, 45, X. (De* Slide Guide for Human Genetics, *por R. A. Boolootian. Copyright © 1971, John Wiley and Sons, Inc. Reproducido con autorización de John Wiley and Sons, Inc.).*

Hembras con cromosomas X adicionales

En cada una de las células somáticas de las hembras normales existe un cromosoma X parcialmente inactivo, y, aparentemente, los cromosomas X adicionales están también inactivos. Estas hembras con un cromosoma X adicional poseen a menudo más de un corpúsculo de Barr (Figura 6.9). Aunque la inactivación parcial reduce en buena medida el desequilibrio debido al material genético extra, aparecen algunos problemas, que son más graves cuanto mayor sea el número de cromosomas X adicionales.

La mayoría de las hembras con un cromosoma X extra presentan cariotipos 47,XXX como en la Figura 7.9. Sin embargo, se han encontrado cariotipos 48,XXXX y 49,XXXXX. La incidencia de la trisomía X es de aproximadamente 1 de cada 1.000 nacimientos. Las características de las hembras con trisomía X no son distintivas. Los primeros estudios realizaban muestreos entre individuos hospitalizados, y por lo tanto tendían a aparecer asociados al retraso. Estudios más recientes (Tennes et al., 1975; Gorlin, 1977), sin embargo, han encontrado que cerca de la cuarta parte son esencialmente

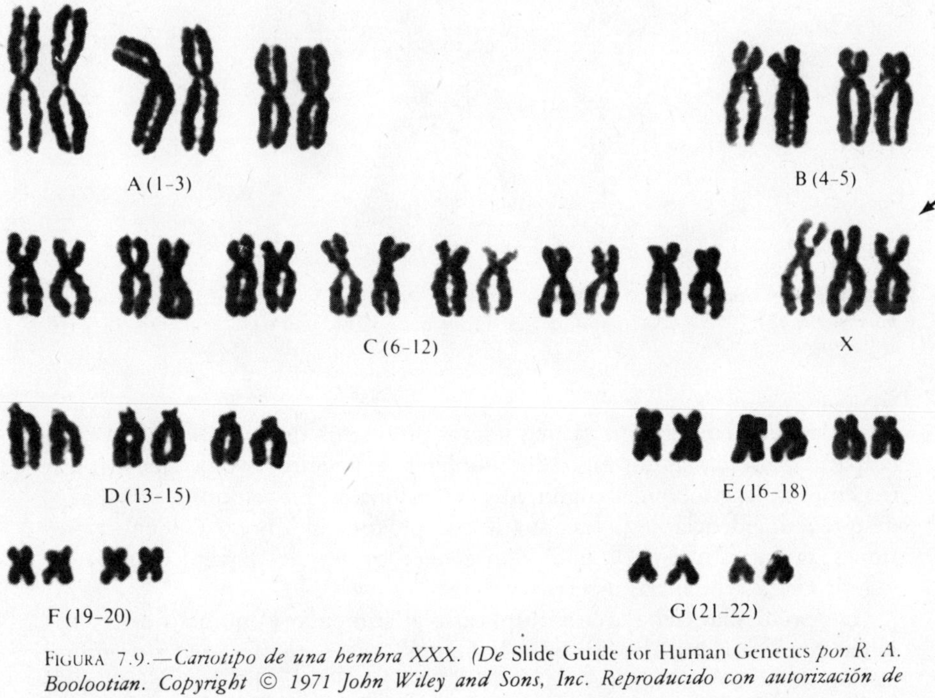

FIGURA 7.9.—*Cariotipo de una hembra XXX. (De* Slide Guide for Human Genetics *por R. A. Boolootian. Copyright © 1971 John Wiley and Sons, Inc. Reproducido con autorización de John Wiley and Sons, Inc.).*

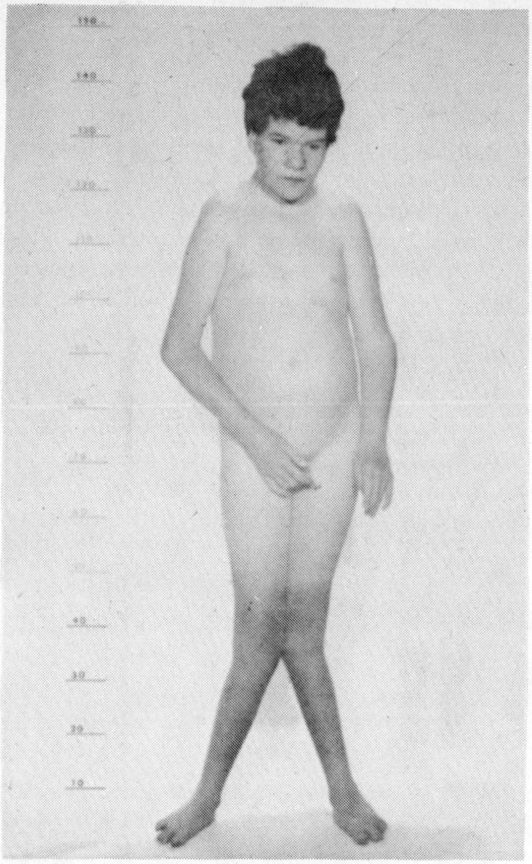

FIGURA 7.10.—*Una hembra con XXXXX. (De «The 49, XXXXX chromosome constitution: Similarities to the 49, XXXXY condition» por F. Sergovich et al.,* Journal of Pediatrics, *1971, 78, 285-290).*

normales, una cuarta parte tienen ligeros problemas de desarrollo, una cuarta parte padecen algún tipo de problema congénito y una cuarta parte tienen posibles problemas cognitivos o emocionales. En conjunto, el hallazgo de que la incidencia de la trisomía X está próxima al 4 por 1.000 en instituciones, mientras que en la población general es sólo del 1 por 1.000, parece sugerir cierta tendencia al retraso.

Los problemas tienden a multiplicarse al aumentar el número de cromosomas X adicionales. Por ejemplo, la Figura 7.10 es una fotografía de un raro caso de pentasomía X (es decir, 49,XXXXX). Este individuo tiene un sin fin de problemas, incluyendo un retraso mental profundo, incoordinación en el movimiento de los ojos, útero y senos no desarrollados y muchos defectos esqueléticos. En las dos docenas de individuos en los que se han encontrado al menos cuatro cromosomas X, el retraso mental es una característica común.

El síndrome de Klinefelter

Los individuos con el síndrome de Klinefelter (Figura 7.11) son fenotípicamente varones, con cromosomas X adicionales. Representan casi el 1 por ciento de los varones hospitalizados por retraso, epilepsia o enfermedades

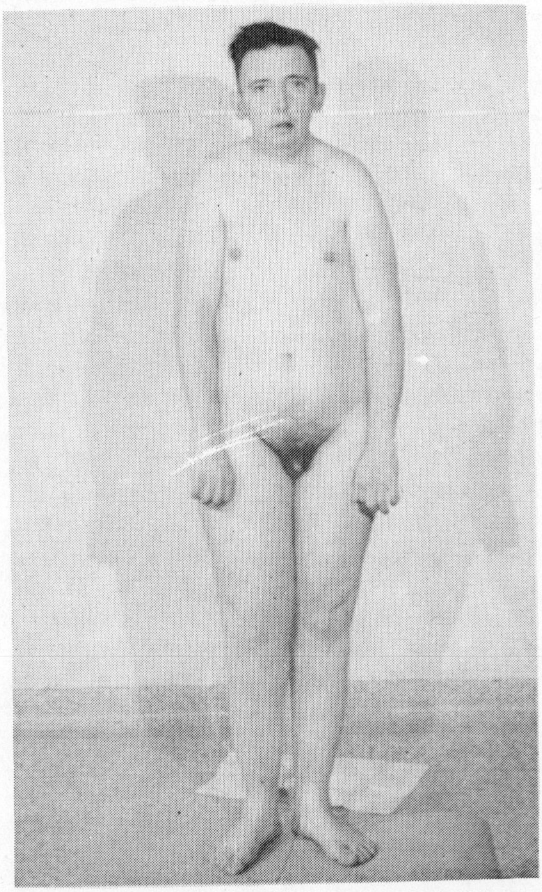

FIGURA 7.11.—*El síndrome de Klinefelter XXY. (Cortesía del Dr. R. J. Gorlin).*

mentales, aunque su incidencia en la población general es de aproximadamente 2 de cada 1.000 varones recién nacidos. Los rasgos clínicos incluyen la presencia de testículos anormalmente pequeños tras la pubertad, bajos niveles de la hormona masculina testosterona y esterilidad. Algunos de estos individuos son retrasados mentales (aunque tres cuartas partes tienen un C.I. en el rango normal), y parecen tener una serie de problemas de personalidad, como pasividad y reclusividad (Money et al., 1974). Al igual que los varones XYY, como comentaremos en la siguiente sección, los varones con el síndrome de Klinefelter son de estatura ligeramente superior a la media.

Si bien los individuos con este síndrome son fenotípicamente varones, normalmente dan resultados positivos en los test de presencia de corpúsculos de Barr. En cerca de dos tercios de los casos, el cariotipo es 47,XXY, como se muestra en la Figura 7.12. Sin embargo, se han descrito cariotipos 48,XXXY; 49, XXXXY; 48,XXYY; 49,XXXYY; y otras varias disposiciones incluyendo mosaicos. Como en otras anormalidades cromosómicas, los síntomas se hacen más marcados cuanto mayor es el material genético adicional. Por ejemplo, de unos 90 casos de varones 49,XXXXY descritos, casi todos eran retrasados profundos y presentaban serias deformidades sexuales junto a otros problemas anatómicos.

Como en la mayoría de las anormalidades cromosómicas, excepto en el síndrome de Turner, existe un mayor riesgo de aparición del síndrome de Klinefelter en los hijos de madres de mayor edad, aunque esta relación no es tan marcada como en el caso del síndrome de Down. Se piensa que el síndrome de Klinefelter se debe a una no disyunción durante la meiosis, dando lugar a un gameto con un cromosoma X adicional. La fecundación de un óvulo normal portador de un X por un espermatozoide portador de un XY, o la fecundación de un óvulo portador de un XX por un espermatozoide normal portador de un Y, da lugar a un descendiente con el síndrome de Klinefelter. Sin embargo, es posible que ciertos errores durante los primeros ciclos de división celular de un zigoto normal puedan producir ocasionalmente el síndrome.

Normalmente, el síndrome de Klinefelter no se detecta hasta pasada la pubertad, cuando algunos de sus efectos son ya irreversibles. La mayoría de los problemas están causados por los bajos niveles de hormonas esenciales para el normal desarrollo durante la pubertad. Por ello, es necesaria la identificación precoz para que la terapia hormonal pueda mitigar los efectos de la enfermedad.

Varones con cromosomas Y adicionales

La anomalía cromosómica XYY, descrita por primera vez en 1961, ha recibido considerablemente publicidad desde 1965, año en el que se consideró

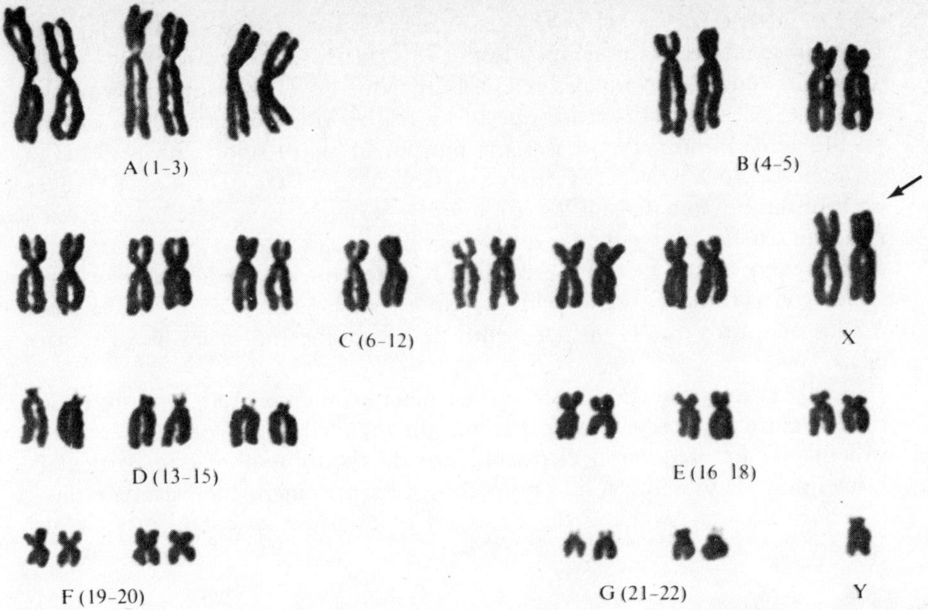

FIGURA 7.12.—*Cariotipo del síndrome de Klinefelter XXY. (De* Slide Guide for Human Genetics, *por R. A. Boolootian. Copyright © 1971 John Wiley and Sons, Inc. Reproducido con autorización de John Wiley and Sons, Inc.).*

que los varones XYY podrían estar predispuestos a cometer actos criminales violentos. Parece que estas fantasías fueron desencadenadas por la idea de un «supervarón» con características masculinas exageradas.

En la Figura 7.13 se muestra un cariotipo XYY. Los cromosomas Y adicionales son consecuencia de una no disyunción durante la meiosis de las células del padre. Casi un 1 por ciento de los espermatozoides del varón normal tienen dos cromosomas Y (Summer et al., 1971), pero la incidencia en los nacimientos es próxima a 1 de cada 1.000. Esto indica que existe una marcada selección en contra de los espermatozoides o zigotos con dos cromosomas Y. Se han descrito algunos casos de XYYY e incluso de XYYYY. La investigación de las anomalías del cromosoma Y presenta más dificultades que la investigación de las anomalías del cromosoma X, porque el sencillo test del corpúsculo de Barr, que pone de manifiesto un cromosoma X inactivo, no revela las anomalías del cromosoma Y. Hasta hace poco, para detectar los cromosomas Y era necesario realizar el mucho más costoso cariotipo. Por este motivo, la frecuencia de la dotación XYY en la población ha sido difícil de estimar, por lo que muchas de las primeras investigaciones se centraban en varones hospitalizados.

En 1965, Jacobs y colaboradores afirmaron que la incidencia de anomalías cromosómicas en individuos internados por su disposición a actos «peligrosos, violentos o criminales» era más alta que en el conjunto de la población. De 197 ingresados a los que se les realizó voluntariamente un cariotipo, 12 tenían anormalidades cromosómicas de algún tipo. Uno presentaba un mosaico 46,XY/47,XXY; uno era 48XXYY, y siete eran 47,XYY. Tres no mostraron anomalías en los cromosomas sexuales, sino pequeños defectos autosómicos. La altura media de los varones 47,XYY era 1,85 centímetros, en comparación con la altura media de 1,70 centímetros de los varones internados con cariotipo normal. Hoy sabemos que los niños XYY son ya a los 6 años más altos que el 90 por ciento de los jóvenes normales de su misma edad.

Dada la importancia de este primer descubrimiento sobre la posible asociación entre la presencia de un cromosoma Y extra y la conducta agresiva violenta, se emprendieron cierto número de estudios sobre este particular. Estos informes se han referido normalmente a prisioneros de elevada estatura, confinados en secciones de seguridad especial por su conducta violenta.

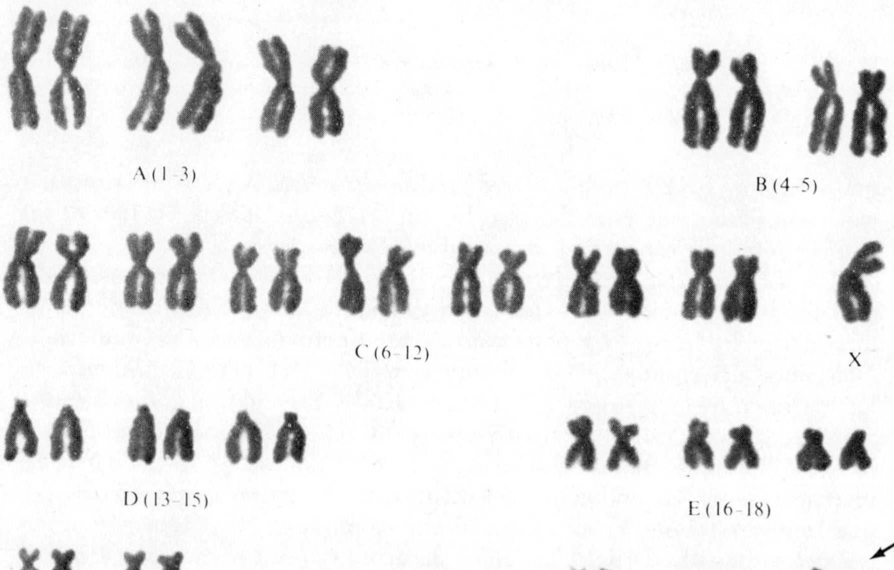

FIGURA 7.13.—*Cariotipo de un varón XXY. (De* Slide Guide for Human Genetics, *por R. A. Boolootian. Copyright © 1971 John Wiley and Sons, Inc. Reproducido con autorización de John Wiley and Sons, Inc.).*

Por lo tanto, el posible sesgo en el muestreo es evidente. Sin embargo, se ha obtenido un esquema de resultados bastante regular. Se han resumido los datos de 18 estudios incluyendo un total de 5.342 varones internados (Shah, 1970). De estos, 103 (el 1,9 por ciento) poseían un cromosoma Y extra. Este resultado debe interpretarse en el contexto de la incidencia de la enfermedad en la población general. En una muestra de 9.327 varones adultos «normales», se identificaron nueve cariotipos XYY (Price and Jacobs, 1970). Estos datos sugieren una incidencia de cerca de un 1 por 1.000. La mayoría de las revisiones (por ejemplo, Hook, 1973) coinciden en que la incidencia al nacer, en la raza caucásica, es de aproximadamente un 1 por 1.000, si bien en otras poblaciones podría ser más baja (Mabino, 1975). Así, aunque no puede afirmarse que la tasa basal en la población haya sido firmemente establecida, está claro que la tasa en varones internados es más alta.

La posible asociación entre la conducta antisocial y la dotación XYY ha sido ampliamente discutida. Muchos dudan que exista una relación importante (por ejemplo, Noel et al., 1974). La mayoría de los varones XYY llevan una vida normal: menos del 1 por ciento de los varones XYY están ingresados (Kessler, 1975). Por otro lado, la elevada tasa de varones XYY ingresados puede deberse a conductas no agresivas. Por ejemplo, su estatura superior a la media podría hacer más difícil su adaptación (Kessler y Moos, 1970). También se ha señalado frecuentemente su mala coordinación. El desarrollo sexual, sin embargo, parece ser normal.

Nuestra discusión sobre las anomalías cromosómicas sugiere que probablemente la mayor tasa de internamiento de los varones XYY se debe a otras conductas. Dado que casi todas las anormalidades cromosómicas dan lugar a alguna deficiencia cognitiva, es de esperar que aparezcan deficiencias similares asociadas a la anormalidad XYY. De hecho, los resultados de un estudio realizado en Dinamarca por Witkin y Mednick y un numeroso grupo de colaboradores (Witkin et al., 1976), conducen a esta misma conclusión. Su estudio incluye algunos controles excepcionales. En primer lugar, utilizaron una muestra normal seleccionada por su estatura, no por estar ingresada. En segundo lugar, evaluaron las características de varones con cariotipos normales y anormales. En tercer lugar, incluyeron un grupo de varones XXY para su comparación.

Se puntuó a todos los varones nacidos entre 1944 y 1947, que aún vivían en Dinamarca, de acuerdo con su estatura tomada de los archivos de las oficinas de reclutamiento. El 16 por ciento más alto de estos 28.884 hombres fue seleccionado para realizar un análisis cromosómico. Se obtuvieron los cariotipos de 4.139 hombres. La función intelectual se valoró mediante un test de selección realizado por el ejército y por un test educacional llevado a cabo rutinariamente en Dinamarca. Los antecedentes criminales de todos estos sujetos se evaluaron atendiendo al tipo de delito.

Se identificaron 12 individuos XYY y 16 XXY. La frecuencia del cariotipo XYY es superior (cerca del 3 por 1.000) al 1 por 1.000 aceptado normalmente. Sin embargo, estos hombres fueron seleccionados por su estatura. Cinco de los sujetos XYY (42 por ciento) tenían antecedentes criminales, sin embargo sólo 3 de los individuos XXY (19 por ciento) y 9 de los individuos XY los tenían. Esto indicaba que los varones XYY tenían, de hecho, más probabilidades de ser encarcelados. Pero, ¿eran más violentos? La respuesta es no. La naturaleza de sus crímenes no era más violenta que la del grupo control. Sólo 1 de los 12 hombres XYY había sido convicto por asesinato con violencia. De hecho, los individuos XYY habían sido convictos por faltas menores y habían recibido penas ligeras.

De los cinco sujetos XYY con antecedentes penales, cuatro tenían puntuaciones muy por debajo de la media en el test de selección del ejército y la puntuación del quinto sujeto estaba ligeramente por debajo de la media. Hay que señalar que la criminalidad estaba relacionada inversamente con la función intelectual en la muestra control de los individuos XY. Tanto para el test de selección del ejército como para el índice educacional, los hombres con antecedentes penales tenían puntuaciones claramente inferiores. Por otro lado, este estudio contradice la hipótesis de la mayor incidencia de criminalidad en los varones XYY por problemas adaptativos debidos a su estatura. En la muestra control, los varones no criminales eran de hecho ligeramente más altos que los criminales.

Los autores concluyen: «la elevada tasa de criminalidad de los varones XYY no está relacionada con la agresión. Podría estar relacionada con una baja inteligencia» (Witkin et al., 1976, p. 547). También advierten que «la elevada tasa de criminalidad encontrada en nuestro grupo XYY podría, sin embargo, reflejar una tasa de detección mayor, en vez de un mayor número de actos criminales» (p. 353). Sin embargo, estas conclusiones deben ser comparadas con el hecho de que, aunque los varones con el síndrome de Klinefelter, 47,XXY obtuvieron puntuaciones en los test casi idénticas a los varones XYY, su tasa de criminalidad era considerablemente menor (19 por ciento frente a un 42 por ciento). Por otro lado, en otros estudios, si bien no sometidos a un control tan riguroso, se ha encontrado una mayor conducta antisocial en los individuos XYY que en los sujetos XXY (por ejemplo, Money et al., 1974), aunque no se ha detectado disminución intelectual en los individuos XYY.

El descubrimiento de estas anomalías, sobre todo el hallazgo de que el síndrome de Down se debe a la presencia de un cromosoma extra, debe considerarse como un importante avance en el análisis genético de la conducta. Aunque desde entonces se han descrito otras muchas anomalías cromosómicas, el análisis de los cromosomas humanos está aún en su comienzos. Las nuevas técnicas de bandeo son particularmente apropiadas para la aplicación

TABLA 7.2.—*Resumen de las anomalías cromosómicas.*

	Tipo de anomalía	Incidencia en nacimientos vivos	Síntomas
Anomalías autosómicas:			
Síndrome de Edward.	Trisomía del par 18.	1 de cada 5.000.	Muerte prematura, muchos problemas congénitos.
Síndrome de trisomía D.	Trisomía del par 13.	1 de cada 6.000.	Muerte prematura, muchos problemas congénitos.
Cri du chat.	Delección de parte de el brazo corto de los cromosomas 4 ó 5.	1 de cada 10.000.	Llanto agudo y monótono, retraso profundo.
Síndrome de Down.	Trisomía del par 21; el 5 por ciento presentan traslocación 15/21.	1 de cada 700.	Problemas congénitos; retraso.
Anomalías de los cromosomas sexuales:			
Síndrome de Turner.	XO o mosaicos XX-XO.	1 de cada 2.500.	Rasgos físicos y problemas hormonales. Déficit espacial específico.
Hembras con cromosomas X adicionales	XXX XXXX XXXXX	1 de cada 1.000.	En la trisomía X no hay rasgos físicos distintivos; quizás cierto retraso.
Varones con el síndrome de Klinefelter.	XXY XXXY XXXXY XXYY XXXYY	2 de cada 1.000.	En el XXY: problemas en el desarrollo sexual; quizás cierto retraso.
Varones con cromosomas Y adicionales.	XYY XYYY XYYYY	1 de cada 1.000.	Altos, quizá cierto retraso.

de detectores y clasificadores cromosómicos automáticos computarizados (Caspersson, Lomakka y Moller, 1971). La distribución de bandas pueden medirse fotoeléctricamente y someterse a análisis mediante un computador, que algún día podría realizar cariotipos de rutina, al igual que ya ocurre con los grupos sanguíneos. Finalmente, podría ser posible identificar el origen paterno o materno, o aún remontarse a la generación anterior, de cada cromosoma de un individuo. Además de facilitar enormemente los estudios de ligamiento, tales posibilidades tendrían un enorme potencial en el consejo genético.

Resumen

Casi todas las anormalidades cromosómicas influyen sobre el crecimiento y las capacidades cognitivas generales. La trisomía del par 21 es el problema autosómico más frecuente y conduce a un retraso mental muy marcado. Su estrecha relación con la edad materna demuestra la importancia del consejo genético. Entre las anomalías de los cromosomas sexuales se cuentan el síndrome de Turner, hembras con cromosomas X adicionales, varones con cromosomas X adicionales y varones con cromosomas Y adicionales. Estas anomalías cromosómicas se resumen en la Tabla 7.2.

8
GENETICA DE POBLACIONES

Los enfoques de muchos de los primeros estudios sobre la evolución, como se describe en los Capítulos 2 y 3, estaban más cerca del arte que de la ciencia. No obstante, las teorías y métodos de la genética de poblaciones han proporcionado una base cuantitativa a la biología evolutiva actual. En el Capítulo 3 considerábamos la evolución como el resultado de los cambios producidos por la variabilidad genética a través de los largos períodos de tiempo evolutivo. También mencionamos que la evolución se puede analizar tanto desde el punto de vista de las diferencias entre especies, como desde el punto de vista de la variabilidad entre individuos de la misma especie. La genética de poblaciones atiende simultáneamente a ambos puntos de vista. Su contribución más singular es la asignación de frecuencias alélicas y genotípicas a grupos de organismos, y el estudio de las fuerzas que alteran estas frecuencias. En este capítulo, consideraremos caracteres determinados por un único gen. En el siguiente capítulo, sin embargo, nos concentraremos en los caracteres poligénicos, es decir, influidos por varios genes.

Frecuencias alélicas y genotípicas

Si se cruzan ratones albinos de una cepa pura con los de una cepa negra se obtiene una descendencia F_1 negra en su totalidad. Por lo tanto, el albinismo es recesivo frente al color negro del pelaje. En la generación F_2, como es de esperar, se observa una relación mendeliana clásica de 3 negros por cada 1 albino (véase el Capítulo 4). Ahora bien, si se cruzan varios ratones de esta generación F_2 sin tener en cuenta el color del pelaje, la proporción obtenida en la generación F_3 es de nuevo 3:1. De hecho, si la muestra es lo suficientemente numerosa y los cruzamientos ocurren al azar, esta relación reaparecerá generación tras generación, es decir, en la F_2, F_3, F_4..., F_n. ¿Cómo es posible esto?

En primer lugar, recuérdese que la relación 3:1 es *fenotípica*. La relación de genotipos es en realidad $1A_1A_1{:}2A_1A_2{:}1A_2A_2$. Por lo tanto, las frecuencias genotípicas son $0{,}25A_1A_1$; $0{,}50A_1A_2$; $0{,}25A_2A_2$. ¿Qué son las frecuencias alélicas? Todos los alelos de los animales A_1A_1 y la mitad de los alelos de los animales A_1A_2 son A_1. Esto implica que la frecuencia del alelo A_1 en la generación F_2 es 0,50 (es decir, $0{,}25 + ½[0{,}50] = 0{,}50$). Dado que en este locus sólo existen dos alelos, la frecuenica del otro alelo A_2, será también de 0,50; y las frecuencias proporcionales de los dos alelos sumarán 1,00. En resumen, en la población F_2, la frecuencia de cada alelo es 0,50.

Ahora bien, ¿cuáles serían las frecuencias de estos dos alelos y de los tres genotipos en la siguiente generación (F_3) creada por el apareamiento al azar de los individuos de la F_2? El mismo sentido común nos lo dice: si Mendel no estaba equivocado al decir que los genes son unidades discretas, los alelos deben aparecer en la población F_3 tal y como lo hacían en la F_2. Podemos comprobarlo estudiando los resultados de los cruces al azar entre los individuos de la F_2. Dado que la frecuencia de cada alelo en la F_2 es 0,50, los óvulos y espermatozoides tienen las mismas probabilidades de poseer un alelo A_1 o un alelo A_2. En la Tabla 8.1 se exponen los resultados genotípicos de tales cruces. Por ejemplo, la frecuencia de los genotipos A_1A_1 será de 0,25, que es la probabilidad de que un espermatozoide A_1 (frecuencia = 0,50) fe-

TABLA 8.1.—*Frecuencias genotípicas de la población F_3.*

		Frecuencias alélicas de los espermatozoides producidos por los machos de la F_2	
		$0{,}50A_1$	$0{,}50A_2$
Frecuencias alélicas de los óvulos producidos por las hembras de la F_2	$0{,}50A_1$	$0{,}25A_1A_1$	$0{,}25A_1A_2$
	$0{,}50A_2$	$0{,}25A_1A_2$	$0{,}25A_2A_2$

cunde a un óvulo A_1 (frecuencia = 0,50). Multiplicamos las frecuencias porque un espermatozoide A_1 tiene igual probabilidad de fecundar a un óvulo A_1 que a un A_2 (que es otra manera de decir que los individuos de la F_2 se aparean al azar). Así, igual que en la población F_2 la relación de segregación genotípica de la población F_3 es 1:2:1. Por supuesto, las frecuencias alélicas (0,50 A_1 y 0,50 A_2) no cambian.

El equilibrio Hardy-Weinberg-Castle

Hemos indicado que las frecuencias alélicas y genotípicas permanecen estables generación tras generación. Este equilibrio constituye la piedra angular de la genética de poblaciones. Los genetistas de poblaciones estudian de qué modo factores tales como: selección, migración, mutación, deriva genética al azar y apareamiento no al azar, hacen que se altere este equilibrio.

		Frecuencias alélicas de los espermatozoides	
		$p A_1$	$q A_2$
Frecuencias alélicas de los óvulos	$p A_1$	$p^2 A_1A_1$	$pq A_1A_2$
	$q A_2$	$pq A_1A_2$	$q^2 A_2A_2$

FIGURA 8.1.—*Frecuencias genotípicas tras una generación de apareamientos al azar.*

En la Figura 8.1 se resumen los resultados obtenidos por apareamientos al azar, en términos más generales. El símbolo p se utiliza frecuentemente para referirse a la frecuencia de uno de los alelos, mientras que q simboliza la frecuencia del otro. Si para un locus en particular sólo existen dos alelos, se cumplirá que $p + q = 1$. Cuando se unen al azar gametos con frecuencias p A_1 y q A_2, la probabilidad de los heterozigotos es $pq + qp$, o $2pq$. Todos, es decir p^2, los genotipos A_1A_1 llevan el alelo A_1, y la mitad de los alelos de los genotipos A_1A_2 ($1/2[2pq]$) son A_1. Utilizando un poco de álgebra, podemos ver que la frecuencia del alelo A_1 sigue siendo p después de una generación de apareamientos al azar:

$$p^2 + ½(2pq) = p^2 + pq = p(p + q) = p$$

Dado que $p + q = 1$, esta expresión se reduce a p, lo que significa que el valor de p no ha cambiado a través de una generación de apareamientos al azar. Los genotipos también permanecerán estables con frecuencias $p^2 + 2pq + q^2$.

En una generación F_2, las frecuencias de los dos alelos son iguales. Sin embargo, también se puede mantener el equilibrio aún en el caso de que las frecuencias sean distintas. Supongamos que la frecuencia inicial de un alelo en una población sea 0,80 y la frecuencia del otro 0,20. La Tabla 8.2 indica las frecuencias genotípicas obtenidas. Tras una generación de apareamientos al azar, $p = 0{,}64 + \frac{1}{2}(0{,}32) = 0{,}80$ y $q = 1 - 0{,}80$; ó $0{,}04 + \frac{1}{2}(0{,}32)$; en cualquier caso, $q = 0{,}20$. Como vemos las frecuencias de los alelos no han cambiado tras una generación de apareamientos al azar.

Esta ley de equilibrio de la variabilidad genética era aparentemente tan obvia para los primeros genetistas que ninguno quería realmente reconocer el honor de ser su descubridor. En 1908, un matemático inglés, G. M. Hardy, y un ginecólogo alemán, W. Weinberg, publicaron independientemente sendos trabajos en los que se describía este equilibrio. Hardy comenzó su escrito en *Science* casi disculpándose: «Soy reacio a entrometerme en una discusión sobre temas en los que no soy un experto, y debería haberme dado cuenta de que la sencillez de lo que pretendo señalar resultará familiar a los biólogos» (1908, p. 49). Más recientemente se ha señalado que W. E. Castle, un genetista americano, utilizó e incluso amplió estos cálculos en un trabajo publicado en 1903. Por esta razón, se ha sugerido que incluyamos en nuestros libros de texto una tardía mención a la «Ley de Castle» (Keeler, 1968). Si bien, ahora que ya la conocemos, la ley del equilibrio puede parecer obvia, es un concepto clave de gran utilidad en la genética de poblaciones.

TABLA 8.2.—*Frecuencias genotípicas tras una generación de apareamiento al azar, cuando las frecuencias alélicas son distintas.*

		Frecuencias alélicas de los espermatozoides	
		$0{,}80A_1$	$0{,}20A_2$
Frecuencias alélicas de los óvulos.	$0{,}80A_1$	$0{,}64A_1A_1$	$0{,}16A_1A_2$
	$0{,}20A_2$	$0{,}16A_1A_2$	$0{,}04A_2A_2$

Utilización de la Ley de Hardy, Weinberg y Castle

La relación de Hardy, Weinberg y Castle se puede utilizar tanto para determinar si una población está en equilibrio, como para el cálculo de las frecuencias alélicas y genotípicas. Si una población está en equilibrio, las frecuencias genotípicas deben ser $p^2 + 2pq + q^2$ para el caso de un carácter influido por un solo gen con dos alelos. El ejemplo más sencillo consiste en un sistema con codominancia. Los individuos que sólo poseen el antígeno M son homozigotos MM; los individuos con el antígeno N únicamente son homozigotos NN; y los individuos con ambos antígenos son heterozigotos MN. En los Estados Unidos, las frecuencias de los genotipos MM, MN y NN son 0,30, 0,50 y 0,20 respectivamente. ¿Cuál es la frecuencia del alelo M, productor del antígeno M? Incluirá todos los alelos de los genotipos MM y la mitad de los alelos de los genotipos MN. Por lo tanto, $p = 0{,}30 + ½(0{,}50) = 0{,}55$. Si $p = 0{,}55$, $q = 1 - 0{,}55 - 0{,}45$.

Ahora podemos preguntarnos si el sistema sanguíneo MN está en equilibrio genético, es decir, si apareamientos, mutaciones, migraciones o la selección introducen diferencias significativas respecto a la frecuencia genotípica esperada de $p^2 + 2pp + q^2$. Si p es 0,55 y q es 0,45, $p^2 = 0{,}30$: $2pq = 0{,}50$ y $q^2 = 0{,}20$. Por lo tanto, este carácter está en equilibrio en la población porque las frecuencias genotípicas esperadas coinciden con las observadas (MM = 0,30; MN = 0,50 y NN = 0,20). Puede comprobar usted mismo que el sistema no estaría en equilibrio si las frecuencias de los genotipos MM, MN, NN fueran, por ejemplo, 0,35; 0,40 y 0,25 respectivamente.

Cuando es posible distinguir a los heterozigotos de los homozigotos, como en el ejemplo de los antígenos MN, se pueden determinar con exactitud las frecuencias alélicas mediante muestras representativas. Cuando existe dominancia completa, se pueden determinar las frecuencias alélicas siempre y cuando la población esté en equilibrio. Asumamos que una población está en equilibrio para un rasgo concreto influido por un solo gen con dos alelos. La frecuencia del genotipo homozigoto dominante (A_1A_1) es p^2, la frecuencia del genotipo homozigoto recesivo (A_2A_2) es q^2 y la frecuencia del genotipo heterozigoto es $2pq$. Los heterozigotos se conocen como *portadores* porque sólo poseen un alelo recesivo y por lo tanto no exhiben el rasgo. Podemos estimar la frecuencia del alelo recesivo y el número de portadores de una población si conocemos el número de individuos que exhiben el rasgo. Por ejemplo, supongamos que el 16 por ciento de la población posee un determinado carácter recesivo (como sucede en el caso del factor sanguíneo Rh negativo). Dado que el alelo es recesivo, estos individuos serán de genotipo A_2A_2 y su frecuencia en la población será q^2. Ya que la frecuencia del alelo recesivo en la población es q, todo lo que tenemos que hacer es extraer la raíz cuadrada de q^2 para encontrar la frecuencia q. La raíz cuadrada de 0,16 es 0,4. Así, aunque sólo el 16 por ciento de la población sea de genotipo homozigoto recesivo, la frecuencia del alelo recesivo es del 40 por ciento.

Con esta información podemos determinar el número de portadores del alelo recesivo. Si el valor de q es 0,4, la frecuencia del otro alelo será del 60 por ciento. Si existe equilibrio, la frecuencia de portadores será $2pq$, que es $2(0{,}60)(0{,}40) = 0{,}48$. Es decir, el 48 por ciento de la población son portadores del alelo recesivo. Recuérdese sin embargo, que estas estimaciones son correctas sólo si la población está en equilibrio. Utilizando el ejemplo anterior de las frecuencias genotípicas que no estaban en equilibrio ($0{,}35A_1A_1$; $0{,}40A_1A_2$ y $0{,}25A_2A_2$), calcularíamos erróneamente que q valdría 0,50 en vez de 0,45.

Percepción de la FTC

Como indicamos en el Capítulo 4, cerca del 70 por ciento de los caucásicos en Estados Unidos perciben un sabor amargo cuando se les aplica en la lengua una disolución de feniltiocarbamida (FTC), mientras que cerca del 30 por ciento la encuentra virtualmente insípida a la misma concentración. Si en la percepción de la FTC existen apareamientos al azar, lo cual parece probable, se podrá utilizar el equilibrio de Hardy, Weinberg y Castle para comprobar hipótesis relativas a su modo de transmisión. Típicamente, asumimos primero la hipótesis genética más sencilla, intentamos comprobarla y la desechamos si se aparta significativamente de los resultados esperados. Por lo tanto, mantendremos el modelo más sencillo hasta que los datos nos obliguen a considerar hipótesis más complejas. El modelo genético más sencillo que podría dar cuenta de los datos familiares de la Tabla 8.1 es el de dos alelos perteneciente a un locus autosómico, siendo un alelo (el de la percepción de la FTC) completamente dominante sobre el otro.

Si dicha población está en equilibrio, la frecuencia del genotipo homozigoto recesivo será q^2 (es decir, 29,8 por ciento). La frecuencia q será por tanto la raíz cuadrada de 0,298; es decir 0,546. La frecuencia (p) del alelo dominante (percepción de la FTC) será $1-0{,}546=0{,}454$. Los gustadores podrán ser homozigotos o heterozigotos para el alelo dominante. La frecuencia de gustadores homozigotos es p^2, es decir 0,206 y la frecuencia de gustadores heterozigotos es $2pq$, es decir 0,496. Por lo tanto, el 70,2 por ciento de los individuos son gustadores ($0{,}206 + 0{,}496 = 0{,}702 = 70{,}2$ por ciento). De estos gustadores, el 29,3 por ciento son homozigotos para el alelo de la percepción de la FTC ($0{,}206 \div 0{,}702 = 0{,}707 = 70{,}7$ por ciento).

Podemos comprobar la bondad de la hipótesis comparando los datos reales y los valores teóricos de la descendencia de ciertas combinaciones de apareamientos presentados en la Tabla 8.3. Uno de los aspectos de la tabla se ajusta a la hipótesis de que los no gustadores son homozigotos para un alelo recesivo autosómico: los cruces entre dos no gustadores casi siempre producen descendientes no gustadores. La existencia de 5 niños gustadores entre los 233 totales podría deberse a expresión génica variable, errores de clasificación o ilegitimidad.

Sin embargo, la interpretación del resto de los datos no es tan sencilla, ya que los gustadores podrían ser homozigotos o heterozigotos, lo cual afecta a los valores esperados en la descendencia. Por ejemplo, si todos los gustadores de los cruces gustador/no gustador fueran homozigotos, toda su descendencia sería gustadora. Si todos los gustadores fueran heterozigotos, la mitad de la descendencia sería no gustadora; tienen el 50 por ciento de probabilidades de recibir el alelo dominante de su progenitor gustador heterozigoto. Sin embargo, los progenitores gustadores podrían ser homozigotos o heterozigotos. Por lo tanto, como era de esperar, la Tabla 8.3 indica que la fracción de no gustadores en este tipo de apareamiento no es ni 0 ni 50 por ciento, sino 36,6 por ciento.

TABLA 8.3.—*Datos sobre la herencia de la capacidad para percibir la feniltiocarbamida.*

Cruce	Número de familias	Descendencia		Fracción de no gustadores en la descendencia
		Gustadores	No gustadores	
Gustador × gustador.	425	929	130	0,123
Gustador × no gustador.	289	483	278	0,366
No gustador × no gustador.	86	5	218	0,978

PROCEDENCIA: Stern, *Principles of Human Genetics*, 3.ª ed. W. H. Freeman and Company. Copyright © 1973: Según Snyder.

Para determinar la bondad del ajuste de nuestro modelo a los datos de los cruces gustador/no gustador, es necesario saber qué porcentaje de los gustadores son homozigotos. Como hemos indicado, el 29,3 de los gustadores debe ser homozigoto de acuerdo con nuestro modelo. Por tanto, de los 761 descendientes de los cruces gustador/no gustador, cabría esperar que el 29,3 por ciento, es decir 223, resultaran de cruces entre homozigotos gustadores y no gustadores. Esos 233 niños serían todos gustadores. Los restantes 558 resultarán de cruces entre gustadores heterozigotos y no gustadores. De estos cruces, la mitad de la descendencia, 269, sería gustadora heterozigota. Los restantes 269 serían no gustadores. Estos datos se correlacionan bien con los valores observados en los cruces gustador/no gustador. Hemos predicho que 492 (esto es, 223 + 269) serían gustadores y 269 serían no gustadores; los datos observados en estos cruces corresponden a una descendencia de 483 gustadores y 278 no gustadores. Si realizamos cálculos similares para el caso de los cruces gustador/gustador, encontramos que nuestras predicciones se ajustan a los datos. Por lo tanto, los datos presentados en la Tabla 8.3 se ajustan estrechamente a lo esperado, de acuerdo con un modelo de un único locus con dos alelos, donde el alelo para la percepción de la FTC presenta dominancia completa.

Si bien el equilibrio Hardy-Weinberg-Castle es útil en la estimación de las frecuencias alélicas y genotípicas, en genética de poblaciones se utiliza sobre todo como estándar, en el mismo sentido que la temperatura o presión estandar en química y física. Los factores que cambian las frecuencias alélicas y genotípicas se miden en relación a este estándar.

Factores que modifican las frecuencias alélicas

En esta sección, examinaremos los cambios en las frecuencias alélicas causadas por la migración, deriva genética, mutación y selección. Dado que el sistema de apareamiento (al azar y consanguíneo) influye sobre las frecuencias genotípicas pero no sobre las frecuencias alélicas, será estudiado en la siguiente sección.

Migración

Si dos poblaciones tienen las mismas frecuencias alélicas para un locus determinado, las frecuencias no se alterarán si algunos individuos al azar migran de una población a otra. Sin embargo, si las frecuencias alélicas de este locus son distintas las frecuencias cambiarán debido a esta migración al azar. Asumamos que la frecuencia de cierto alelo en una población es q. Designaremos como q_o a la frecuencia de ese alelo, en la población original. Si individuos de otra población migran a ésta, la frecuencia resultante dependerá de la frecuencia del alelo en la población inmigrante (q_m) y la tasa de inmigración. De hecho, la frecuencia del alelo una generación después de la inmigración, (q_1), será la frecuencia q_m ponderada teniendo en cuenta la proporción de inmigrantes, más q_o ponderada teniendo en cuenta la proporción de nativos. Si m es la proporción de inmigrantes y $1-m$ es el resto de la población (los nativos), podemos expresar algebraicamente el efecto de la inmigración como:

$$q_1 = mq_m + (1 - m)q_o$$

Esta expresión se puede simplificar desarrollando el segundo sumando y sacando m como factor común:

$$q_1 = mq_m + q_o - mq_o = m(q_m - q_o) + q_o$$

El cambio en la frecuencia alélica ($\triangle q$) es simplemente la diferencia entre la frecuencia tras la inmigración (q_1) y la frecuencia original (q_o). Si restamos q_o en la expresión obtenida para q_1, obtenemos:

$$\triangle q = q_1 = q_1 - q_o = m(q_m - q_o)$$

Por lo tanto, el cambio en la frecuencia alélica es función de la tasa de inmigración (m) y de la diferencia entre las frecuencias de las poblaciones inmigrante y nativa.

Por ejemplo, asumamos una tasa de inmigración del 10 por ciento, siendo las frecuencias alélicas 0,20 en los nativos y 0,30 en los inmigrantes. El cambio en la frecuencia será 0,01.

$$\triangle q = 0{,}10(0{,}30 - 0{,}20) = 0{,}01$$

Aunque este cambio de frecuencia puede parecer pequeño, repetidas migraciones de esta magnitud a través de muchas generaciones tendrán un efecto considerable.

La otra cara de la moneda es la emigración. Las frecuencias alélicas cambiarán si las frecuencias de la población emigrante y la del resto de la población son distintas. Al igual que en la inmigración, la emigración afectará a las frecuencias alélicas de la población de individuos que permanecen (q_p) dependiendo de la tasa de emigración (n) y de la diferencia de frecuencias entre las poblaciones emigrante (q_n) y la que permanece (q_p):

$$\triangle q = n(q_p - q_n)$$

Deriva genética al azar

La inmigración y emigración son factores migratorios sistemáticos que afectan a las frecuencias alélicas. El azar también es un factor importante. Si una población no es muy numerosa, el muestreo de genotipos al azar puede dar lugar, por mera casualidad, a variaciones en la frecuencia alélica. Este tipo de cambio no sistemático de la frecuencia alélica de una generación a otra, se conoce como *deriva genética al azar* (Wallace, 1968). En una población muy numerosa, la deriva al azar no será una fuente importante de variaciones en las frecuencias alélicas.

Mutación

En el Capítulo 3 indicábamos que la mutación es la fuente primaria de variabilidad genética. Sin embargo, aquí nos interesa la mutación como factor que puede alterar la frecuencia de un alelo específico. Dado que la tasa de mutación espontánea es baja, la ocurrencia al azar de una mutación no ocasionará importantes cambios en un alelo específico, excepto cuando se consideren períodos de tiempo a escala evolutiva.

Podemos definir con mayor precisión los cambios esperados debidos a la mutación. Asumamos que existan dos alelos en un locus autosómico y que el alelo A_1 muta transformándose en A_2 con una frecuencia u por generación. También hemos de tener en cuenta la posibilidad de que A_2 mute a su vez a A_1; llamaremos a esta frecuencia v. El cambio en la frecuencia del alelo A_2 será la proporción en la que A_1 muta a A_2 menos la proporción en la que A_2 muta a A_1:

$$\triangle q = up - vq$$

No conocemos con exactitud la tasa de mutación espontánea (u) y puede ser distinta para cada alelo. Aún así, asumamos que A_1 muta a A_2 una vez en cada millón de replicaciones de DNA. Si u es 10^{-6} (es decir: 0,000001) y v es 10^{-7}, la mutación no será una fuente importante de cambio en la frecuencia de un gen. Supongamos que p es 0,90 y q es 0,10, por lo tanto $\triangle q = (0{,}000001)(0{,}90) - (0{,}0000001)(0{,}10) = 0{,}00000089$ por generación.

Selección

La selección tiene lugar cuando existen diferencias en la tasa de reproducción entre los individuos de una población y puede ser un importante factor en el cambio de frecuencias alélicas. Por supuesto, la selección se ejerce sobre los individuos, no sobre los genes. Si existe dominancia completa de A_1 sobre A_2, los individuos con genotipo A_1A_2 serán indistinguibles de los individuos con genotipo A_1A_1. Si ninguno de estos genotipos se reproduce, la frecuencia del alelo A_1 sería cero en la siguiente generación bajo tan drástica selección. Existen muy pocos alelos dominantes letales porque los individuos con este alelo serían selectivamente eliminados de la población. Sin embargo, los alelos recesivos son un caso aparte. Aún en el caso de que los homozigotos recesivos (A_2A_2) no se reprodujeran en una generación, el alelo A_2 no sería eliminado de la población ya que los heterozigotos A_1A_2 continuarían reproduciéndose.

La selección puede también operar tanto en contra de los homozigotos A_1A_1 como de los A_2A_2, favoreciendo por tanto a los heterozigotos A_1A_2. Esta ventaja del heterozigoto conduce a un *polimorfismo equilibrado.* Cuando se aparean los heterozigotos A_1A_2, continúan dando lugar a homozigotos A_1A_1 y A_2A_2. Los polimorfismos equilibrados aseguran la variabilidad genotípica de la población. Serán considerados con mayor detalle tras haber comentado otros tipos de selección.

TABLA 8.4.—*Valor adaptativo de los genotipos en tres tipos distintos de selección.*

Caso	Genotipo					
	A_1A_1		A_1A_2		A_2A_2	
Frecuencia	p^2	+	$2pq$	+	q^2	= 1
Valor adaptativo						
A_1 dominancia completa, selección contra A_2A_2.	1		1		$1-s$	
A_1 dominancia completa, selección contra A_1A_1 y A_1A_2.	$1-s$		$1-s$		1	
Sobredominancia, selección contra A_1A_1 y A_2A_2.	$1-s_1$		1		$1-s_2$	

Podemos calcular el cambio en las frecuencias alélicas causado por la selección comenzando con el equilibrio Hardy-Weinberg-Castle. La primera fila de la Tabla 8.4 enumera las frecuencias de los tres genotipos en el caso de un carácter influido por un solo locus con dos alelos. Las frecuencias son $p^2 + 2pq + q^2$. Ahora consideremos el efecto de la selección contra uno o más de estos genotipos. Sin embargo, en vez de estudiar la selección contra cierto genotipo, nos centraremos en el valor adaptativo del genotipo, es decir, la tasa de reproducción de ese genotipo comparada con la tasa más alta de reproducción. Así, si los genotipos A_1A_1 y A_1A_2 tienen por término medio 20 descendientes, mientras que le genotipo A_2A_2 produce sólo 5, el valor adaptativo de estos tres genotipos sería 1,1 y 1/4 (es decir, 5/20 = 1/4), respectivamente. La selección contra el genotipo A_2A_2 es 3/4 (es decir 1 − 1/4). Denominaremos s a este coeficiente de selección y a valor adaptativo como $1-s$. Cuando $s = 0$, el valor adaptativo de todos los genotipos es 1 y los individuos de todos los genotipos contribuirán en la misma proporción a la siguiente generación.

La contribución relativa de cada genotipo a la generación siguiente es la frecuencia genotípica ponderada teniendo en cuenta la estimación del valor adaptativo. La Tabla 8.4 describe tres ejemplos de selección. El primer caso implica dominancia del alelo A_1 y selección contra A_2A_2. Las frecuencias de los tres genotipos tras la selección son $p^2 + 2pq + (1-s)q^2$. La frecuencia del alelo A_2 tras una generación de selección estará determinada por los individuos A_2A_2 que se reproducen $[(1-s)q^2]$ y la mitad de los alelos de los heterozigotos A_1A_2 $(1/2 \times 2pq = pq)$. Dado que expresamos las frecuencias alélicas como proporciones, debemos dividir esta frecuencia por la frecuencia genotípica tras la selección $[p^2 + 2pq + (1-s)q^2]$. Por lo tanto, tras una generación de selección, la frecuencia de A_2 será:

$$q_1 = \frac{(1-s)q^2 + pq}{p^2 + 2pq + (1-s)q^2}$$

El término $[(1-s)q^2]$ es equivalente a $q^2 - sq^2$. Si sustituimos en el denominador, se convierte en $p^2 + 2pq + q^2 - sq^2$. Dado que $p^2 + 2pq + q^2 = 1$, se puede simplificar el denominador a $1 - sq^2$:

$$q_1 = \frac{(1-s)q^2 + pq}{1 - sq^2}$$

Por ejemplo, si $q = 0{,}10$ (frecuencia del alelo A_2) y el valor adaptativo del genotipo A_2A_2 es cero, la frecuencia de q tras una generación será 0,09:

$$q_1 = \frac{(1-1)0{,}01 + 0{,}09(0{,}10)}{1-(1)(0{,}01)} = \frac{0{,}09}{0{,}99} = 0{,}09$$

El cambio de la frecuencia del alelo A_2 es simplemente $q_1 - q$. En este ejemplo, el cambio en la frecuencia es de −0,01.

Sin embargo, los efectos de la selección se han de considerar en intervalos de tiempo superiores a una generación. Después de n generaciones de selección total contra A_2A_2, si q_o es la frecuencia en la población original, la frecuencia de A_2 será:

$$q_n = \frac{q_o}{1 + nq_o}$$

Como ejemplo, consideraremos un defecto deletéreo determinado por un alelo recesivo autosómico (A_2). ¿En qué medida disminuirá la frecuencia de este alelo recesivo si los individuos A_2A_2 no se reproducen a lo largo de cierto número de generaciones? Ya que los alelos con efectos nocivos tienden a tener frecuencias relativamente bajas, asumamos que $q_o = 0{,}02$. Si ningún individuo A_2A_2 se reproduce durante 50 generaciones, la frecuencia de este alelo perjudicial sería:

$$q_{50} = \frac{0{,}02}{1 + 50(0{,}02)} = 0{,}01$$

En otras palabras, pasados unos 1.500 años de intensa selección contra A_2A_2 (asumiendo un intervalo generacional de 30 años, como en el caso de las poblaciones humanas), la frecuencia de este alelo cambiaría sólo de 0,02 a 0,01. Esto demuestra la relativa ineficacia de este tipo de selección cuando la frecuencia de un alelo recesivo es inicialmente baja.

En el segundo ejemplo de la Tabla 8.4 se considera la selección contra los homozigotos A_1A_1 y heterozigotos A_1A_2. Obviamente, la frecuencia del alelo A_2 se incrementará, dado que el valor adaptativo del genotipo A_2A_2 es mayor que el de los otros genotipos. De hecho, si la selección es total ($s = 1$ tanto contra A_1A_1 como A_1A_2, sólo los individuos con el genotipo A_2A_2 se reproducirán. Por lo tanto, tras una generación bajo tal selección, no se producirán más alelos A_1 y la frecuencia del alelo A_2 será 1,00.

Sin embargo, no es frecuente que la selección sea total. El caso más general se puede determinar operando del mismo modo que en el primer ejemplo de selección contra los genotipos A_2A_2. La frecuencia del alelo A_2 estará determinada por los genotipos A_2A_2 (q^2) y la mitad de los alelos de los individuos heterozigotos A_1A_2 que se reproducen, $[1/2(1-s)2pq = (1-s)pq]$. Para expresarlo como proporción de la frecuencia genotípica total tras la selección, dividimos por las frecuencias genotípicas totales ponderadas teniendo en cuenta su valor adaptativo $[(1-s)p^2 + (1-s)2pq + q^2]$, como en el ejemplo anterior.

Así, después de una generación de selección, la frecuencia del alelo A_2 será:

$$q_1 = \frac{q^2 + (1-s)pq}{(1-s)p^2 + (1-s)2pq + q^2}$$

Podemos simplificar el denominador operando los productos y reagrupando términos. Teniendo en cuenta que $q^2 + 2pq + q^2 = 1$, el denominador queda como $1 - s(p^2 + 2pq)$. Aún puede simplificarse más ya que $p^2 + 2pq = 1 - q^2$. Por lo tanto:

$$q_1 = \frac{q^2 + (1-s)pq}{1 - s(1-q^2)}$$

Esto representa el caso más general en el que la selección puede no ser total contra el homozigoto dominante y el heterozigoto. Sin embargo, para familiarizarnos con esta ecuación, consideremos el caso en el que la selección es total ($s = 1{,}0$) tanto contra A_1A_1 como A_1A_2. Como esperábamos, la nueva frecuencia del alelo A_2 es 1,00, ya que los genotipos con el alelo A_1 no se reproducen.

$$q_1 = \frac{q^2 + (1-1)qq}{1 - 1(1-q^2)} = \frac{q^2}{1 - 1 + q^2} = 1{,}00$$

De un modo similar, una generación de selección total contra el genotipo A_2A_2 y portadores (A_1A_2), resultaría en la eliminación del alelo recesivo A_2. Como en el primer ejemplo, la frecuencia del alelo recesivo se altera lentamente cuando la selección se ejerce sólo en contra del homozigoto recesivo. Cuando la frecuencia de A_2 es baja, la mayoría de los alelos A_2 permanecerán indetectados en los portadores heterozigotos. Sin embargo, si se pudiera detectar a los portadores y éstos no se reprodujesen, sería posible eliminar el alelo no deseado en una generación.

El tercer tipo de selección de la Tabla 8.4 da lugar a un *polimorfismo equilibrado*, de tal modo que la selección mantiene los diferentes alelos en vez de favorecer sólo a uno. En el caso de la sobredominancia, se puede distinguir a los heterozigotos de los homozigotos (Figura 4.2). Supongamos que la selección opera contra ambos genotipos homozigotos. Los genotipos A_2A_2 se reproducirían relativamente más que los dos genotipos homozigotos, pero continuarían produciendo tanto homozigotos como heterozigotos. Así, la variabilidad genética se ve asegurada.

La frecuencia del alelo A_2 se puede determinar como anteriormente. Sin embargo, en este caso hay que considerar la posibilidad de que el valor adaptativo de los homozigotos sea distinto. Por esta razón, en la Tabla 8.4 se indica como s_1 el valor adaptativo del genotipo A_1A_1 y como s_2 la del genotipo A_2A_2. De nuevo, la frecuencia del alelo A_2 tras una generación de selección equilibrada, estará determinada por los genotipos A_2A_2 supervivientes $[(1-s_2)q^2]$ y la mitad de los alelos de los heterozigotos $[(1/2(2pq) = pq)]$. El denominador es la suma de las frecuencias genotípicas ponderadas teniendo en cuenta sus valores adaptativos. Así,

$$q_1 = \frac{(1-s_2)q^2 + pq}{(1-s_1)p^2 + 2pq + (1-s_2)q^2}$$

Dado que $q^2 + 2pq + q^2 = 1$, el denominador de nuevo puede ser simplificado multiplicando y reduciendo términos:

$$q_1 = \frac{(1-s_2)q^2 + pq}{1 - s_1p^2 - s_2q^2}$$

Si $p = q = 1/2$ y la selección es similar contra ambos homozigotos, las frecuencias p y q permanecerán inalteradas. Por ejemplo, sustituyamos en la última ecuación: $s_1 = 1$, $s_2 = 1$ y $p = q = 1/2$.

Si el valor adaptativo de los dos homozigotos no es el mismo, las frecuencias alélicas se modificarán. Sin embargo, tras muchas generaciones bajo esta selección, se alcanzaría un equilibrio en el que las frecuencias alélicas permanecerían inalteradas. En ese momento, la frecuencia del alelo A_2 será simplemente función de los dos coeficientes de selección.

$$q_1 = \frac{s_1}{s_1 + s_2}$$

Por ejemplo, si el valor adaptativo del genotipo A_1A_1 $(1-s_1)$ es 0,25 y la del genotipo $A_2A_2(1-s_2)$ es 0,50, la frecuencia q se estabilizará en 0,60, (puede comprobarlo sustituyendo: $s_1 = 0{,}75$ y $s_2 = 0{,}50$ en la última ecuación). La ventaja del heterozigoto es uno de los tipos de selección que conducen a un polimorfismo equilibrado o equilibrio selectivo. Dada la importancia de los polimorfismos equilibrados en el mantenimiento de la variabilidad genética, consideraremos este tema más detalladamente.

Polimorfismos equilibrados

Antiguamente, se consideraba a la selección simplemente como una fuerza que acomodaba a los individuos a un entorno concreto. Si éste fuera el caso, esperaríamos encontrar muy poca variabilidad genética en un grupo localizado. Por el contrario, parece que al menos un tercio de todos los loci son polimórficos. Si bien todos están ahora de acuerdo sobre la existencia de una variabilidad genética considerable, hay distintas opiniones sobre la importancia de la selección en el mantenimiento de la variabilidad. Los *neutralistas* afirman que la mayor parte de la variabilidad genética no tiene valor selectivo. Sugieren que se mantiene simplemente gracias a un mecanismo de mutaciones hacia delante y hacia atrás. Los *seleccionistas,* sin embargo, sostienen que la selección mantiene la variabilidad. Aunque ambas posturas son correctas en algunos casos, en los últimos años se han encontrado varios ejemplos interesantes de polimorfismos equilibrados.

Ventaja del heterozigoto

La anemia falcimorme en humanos es un ejemplo clásico de polimorfismo equilibrado. Si bien muy pocos individuos que padecen esta grave enfermedad (homozigotos recesivos) alcanzan la edad fértil, el alelo se mantiene, a pesar de todo, con una frecuencia relativamente alta en algunas poblaciones africanas y entre los afro-americanos. Esta elevada frecuencia de un alelo recesivo letal se debe, aparentemente, al alto valor adaptativo de los heterozigotos. Los portadores parecen ser más resistentes de lo normal a una forma de malaria existente en ciertas regiones de Africa. Aunque la anemia falciforme es un excelente ejemplo de ventaja del heterozigoto, otros ejemplos de polimorfismos equilibrados son más especulativos.

Selección dependiente de la frecuencia

La relación predador-presa también puede contribuir a mantener la variabilidad genética. Por ejemplo, las carpas cazan predominantemente los tipos más comunes de insectos acuáticos, lo que confiere a las formas menos comunes cierta ventaja reproductiva. Clarke (1975) mantiene que este es un mecanismo generalizado para mantener la variabilidad genética. Las aves predadoras y los mamíferos también tienden a atacar a los tipos más comunes de presas (véase el Cuadro 8.1).

Selección sexual dependiente de la frecuencia

Otro tipo de polimorfismo equilibrado es el que resulta de la preferencia en el apareamiento. En *Drosophila* se ha demostrado que los machos menos comunes tienen más probabilidades de reproducirse. A medida que el macho de la variedad menos frecuente se reproduce, se hace más común y desaparece la ventaja reproductiva. Esta ventaja del macho menos frecuente puede ser un proceso generalizado para el mantenimiento de la variabilidad genética en una población. El mayor éxito reproductivo relativo de los machos menos comunes fue descubierto independientemente por Claudine Petit y Lee Ehrman. Petit (1951) fue el primero en descubrir este fenómeno en un estudio del éxito en el apareamiento de dos variedades de *Drosophila*. Una cepa era de tipo salvaje y la otra era «bar», una mutación ligada al sexo que cambia la morfología del ojo de este insecto.

Se permitió que las dos variedades se cruzaran libremente durante un cierto número de generaciones. A lo largo del experimento, se separaron ocasionalmente hembras elegidas al azar y se colocaron en habitáculos separados para que realizaran la puesta. Examinando la descendencia de estas hembras fue posible determinar si el macho con el que se había apareado era de tipo salvaje o de la variedad «bar».

El éxito reproductivo de los machos de una variedad se mide por el número de hembras apareadas con este tipo de macho, dividido por el número total de machos de esa variedad. El coeficiente de éxito en el apareamiento (K) es muy útil para describir los resultados de experimentos sobre la selección sexual dependiente de la frecuencia. K es la razón de los éxitos reproductivos de ambos tipos de macho. En el experimento de Petit,

$$K = \frac{\text{n.}^{\text{o}} \text{ de hembras apareadas con mutantes/n.}^{\text{o}} \text{ de machos mutantes}}{\text{n.}^{\text{o}} \text{ de hembras apareadas con el tipo salvaje/n.}^{\text{o}} \text{ de machos tipo salvaje}}$$

Por lo tanto, K es la relación entre el número de hembras apareadas por macho mutante y el número de hembras apareadas por macho tipo salvaje. Si los dos tipos de macho tienen un éxito reproductivo similar, K será igual a 1,00. Si K es menor que 1,00 el macho mutante está en desventaja. Por el contrario, si K es mayor que 1,00 los machos mutantes se aparean con más hembras de lo que se podría esperar basándose en su frecuencia.

En la Figura 8.2 se representa el coeficiente de éxito en el apareamiento observado por Petit a lo largo de su experimento. La frecuencia de los machos de la variedad «bar» bajó desde el 93 por ciento de la población total de machos en los comienzos del experimento al 6 por ciento, debido a su relativamente bajo éxito en el apareamiento. Aunque K fue menor que 1,00 durante todo el experimento, el éxito reproductivo de los machos «bar» fue dependiente de la frecuencia, es decir, su éxito en el apareamiento se incrementaba al hacerse menos comunes.

Los resultados de un trabajo más reciente de Ehrman, en apoyo de la idea de la selección sexual dependiente de la frecuencia, han sido aún más sorprendentes. En vez de basarse en el análisis de la progenie como índice del éxito en el apareamiento, Ehrman en sus estudios sobre la ventaja del macho menos común, empleó observaciones directas de la conducta en *Dro-*

CUADRO 8.1.—*Mantenimiento de la variabilidad genética en el caracol.*

Existe una gran variedad de dibujos en la concha de los caracoles de tierra (véase la figura de la siguiente página). Los patrones de franjas y el color de la concha están determinados por muchos genes. Existen muchas combinaciones posibles de franjas y colores. Esta variabilidad se ha mantenido durante mucho tiempo; caracoles fósiles de decenas de miles de años de antigüedad presentan variedades de conchas similares.

En este caso, la variabilidad genética se mantiene gracias a la selección. Cuando los caracoles viven en zonas boscosas sus conchas no suelen presentar bandas. Sin embargo, los caracoles de terrenos con hierba suelen poseer conchas con franjas. El hecho de que las franjas se correlacionen con el hábitat sugiere que está operando la selección. Las pruebas directas de la selección provienen del examen de las conchas de caracoles apresados por mirlos, que los aplastan contra una piedra para romper la concha (Clarke, 1975). Los caracoles más visibles en un hábitat concreto (caracoles con bandas en bosques y caracoles sin bandas en praderas) son apresados por los mirlos con mayor frecuencia. Dado que esta especie de caracol terrestre ocupa tanto bosques como praderas, la variabilidad genética se mantendrá como resultado de tal selección.

Variaciones en los dibujos de las conchas de una sola especie de caracol terrestre, *Cepea nemoralis*. (De «Causas de la diversidad biológica» por B. Clarke. Copyright © 1975 por Scientific American Inc. Reservados todos los derechos.)

sophila (Figura 8.3). Se dispusieron hembras y machos en cámaras de apareamiento y se les observó varias horas. Al estar juntos machos y hembras de ambas variedades, pueden ocurrir cuatro tipos de apareamientos. Ehrman encontró que el macho menos común tiene una ventaja reproductiva bajo cierto número de condiciones experimentales. Por ejemplo, tienen ventaja cuando las dos cepas poseen diferentes estructuras cromosómicas, cuando se trata de mutantes y variedad salvaje y cuando se trata de geotaxia positiva frente a geotaxia negativa (es decir, vuelan de arriba abajo más que de abajo a arriba). Se ha demostrado la ventaja del macho menos frecuente en siete especies de

Drosophila, así como en una especie de escarabajo y en una especie de avispa (Ehrman y Parsons, 1976).

Como ejemplo de las investigaciones de Ehrman, vamos a describir un estudio de selección simulada que demostró que la ventaja del macho menos frecuente puede dar lugar a un polimorfismo equilibrado (Ehrman, 1970b). Cien parejas de *Drosophila pseudoobscura* (80 parejas de moscas con ojos color naranja y 20 parejas con ojos púrpura en el experimento n.° 1: 20 naranjas y 80 púrpuras en el experimento n.° 2) se dispusieron en botellas durante 24 horas permitiéndoseles aparearse. Tras separar a los machos, cada

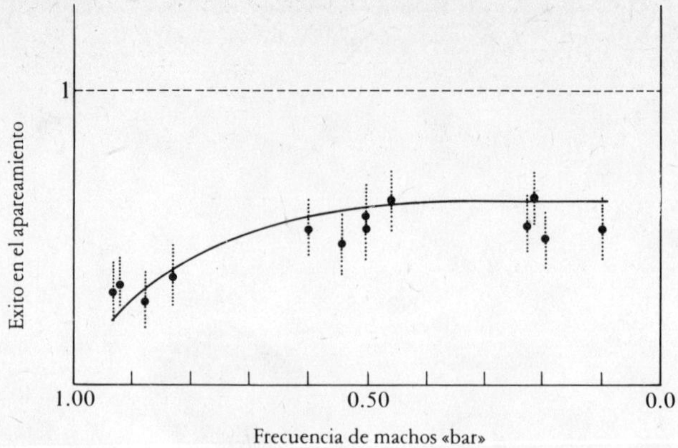

FIGURA 8.2.—*Selección sexual en* Drosophila melanogaster. *Exito en el apareamiento de los machos bar. La explicación en el texto. (De Petit y Ehrman, 1969).*

hembra se colocó en un receptáculo individual donde hacía la puesta. El color de los ojos de la descendencia permitía la identificación del tipo de macho con el que la hembra se había apareado. Para eliminar cualquier otro

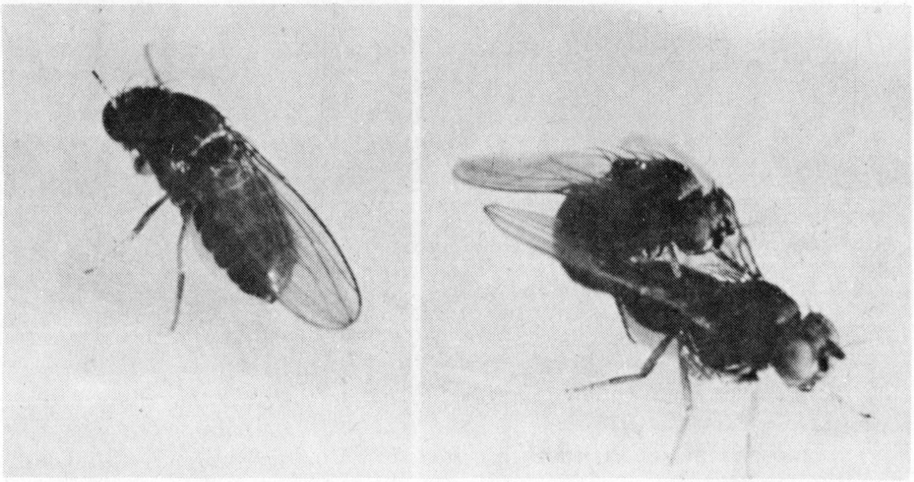

FIGURA 8.3.—*(a) Hembra de* Drosophila pseudoobscura *con el abdomen distendido por los huevos, limpiándose con ambas patas anteriores, aparentemente no afectada por (b) la pareja copulando con la que comparte la cámara de observación. Ambas hembras son mutantes de ojos naranja. El macho tiene el color de ojos rojo oscuro, del tipo salvaje de Drosophila. Las alas de la hembra proporcionan una base de apoyo al macho. La hembra puede incluso volar transportando al macho. (Fotografía de A. Heder. Reproducido con autorización de* American Scientist, *revista de Sigma Xi, The Scientific Research Society of North America).*

factor selectivo, en cada generación se utilizaron 100 parejas. La proporción de moscas de ojos naranja y púrpura se estableció de acuerdo con los apareamientos de la generación anterior. Así, si 80 hembras se apareaban con 60 machos de ojos naranja y 20 machos de ojos púrpura, en la generación n, la generación n + 1 comenzaría con (60/80)(100) = 75 parejas de ojos naranja y 25 parejas de ojos púrpura. Los resultados a lo largo de 10 generaciones bajo esta selección simulada se resumen en la Tabla 8.5. Estos datos indican que la ventaja del macho poco frecuente existía en ambas poblaciones experimentales, manteniéndose hasta que se alcanzaba un equilibrio estable con frecuencias intermedias.

La selección sexual dependiente de la frecuencia, al menos en *Drosophila,* se limita a los machos. Las hembras menos frecuentes no tienen ventajas reproductivas. Aunque las hembras de *Drosophila* parecen pasivas durante el cortejo, claramente ejercen una discriminación. Los machos, por otro lado, son activos indiscriminadamente e intentan aparearse con cualquier cosa que se parezca a otra *Drosophila,* incluyendo a otros machos, hembras de otras especies de *Drosophila,* moscas muertas o dormidas por éter e incluso objetos inanimados. El examen de las señales que pueden estar relacionadas con la elección de un macho por una hembra indica que las señales olfativas son el factor crítico (Ehrman y Probber, 1978).

TABLA 8.5.—*Tendencia al equilibrio en un experimento de selección simulada de la ventaja del macho menos común en* Drosophila pseudoobscura.

	Color de los ojos de la pareja progenitora			
Generación	Experimento 1		Experimento 2	
	Naranja	Púrpura	Naranja	Púrpura
1	80	20	20	80
2	60	40	29	71
3	68	32	38	62
4	56	44	35	65
5	31	69	41	59
6	63	37	50	50
7	62	38	52	48
8	60	40	50	50
9	50	50	44	56
10	46	54	47	53

PROCEDENCIA: Ehrman, 1976b.

Factores que modifican las frecuencias genotípicas

La migración, mutación y selección cambian tanto las frecuencias alélicas como las genotípicas. Sin embargo, ciertos tipos de apareamiento sólo modifican las frecuencias genotípicas. Consideremos la endogamia y el apareamiento direccional, ambos distintos del apareamiento al azar.

Endogamia

El apareamiento endógamo o consanguíneo es un sistema de reproducción no al azar entre individuos genéticamente relacionados. Si existe consanguineidad, la descendencia tiene más probabilidades de tener los mismos alelos para cualquier locus. En este sentido, la consanguineidad no es específica para un carácter concreto. Veremos en la siguiente sección que el otro sistema principal de apareamiento no al azar, el apareamiento combinado, es específico para un carácter.

Sewall Wright (1921) definió el *coeficiente de consanguineidad* como la correlación entre los gametos que se unen. Otra manera de considerar el coeficiente de consanguineidad es la probabilidad de que ambos alelos de un locus de un individuo sean idénticos por descendencia, es decir, sean réplica de los de un antepasado común. Otro modo más sencillo de entender la consanguineidad es tomar el coeficiente de consanguineidad como el porcentaje de disminución de la heterozigosis. La consanguineidad alterará las frecuencias genotípicas reduciendo la frecuencia de los heterozigotos, pero en ausencia de selección no modificará las frecuencias alélicas. Consideremos una planta que se reproduzca por autopolinización, como la planta del guisante del jardín de Mendel, y un solo locus con genotipos A_1A_2, A_1A_2 y A_1A_2. Si la planta se autopoliniza, los homozigotos sólo producirán homozigotos. Sin embargo, la mitad de la descendencia de los heterozigotos será homozigota, según se ilustra en la Figura 8.4. Cada generación obtenida por autopolinización reduce la heterozigosis a la mitad. En la Figura 8.4 se indican también los coeficientes de consanguineidad en la autopolinización. La heterozigosis se reduce a 1/4 en los cruces entre hermanos, a 1/8 entre hermanastros y a 1/16 en los cruces entre primos.

Dado que la consanguineidad afecta de igual modo a todos los loci haciendo disminuir su heterozigosis, puede incrementar significativamente la homozigosis de una población. El aumento de la homozigosis tiene implicaciones importantes. Es más probable que se expresen alelos recesivos. Ya que los rasgos genéticos más perjudiciales se atribuyen a alelos recesivos, la descendencia de los cruces entre individuos relacionados genéticamente tiene más probabilidad de presentar problemas genéticos recesivos. Por esta razón,

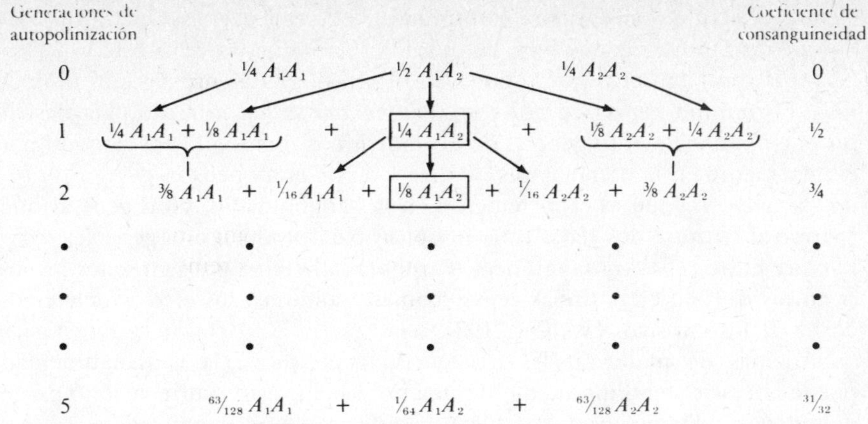

FIGURA 8.4.—*Reducción de la heterozigocidad por autopolinización. Los puntos representan series continuadas. La explicación en el texto.*

la tradición y las leyes de la mayoría de las poblaciones han prohibido la unión entre individuos emparentados. Sin embargo, en algunas poblaciones existen bajos niveles de consanguineidad, sea por propia elección (por ejemplo, en Japón) o porque el reducido tamaño de la población limita las oportunidades (por ejemplo, entre los mennonitas americanos).

El hecho de que la consanguineidad reduzca la heterozigosis se puede utilizar para conseguir cepas de animales genéticamente idénticos. Por ejemplo, en cada generación obtenida por apareamientos hermano-hermana, la heterozigosis queda reducida a una cuarta parte. Tras veinte generaciones de apareamientos consanguíneos, al menos un 98 por ciento de los loci están fijados, es decir, todos los individuos tienen los mismos alelos en el 98 por ciento de sus loci. Esta homozigosis implica que, independientemente de cuáles sean los cromosomas transmitidos por los progenitores a su descendencia, en cada cromosoma estarán los mismos alelos. Este método se ha utilizado para conseguir cepas concanguíneas de ratas y ratones. En los ratones, el término «cepas consanguíneas» se reserva a cepas producto de al menos veiente generaciones de apareamientos entre hermanos. De hecho, la mayoría de los ratones de cepas consanguíneas con pedigrí disponible comercialmente se han apareado hermano con hermana durante cincuenta o cien o más generaciones. Las cepas consanguíneas de ratones se utilizan en gran número de investigaciones sobre genética de la conducta. Y se describirán con más detalle en el Capítulo 10.

Muchos de los intentos de crear cepas consanguíneas fracasan debido a alelos recesivos dañinos que se incorporan en la cepa por casualidad, haciendo que disminuya rápidamente la capacidad reproductiva de la cepa. Incluso las cepas consanguíneas que sobreviven tienen normalmente algunos problemas. El término *depresión por consanguineidad* se ha utilizado para describir el empobrecimiento general de los individuos consanguíneos causado por el incremento en la homozigosis. El otro lado de la moneda es el *vigor híbrido,* o *heterosis,* que es el incremento en la variabilidad y salud general que aparece al cruzarse dos cepas consanguíneas para producir una generación F_1. El cruce entre cepas consanguíneas reinstaura la heterozigosis en todos los loci en los que difieren ambas cepas, enmascarando así los efectos deletéreos de los alelos recesivos (Wright, 1977).

Además de modificar las frecuencias genotípicas, la consanguineidad puede alterar el fenotipo medio de una población. Esto ocurre cuando existe dominancia. Dominancia completa significa que el heterozigoto (A_1A_2) tendrá el mismo valor fenotípico que el homozigoto dominante (A_1A_1). Si existe consanguineidad, los alelos de los heterozigotos se irán gradualmente distribuyendo entre los heterozigotos, como se indica en la Figura 8.4. Así, la frecuencia de un fenotipo influido por un alelo dominante disminuirá a través de las generaciones porque algunos de los heterozigotos producirán homozigotos recesivos (A_2A_2). Como resultado, el valor fenotípico medio de la población disminuirá. Sin embargo, si no existe dominancia, el heterozigoto tendrá un valor intermedio entre los dos homozigotos. Dado que la consanguineidad hace que los alelos de los individuos heterozigotos se distribuyan homogéneamente entre los dos homozigotos, el valor medio resultante de la población no se alterará cuando los alelos funcionen de un modo aditivo (no dominante).

Podemos hacer uso de estos hechos para determinar si un carácter concreto está influido por un alelo dominante. Como ya hemos señalado, en las cepas consanguíneas de ratones aparece frecuentemente la depresión por consanguineidad. La depresión por consanguineidad conlleva un cambio en el valor medio de algunos rasgos de la población. Aunque nos estamos centrando en las características influidas por un solo gen, existen pruebas de que rasgos con influencias complejas (como el C.I.) también se ven afectados en cierta medida por la depresión por consanguineidad, debido a la expresión de alelos dominantes. En otras palabras, la consanguineidad hace disminuir las puntuaciones en los test de C.I. (Vandenberg, 1971). Por ejemplo, el riesgo de retraso mental es 3,5 veces más alto en los hijos de matrimonios entre primos hermanos que en los de individuos no emparentados (Böök, 1957). Por otro lado, los niños de matrimonios entre primos generalmente realizan peor las subescalas del test de inteligencia de Wechsler, que los hijos de esposos no emparentados (Cohen et al., 1963; Schull y Neel, 1965). En la Figura 8.5 se resumen algunos de estos datos.

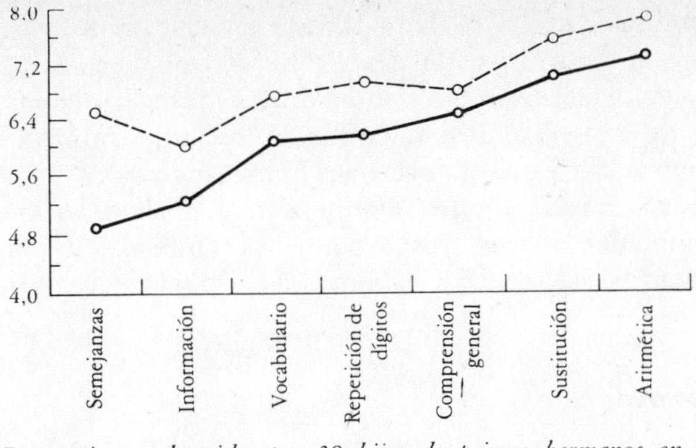

FIGURA 8.5.—*Puntuaciones obtenidas por 38 hijos de primos hermanos en los subtests del WAIS. La línea de trazos representa los 47 controles correspondientes. (De «School attainment in an immigrant village» por R. Cohen et al. En E. Goldschmidt, ed.,* The Genetics of Migrant and Isolate Populations. Copyright © 1963. Con autorización de Foundation for Child Development).

En un reciente estudio (Bashi, 1977) se valoró una muestra representativa de árabes residentes en Israel, grupo en el que la frecuencia de matrimonios entre parientes es de cerca del 34 por ciento. Debido a que se alientan estos matrimonios consanguíneos, son frecuentes matrimonios incluso entre dobles primos hermanos (aproximadamente el 4 por ciento). Dobles primos hermanos son los hijos de hermanos casados con otro par de hermanos. Se aplicó las matrices progresivas de Raven, un test de razonamiento general, a una numerosa muestra de hijos de matrimonios entre primos hermanos y entre dobles primos hermanos, así como a niños de cuarto y sexto grado hijos de matrimonios entre sujetos no emparentados. Los resultados de la Tabla 8.6 indican una ligera depresión en los hijos de matrimonios entre primos, y una mayor depresión en los hijos de matrimonios entre dobles primos hermanos. Esta demostración de la depresión por consanguineidad sugiere que los alelos dominantes de algunos loci afectan a las puntuaciones de los test de C.I..

TABLA 8.6.—*Efecto de la consanguineidad sobre las matrices progresivas de Raven.*

Grado de consanguineidad	4.º grado		6.º grado	
	Número	Media	Número	Media
Hijos de esposos no emparentados.	1.054	8,8	1.054	13,1
Hijos de esposos primos hermanos.	503	8,6	467	12,3
Hijos de esposos dobles primos hermanos.	71	7,9	54	10,6

PROCEDENCIA: Bashi, 1977.

La consanguineidad altera tanto la variabilidad como la media de una población. Sin embargo, a pesar de que los efectos de la consanguineidad pueden ser muy graves en casos individuales, probablemente no afectan apreciablemente a las medias o varianzas de los rasgos humanos en el conjunto de la población. En las poblaciones humanas actuales, el coeficiente de consanguineidad es casi siempre inferior a 0,04, incluso en el caso de pequeñas comunidades aisladas. Por lo tanto, los cambios determinados por la consanguineidad en las medias y varianzas de la población deben ser inapreciables.

Apareamiento o unión direccional

A veces los refranes son contradictorios. ¿Es cierto que «los pájaros con la misma pluma vuelan todos a una» o que «los extremos se tocan»? Los estudios sobre el apareamiento direccional resultan siempre en una dirección positiva. «Los pájaros con la misma pluma» desde luego «vuelan todos a una», en el sentido de que los individuos que se aparean tienden a tener características similares. A diferencia del apareamiento consanguíneo, el apareamiento direccional es mucho más común y es específico para un carácter concreto. Así, los individuos se agrupan por parejas espontáneamente de acuerdo con alguna característica fenotípica.

Como en el caso de los apareamientos consanguíneos, el apareamiento direccional afecta sólo a las frecuencias genotípicas, no a las alélicas. Si nos centramos en las influencias de un solo locus sobre un rasgo para el que existe apareamiento direccional positivo, también como en el caso de la consanguineidad, la heterozigosis tenderá a disminuir. Los homozigotos tienden a aparearse con homozigotos, y por otro lado, algunos individuos heterozigotos de cada generación tendrán cierto número de descendientes homozigotos. Sin embargo, en el caso de los caracteres influidos por varios loci, el apareamiento direccional no reducirá marcadamente la heterozigosis. Por otro lado, el apareamiento direccional puede provocar un incremento en la variabilidad genotípica de esos caracteres. Por ejemplo, las diferencias en estatura son, sobre todo, debidas a diferencias genéticas. Si para el caso de la estatura existiera unión al azar, las mujeres altas se unirían con la misma frecuencia a hombres bajos y altos. La descendencia de las uniones entre mujeres altas y hombres bajos sería de una estatura media. Pero si existiera unión direccional positiva respecto a la estatura (como sabemos que ocurre), los hijos de madres altas tienen más probabilidades de tener un padre alto, y la propia descendencia tendrá probablemente una estatura superior a la media. El apareamiento direccional positivo, por tanto, incrementa la varianza, en el sentido de que la descendencia se apartará más de la media que en el caso del apareamiento al azar.

En las poblaciones humanas, es muy común la unión direccional. La correlación más alta entre marido y mujer (aproximadamente 0,75) es la correspondiente a la edad. Aproximadamente un tercio de las 290 correlaciones entre caracteres físicos calculados por James Spuhler (1968) están en el rango de 0,10 a 0,20. Por ejemplo, la correlación para la estatura es 0,25 y para el peso cerca de 0,20. Muy pocas correlaciones son negativas. Así, parece que en general existe cierto grado de unión respecto a los caracteres físicos; sin embargo, las correlaciones son relativamente bajas.

Respecto a los caracteres de la conducta, la mayoría de las correlaciones relativas a la personalidad se encuentran entre 0,10 y 0,20, comparables a los valores observados en el caso de los caracteres físicos (Vandenberg, 1972). Se cree que las correlaciones entre parámetros cognitivos, sobre todo el C.I. son mucho más altas. Sin embargo, el C.I. y la edad, para la que existe un alto grado de unión direccional están hasta cierto punto relacionados. Recientemente se ha demostrado que las correlaciones entre capacidades cognitivas específicas, así como entre capacidades cognitivas generales, también están en el rango de 0,10 a 0,20, cuando las puntuaciones se ajustan teniendo en cuenta las edades. De las capacidades cognitivas específicas (tales como memoria, organización espacial, organización verbal y velocidad perceptiva), la organización verbal parece ser la que presenta un grado más alto de unión direccional (Johnson et al., 1976). Aunque las correlaciones no son altas, la unión direccional puede incrementar enormemente la variabilidad genética de una población, por la acumulación de sus efectos generación tras generación.

Variabilidad genética

La genética de poblaciones entiende la variabilidad genética desde otro punto de vista. La idea fundamental del equilibrio Hardy-Weinberg-Castle es que la variabilidad genética se mantendrá generación tras generación en ausencia de fuerzas que alteren las frecuencias de los alelos. Las fuerzas que cambian las frecuencias alélicas pueden también aumentar la variabilidad genética. A través de la migración y la mutación se pueden introducir nuevos alelos en una población. La selección puede también mantener la variación genética de una población. Se puede considerar la selección más como un flujo dinámico que mantiene la variabilidad genética, que como un proceso ordenado que opera en una sola dirección entretejiendo a los organismos con su entorno. El polimorfismo equilibrado constituye un reservorio de variación genética para la futura selección frente a las cambiantes circunstancias ambientales. Por lo tanto, puede tener una considerable importancia evolutiva.

Las frecuencias genotípicas de equilibrio también pueden ser modificadas por ciertos sistemas de apareamiento. Aunque los apareamientos consanguíneos puedan reducir la frecuencia de los heterozigotos, la escasez de estas uniones en la especie humana hace que sus efectos sean despreciables. El apareamiento direccional, por otro lado, incrementa la variabilidad genotípica de muchos caracteres poligénicos.

Resumen

La genética de poblaciones estudia las frecuencias alélicas y genotípicas de grupos de organismos. Constituye la base de la comprensión del mantenimiento de la variabilidad genética en las poblaciones. Esta idea adquiere forma en el concepto del equilibrio Hardy-Weinberg-Castle, que postula que las frecuencias alélicas y genotípicas permanecen estables generación tras generación en ausencia de factores de cambio. Podemos hacer uso de este concepto para estimar las frecuencias alélicas, ya que las frecuencias genotípicas de una población en equilibrio corresponden a $p^2 + 2pq + q^2$ en el caso de un carácter influido por un solo locus con dos alelos. La genética de poblaciones también considera los factores que alteran las frecuencias tales como migración, mutación y selección. La ventaja del heterozigoto y la selección dependiente de la frecuencia pueden conducir al polimorfismo equilibrado. El apareamiento consanguíneo y el direccional cambian las frecuencias genotípicas sin alterar las frecuencias de los alelos.

9
GENETICA CUANTITATIVA

Hasta ahora, nos hemos limitado a estudiar las influencias de un solo gen. Los caracteres influidos por un solo gen se denominan a menudo mendelianos porque siguen la segregación clásica descrita por Mendel. Aunque existen muchos ejemplos de los efectos de un solo gen sobre la conducta (Capítulo 4), la mayoría de ellos impiden el normal desarrollo del individuo. Por ejemplo, muchos de los efectos de un único gen sobre la conducta humana causan retraso mental. Estos ejemplos demuestran que un solo gen es capaz de desajustar a un individuo. Sin embargo, el rango normal de variaciones en la conducta probablemente esté orquestado por un sistema con numerosos genes.

Ya que la genética de la conducta estudia tanto las influencias de un solo gen como las influencias poligénicas sobre la conducta, es preciso estudiar las teorías subyacentes a la herencia cuantitativa. Dado que la teoría de la genética cuantitativa es hasta cierto punto abstracta, algunos creen erróneamente que un carácter sólo está realmente influido genéticamente si el carácter presenta una herencia mendeliana clásica. En este capítulo, demostraremos que es posible generalizar los efectos cuantitativos de los genes múltiples a partir de los genes independientes de la teoría mendeliana.

La genética cuantitativa es más abstracta, en el sentido de que utiliza la varianza de una población en vez de estudiar genotipos específicos. Si tenemos dos o tres clases de individuos en una población, como ocurre en la mayoría de los caracteres mendelianos, podemos simplemente contar los diferentes tipos. La Figura 9.1a ilustra la distribución en una población de un carácter determinado por un solo gen con dos alelos. Existen tres tipos distintos de individuos. Sin embargo, hay muchos caracteres que presentan una

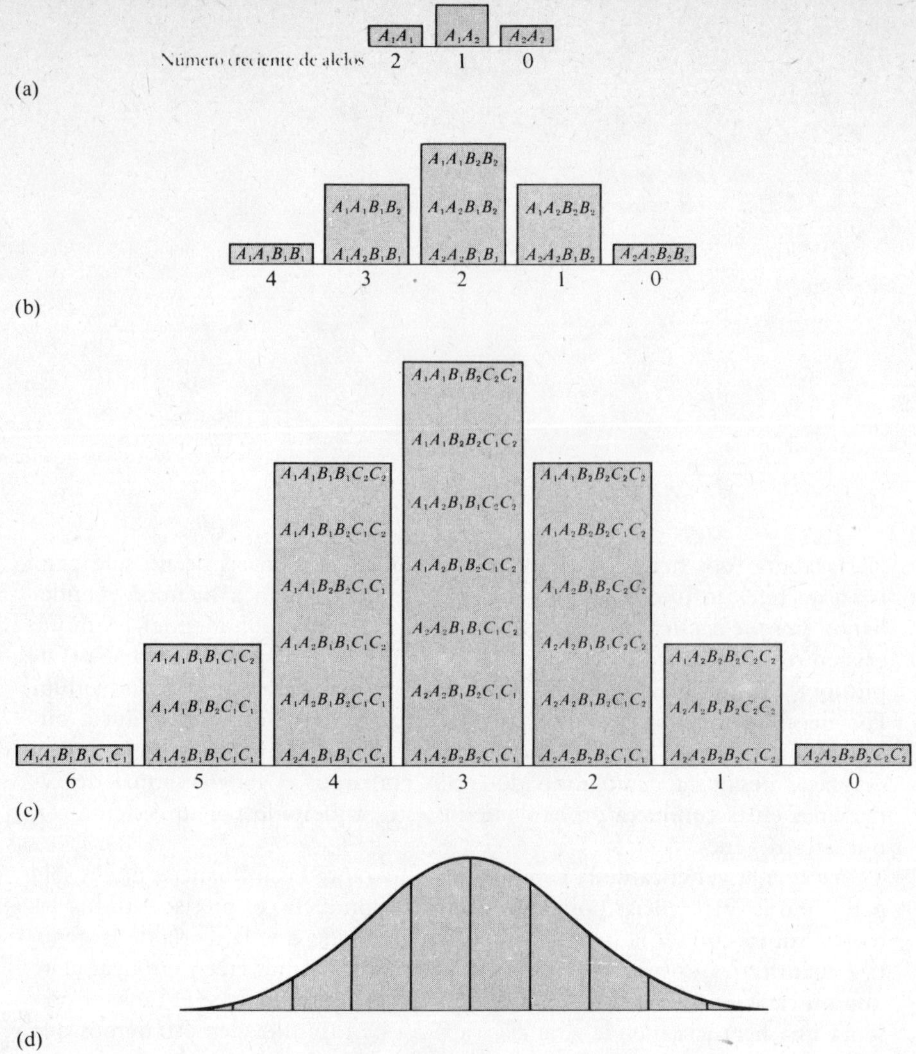

FIGURA 9.1.—*Distribuciones de un único gen y poligénica, de caracteres con efectos génicos aditivos. (a) Distribución de genotipos en el caso de un único gen con dos alelos. (b) Distribución de genotipos en el caso de dos loci cada uno con dos alelos. (c) Distribución de genotipos en el caso de tres loci, cada uno con dos alelos. (d) Variación continua.*

variabilidad continua similar a la curva normal con forma de campana de la Figura 9.1d. Una distribución normal sería la que se obtendría si usted tirase 20 monedas al aire cientos de veces y apuntara cada vez el número de caras y de cruces. El número medio de caras por tirada sería 10 y los demás valores estarían distribuidos uniformemente alrededor del 10, siendo 0 y 20 muy infrecuentes. Por ejemplo, el tamaño del guisante se distribuye de un modo continuo, como Galton descubrió cuando llevó a cabo sus primeros estudios sobre la herencia cuantitativa. De hecho, la variación continua de los caracteres de la conducta es más regla que excepción. Las causas genéticas de tal variabilidad han sido el tema central de los capítulos previos.

Las Figuras 9.1b y c indican cómo la distribución cualitativa de un carácter determinado por un solo gen se convierte en una distribución cuantitativa al verse implicados más loci. Por ejemplo, cuando un rasgo está influido por tres (A, B, C), cada uno con dos alelos, existen 27 genotipos posibles. Incluso si asumimos que los alelos de los diferentes loci afectan por igual el rasgo y que no hay variaciones ambientales, existirán siete fenotipos distintos, como se muestra en la Figura 9.1c.

Lo importante es que, incluso con sólo tres loci y dos alelos en cada locus, los genotipos de la población comienzan a acercarse a la distribución normal. Cuando consideramos las fuentes ambientales de variabilidad y el hecho de que los efectos de los alelos de dos distintos loci pueden no ser iguales (a diferencia de lo asumido en nuestro archisimplificado ejemplo), es fácil darse cuenta de que los efectos de incluso unos cuantos genes, darían lugar a una distribución que se aproximaría a lo normal. Más aún, los complejos caracteres estudiados por los científicos conductistas pueden estar influidos por cientos de genes. Por ello, no debe sorprendernos encontrar variaciones continuas a nivel fenotípico.

Dado que la varianza es el concepto central de la teoría de la genética cuantitativa, se impone una breve digresión.

Breve repaso de estadística

Descripción estadística de las distribuciones

En la Figura 9.2 se describen los resultados de un test de actividad en Campo Abierto, en una pequeña muestra de dos cepas consanguíneas de ratones. El Campo Abierto (Figura 4.5) es un receptáculo intensamente iluminado en el que se mide la actividad del animal. Las puntuaciones de la Tabla 9.1 se obtuvieron situando los ratones de uno en uno en un Campo Abierto durante 5 minutos. El número de parcelas que atraviesa el animal durante el período de observación se tomó como puntuación de cada sujeto. ¿Cómo podemos describir estas dos distribuciones? Primero calculamos una puntuación media (o algún tipo de medida de la *tendencia central*), y a con-

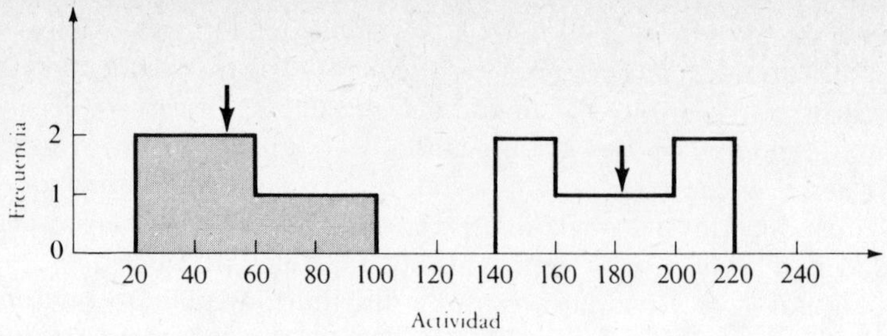

FIGURA 9.2.—*Histogramas de la frecuencia de las actividades de dos cepas consanguíneas de ratones: A (sombreada) y C57BL. Las medias se indican con flechas.*

tinuación describimos la variabilidad de las puntuaciones. La puntuación media no es muy útil por sí sola, ya que sólo es representativa de las puntuaciones si la variabilidad es muy pequeña. Las distribuciones de la Figura 9.2 presentan una variabilidad considerable, como lo hacen las distribuciones de la mayoría de los rasgos de la conducta. El *valor medio* o *media* es simplemente el cociente entre la suma de las puntuaciones y el número total de puntuaciones:

$$\overline{X} = \frac{\Sigma X}{N}$$

donde $\overline{X}$ es la media, ΣX es la suma de las puntuaciones y N el número de puntuaciones. La suma de las puntuaciones de los individuos de la cepa A es 306. Por lo tanto,

$$\overline{X}_A = \frac{306}{6} = 51$$

La puntuación media de los ratones C57BL de la muestra es:

$$\overline{X}_C = \frac{1092}{6} = 182$$

Estas medias están señaladas con flechas en la Figura 9.2, y dividen a cada distribución en dos mitades.

Como su propio nombre indica, la *varianza* es una medida de la variabilidad o dispersión. Cuanto más se extiende la distribución, mayor es la varianza. La varianza se describe en relación con la media de la muestra. Se valora la diferencia entre la puntuación de cada sujeto y la media (es decir, $X-\overline{X}$). Algunas de estas desviaciones estarán por encima de la media y por lo tanto serán números positivos; las que estén por debajo de la media serán números negativos. Podríamos obtener la desviación promedio para describir la variabilidad de la distribución. Sin embargo, si simplemente sumamos las desviaciones respecto a la media, las desviaciones positivas compensarían a las negativas y la suma siempre sería cero. La solución está en elevar al cuadrado las desviaciones respecto a la media y calcular una desviación cuadrática media. Esta es la definición de varianza. Sin embargo, la suma de los cuadrados de las desviaciones respecto a la media se divide entre N − 1 por razones técnicas (para obtener una estimación no sesgada de la varianza). En resumen, la varianza (V) de una muestra es:

$$V = \frac{\Sigma(X - \overline{X})^2}{N - 1}$$

Para ilustrar el cálculo de la varianza, en la Tabla 9.2 se presentan de nuevo los datos de la Tabla 9.1, junto con las correspondientes desviaciones. Como puede verse, la varianza de las actividades de la muestra C57BL es algo mayor que la de la muestra A.

TABLA 9.1.—*Actividad de dos cepas consanguíneas de ratón.*

A	C57BL
29	155
29	157
44	161
58	199
63	202
83	218

Dado que la varianza es la media de los *cuadrados* de las desviaciones respecto a la media, los valores obtenidos se expresan en unidades al cuadrado en vez de en las verdaderas unidades de medida. A pesar de ello, como veremos más avanzado el capítulo, la varianza tiene muchas e importantes aplicaciones en genética. No obstante, también es útil una medida de la variabilidad expresable en las unidades de medida reales, en vez de en unidades al cuadrado. Esta medida se consigue extrayendo la raíz cuadrada de la varianza y es la llamada *desviación estándar*. Si nuestra muestra se ha extraído al azar de una población con una distribución normal para un rasgo (Figura 9.3), la desviación estándar permite una estimación precisa de la dispersión de ese rasgo en la población.

Aproximadamente dos tercios de la población (68 por ciento) tendrán puntuaciones comprendidas entre una desviación estándar por encima y por debajo de la media. Así, podemos predecir que en una población muy numerosa de ratones de la cepa A (para la que esperaríamos una distribución normal), aproximadamente dos tercios de las puntuaciones de actividad estarían en el rango de 51±21,14, es decir, entre 29,86 y 72,14. La precisión de tales estimaciones se incrementa al aumentar el tamaño de la muestra.

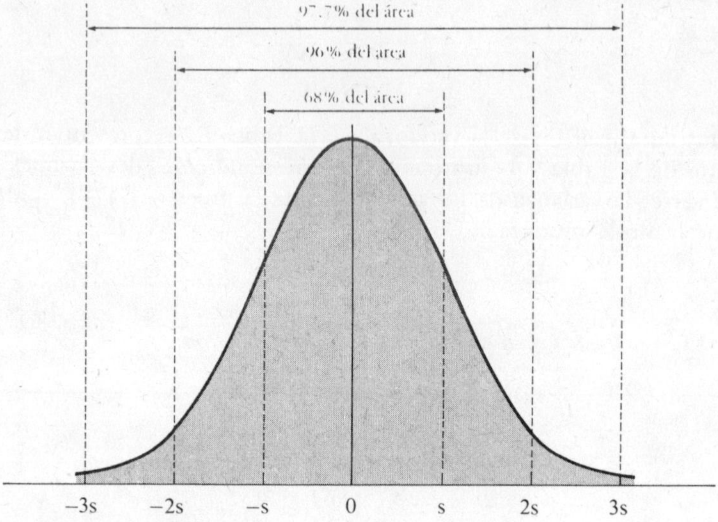

FIGURA 9.3.—*La curva de distribución normal.*

Descripción estadística de las relaciones entre dos variables

Cuando se miden dos variables en un sujeto, o cuando se mide la misma variable en dos sujetos (por ejemplo, entre gemelos o entre un progenitor y un descendiente), podemos analizar la relación entre las dos medidas. La pregunta se formula normalmente en términos de *covarianza,* que significa literalmente «varianza compartida». La covarianza nos dice hasta qué punto las medidas están relacionadas entre sí. Si entre dos variables (X e Y) existe una covarianza sustancial, un sujeto que esté por encima de la media de X también estará probablemente por encima de la media de Y. Al igual que la varianza, el estadístico de la covarianza se basa en las desviaciones respecto a la media de cada variable. Se calcula multiplicando la desviación de cada individuo respecto a la X media por la desviación respecto a la Y media. Los productos cruzados de estas desviaciones se suman para todos los sujetos y se divide entre el tamaño de la muestra (en realidad, N − 1). En resumen, la covarianza muestral entre dos variables (Cov_{XY}) es:

$$Cov_{XY} = \frac{\Sigma[(X - \bar{X})(Y - \bar{Y})]}{N - 1}$$

Consideremos los datos hipotéticos indicados en la Tabla 9.3 y representados gráficamente en la Figura 9.4. Nótese que Y tiende a aumentar al incrementarse X. La varianza de X es 2,5 y la varianza de Y es 10. La covarianza entre X e Y es 3.

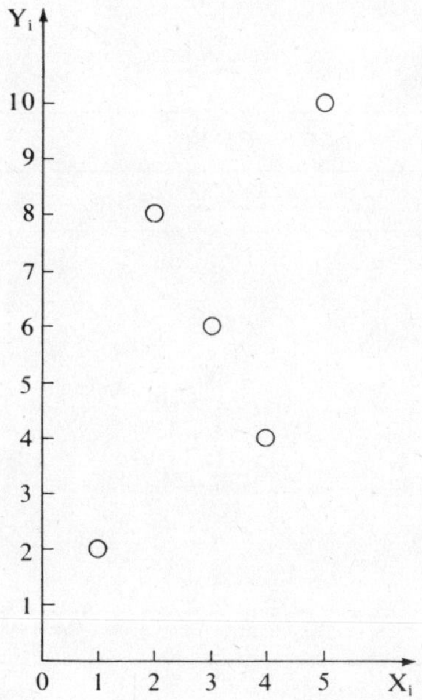

FIGURA 9.4.—*Representación gráfica de los datos de la Tabla 9.3.*

Es más fácil interpretar la covarianza si la dividimos entre una varianza apropiada o un producto de desviaciones estándar. Obtendríamos así dos parámetros estadísticos fundamentales, como son la *regresión* y la *correlación*. A veces, dependiendo del tipo de análisis genético a realizar, uno de los pa-

TABLA 9.2.—*Ejemplos de estimación de la varianza de las actividades de dos cepas consanguíneas de ratón.*

	A	
X_i	$X_i - \overline{X}$	$(X_i - \overline{X})^2$
29	−22	484
29	−22	484
44	−7	49
58	+7	49
63	+12	144
83	+32	1024
$\Sigma X_i = 306$	$\Sigma(X_i - \overline{X}) = 0$	$\Sigma(X_i - \overline{X})^2 = 2234$
$\overline{X}_A = 51$		$V_A = \frac{2234}{5} = 446{,}8$
		$s_A = \sqrt{V_A} = \sqrt{446{,}8} = 21{,}14$

	C57BL	
X_i	$X_i - \overline{X}$	$(X_i - \overline{X})^2$
155	−27	729
157	−25	625
161	−21	441
199	+17	289
202	+20	400
218	+36	1296
$\Sigma X_i = 1092$	$\Sigma(X_i - \overline{X}) = 0$	$\Sigma(X_i - \overline{X})^2 = 3780$
$\overline{X}_C = 182$		$V_C = \frac{3780}{5} = 756{,}0$
		$s_A = \sqrt{V_C} = \sqrt{756{,}0} = 27{,}50$

rámetros puede resultar más útil que el otro. El coeficiente de correlación estandariza la covarianza, dividiéndola por el producto de las desviaciones estándar de X e Y. A esto se le llama estandarización porque da lugar a unidades idénticas para X e Y. El coeficiente de regresión divide la covarianza entre la varianza de sólo una de las variables. Por ejemplo, si queremos predecir las puntuaciones de la descendencia (Y) a partir de las puntuaciones de los progenitores (X), la regresión de Y sobre X(b_{YX}) será la covarianza divida por la varianza de X. Por lo tanto, el coeficiente de regresión no está estandarizado. Está expresado en términos de unidades de medida observadas. Expresa el número de unidades, por término medio, que cambiará Y por cada cambio unitario de X.

En resumen, las fórmulas del coeficiente de correlación (r_{XY}) y del coeficiente de regresión (b_{XY}) son:

$$r_{XY} = \frac{Cov_{XY}}{\sqrt{(V_X)(V_Y)}} \quad y \quad b_{YX} = \frac{Cov_{XY}}{V_X}$$

Nótese que si las desviaciones estándar de X e Y son iguales, el coeficiente de correlación y el coeficiente de regresión son iguales. Si $\sqrt{(V_X} = \sqrt{V_Y}$, se cumple que $\sqrt{(V_X)(V_Y)} = V_X$, por lo tanto el numerador y el denominador son iguales en la correlación y en la regresión.

En la Tabla 9.3 se ilustran los cálculos de una correlación. La covarianza (3) dividida entre el producto de las desviaciones estándar es 0,6. Una correlación de cero (o casi cero) indica que las dos variables son independientes; las puntuaciones de una variable no nos indican nada sobre las puntuaciones de la otra. Una correlación alta, positiva o negativa (próxima a +1 ó −1), indica una estrecha relación. Dado que las correlaciones están estandarizadas, es fácil relacionarlas con las varianzas. Elevando al cuadrado la correlación se

TABLA 9.3.—*Cálculo del coeficiente de correlación, r_{XY}, de una muestra.*

	X	$X-\bar{X}$	$(X-\bar{X})^2$	Y	$Y-\bar{Y}$	$(\bar{Y}-\bar{Y})^2$	$(X-\bar{X})(Y-\bar{Y})$
	1	−2	4	2	−4	16	+8
	2	−1	1	8	+2	4	−2
	3	0	0	6	0	0	0
	4	+1	1	4	−2	4	−2
	5	+2	4	10	+4	16	+8
Σ:	15	0	10	30	0	40	12

$$V_X = \frac{10}{4} = 2,5 \qquad V_Y = \frac{40}{4} = 10 \qquad Cov_{XY} = \frac{12}{4} = 3$$

$$r_{XY} = \frac{3}{\sqrt{(2,5)(10)}} = 0,6$$

obtiene el porcentaje de varianza de una variable respecto a la varianza de la otra. La correlación de 0,6 de la Tabla 9.3 indica que el 36 por ciento de la varianza de Y se relaciona con la varianza de X (y viceversa). La varianza de Y es 10,0. Podemos expresarla en términos de varianza en vez de en porcentajes, estableciendo que $0{,}36 \times 10 = 3{,}6$ es la varianza de Y en relación con la varianza de X. Esto significa que el resto de la varianza de Y, (6,4), no está relacionado con la varianza de X.

Hemos utilizado la frase «relacionada con» en vez de «causada por» porque las correlaciones no son por sí mismas pruebas de la existencia de una relación causal. En genética, sin embargo, existen relaciones causales claras entre genotipo y fenotipo. Una vez que se ha establecido una relación causal entre dos variables (X e Y), el coeficiente de correlación puede ayudarnos a estimar la varianza de Y causada por las variaciones en X. En el ejemplo previo, significaría que si X se mantiene constante, aún subsistiría el 64 por ciento de la varianza de Y.

La regresión de Y sobre X para los mismos datos (Tabla 9.3) es 1,2:

$$b_{YX} = \frac{Cov_{XY}}{V_X} = \frac{3{,}0}{2{,}5} = 1{,}2$$

Luego, por término medio, por cada unidad de X, Y cambia 1,2 unidades. Este coeficiente de regresión se puede utilizar para mostrar cómo la varianza de Y puede descomponerse en dos partes, una debida a la variación de X y otra independiente de X. Por regla general, utilizaremos una ecuación para predecir las puntuaciones de Y a partir de las de X. La desviación de los valores de Y predichos respecto a los valores reales puede elevarse al cuadrado y promediarse para obtener la varianza de Y, independiente de X.

El coeficiente de regresión permite predecir el cambio de Y debido a un cambio unitario de X. Esta predicción puede parecer superflua, dado que ya poseemos información acerca de ambas variables. Sin embargo, a partir de la regresión de la muestra, podemos estimar la Y de otros miembros de la población de los que sólo conocemos la variable X. Y lo que es aún más importante para nuestros propósitos, podemos utilizar la regresión para trazar una línea recta a través de los puntos observados, como en la Figura 9.5. Esta línea se conoce como la recta de regresión de «mínimos cuadrados» porque minimiza la suma de los cuadrados de las desviaciones respecto a los puntos observados. Esta ecuación es:

$$\hat{Y} = \overline{Y} + b_{YX}(X - \overline{X})$$

donde $\hat{Y}$ es el valor predicho de Y dada la información sobre X. Por lo tanto, el valor predicho de Y se deriva de la desviación del valor X respecto a su media, ponderada con el coeficiente de regresión. Según los datos de la Tabla 9.3,

$$\hat{Y} = 6 + 1,2(X - 3) = 6 + 1,2X - 3,6 = 2,4 + 1,2X$$

Por medio de esta ecuación, podemos calcular el valor esperado de Y que corresponde a cada valor observado de X de la Tabla 9.3. Estos valores observados y esperados presentados en la Tabla 9.4, se representan gráficamente en la Figura 9.5. Por ejemplo, si el valor de X es 2 podemos predecir un valor de Y de 4,8, ya que 2,4 × 1,2(2) = 4,8. Este valor predicho se representa como un punto en la línea recta de la Figura 9.5.

TABLA 9.4. *Valores de Y observados y esperados.*

X	Y	$\hat{Y}$
1	1	3,6
2	8	4,8
3	6	6,0
4	4	7,2
5	10	8,4

TABLA 9.5.—*Cálculo de la varianza de Y debida tanto a la regresión como a la desviación respecto a la regresión.*

	F	$\hat{Y}$	$\hat{Y} - \bar{\hat{Y}}$	$(\hat{Y} - \bar{\hat{Y}})^2$	$Y - \hat{Y}$	$(Y - \hat{Y})^2$
	2	3,6	−2,4	−5,76	−1,6	2,56
	8	4,8	−1,2	1,44	+3,2	10,24
	6	6,0	0,0	0,00	0,0	0,00
	4	7,2	+1,2	1,44	−3,2	10,24
	10	8,4	+2,4	5,76	+1,6	2,56
Σ:	30	30,0	0,0	14,40	0,0	25,60

$$V_Y = 10 \qquad V_{\hat{Y}} = \frac{14,4}{4} = 3,6 \qquad V_{Y\text{-}\hat{Y}} = \frac{25,6}{4} = 6,4$$

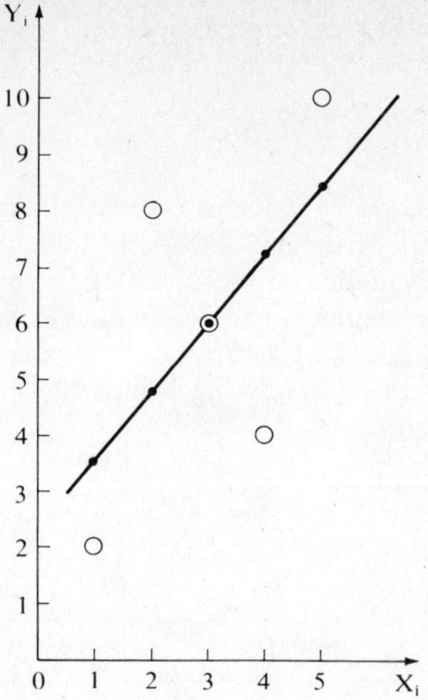

FIGURA 9.5.—*Representación gráfica de los valores de Y observados (círculos blancos) y esperados (puntos negros), correspondientes a los valores observados de X. Los valores esperados se obtienen mediante la ecuación de regresión* $\hat{Y} = 2{,}4 + 1{,}2$.

La varianza de estos valores predichos de Y es la varianza de Y debida a la variación de X. Como se calcula en la columna 4 de la Tabla 9.5, la varianza de los valores predichos de Y es 3,6 utilizando el coeficiente de correlación (r^2V_Y), se obtiene la misma respuesta. Por supuesto, la varianza de Y *no* predicha por X es el resto de la varianza de Y (es decir; $10 - 3{,}6 = 6{,}4$). Sin embargo, podemos calcular directamente la varianza de Y *no* predicha por X obteniendo la desviación de cada valor de Y respecto de su valor esperado, y calculando la varianza de estas desviaciones como en la columna 6 de la Tabla 9.5.

Mención histórica

La primera recta de regresión fue trazada en 1877 por Galton, padre de la genética de la conducta, para describir la herencia cuantitativa. Como ejemplo escogió el tamaño de la semilla de la planta del guisante. El sabía que las plantas progenitoras con semillas grandes tendrían probablemente descendientes con semillas de tamaño superior a la media. Representó gráfi-

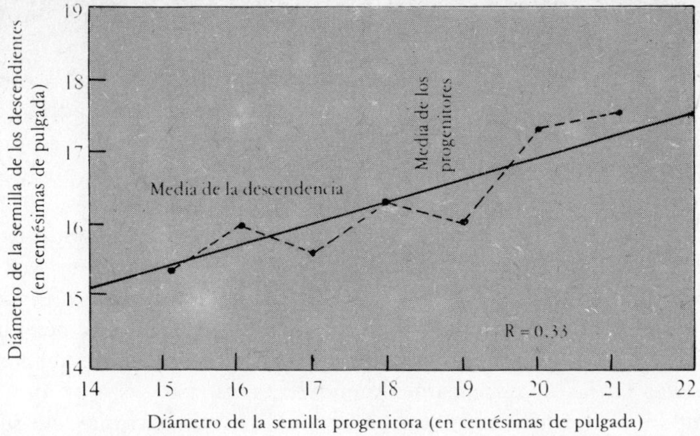

FIGURA 9.6.—*La primera recta de regresión. Dibujada por Galton en 1877 para describir la relación cuantitativa entre el tamaño de las semillas de las plantas progenitoras y los descendientes. (Cortesía del Laboratorio Galton).*

camente el tamaño de las semillas de las plantas progenitoras e hijas, y trazó la recta de regresión reproducida en la Figura 9.6. Galton se dio cuenta de que la pendiente de la recta describía la siguiente relación: Si aumenta el tamaño de los progenitores una unidad, la descendencia aumenta un tercio de unidad. Por lo tanto, la regresión de la descendencia, es decir, la covarianza partido por la varianza de las progenitoras, era 0,33. Estas similitudes se debían claramente a la herencia ya que todas las plantas crecían en un entorno similar.

Dado que el tamaño de los guisantes varía de un modo continuo, el mecanismo hereditario no parecía operar obedeciendo las leyes mendelianas. Esto desembocó en una controversia entre los llamados mendelianos y biométricos, a principios de siglo. Tras el redescubrimiento de las leyes de Mendel, algunos investigadores comenzaron a equiparar la herencia a las relaciones de segregación mendelianas. Era difícil para los mendelianos reconciliar la variación continua con las diferencias discretas, de tipo cualitativo, mediadas por genes únicos, con los que habían trabajado. Los biométricos, por otro lado, seguían fielmente las directrices de Galton sobre los problemas de la herencia de caracteres con variación continua. No obstante, apoyaban la hipótesis del mezclado en la herencia, y en general consideraban la herencia mendeliana como una anecdótica excepción a la regla general. Justificadamente, señalaban la importancia de las características cuantitativas tales como la estatura, peso e inteligencia. Los biométricos pensaban que las características investigadas por los mendelianos, que daban lugar a diferencias cualitativas, y la mayor parte de las veces, a anormalidades, no podían dar cuenta de tales distribuciones continuas.

Los fundamentos para la resolución de este dilema los había establecido el mismo Mendel, cuando sugirió que ciertas características podrían estar determinadas por dos o tres genes. Sin embargo, no se llegó a aceptar totalmente esta idea hasta que aparecieron los trabajos sobre plantas de H. Nilsson-Ehle (1908) y E. M. East y colaboradores (East y Hayes, 1911; Emerson y East, 1913). Estos investigadores demostraron que si se asumía que podían estar implicados un cierto número de pares de genes, en vez de sólo dos, ejerciendo cada uno un pequeño efecto acumulativo sobre el mismo carácter, y si se tenían en cuenta los efectos del entorno, el resultado final sería una distribución continua del carácter en vez de categorías discretas como las encontradas en las investigaciones mendelianas típicas. Esto es muy distinto de la hipótesis del mezclado. En esta hipótesis multifactorial, no se asumía que la naturaleza de los factores que determinan la herencia variasen continuamente de un individuo a otro, creando así una distribución continua en la población. Por el contrario, se admitía que los genes podían existir en estados alternativos (típicamente dos, a veces tres). Pero cuando cierto número de estas unidades discretas apuntan a un mismo carácter, el resultado final se aproxima a una distribución continua, como comentamos al principio del capítulo. R. A. Fisher (1918) y Sewall Wright (1921) elaboraron el desarrollo estadístico de este concepto. Sus trabajos presentaban pruebas convincentes de que los resultados biométricos son, de hecho, la extensión lógica de la teoría de Mendel a un modelo multifactorial.

El modelo del gen único

Aunque la genética cuantitativa se desarrolló para ser aplicada a caracteres determinados por los genes de muchos loci, el siguiente modelo se basa en la segración de un único locus. Una vez que hayamos descrito la acción génica de un solo locus, podremos generalizar para el caso poligénico.

Valor genotípico

Los valores genotípicos, como se indica en la Figura 9.7, se expresan como desviaciones respecto al punto medio homozigótico. Denominaremos A_1A_1 al homozigoto con el valor más alto. El valor genotípico de A_1A_1 será $+a$. El valor genotípico del otro homozigoto, A_2A_2, es $-a$. Los valores $+a$ y $-a$ son equidistantes del punto medio homozigótico. No obstante, el valor genotípico del heterozigoto, A_1A_2 (simbolizado por d), depende de la acción génica del locus. Si no existe dominancia, d será igual a cero y coincidirá con el punto medio homozigótico. Si A_1 domina parcialmente sobre A_2, d estará más cerca de A_1A_1, como en el ejemplo de la Figura 9.7. Si hay dominancia completa, es decir, si el valor observado de A_1A_2 es igual al de A_1A_1, se cumplirá que d = + a.

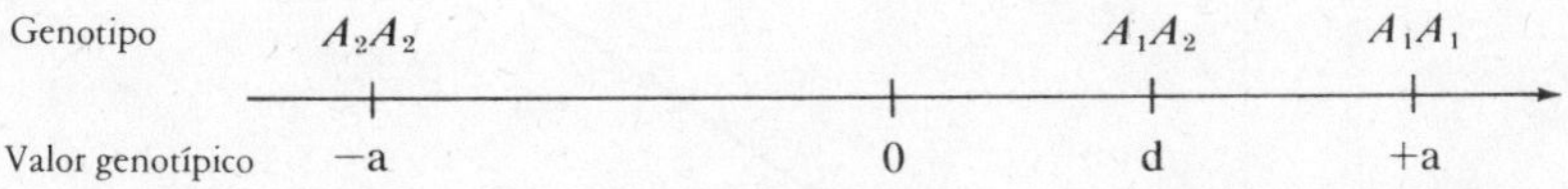

FIGURA 9.7.—*Valores genotípicos asignados. (De* Introduction to Quantitative Genetics *por D. S. Falconer. Copyright © D. S. Falconer, 1960, p. 113. Longman Group, Ltd., Londres y Nueva York).*

Valor genético aditivo

El efecto aditivo de los genes es simplemente el grado en el que se suman de acuerdo con la dosis génica. Más específicamente, el valor genético aditivo, como se ilustra en la Figura 9.8, es el valor genotípico esperado de acuerdo con la dosis génica. La dosis génica es el número de veces que está presente un alelo (por ejemplo, el A) en un genotipo. Si se incrementa la dosis génica en una unidad (por ejemplo, al pasar del genotipo A_2A_2 al A_1A_2), el valor genotípico esperado se incrementa en una unidad constante. Si las frecuencias de los dos alelos no fueran iguales, necesitaríamos ponderar cada uno de ellos de acuerdo con sus frecuencias respectivas en la población. Pero este no es el caso en nuestro ejemplo. Si no existe dominancia, los valores genotípicos esperados serían idénticos a los valores genotípicos reales. Sin embargo, la dominancia puede hacer que los valores genotípicos reales se desvíen respecto a los valores esperados.

Otro modo de considerar los valores genéticos aditivos es imaginar que cada alelo tiene un efecto medio. En este sentido, el valor genético aditivo es la suma de los efectos medios de los alelos presentes en el genotipo. El valor genético aditivo es un componente fundamental de los efectos genéticos porque representa hasta qué punto los genotipos se transmiten de los progenitores a la descendencia. Si un progenitor posee una «dosis» de un alelo concreto, cada descendiente de dicho progenitor tendrá una probabilidad del 50 por ciento de recibir ese alelo. Si la descendencia recibe ese alelo, su efecto se sumará en la misma proporción en la que se sumaba en el genotipo del progenitor. No importa cuántos alelos estén implicados en un locus (o, como veremos en la siguiente sección, cuántos loci hay implicados). Los valores genéticos aditivos son simplemente la proporción en la que se suman los efectos de los alelos de acuerdo con la dosis génica.

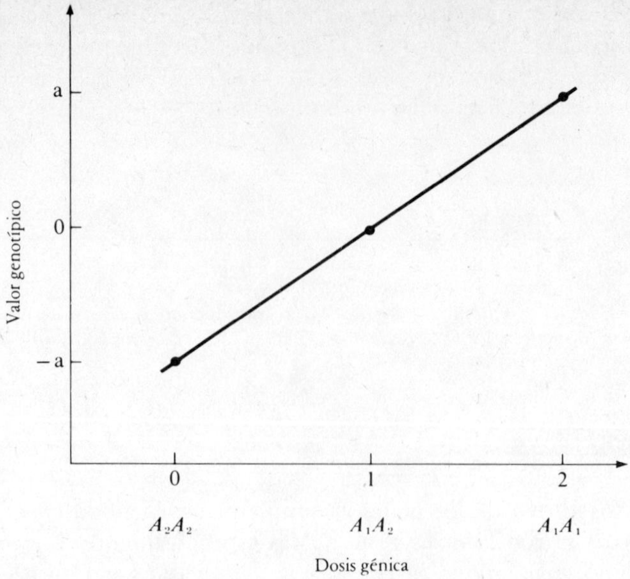

FIGURA 9.8.—*Valores genotípicos predichos a partir de la dosis génica, cuando d = 0. Dado que no existe dominancia, los valores genotípicos coinciden con los valores genéticos aditivos.*

Desviación por dominancia

Si existe dominancia, los valores genéticos no se suman simplemente como en la Figura 9.8. Las desviaciones por dominancia son la diferencia entre el valor genotípico esperado (o aditivo) y el valor genotípico real. Se emplea el término dominancia porque los alelos de un locus dado pueden interaccionar unos con otros, en vez de simplemente sumarse de un modo lineal. Por ejemplo, si existe dominancia completa, los valores genotípicos corresponden a los puntos representados en la Figura 9.9. En la Figura 9.8, los valores genotípicos eran idénticos a los valores genéticos aditivos, y estaban en línea recta. En la Figura 9.9, sin embargo, los valores genotípicos no están en línea recta. Por esta razón, utilizamos la ecuación de regresión para ajustar lo mejor posible la línea recta a estos puntos. La regresión entre el valor genotipo y la dosis génica proporciona los valores genotípicos predichos por la dosis génica. Esto, por supuesto, es nuestra definición de valor genético aditivo. Por lo tanto, las cruces de la recta de regresión de la Figura 9.9 son los valores genéticos aditivos. Si existe dominancia, esta predicción de los valores genotípicos estará ligeramente desajustada. La dominancia, representada como D en la Figura 9.9, es por lo tanto la desviación de los valores ge-

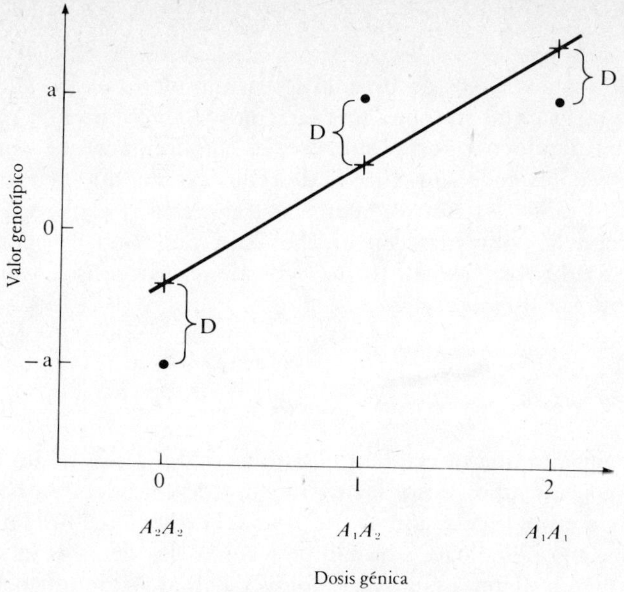

FIGURA 9.9.—*Valores genotípicos (círculos negros) en el caso de dominancia completa. La recta de regresión predice los valores genéticos aditivos (cruces) a partir de la dosis génica. Las desviaciones por dominancia (D) son la diferencia entre los valores genéticos aditivos y los valores genotípicos reales.*

notípicos respecto a la recta de regresión, la cual representa los valores genotípicos esperados en base a la dosis génica.

La dominancia es importante porque representa la influencia genética que no se transmite realmente. Si hay dominancia, el valor genotípico de un progenitor se deberá a cierta combinación de los alelos de un locus. Los descendientes no pueden recibir ambos alelos del mismo progenitor. Por lo tanto, serán, hasta cierto punto, genéticamente distintos del progenitor si los efectos de los alelos no son aditivos. En resumen, hemos dividido el valor genotípico en dos partes; una predecible a partir de la dosis génica, y otra que no lo es. El valor genético aditivo es la proporción en la que se suman los valores genotípicos de acuerdo con la dosis génica; la dominancia es la proporción en la que no se suman.

El modelo poligénico

No sólo podemos considerar los efectos aditivos y no aditivos de los alelos de un único locus, también podemos sumar estos efectos para varios loci. Esto es en esencia la extensión del modelo del gen único al modelo poligénico. Del mismo modo que los valores genéticos aditivos son la suma de los efectos medios de los dos alelos de un solo locus, también pueden sumarse los efectos de varios loci que afectan a una característica fenotípica en particular. Análogamente, también pueden sumarse las desviaciones por dominancia respecto a los valores genéticos aditivos de todos los loci que determinan un carácter. Por lo tanto, es relativamente fácil generalizar el modelo de gen único a un modelo poligénico con muchos loci, cada uno de ellos con sus propios efectos aditivos y no aditivos. No obstante, es preciso introducir un nuevo concepto, la *interacción epistática.*

Desviación por interacción epistática

La dominancia es una interacción no aditiva de los alelos de un único locus. Cuando consideramos varios loci, tenemos que considerar la posibilidad de que un alelo en particular interaccione no sólo con el alelo del mismo locus del cromosoma homólogo, sino también con alelos de otros loci. Este tipo de interacción se llama *epistasia.* En otras palabras, la dominancia es una interacción *intralocus,* mientras que la epistasia es una interacción *inter-loci* Por ejemplo, consideremos dos loci (A y B) que afectan a un carácter fenotípico. Tanto los valores genéticos aditivos como las desviaciones por dominancia se suman por los dos loci. Sin embargo, una combinación particular de ciertos alelos de los locus A y B puede influenciar el fenotipo de un modo que no sería explicable basándose sólo en los efectos aditivos y de dominancia. La *epistasia* se refiere precisamente a este tipo de efectos.

En resumen, podemos dividir los efectos genéticos en tres conponentes: aditivos, de dominancia y epistáticos. Para un solo locus, el valor genotípico incluye los efectos aditivos y de dominancia. Cuando consideramos los efectos de dos o más loci, se pueden sumar los efectos aditivos y de dominancia, aunque puede ocurrir que no se obtenga el valor genotípico, debido a una interacción epistática de los alelos de diferentes loci. En términos simbólicos:

$$G = A + D + I$$

donde G es el valor genotípico debido al conjunto de los loci, A es la suma de los valores genéticos aditivos de todos los loci, D es la suma de las desviaciones por dominancia de todos los loci e I simboliza la desviación debida a interacciones epistáticas. Las interacciones epistáticas pueden ser de varias clases. Pueden incluir la interacción entre los valores genéticos aditivos de distintos loci, entre las desviaciones por dominancia de diferentes loci, entre el valor genético aditivo de un locus y la desviación por dominancia de otro locus, y así sucesivamente.

Varianza

Hasta ahora, sólo hemos considerado las influencias genéticas sobre el fenotipo. Aunque este enfoque puede aplicarse a rasgos tales como los que Mendel estudió en la planta del guisante en un entorno controlado, la importancia que pueden tener las influencias ambientales en otros rasgos, hace preciso considerar en los análisis tanto los factores genéticos como ambientales. El modelo básico de la genética cuantitativa simplemente establece que el fenotipo de un individuo se debe a su valor genotípico (incluyendo A, D e I), y a un efecto ambiental que da cuenta de todas las causas no genéticas. Sin embargo, la ciencia raramente estudia a un solo individuo. Nuestros objetivos son las diferencias fenotípicas de una población, y las diferencias genéticas y ambientales que determinan dichas diferencias. Por lo tanto, en vez de dominar P al valor fenotípico de un individuo, lo consideraremos como la desviación del individuo respecto a la media de la población.

Así, la teoría de la genética cuantitativa comienza con un modelo en el que las desviaciones observadas (fenotípicas) respecto a la media de algún carácter de la población son función de las desviaciones ambiental (E) y genética (G), las cuales se combinan de una manera aditiva (lineal). Sin embargo, este modelo también puede incluir un término no aditivo o de interacción (G × E) para dar cuenta de las posibles combinaciones no aditivas de los efectos genéticos y ambientales, del mismo modo que la dominancia y la epistasia daban cuenta de los posibles efectos no aditivos en los casos de uno o varios loci. Simbólicamente:

$$P = G + E + (G \times E)$$

El símbolo G × E no significa necesariamente la multiplicación de G por E. Describe la contribución de alguna función no aditiva de G y E al fenotipo, independientemente de los efectos principales de G y E. Esto es, un factor ambiental puede tener un efecto más marcado sobre unos genotipos que sobre otros, y un genotipo puede expresarse de un modo distinto dependiendo de los factores ambientales. Consideramos con más detalle las interacciones G × E en el Capítulo 14.

Cada uno de los componentes se expresa como la desviación respecto a la media, pero resulta adecuado expresarlos en términos de varianza. Como ya comentamos en este capítulo, la varianza es el cociente entre la suma de los cuadrados de las desviaciones de un individuo respecto a la media y el número de individuos. Tomemos la desviación G y expresémosla como varianza. Calcular la varianza de G supone simplemente elevar al cuadrado las desviaciones genéticas, sumarlas, y dividir por el tamaño de la muestra. Obtengamos también la varianza de cada uno de los componentes de G = A + D + I. La varianza de G (V_G) se puede expresar como la covarianza de G consigo misma. (La covarianza de una variable consigo misma es precisamente su varianza). Por lo tanto,

$$
\begin{aligned}
V_G &= \mathrm{Cov}(G)(G)\\
&= \mathrm{Cov}(A + D + I)(A + D + I)\\
&= V_A + V_D + V_I + 2\mathrm{Cov}(A)(D) + 2\mathrm{Cov}(A)(I) + 2\mathrm{Cov}(D)(I)
\end{aligned}
$$

Dado que A, D e I no están correlacionados, obtenemos:

$$V_G = V_A + V_D + V_I$$

En otras palabras, la varianza genética se debe a la varianza genética aditiva, a la varianza por dominancia y a la varianza resultante de las interacciones epistáticas. Los valores genéticos aditivos son equivalentes a los valores genotípicos esperados en base a la dosis génica. Por tanto, la varianza genética aditiva se puede considerar como la varianza genética debida a la variación en la dosis génica. Del mismo modo, la varianza epistática y la varianza por dominancia (o varianza genética no aditiva) son la varianza genética que no puede predecirse a partir de la dosis génica. Hay que señalar que, incluso si existe dominancia completa (es decir, d = + a), la varianza genética aditiva puede ser un componente importante de la varianza genética.

De un modo similar, podemos calcular la varianza para el caso general P = G + E + (G × E). El símbolo (G × E), por definición, no correlaciona con G ni E; no obstante, G y E sí pueden estar correlacionados. La varianza de las desviaciones fenotípicas (V_P) es función del cuadrado de las desviaciones de los restantes componentes, es decir:

$$
\begin{aligned}
V_P &= \mathrm{Cov}(P)(P)\\
&= \mathrm{Cov}[G + E + (G \times E)][G + E + (G \times E)]\\
&= V_G + V_E + 2\mathrm{Cov}(G)(E) + V_{G \times E}
\end{aligned}
$$

En otras palabras, la varianza observada en una población incluye los componentes debidos a la varianza genética (V_G) y los debidos a la varianza ambiental (V_E). La varianza genotípica también posee componentes debidos a la correlación entre los efectos genéticos y ambientales [2Cov(G)(E)], así como a la interacción entre G y E. Aunque el error de medida es también frecuente en la varianza, por el momento no lo consideraremos.

Un ejemplo del modelo poligénico

Un ejemplo que ilustre este modelo puede resultar útil. Es un ejemplo hipotético, porque a menudo no podemos medir los valores genotípicos y no conocemos los valores ambientales. Nuestras medidas se limitan a los fenotipos. Los métodos de la genética de la conducta nos permiten estimar la varianza genética y ambiental a partir de los valores fenotípicos observados, como comentaremos en la siguiente sección. De momento utilizaremos un ejemplo hipotético para aclarar el mencionado modelo.

Supongamos que conocemos las desviaciones genética, ambiental y fenotípica, respecto a la media, de cierto número de individuos, como se indica en la Tabla 9.6. Dado que estos valores se expresan como desviaciones respecto a la media, la media en todos los casos será cero. En este ejemplo, la varianza genética es 2,0, la varianza ambiental es 2,0 y la varianza fenotípica es 4,0. Por lo tanto, $V_P = V_G + V_E$. No existe varianza debida a la covarianza entre G y E porque en este ejemplo no hay covarianza entre G y E (compruebe usted mismo que es cierto, multiplicando las desviaciones de G por las de E y sumando los productos cruzados).

TABLA 9.6.—*Desviaciones genética, ambiental y fenotípica, hipotéticas, respecto a la media, de cinco individuos.*

Individuo	G	+	E	=	P
1	−2		+1		−1
2	−1		−2		−3
3	0		0		0
4	+1		+2		+3
5	+2		−1		+1
	$V_G = 2{,}0$		$V_E = 2{,}0$		$V_P = 4{,}0$

NOTA: Para simplificar el ejemplo, consideraremos que estos individuos constituyen una población en vez de una muestra, por lo que podemos ignorar los problemas de muestreo. Esto implica que las varianzas se obtienen dividiendo por N, en vez de por N − 1.

PROCEDENCIA: Plomin, De Fries y Loehlin, 1977).

Supongamos ahora que genes y ambiente están perfectamente correlacionados, como en la Tabla 9.7. Las varianzas genética y ambiental permanecerán inalteradas (2,0), pero la varianza fenotípica valdrá ahora 8,0 en vez de 4,0. El aumento en la varianza se debe a la correlación entre las desviaciones genética y ambiental: $V_P = V_G + V_E + 2Cov(G)(E) = 2 + 2 + 4 = 8$. Aunque trataremos más profundamente la correlación genotipo-ambiente en el Capítulo 14, hay que mencionar que, incluso si de algún modo pudiéramos eliminar la varianza debida a la correlación entre G y E, V_G y V_E permanecerían inalterados. De hecho, la correlación entre G y E contribuirá sustancialmente al valor de V_P sólo cuando V_P y V_E sean relativamente altas (Jensen, 1974). Nuestro ejemplo presenta una correlación positiva entre G y E, ya que las grandes desviaciones de G se corresponden en la misma dirección con las de E. Una correlación negativa entre G y E haría disminuir V_P, en vez de incrementarlo.

TABLA 9.7.—*Desviaciones genética, ambiental y fenotípica, hipotéticas, respecto a la media, de cinco individuos, cuando las desviaciones genética y ambiental están perfectamente correlacionadas.*

Individuo	G	+	E	=	P
1	−2		−2		−4
2	−1		−1		−2
3	0		0		0
4	+1		+1		+2
5	+2		2		+4
	$V_G = 2,0$		$V_E = 2,0$		$V_P = 8,0$

PROCEDENCIA: Plomin, De Fries y Loehlin, 1977.

TABLA 9.8.—*Desviaciones genética y ambiental, hipotéticas, respecto a la media y valores fenotípicos de cinco individuos, cuando las desviaciones genética y ambiental están perfectamente correlacionadas y cuando existe interacción entre G y E.*

Individuo	G	+	E	+	G × E	=	P
1	−2		−2		+4		0
2	−1		−1		+1		−1
3	0		0		0		0
4	+1		+1		+1		+3
5	+2		+2		+4		+8
	$V_G = 2,0$		$V_E = 2,0$		$V_{G \times E} = 6,8$		$V_P = 14,8$

PROCEDENCIA: Plomin, De Fies y Loehlin, 1977.

Incluyamos ahora en nuestro ejemplo la interacción G × E, manteniendo la correlación positiva entre G y E. Hemos dicho que G × E se refiere a todo efecto no aditivo de G y E. En nuestro ejemplo, sin embargo, asumiremos que la función no aditiva es, de hecho, G multiplicado por E (véase la Tabla 9.8). La varianza de los valores de G × E respecto a su media de 2,0 es 6,8. La varianza genética, la varianza ambiental y la varianza debida a la correlación entre G y E [(2Cov(G)(E)] siguen siendo respectivamente: 2,0, 2,0 y 4,0. Añadiendo al término $V_{G \times E}$ se obtiene 14,8, que es la varianza fenotípica.

Aunque a menudo no podemos medir directamente la varianza genética ni ambiental, ni la interacción entre genotipo y ambiente, este ejemplo hipotético indica que los cuatro componentes pueden contribuir a la varianza fenotípica de un carácter. Dado que no podemos medir directamente estos componentes, podemos estimarlos indirectamente a partir del parecido entre familiares.

Covarianza entre parientes

Si pudiéramos medir los efectos que ejercen sobre cada sujeto los factores genéticos y ambientales, podríamos estimar directamente V_G y V_E en una población. Por el contrario, nuestros análisis siguen el camino inverso, es decir, estiman los distintos componentes genéticos y ambientales a partir de relaciones que difieren en su proximidad genética o ambiental. Por ejemplo, los hermanos que tienen dos progenitores en común poseen una similitud genética doble de la de los hermanastros, que sólo tienen un progenitor en común. Si los genes influyen sobre una conducta concreta, la doble similitud genética de los hermanos debe hacerles más parecidos para esa conducta en particular, que en el caso de los hermanastros. La metodología de la genética cuantitativa de la conducta incluye la comparación de varias de estas relaciones, en las que se varía la similitud genética mientras la similitud ambiental se mantiene constante o viceversa. El propósito de esta sección es exponer las bases teóricas de los estudios del parecido familiar en genética de la conducta.

Covarianza

Al principio del capítulo comentábamos los conceptos de covarianza, correlación y regresión. La covarianza entre X e Y es la suma de los productos cruzados de las desviaciones de X respecto a la media y las correspondientes desviaciones de Y respecto a la media, dividido por N − 1. La correlación y la regresión expresan la covarianza como una proporción de la varianza. De momento, nos limitaremos a la covarianza. Anteriormente hemos considerado la covarianza entre dos variables X e Y de varios individuos, es decir, hasta qué punto las puntuaciones en X de los individuos covariaban con las puntuaciones en Y. Ahora vamos a considerar la covarianza entre parientes en vez de entre variables. Por ejemplo, en vez de considerar la covarianza entre los rasgos X e Y en muchos individuos en los que se ha medido ambos rasgos, consideraremos la covarianza de una única variable entre hermanos gemelos o entre progenitores y su descendencia. Si los miembros de una familia son más parecidos entre sí que los individuos escogidos al azar entre la población (es decir, si sus desviaciones respecto a la media están en la misma dirección), entonces existirá covarianza.

Tanto las hipótesis genéticas como ambientales predicen la semejanza entre parientes. Los familiares comparten genes en cierta medida y por lo tanto deben ser similares, si los genes afectan a la conducta objeto de nuestro estudio. Las hipótesis ambientales también predicen que los miembros de una familia deben ser similares, ya que en una gran proporción están sometidos a las mismas influencias ambientales. Por ejemplo, si los modos de educar a los hijos en las familias humanas pueden influir en el desarrollo de la personalidad, es de esperar que los hijos de la misma familia, sometidos al mismo tipo de educación, sean similares en esos aspectos de la personalidad. Más adelante veremos que el conocimiento de que ciertas relaciones familiares no son tan similares genética o ambientalmente como otras, constituye la base para separar las influencias genéticas y ambientales. Sin embargo, de momento, nuestro propósito es mostrar que tanto las hipótesis genéticas como las ambientales predicen covarianza entre parientes que viven juntos.

Entre parejas de individuos no emparentados escogidos al azar la covarianza es cero. Dado que estos individuos no comparten ni genes ni ambiente sus puntuaciones no covarían. Sin embargo, en otros tipos de relaciones se comparten tanto genes como ambiente. Podemos describir la covarianza entre parientes como $Cov(P_1)(P_2)$, donde P_1 es el fenotipo de un familiar y P_2 es el fenotipo del otro. En la sección anterior, señalamos que $P = G + E$, por lo tanto:

$$Cov(P_1)(P_2) = Cov(G_1 + E_1)(G_2 + E_2)$$

Influencias compartidas e independientes

Ni todas las influencias genéticas, ni todas las ambientales, de una conducta concreta hacen que los miembros de una familia sean similares entre sí. Los gemelos idénticos, por supuesto, son genéticamente idénticos y por lo tanto comparten todas las influencias genéticas. Sin embargo, en el resto de las relaciones de parentesco existen influencias genéticas compartidas y no compartidas (debido a la segregación). Las teorías genéticas predicen las diferencias entre individuos relacionados genéticamente, excepto entre gemelos idénticos. Por el contrario, las teorías ambientalistas raramente predicen diferencias entre los miembros de una misma familia.

Si bien V_A, V_D y V_I contribuyen de forma distinta dependiendo de la relación de parentesco, por el momento consideraremos únicamente la varianza genética que tienen en común los familiares (V_{G_c}). Progenitores y descendientes son familiares en primer grado, como lo son los hermanos. Consideremos un solo locus con dos alelos. Un descendiente tendrá una probabilidad del 50 por ciento de heredar un alelo concreto de un progenitor. Por esta razón, los familiares en primer grado son similares genéticamente en un 50 por ciento; en otras palabras, comparten la mitad de la varianza genética. La otra mitad de la varianza genética no covaría entre ellos, por lo tanto, los hace diferentes entre sí. Este barajado de genes, consecuencia de la meiosis, es la fuente de la variabilidad genética. Por lo tanto, podemos dividir en dos partes la contribución genética al fenotipo de un individuo: la fracción que el individuo comparte, o tiene en *común* con el familiar (G_c); y la fracción que no comparte con el familiar (G_w). Las influencias no compartidas por los miembros de una familia se indican clásicamente con una w, indicativa de diferencias *intra* familia.

Del mismo modo, los familiares comparten algunas influencias ambientales, mientras que otros aspectos del entorno hacen que los miembros de una familia se diferencien entre sí. Algunos padres castigan físicamente a sus hijos. Si el castigo afecta a algún aspecto del desarrollo de la personalidad (como la agresividad), los hijos de esta familia serán más parecidos entre sí en cuanto a la agresividad. Se conocen muy pocos ejemplos de factores ambientales sistemáticos que hagan que los miembros de una familia se diferencien entre sí, aunque este tipo de influencias puede ser muy importante. Por ejemplo, el orden de los nacimientos podría originar conductas distintas entre hermanos. Si en la misma familia los hijos nacidos en primer lugar son distintos de los nacidos después, algunos factores ambientales (quizás influencias prenatales, tipo de educación o interacciones entre hermanos) que operan en la familia, harán que sean distintos entre sí. Obviamente, no se trata de un factor genético ya que los hermanos presentan la misma similitud genética entre sí y con respecto a sus padres. Otros factores ambientales de este tipo son independientes de la relación familiar, como las interacciones en el colegio o con otros niños, no compartidas por los demás miembros de la familia. Por lo tanto, podemos también dividir la contribución ambiental al fenotipo en influencias compartidas con los familiares (E_c) e influencias independientes de los familiares (E_w). En la ecuación anterior, por definición, sólo G_c y E_c podrían contribuir a la covarianza fenotípica entre parientes:

$$\mathrm{Cov}(P_1)(P_2) = \mathrm{Cov}(G_c + E_c)(G_c + E_c)$$

La covarianza entre G_c y G_c es equivalente a la varianza de G_c (es decir, V_{G_c}). Como ya indicamos, una variable covaría completamente consigo misma, lo que significa que la covarianza de una variable consigo misma coincide con su varianza. Del mismo modo, $\mathrm{Cov}(E_c)(E_c) = V_{E_c}$.

Ahora podemos expresar la covarianza fenotípica entre parientes en términos de componentes de la varianza:

$$\mathrm{Cov}(P_1)(P_2) = V_{G_c} + V_{E_c}$$

En otras palabras, para un carácter concreto, la covarianza entre parientes incluye la varianza genética y la varianza ambiental, que resultan de las influencias genéticas y ambientales compartidas.

Correlación e interacción genotipo-ambiente

Hasta ahora hemos utilizado un modelo muy simplificado. Anteriormente, ya mencionamos la interacción y correlación entre los factores genéticos y ambientales. Estos componentes de la varianza también entran en juego al considerar la covarianza entre parientes. $\mathrm{Cov}(G_c + E_c)(G_c + E_c)$ también incluye la covarianza entre G_c y E_c. Se puede sumar a la varianza fenotípica la covarianza entre las desviaciones genéticas y ambientales. Del mismo modo, también puede sumarse a la covarianza entre parientes. Por otro lado, cuando sustituimos $G + E$ por P, no tuvimos en cuenta la interacción $G \times E$. La interacción $G \times E$ compartida por los familiares también contribuirá a su covarianza fenotípica. En el Capítulo 14 estudiaremos con mayor detalle la interacción y correlación genotipo-ambiente, así como sus efectos sobre los análisis de la genética de la conducta.

Covarianza genética entre parientes

Nuestro modelo general de la covarianza entre parientes es también demasiado sencillo, porque sólo da cuenta de la varianza genética compartida, en vez de distinguir entre V_A, V_D y V_I. Estos componentes de la varianza genética contribuyen de modo distinto dependiendo del tipo de relaciones familiares (Tabla 9.9). Los progenitores y sus hijos comparten la mitad de su varianza genética aditiva, como comentamos en la sección anterior (por esta razón, la varianza genética aditiva constituye una medida de la proporción en la que los caracteres se «transmiten realmente». Sin embargo, progenitores e hijos no comparten la varianza genética debida a la dominancia. Recuérdese que la dominancia es el resultado de la combinación no aditiva de los alelos de un loci. Los hijos no pueden heredar un par cromosómico de uno solo de sus padres. Por lo tanto, si bien la dominancia puede contribuir a los genotipos de los padres y de los hijos, entre ellos no compartirán este factor genético.

TABLA 9.9.—*Contribución a la covarianza fenotípica entre parientes de la varianza genética (V_A), de dominancia (V_D) e influencias ambientales comunes (V_{E_c}).*

Covariación fenotípica entre:	V_A		V_D		V_{E_c}
Padres e hijos (PH)	½	+	0	+	$V_{E_c(PH)}$
Hermanastros (HT)	¼	+	0	+	$V_{E_c(HT)}$
Hermanos (H)	½	+	¼	+	$V_{E_c(H)}$
Gemelos fraternos (DZ)	½	+	¼	+	$V_{E_c(DZ)}$
Gemelos idénticos (MZ)	1	+	1	+	$V_{E_c(MZ)}$

Otro factor que contribuye a la covarianza genética entre parientes es el apareamiento direccional (comentado en el Capítulo 8). La unión direccional se añade a la similitud genética entre progenitores e hijos, así como a la existente entre hermanos (Jensen, 1978). Por ejemplo, si existe la unión direccional, la correlación entre madres e hijos no sólo incluirá la similitud genética entre madre e hijo, sino también parte de la similitud genética entre padre e hijo. Sin embargo, podemos solventar este problema utilizando la regresión de la descendencia sobre la puntuación promedio de los progenitores, que resulta matemáticamente independiente de la unión direccional, como comentaremos en el siguiente capítulo (Plomin, De Fries y Roberts, 1977).

Los hermanos, al igual que los progenitores e hijos, comparten la mitad de la varianza aditiva que afecta a un carácter. Sin embargo, los hermanos también comparten un cuarto de la varianza por dominancia, ya que se puede esperar que los hermanos reciban los mismos alelos de ambos progenitores una cuarta parte de las veces, y por lo tanto tendrán la misma desviación por dominancia.

Los gemelos fraternos son simplemente hermanos que han nacido simultáneamente. Dos óvulos son fecundados por espermatozoides distintos. Por esta razón se les llama a veces gemelos dizigóticos (dos zigotos). Como otros hermanos, los gemelos dizigóticos (DZ) pueden ser del mismo o de distinto sexo, y comparten la mitad de la varianza genética aditiva y un cuarto de la varianza debida a la dominancia. La ocurrencia de partos gemelares es uno de cada 83, y de éstos, dos tercios son gemelos fraternos. El tercio restante está constituido por gemelos idénticos. Se les llama gemelos monozigóticos (MZ) porque comienzan como un único zigoto que se escinde en un momento dado de las primeras semanas de vida. Dado que son genéticamente idénticos, los gemelos idénticos son siempre del mismo sexo. Comparten la totalidad de la varianza genética (V_A, V_D y V_I).

Finalmente, los hermanastros, que sólo tienen un progenitor en común, comparten sólo un cuarto de la varianza genética aditiva (la mitad que entre hermanos). Sin embargo, a diferencia de los hermanos, los hermanastros no comparten la varianza por dominancia. Dado que los hermanastros sólo tienen un progenitor común, no pueden heredar el mismo par cromosómico y por lo tanto no pueden compartir las interacciones alélicas de un locus dado.

A veces es preciso considerar la covarianza entre medidas conductuales en un familiar y medidas medias de cierto número de familiares. Por ejemplo, podemos considerar la covarianza entre la descendencia y la puntuación media de los progenitores, en vez de utilizar la puntuación de un solo progenitor. O podríamos darle la vuelta al razonamiento y considerar la covarianza entre un único progenitor y la media de toda su descendencia. En general, las predicciones en el caso de estas relaciones promediadas son similares a las comentadas cuando considerábamos los familiares de uno en uno. Sin embargo, se han de cumplir algunas condiciones previas (Falconer, 1960).

¿Y la epistasia? Ya señalamos anteriormente que, además de los efectos aditivos de los alelos de los diversos loci (V_A), existe también una varianza genética no aditiva. Si bien parte de esta varianza no aditiva se debe a las interacciones entre los alelos de un locus (V_D), el resto se debe a las interacciones no aditivas entre los alelos de los distintos loci (V_I). Dado que los gemelos idénticos son genéticamente idénticos, su covarianza fenotípica incluirá la varianza genética aditiva y la no aditiva. Sin embargo, la covarianza fenotípica en otras relaciones de parentesco (particularmente en las que se comparte la varianza por dominancia, como en el caso de hermanos o gemelos fraternos) incluirá sólo parte de la varianza debida a la epistasia y a las interacciones de dominancia (Falconer, 1960). Afortunadamente, esta complejidad es empíricamente menos importante de lo que podría parecer. Veremos que la varianza genética aditiva da cuenta de la mayor parte de la varianza genética de la mayoría de los caracteres de la conducta sobre los que existe información disponible.

La Tabla 9.9 resume los componentes genéticos y ambientales de la varianza responsables de la covarianza fenotípica entre parientes. Por ejemplo, la covarianza fenotípica entre gemelos fraternos comprende la mitad de la varianza genética aditiva ($\frac{1}{2} V_A$), un cuarto de la varianza genética no aditiva debida a la dominancia ($\frac{1}{4} V_D$) y las influencias comunes a los miembros de las parejas de gemelos fraternos ($V_{Ec(DZ)}$). Por el contrario, la covarianza de los gemelos idénticos comprende la totalidad de las varianzas genéticas aditivas y no aditivas, así como las influencias ambientales comunes a los miembros de las parejas de gemelos idénticos ($V_{Ec(MZ)}$). En el Capítulo 10 utilizaremos estas diferencias entre los componentes de la covarianza para calcular los diversos componentes de la varianza genética y ambiental.

Heredabilidad

Debido a que este concepto tiende a ser entendido erróneamente, la *heredabilidad* se ha convertido en los últimos años en una especie de palabrota. Sin embargo, si se define y se utiliza con propiedad, la heredabilidad resulta un concepto muy útil. Es simplemente un parámetro estadístico que da idea de la relación entre varianza genética y fenotípica, es decir, la proporción de varianza observada en una población que se puede explicar por la varianza genética. En otras palabras, la heredabilidad indica hasta qué punto las diferencias genéticas existentes entre los individuos de una población hacen que se diferencien fenotípicamente. La contribución ambiental a la varianza fenotípica es análoga a la heredabilidad. Desgraciadamente, no existe un término comúnmente aceptado para expresar la proporción de diferencias individuales que no pueden ser explicadas por factores genéticos. De entre los muchos términos propuestos, utilizaremos una palabra sugerida por Fuller y Thompson (1978): *ambientalidad.*

En una conducta cualquiera, es probable que observemos un amplio rango de diferencias individuales. Estas diferencias fenotípicas pueden deberse a experiencias ambientales, así como a diferencias genéticas. Un aspecto importante de la genética de la conducta es la división de la variabilidad fenotípica en las partes debidas a las diferencias genéticas y las ambientales.

Lo que no es la heredabilidad

La heredabilidad ni es constante ni inmutable

La heredabilidad describe la situación de un fenotipo concreto en una población, bajo un cierto conjunto de factores genéticos y ambientales, en un momento dado. La heredabilidad no supone una verdad inmutable de ese fenotipo, ya que puede variar de población en población y a lo largo del tiempo. Es un parámetro de la población, que realmente caracteriza a esa población, análogamente a la media y varianza de dicha población. Si una población cambia, podemos esperar un cambio paralelo de sus parámetros.

Si cambian la varianza genética o la varianza ambiental, la heredabilidad (y la ambientalidad) pueden alterarse. Una ventaja relativamente poco explotada de este concepto de heredabilidad es que puede describir cambios en los factores genéticos y ambientales de varias poblaciones, en distintos momentos o estados de desarrollo.

La heredabilidad no se aplica a un solo individuo

La heredabilidad es un estadístico descriptivo que se aplica a una población. Si decimos que la estatura tiene una heredabilidad de 0,80 significa que el 80 por ciento de la variación en estatura observada en esta población, en ese momento, se debe a diferencias genéricas. Obviamente, esto no significa que un individuo que mida 1,50 metros haya crecido 1,20 metros como resultado de sus genes y otros 30 centímetros debido al ambiente. Sin embargo, si un individuo fuera 10 centímetros más alto que la media, podríamos estimar (con cierta imprecisión) que el 80 por ciento de esta desviación se debería a efectos genéticos y que el 20 por ciento se debería a influencias ambientales. Estos razonamientos, por supuesto, también son válidos para los rasgos de la conducta.

La heredabilidad no es absolutamente precisa

Algunos objetan que la heredabilidad implica un alto grado de precisión. La heredabilidad, como hemos dicho, es un estadístico descriptivo; como todos los estadísticos descriptivos lleva consigo un error. La correlación, por ejemplo, lleva asociada un error que es en parte función del tamaño de la muestra a partir de la cual se hacen las estimaciones. Como en el caso de otros estadísticos descriptivos, podemos, sin embargo, conocer la magnitud del error asociado a las estimaciones de la heredabilidad (Klein, et al., 1973).

Lo que es la heredabilidad

En 1940, Lush definió la heredabilidad como «la fracción de la varianza observada que está causada por diferencias en la herencia», una útil alternativa a la clásica dicotomía naturaleza-educación:

Además, gradualmente llegó a aceptarse que preguntar si es la naturaleza o la educación, el genotipo o el ambiente, el más importante a la hora de moldear la psique humana, es simplemente una falacia. Tanto el genotipo como el ambiente son igualmente importantes, porque ambos son indispensables... El dilema naturaleza y educación está sin embargo lejos de ser intrascendente. El formular las preguntas adecuadas es, en la ciencia, una garantía de obtener las respuestas adecuadas. La pregunta sobre los papeles del genotipo y el ambiente en el desarrollo humano debe formularse del siguiente modo: ¿Hasta qué punto las *diferencias* observadas entre la gente están condicionadas por las diferencias entre sus genotipos y por las diferencias entre los ambientes en los que esa gente nació, creció y se educó? (Dobhansky, 1964, p. 55).

O, como R. C. Roberts afirmó: «Es preciso conocer qué parte de la variación total (de una población) se debe a las distintas causas genéticas, ya que es axiomático que la importancia de una causa de variación es proporcional a la de su contribución a la variación total» (1967a).

La heredabilidad es la proporción de la varianza fenotípica atribuible a la varianza genotípica:

$$\text{Heredabilidad} = \frac{V_G}{V_P}$$

En el ejemplo numérico de la Tabla 9.6, tanto la varianza genética como la ambiental eran igual a 2,0. En el caso más sencillo, cuando no existe correlación o interacción entre factores genéticos y ambientales, la varianza fenotípica es 4,0. En este caso la heredabilidad es 0,5, dando a entender que el 50 por ciento de la varianza fenotípica se puede explicar en términos de varianza genética. El otro 50 por ciento de la varianza fenotípica está causado por la varianza ambiental. Por lo tanto,

$$\text{Ambientalidad} = \frac{V_E}{V_P} = \frac{2}{4} = 0{,}5$$

Las Tablas 9.7 y 9.8 indican que las correlaciones o interacciones entre factores genéticos y ambientales harán que se incremente la varianza fenotípica. Estos efectos se discutirán en el Capítulo 14.

Posteriormente, Lush (1949) distinguió dos tipos de heredabilidad. *La heredabilidad en sentido amplio* (h_B^2) es el tipo de heredabilidad que hemos estado comentando. Es la proporción de las diferencias fenotípicas debidas al conjunto de las causas de la variabilidad genética, con independencia de si los genes operan de un modo aditivo o no aditivo. La *heredabilidad en sentido estricto* (h^2), por otra parte, es la proporción de la varianza fenotípica debida únicamente a la varianza genética aditiva. Si V_G corresponde a toda la varianza genética aditiva,

$$h_B^2 = \frac{V_G}{V_P} \quad y \quad h^2 = \frac{V_A}{V_P}$$

La heredabilidad en sentido estricto es particularmente interesante en el contexto de los estudios de crianza selectiva, en los que la pregunta fundamental es hasta qué punto se parecerá la descendencia a sus progenitores. Como ya comentamos, la varianza genética aditiva indica hasta qué punto se «transmiten realmente» los caracteres. Por otro lado, la heredabilidad en amplio sentido es importante en otros muchos contextos. El caso más importante comprende las proporciones relativas en las que las diferencias individuales se deben a diferencias genéticas o ambientales. Podemos obtener la respuesta adecuada aplicando el concepto de heredabilidad en amplio sentido. Además de con estos fines descriptivos, podemos utilizar la heredabilidad en amplio sentido y en sentido estricto de un modo predictivo. La heredabilidad predice los valores genotípicos de los individuos, a partir de la varianza genética y ambiental de una población en un momento determinado.

Análisis de vías

El concepto de heredabilidad también se puede introducir mediante el análisis de *vías* —el efecto estadístico de una variable sobre otra independientemente de otras variables. Para algunos es más fácil entender el concepto de heredabilidad visualmente mediante un modelo de vías en vez de en términos estrictamente algebraicos.

Podemos construir un modelo de trayectorias acerca de los efectos de los factores genéticos y ambientales sobre un fenotipo conductual, como en la Figura 9.10. Esto es equivalente al principio P = E + G. Las «vías», en este caso, expresan hasta qué punto las variaciones genéticas y ambientales son responsables de las desviaciones fenotípicas. Así h_B es la vía a través de la cual las desviaciones genéticas respecto a la media de la población (G) dan lugar a las desviaciones fenotípicas.

De hecho, la vía h_B es la proporción de la desviación estándar fenotípica (s_P) causada por la desviación estándar genética (S_G):

$$h_B = \frac{s_G}{s_P}$$

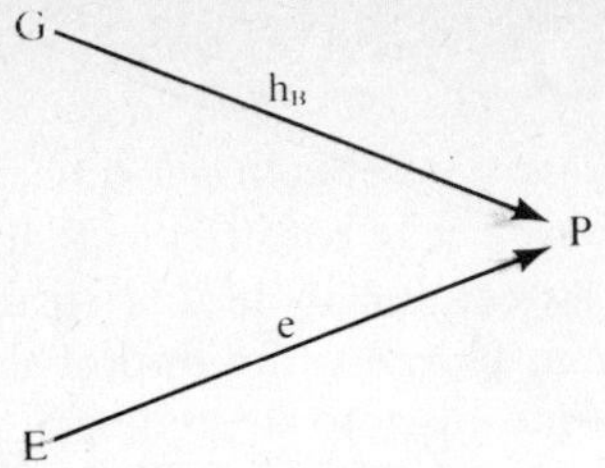

FIGURA 9.10.—*Modelo de vías de los componentes genéticos y ambientales del valor fenotípico (P). La explicación en el texto.*

Si recordamos que la desviación estándar es la raíz cuadrada de la varianza, podremos ver que la trayectoria h_B es, de hecho, la raíz cuadrada de la ambientalidad. Los análisis de vías, introducidos por el genético Sewall Wright (1921), hace unos cincuenta años, se han hecho muy populares recientemente para describir complejos modelos multifactoriales (Li, 1975) de las ciencias sociales y biológicas.

Análisis multivariado

Hemos estado enfocando nuestro estudio en el análisis genético-ambiental de una sola conducta en cada individuo —un sistema univariado. Sin embargo, se pueden medir varias conductas en cada individuo y someterlas a un análisis genético cuantitativo multivariado (por ejemplo, Plomin y De Fries, 1980b). Si se miden dos caracteres (X e Y) en cada individuo de una población y se detecta una correlación, esta correlación fenotípica podrá deberse a factores genéticos o ambientales. Entre las causas genéticas, la pleiotropía es la más interesante, ya que da lugar a correlaciones permanentes entre caracteres. La correlación genética también puede deberse a ligamientos temporales por mezclas recientes de poblaciones o por apareamientos que no ocurren al azar. Sin embargo, estos ligamientos se rompen pronto por recombinación. Por lo tanto, la pleiotropía es el modo más útil de conceptualizar la correlación genética entre conductas.

Es fácil comprender cómo los efectos ambientales pueden dar lugar a correlaciones entre caracteres tales como estatura y peso. Una dieta favorable, por ejemplo, puede dar lugar a mayor estatura y peso, mientras que una dieta no favorable puede estar acompañada de una disminución de los valores de ambos caracteres. A nivel psicológico, la correlación fenotípica entre las medidas de las capacidades cognitivas específicas puede deberse a influencias ambientales, como el ambiente intelectual en el hogar o la calidad de la enseñanza, que afectan de un modo similar a varias capacidades cognitivas específicas.

¿Por qué podría interesarnos saber hasta qué punto los factores genéticos y ambientales contribuyen a la correlación fenotípica entre dos conductas? Cuando estudiamos las conductas de una en una, muchas de ellas presentan influencias genéticas, pero es muy improbable que cada una de ellas esté influida por un conjunto distinto de genes. Si los mismos genes afectan a varias conductas, podremos observar correlación entre las conductas. Este tipo de razonamiento se puede aplicar también a las influencias ambientales; pueden afectar a varias conductas, dando lugar a correlaciones entre ellas. Por lo tanto, la importancia del análisis genético-ambiental multivariado radica en su potencial para discernir las bases genéticas y ambientales de la covarianza fenotípica.

Utilizando de nuevo el ejemplo de las capacidades cognitivas específicas, los estudios comentados en los Capítulos 11, 12 y 13 indican que existe una influencia genética considerable sobre cada una de las capacidades cognitivas específicas. Sin embargo, es posible que un conjunto de genes afecte a todas estas capacidades mentales. La correlación fenotípica entre capacidades cognitivas específicas puede deberse en gran medida a su correlación genética o a un conjunto único de influencias ambientales. Por supuesto, también pueden existir varios conjuntos independientes de influencias genéticas o ambientales.

En resumen, el análisis genético-ambiental multivariado plantea algunas preguntas importantes: ¿Están implicados sistemas independientes de genes, o se solapan las influencias genéticas en el caso de algunas o todas las conductas? ¿Son independientes las contribuciones de los distintos factores ambientales, o son factores ambientales de carácter más amplio los responsables de las conductas? Aunque se han realizado muy pocos análisis genéticos

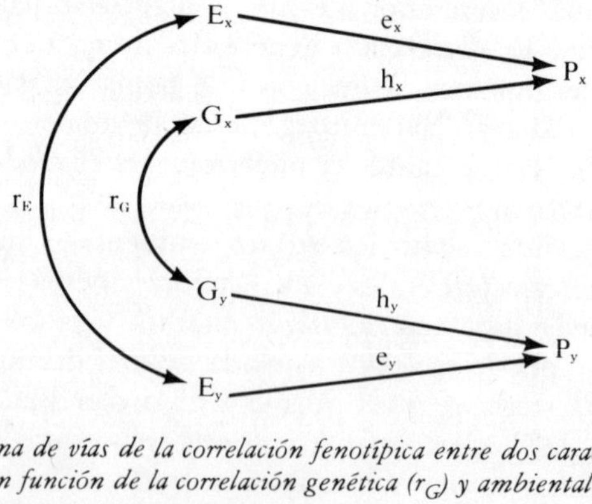

FIGURA 9.11.—*Diagrama de vías de la correlación fenotípica entre dos caracteres (P_x y P_y) medidos en un individuo, en función de la correlación genética (r_G) y ambiental (r_E).*

multivariados sobre la conducta, parecen indicar que los factores genéticos y ambientales ni son muy amplios ni muy específicos. Sorprendentemente, las correlaciones genéticas y ambientales están correlacionadas, es decir, la estructura de las influencias parece ser similar a la de las influencias ambientales (De Fries, Kuse y Vandenberg, 1979; Loehlin y Nichols, 1976; Martin y Eaves, 1977). Si bien la mayoría de nosotros probablemente esperaríamos que las influencias genéticas y ambientales tuvieran distintas estructuras, es lógico pensar que existan estructuras genéticas y ambientales similares.

Del mismo modo que la genética cuantitativa se puede aplicar a la varianza de una conducta individual, también puede aplicarse a la correlación entre dos conductas (De Fries, Kuse y Vandenberg, 1979). De hecho, también se puede aplicar cualquier método de la genética de la conducta que reparta la covarianza entre las dos conductas. Los análisis de vías proporcionan un modo sencillo de visualizar este análisis. En la Figura 9.11 se amplía el análisis de vías de una sola conducta (véase la Figura 9.10) al análisis de la correlación entre dos caracteres fenotípicos, P_x y P_y. Del mismo modo, la varianza de un carácter (P_x) se debe a la vía ambiental (e_x) y a la vía genética (h_x), la correlación fenotípica entre X e Y ($r_{P_xP_y}$) puede estar determinada por una sucesión ambiental de vías ($e_xe_yr_E$) y una sucesión genérica de vías $h_xh_yr_G$), donde r_E y r_G son respectivamente la correlación ambiental y la correlación genética. Estas sucesiones de vías están estandarizadas fenotípicamente y, por lo tanto, su suma da la correlación fenotípica ($r_{P_xP_y}$):

$$r_{P_xP_y} = h_xh_yr_G + e_xe_yr_E$$

Las sucesiones genéticas y ambientales son especialmente útiles en la investigación de las causas de la correlación fenotípica entre caracteres. Estas sucesiones proporcionan medidas estandarizadas de la contribución genética y ambiental al parecido fenotípico. Sin embargo, las correlaciones genética y ambiental (es decir, r_G y r_E por sí mismas) también son informativas. La correlación genética constituye una medida de hasta qué punto dos caracteres están afectados por los mismos genes. En el mismo sentido, la correlación ambiental mide la proporción en la que dos caracteres están afectados por las mismas influencias ambientales. El que estimemos la sucesión genética, la correlación genética o ambas, depende del objeto de la investigación (Plomin y De Fries, 1980b).

Esto se resume, en términos más precisos, en que la correlación fenotípica entre dos caracteres puede deberse a factores genéticos o ambientales. La correlación fenotípica no proporciona, sin embargo, un índice útil de la importancia de las sucesiones genética y ambiental. Incluso cuando la correlación fenotípica entre dos conductas es despreciable, pueden existir sucesiones de influencias genéticas y ambientales entre las dos conductas, si las sucesiones genética y ambiental operan en direcciones opuestas, esto es, si una es positiva y la otra negativa. Por ejemplo, los mismos genes pueden influir sobre capacidades cognitivas específicas, dando lugar a una correlación genética positiva. Sin embargo, ambientalmente, se pueden desarrollar ciertas capacidades que excluyan a otras, dando lugar a una correlación negativa. Más aún, incluso si las dos conductas son heredables, la correlación fenotípica entre ellas puede ser de origen ambiental. Por ejemplo, la aptitud verbal y la organización espacial están fenotípicamente correlacionadas y ambas presentan heredabilidad considerable. Sin embargo, es posible que estas dos capacidades estén afectadas por conjuntos de genes totalmente distintos. En otras palabras, la correlación genética podría ser cero. Si este fuera el caso, la sucesión ambiental sería la única responsable de la correlación fenotípica.

Las sucesiones genéticas y ambientales se pueden estudiar por métodos análogos a los utilizados en el caso de la heredabilidad. En la Tabla 9.9 habíamos presentado los componentes genéticos y ambientales de la varianza que participan en la covarianza fenotípica entre parientes, en el caso de un único carácter. Cuando consideramos la covarianza fenotípica entre dos caracteres, necesitamos introducir un nuevo concepto, la *covarianza cruzada*. En vez de estudiar la covarianza del carácter X en los padres y del carácter X en la descendencia, consideramos la covarianza cruzada del carácter X en los padres y del carácter Y en la descendencia. La covarianza cruzada fenotípica entre padres y descendientes puede deberse a su similitud genética y ambiental. De hecho, los componentes de la covarianza cruzada entre familiares coinciden con los enumerados en la Tabla 9.9. Esto no debe sorprendernos si tenemos en cuenta las relaciones entre análisis uni y multivariado que acabamos de describir. Por lo tanto, la covarianza cruzada fenotípica de los caracteres X e Y entre padres y descendientes incluye la mitad de la covarianza genética aditiva, así como las influencias ambientales comunes. La covarianza cruzada fenotípica entre gemelos idénticos incluye todas las fuentes genéticas de covarianza además de las influencias ambientales compartidas.

Nuevo examen de la semejanza entre parientes

En la Tabla 9.9 describimos los componentes genéticos y ambientales de la covarianza en las diversas relaciones de parentesco. Estas relaciones incluyen componentes de la varianza, tanto genéticos como ambientales. Si pudiéramos encontrar una relación o combinación de relaciones que comprendiera sólo la varianza genética, podríamos obtener fácilmente la heredabilidad, dividiendo la varianza genética entre la varianza fenotípica. El determinar una relación tal, es la esencia de los métodos de la genética cuantitativa que comentaremos en los siguientes capítulos.

Análisis univariado

Las regresiones y correlaciones son útiles porque son meras covarianzas divididas por varianzas. Si la covarianza incluye únicamente el componente genético de la varianza, la correlación entre familiares daría idea de la heredabilidad. En este caso, la correlación resulta de dividir la varianza genética entre la varianza fenotípica. Esta es precisamente la definición de heredabilidad.

Consideremos el caso de los gemelos idénticos a los que se ha separado poco después de nacer. Como se indica en la Tabla 9.9, los gemelos idénticos comparten toda la varianza genética, más las influencias ambientales comunes. Sin embargo, si se les ha separado al nacer, no disfrutarán de un entorno postnatal común. Por lo tanto, su covarianza fenotípica dará idea de V_G, y la correlación entre ellos dará idea directamente de la heredabilidad, V_G/V_P. El hecho importante a recordar es que los gemelos idénticos son genéticamente idénticos, compartan o no el mismo entorno. Si no comparten el entorno, la correlación nos da idea de la heredabilidad. El análisis de vías representa visualmente esta idea.

El fenotipo de cada uno de los gemelos idénticos está determinado por las influencias genéticas y ambientales, como se indica en la Figura 9.12. Sin embargo, los gemelos idénticos poseen el mismo genotipo. Una útil aplicación de los análisis de vías consiste en seguir el rastro de los componentes de una correlación siguiendo las vías. En el caso de los gemelos idénticos que se han criado juntos, $(h_B)(h_B)$ o h_B^2 es una sucesión de vías que van desde el fenotipo de uno de los gemelos al fenotipo del otro. Otra sucesión es

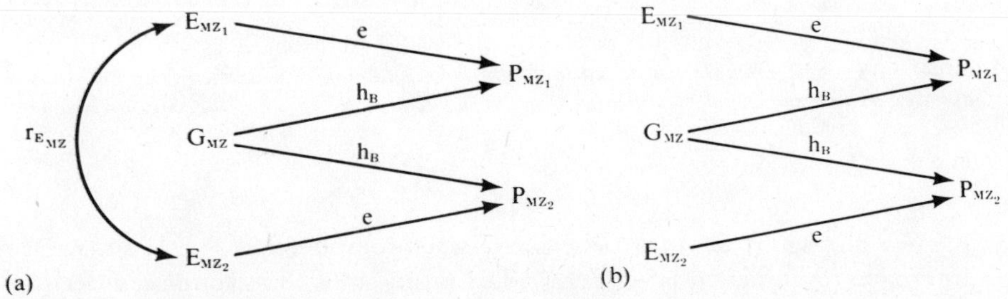

FIGURA 9.12.—*Diagrama de trayectorias de gemelos idénticos criados (a) juntos y (b) separados en ambientes no correlacionados.*

$(e)(r_{E_{MZ}})(e)$ o $e^2(r_{E_{MZ}})$. La correlación entre los dos fenotipos, dado un modelo de vías adecuado, es la suma de las sucesiones de vías. Así, la correlación entre gemelos idénticos criados juntos es $h_B^2 + e^2\,(r_{E_{MZ}})$, lo que significa que la correlación incluye la heredabilidad en amplio sentido y las influencias ambientales compartidas por los gemelos MZ. Esta afirmación simplemente abunda en la idea de que los gemelos idénticos criados juntos presentan factores genéticos y ambientales en común. Sin embargo, como se indica en el lado derecho de la Figura 9.12, los gemelos idénticos que no comparten las influencias ambientales (es decir, cuando $r_{E_{MZ}} = 0$), sólo comparten las vías genéticas. Por lo tanto, su correlación es directamente el valor de h_B^2 (la heredabilidad en amplio sentido).

Análisis multivariado

Acabamos de ver en la Figura 9.12 que la correlación univariada entre las parejas de gemelos idénticos criados en ambientes no correlacionados nos da idea de h_B^2. La Figura 9.13 amplía esta relación a dos caracteres, X e Y. Anteriormente indicamos que la covarianza cruzada entre el rasgo X de un fa-

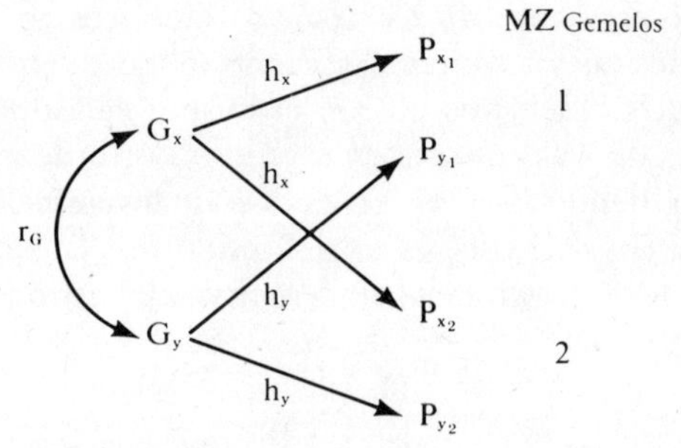

FIGURA 9.13.—*Diagrama de vías de la correlación fenotípica entre dos caracteres (P_x) y P_y), medidos en una pareja de gemelos idénticos criados separadamente en ambientes no correlacionados.*

miliar y el rasgo Y de otro tiene los mismos componentes que la situación univariada resumida en la Tabla 9.9. Del mismo modo, las correlaciones cruzadas entre dos caracteres de los familiares guardan la misma relación con las correlaciones familiares univariadas. Por lo tanto, como se indica en la Figura

9.13, la correlación cruzada entre X e Y de gemelos idénticos separados es equivalente a la sucesión genética que comentamos anteriormente:

$$r_{P_{x_1}P_{y_2}} = h_x h_y r_G$$

En otras palabras, si la correlación fenotípica entre dos rasgos se debe enteramente a su correlación genética, la correlación cruzada entre parejas de gemelos idénticos separados debe ser similar a la correlación fenotípica entre X e Y observada en un individuo. Por supuesto, no es necesario encontrar gemelos idénticos separados para llevar a cabo análisis genéticos cuantitativos univariados. Como ya dijimos, cualquier análisis genético de la varianza de un único carácter de la conducta puede ser aplicado a la correlación entre caracteres.

Resumen

Tras un breve repaso de algunos conceptos estadísticos (media, varianza, desviación estándar, covarianza, correlación y regresión), se describe el modelo del gen único aplicado a la genética cuantitativa. Se definen el valor genotípico, valor genético aditivo y desviación por dominancia. El modelo completo de la genética cuantitativa es una ampliación del modelo del gen único al caso poligénico, que comprende las desviaciones aditivas, por dominancia y ambientales. Se ilustra con un ejemplo hipotético, que incluye la correlación e interacción genotipo-ambiente.

Los métodos de la genética cuantitativa estiman los componentes genéticos y ambientales de la varianza a partir de la covarianza fenotípica de varios tipos de familiares, que difieren en su similitud genética o en su similitud ambiental. La covarianza entre familiares se puede utilizar para calcular las influencias ambientales entre familias e intrafamilia, así como la heredabilidad. La heredabilidad, sea en sentido estricto ($h^2 = V_A/V_P$) o en amplio sentido ($h_B^2 = V_G/V_P$), es la fracción de la varianza fenotípica atribuida a la varianza genotípica. La ambientalidad ($e^2 = V_E/V_P$) es la fracción de la varianza fenotípica atribuible a la varianza ambiental (no genética). Los métodos de la genética cuantitativa se aplican generalmente a la varianza de un único caracter (enfoque univariado), pero pueden aplicarse igualmente al estudio de la etiología genética y ambiental de la correlación entre varios caracteres (enfoque multivariado). En los restantes capítulos aplicaremos estos métodos de la genética cuantitativa a ejemplos referidos a la conducta.

10

METODOS DE LA GENETICA CUANTITATIVA: CONDUCTA ANIMAL

En el Capítulo 4 comentábamos los métodos empleados para invesetigar las influencias de genes aislados sobre la conducta animal. Estos métodos incluían los análisis de las distribuciones de cepas, los cruces mendelianos y las cepas consanguíneas recombinantes. En este capítulo consideraremos métodos más generales de análisis genético, que puedan utilizarse para separar los factores genéticos y ambientales, con independencia de si la conducta está influida por uno o por varios genes. Estos métodos, como la teoría de la genética cuantitativa descrita en el capítulo anterior, se pueden entender a diferentes niveles. Se pueden considerar simplemente como experimentos, en los que se manipulan los factores genéticos para determinar si los genes afectan a una conducta, o se pueden acoplar a la teoría de la genética cuantitativa para estimar las contribuciones relativas de los factores genéticos y ambientales. Los tres métodos básicos son estudios de familias, estudios de cepas y estudios de selección.

Estudios de familias

Los familiares que comparten genes deben ser obligadamente similares respecto a un carácter, si los genes afectan a ese carácter. Como indicamos en el último capítulo (Tabla 9.9) y resumimos en la primera columna de la Tabla 10.1, los genes contribuyen de un modo distinto dependiendo de la relación de parentesco. Indicamos que los hermanastros sólo comparten un cuarto de la varianza genética aditiva y no comparten la varianza por dominancia. Los progenitores comparten con sus descendientes la mitad de la va-

TABLA 10.1.—*Parecido fenotípico entre familiares, asumiendo que no existe covarianza ambiental.*

Familiares	Componentes genéticos de la covarianza	Regresión (b) o correlación (r)	Relación con la heredabilidad
Progenitor e hijo	$\frac{1}{2} V_A$	$b_{hp} = \frac{1}{2} V_A / V_p$	$2b_{hp} = h^2$
Media de los padres e hijo	$\frac{1}{2} V_A$	$b_{h\bar{p}} = \frac{1}{2} V_A / \frac{1}{2} V_p$	$b_{h\bar{p}} = h^2$
Hermanastros	$\frac{1}{4} V_A$	$r_{HT} = \frac{1}{4} V_A / V_p$	$4r_{HT} = h^2$
Hermanos	$\frac{1}{2} V_A + \frac{1}{4} V_D$	$r_H = (\frac{1}{2} V_A + \frac{1}{4} V_D)/V_p$	$h^2 \leq 2r_H \leq h^2_H$

rianza genética aditiva y no comparten la varianza por dominancia. Los hermanos comparten la mitad de la varianza genética aditiva y un cuarto de la varianza por dominancia. Podemos comparar estos diferentes parentescos para determinar hasta qué punto se puede predecir la similitud fenotípica a partir de la similitud genética.

Con animales de laboratorio se puede controlar hasta cierto punto el entorno, de tal modo que a menudo se puede ignorar la contribución ambiental a la similitud fenotípica. Si asumimos que el entorno está controlado, la covarianza sólo tendrá componentes genéticos. En el capítulo anterior indicamos que la correlación y la regresión son simplemente cocientes entre covarianzas y varianzas. También definimos la heredabilidad como el cociente entre la varianza genética y la varianza fenotípica. La segunda columna de la Tabla 10.1 indica que las covarianzas genéticas pueden ser divididas por las varianzas adecuadas de modo que se obtenga la regresión o la correlación. La última columna presenta la relación entre regresión o correlación y heredabilidad.

Por ejemplo, el componente genético de la covarianza entre las puntuaciones de un descendiente y su progenitor es ½ de la varianza genética aditiva. La regresión entre progenitor e hijo se obtiene dividiendo su covarianza (que es $\frac{1}{2} V_A$) por la varianza fenotípica del progenitor (la variable a partir de la cual intentamos predecir las puntuaciones de la descendencia). Por lo tanto, la regresión fenotípica de la descendencia y sus padres corresponde a la mitad de la heredabilidad en sentido estricto. De ahí que para calcular la heredabilidad hemos de multiplicar la regresión por dos:

$$2\left(\frac{\frac{1}{2} V_A}{V_p}\right) = \frac{V_A}{V_p} = h^2$$

Como señalamos en el capítulo anterior, la covarianza entre la media de los progenitores y las puntuaciones de los descendientes tiene los mismos componentes que la covarianza entre un progenitor y su hijo. Sin embargo, como se indica en la Tabla 10.1, la regresión entre la descendencia y la media de los progenitores resulta ser h^2, no $\frac{1}{2}h^2$. Esto se debe a que la varianza de las puntuaciones medias de los progenitores es la mitad de la varianza de las puntuaciones de un solo progenitor, cuando existe apareamiento al azar. La regresión es el cociente entre la covarianza ($\frac{1}{2}V_A$) y la varianza de las puntuaciones medias de los progenitores, que es $\frac{1}{2}V_p$. Por lo tanto, esta regresión coincide directamente con h^2. Este último método para estimar la heredabilidad tiene varias ventajas, entre ellas el hecho de que no presenta sesgo en el caso del apareamiento direccional (Falconer, 1960). Recuérdese que estas estimaciones de la influencia genética se basan en la premisa de que las influencias ambientales están controladas, y por lo tanto, no contribuyen a la correlación entre los miembros de la familia.

En el caso de la relación entre padres e hijos, el estadístico más adecuado es la regresión (Falconer, 1960). Entre hermanos y gemelos es preferible la correlación. En realidad, se utiliza una variante especial de la correlación (intraclase), en vez de la correlación interclase habitual. La correlación intraclase es de uso tan común, que vamos a describirla brevemente, si bien no entraremos en los detalles de su cálculo (para estos detalles, véase Haggard, 1958, u otros textos de estadística de nivel intermedio.) La correlación *interclase* (entre clases) asume que existen dos caracteres distintos, como las variables X e Y, lo cual no es el caso en las relaciones entre hermanos. La correlación *intraclase* (dentro de una misma clase) tiene en cuenta todas las posibles parejas de hermanos que se pueden formar en una familia. Sin embargo, si de un modo aleatorio asignamos a uno de los hermanos a una «clase» arbitraria y al otro a otra «clase» arbitraria distinta y calculamos la correlación interclase habitual, obtendremos prácticamente el mismo resultado que en la correlación intraclase. (De hecho, si la media y la varianza son la misma en las dos «clases», como sería el caso si asignamos al azar un número considerable de parejas de hermanos a las dos clases, la respuesta sería exactamente la misma). Una ventaja adicional de la correlación intraclase es que permite el cálculo de la correlación cuando existen más de dos hermanos en una familia.

Para estimar h^2 hay que multiplicar por 4 la correlación entre hermanastros. Consecuentemente cualquier error de medida quedará también multiplicado por 4. Por lo tanto, los cálculos de h^2 basados en la correlación entre hermanastros tienden a ser inexactos excepto si la muestra es de gran tamaño. Este método ha sido de gran utilidad en la crianza experimental de animales, donde se disponen de datos sobre cientos de descendientes pertenecientes a cientos de machos.

Si existe varianza por dominancia (V_D), al multiplicar por dos la correlación entre hermanos sobreestimaremos h^2. En cambio, subestimaremos h^2_B porque los hermanos sólo comparten ¼ de V_D. Al multiplicar por dos la correlación no se obtiene $(V_A + V_D)/V_P$, que es la heredabilidad en amplio sentido, sino que se obtiene $(V_A + ½V_D)/V_P$.

Estos procedimientos estadísticos son la base técnica sobre la que se apoya la sencilla afirmación con la que comenzábamos. Los estudios de familias se basan simplemente en el hecho de que los individuos relacionados genéticamente deben ser fenotípicamente similares para cualquier conducta que esté influida por genes. Más aún, los genes intervienen en proporción variable dependiendo de los distintos parentescos (como padres e hijos, hermanos y hermanastros). Comparando estas relaciones de parentesco, podemos determinar la contribución de la similitud genética a la similitud fenotípica observada. Un ejemplo ayudará a aclarar el método de los estudios de familias.

Conducta en Campo Abierto del ratón

Como ejemplo de la utilización de estos métodos, podemos considerar de nuevo la conducta en Campo Abierto del ratón. De Fries y Joseph P. Hegmann (1970) analizaron 72 machos y 144 hembras de una generación F_2 obtenida a partir de cruces C57BL/6 × BALB/c, y cruzaron a cada macho con dos hembras. De este modo, las 128 camadas resultantes (841 ratones) constaban de hermanos y hermanastros, éstos últimos relacionados sólo a través de sus padres.

La heredabilidad de la conducta en Campo Abierto se puede estimar de varias formas distintas a partir de estos datos, como se indica en la Tabla 10.2. La regresión entre la descendencia y la puntuación media de los progenitores permite calcular una heredabilidad en sentido estricto de 0,22, mientras que la correlación entre hermanastros permite calcular una heredabilidad en sentido estricto de 0,16. De estas dos estimaciones, que son bastante similares, la más exacta es la realizada a partir de la regresión entre padres e hijos, ya que la correlación entre hermanastros es menos fiable. No obstante, la correlación entre hermanos indica una heredabilidad mucho más alta. Recordemos que la correlación entre hermanos se debe a los componentes genéticos aditivos y no aditivos de la varianza. Pero esto es sólo una parte. El resto de la explicación reside en el hecho de que los hermanos fueron criados en la misma jaula, por la misma madre, y por lo tanto comparten el entorno pre y postnatal. Anteriormente asumimos que las fuentes ambientales de covarianza comunes a los familiares se podían ignorar en los animales de laboratorio sometidos a un entorno controlado. Sin embargo, en el caso de los hermanos, el ambiente no está controlado y evidentemente contribuye sustancialmente a la similitud fenotípica entre hermanos.

Aunque las investigaciones realizadas con otros animales, como los estudios de preferencia por el alcohol en el ratón (Whitney et al., 1970), actividad locomotriz en *Drosophila* (Connolly, 1968) y aprendizaje de la evitación en cerdos (Willham et al., 1963), han hecho uso del método de estudio de familias, este tipo de estudios son sorprendentemente escasos, teniendo en cuenta la obvia utilidad de esta técnica en las estimaciones de la heredabilidad. Sin embargo, hay muchos ejemplos de estudios de familias sobre la conducta humana y de ellos hablaremos en el siguiente capítulo.

TABLA 10.2.—*Parecido fenotípico entre familiares en la conducta en Campo Abierto.*

Familiares	Regresión o Correlación	Heredabilidad estimada
Media de los progenitores y descendientes	0,22	0,22
Hermanastros	0,04	0,16
Hermanos	0,37	0,74

PROCEDENCIA: DeFries y Hegmann, 1970.

Análisis multivariado

En el capítulo anterior, indicamos que los métodos de la genética cuantitativa se pueden aplicar a problemas uni y multivariados. En otras palabras, podemos analizar la correlación fenotípica entre caracteres, así como la varianza de los caracteres tomados de uno en uno. En el caso de la conducta en Campo Abierto, se observa habitualmente una correlación negativa (aproximadamente −0,40) entre actividad en Campo Abierto y defecación, es decir, los ratones que caminan mucho en Campo Abierto no dejan muchos rastros de sus recorridos. Sabemos que tanto la actividad en Campo Abierto como la defecación están hasta cierto punto determinados genéticamente, pero ¿están implicados los mismos genes? En otras palabras, la correlación fenotípica entre actividad y defecación, ¿se debe a factores genéticos o ambientales?

Hegmann y DeFries (1970) estudiaron este problema sirviéndose de los datos del estudio descrito anteriormente. Para estimar la correlación genética, se utilizaron las correlaciones cruzadas entre padres e hijos (por ejemplo, correlación entre actividad en los padres y defecación en los hijos), en las generaciones de segregación genética F_2 y F_3. Ya indicamos que las correlaciones cruzadas familiares incluían los mismos componentes de la covarianza que las correlaciones univariadas. Por lo tanto, las correlaciones cruzadas entre padres e hijos incluyen la covarianza genética aditiva, junto con cualquier influencia ambiental compartida por padres e hijos. Sin embargo, podemos asumir que en las controladas condiciones del laboratorio las desviaciones ambientales sean ligeras. Las correlaciones ambientales se obtuvieron a partir de cepas consanguíneas progenitoras, genéticamente invariables, y su F_1. La correlación fenotípica observada entre actividad y defecación en los individuos de la cepa consanguínea o de la F_1 puede deberse a factores ambientales, ya que estos individuos no varían genéticamente.

Como se indica en la Tabla 10.3, tres de las cuatro correlaciones genéticas entre actividad en Campo Abierto y defecación son elevadas y negativas. Esto indica que muchos de los genes que influyen sobre la actividad en Campo Abierto también afectan pleiotrópicamente a la defecación. Más avanzado el capítulo, consideraremos los estudios de crianza selectiva que apoyan estos hallazgos, de tal modo que al seleccionar de acuerdo con la actividad en Campo Abierto, se selecciona también paralelamente la defecación en Campo Abierto. Esto se conoce como respuesta correlacionada a la selección.

TABLA 10.3.—*Correlaciones genéticas (por encima de la diagonal) y correlaciones ambientales (por debajo de la diagonal) de la conducta en Campo Abierto en ratones, en un solo día.*

	Día 1 Actividad	Día 2 Actividad	Día 1 Defecación	Día 2 Defecación
Día 1 Actividad	—	0,94	−0,51	−0,89
Día 2 Actividad	0,59	—	−0,10	−0,76
Día 1 Defecación	−0,30	−0,25	—	0,20
Día 2 Defecación	−0,21	−0,44	0,34	—

PROCEDENCIA: Hegmann y DeFries, 1970.

La Tabla 10.3 indica también que las correlaciones genéticas entre las medidas en Campo Abierto en un único día, son reflejo de las correlaciones ambientales. Por ejemplo, la correlación genética más alta (0,94) se establece entre las actividades del día 1 y día 2, la correlación ambiental más alta

(0,59) se establece también entre estas medidas. Esta similitud entre las correlaciones genética y ambiental podría resultar sorprendente a los que esperasen que unas correlaciones fenotípicas estuvieran causadas únicamente por factores genéticos, y otras por factores ambientales únicamente. Se podría aducir que la similitud entre las correlaciones genética y ambiental podría deberse, en parte, a una confusión entre influencias genéticas y ambientales. La correlación genética podría contener posibles influencias ambientales compartidas por padres e hijos. A pesar de todo, los resultados de este estudio parecen ser más bien la regla que la excepción en los análisis multivariados de la conducta tanto humana como no humana, y sugieren que la correlación genética y la correlación ambiental están correlacionadas.

En el capítulo anterior, indicamos que este resultado no era sorprendente, al menos retrospectivamente. Hegmann y DeFries escribieron: «Desde el punto de vista de la eficiencia biológica, parecería más razonable que los caracteres correlacionados respondieran de un modo similar tanto a los efectos genéticos como a las desviaciones ambientales» (1970, p. 285). ¿Cuál podría ser la causa de la similitud entre la correlación genética y la ambiental? Un ejemplo hipotético propuesto por DeFries, Allan Kuse y Vandenberg (1979) se relaciona con la ruta metabólica que une tirosina y norepinefrina, como se indica en la Figura 10.1. La dopamina y la norepinefrina son neurotransmisores que afectan positivamente a la actividad de «correr en la rueda» y negativamente a la ingesta de alimento. La sustitución de un gen que incremente la actividad de los enzimas tirosina hidroxilasa (TH) o dopa descarboxilasa (DD) daría lugar a mayor actividad en la rueda y menor ingesta. En otras palabras, las mutaciones que afecten a las actividades DD o TH tendrán un efecto pleiotrópico sobre la actividad en la rueda y la ingesta, dando lugar a una correlación negativa entre las dos conductas. Pero, ¿cómo podrían las influencias ambientales hacer lo mismo? La dieta puede servir de ejemplo.

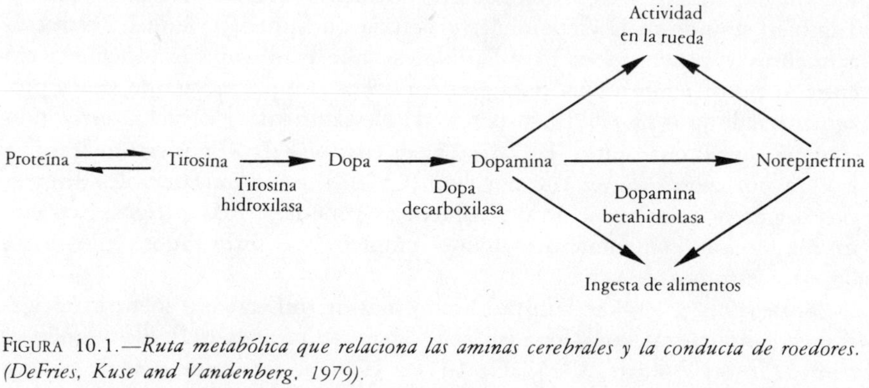

FIGURA 10.1.—*Ruta metabólica que relaciona las aminas cerebrales y la conducta de roedores. (DeFries, Kuse and Vandenberg, 1979).*

Una dieta rica en tirosina podría ocasionar un aumento de la actividad en la rueda y una disminución en la ingesta. Los cambios en la temperatura ambiental podrían operar del mismo modo, ya que un descenso de la temperatura podría disminuir la actividad en la rueda y aumentar la ingesta. Por lo tanto, al menos a nivel bioquímico, las correlaciones genética y ambiental pueden ser similares.

Estudios de cepas

Los animales obtenidos a través de sucesivos cruces consanguíneos, como apareamientos hermano-hermana durante muchas generaciones, acaban siendo homozigotos para todos los loci autosómicos, de tal modo que los animales del mismo sexo son genéticamente idénticos. En el Cuadro 10.1 se describe el origen de estas cepas consanguíneas de ratones. Dado que las distintas cepas consanguíneas se hacen homozigotas para distintos alelos, las cepas son, por lo tanto, genéticamente distintas unas de otras. Este hecho se puede utilizar para determinar si las diferencias genéticas influyen en la conducta. Si se crían cepas distintas en un ambiente similar (por ejemplo, jaulas estándar de laboratorio, comida, temperatura, luz, etc.), las diferencias en la conducta serán reflejo de diferencias genéticas (aunque las diferencias parentales pre y postnatales también pueden influir sobre la conducta). Podrían estar implicados un número variable de genes. Las conductas complejas suelen estar afectadas por muchos genes. A menudo es posible diferenciar las distintas cepas atendiendo al color del pelaje (Figura 10.2), aunque también presentan distintas conductas.

Por ejemplo, dos cepas consanguíneas muy estudiadas, presentes en la Figura 10.2, son la BALB/c y la C57BL/6. En la Figura 10.3 se indican sus actividades y defecaciones medias en Campo Abierto. Los ratones C57BL/6J son mucho más activos y defecan mucho menos que los ratones BALB/cJ. También se indican las actividades y defecaciones medias de la F_1, retrocruzamientos y generaciones F_2 y F_3. Nótese que existe una estrecha relación entre la puntuación media para esta conducta y el porcentaje de genes provenientes de la cepa C57BL/6 parental. De izquierda a derecha, estos porcentajes son: 0 por ciento (BALB), 25 por ciento (R_1), 50 por ciento (F_1, F_2 y F_3), 75 por ciento (R_2) y 100 por cien (C57BL). Estas considerables diferencias sugieren la intervención de influencias genéticas. Más adelante, en esta misma sección, comentaremos algunos empleos más sofisticados de los datos de estos estudios de cepas.

Entre 1922 y 1973 se han publicado más de mil trabajos sobre investigaciones conductistas, relacionadas con cepas de ratones definidas genéticamente (Sprott y Staats, 1975). De 1974 a 1978, se realizaron más de 650 es-

CUADRO 10.1.—*Cepas consanguíneas de ratones.*

El ratón doméstico común *(Mus musculus)* se ha convertido en el animal más utilizado en los estudios genéticos de la conducta. Esta popularidad se debe, en parte, a que tiene un tiempo de crianza muy corto aunque presenta la complejidad de conducta propia de los mamíferos. Otra razón importante es la diversidad de cepas consanguíneas que se han creado. Como comentábamos en el Capítulo 8, los cruces hermano-hermana a lo largo de 20 generaciones dan lugar a un 98 por ciento de homozigosis. Por lo tanto, los individuos de una cepa consanguínea son casi genéticamente idénticos. Debido al aumento de la homozigosis, las cepas consanguíneas presentan a menudo una marcada depresión por consanguineidad, con la consecuente disminución de la fertilidad. Muchos intentos de crear cepas consanguíneas han fracasado porque las cepas «fijan» alelos recesivos perjudiciales, que se expresan en los homozigotos.

La primera cepa consanguínea conocida se creó en 1907, tras 20 generaciones de apareamientos hermano-hermana, a partir de una pareja de ratones homozigotos recesivos para tres genes que afectan al color del pelaje. Los genes eran: «dilute», «brown» y «no agoutí», (el alelo dominante de agoutí produce bandas grisáceas en el pelaje.) La cepa se denominó dba (más tarde se modificó a DBA) para referirse a esos tres genes recesivos que hacen fácilmente identificable la cepa. En la Figura 10.2 se muestran un ratón de la cepa DBA y algunos de otras cepas comúnmente utilizadas en investigaciones genéticas.

En 1913, H. J. Bagg inició una cepa albina cuyo nombre (Bagg albino) se resumió más tarde a BALB/c. En 1921, la línea BALB/c se cruzó con otra cepa albina para comenzar la cepa A, que, por su susceptibilidad a los tumores, ha sido especialmente útil en las investigaciones sobre el cáncer. Los cruces entre las cepas BALB/c y DBA han dado lugar a varias cepas C, como la C3H y CBA. En 1921 se iniciaron otras dos cepas muy comunes, al alumbrar una hembra C57 a descendientes tanto negros como marrones. Estos se cruzaron separadamente para obtener las cepas C57BL (negra) y C57BR (marrón).

En la actualidad existen más de 100 cepas consanguíneas disponibles. Se designan por el nombre general de la cepa, seguido de una barra y la información sobre el laboratorio concreto responsable de la cepa u otras informaciones específicas. DBA/1J, por ejemplo, se refiere a una sublínea de la cepa DBA mantenida por el laboratorio Jackson en Bar Harbor, Maine. DBA/2IBG se refiere a una sublínea de la cepa DBA mantenida por el Institute for Behavioral Genetics en Boulder, Colorado.

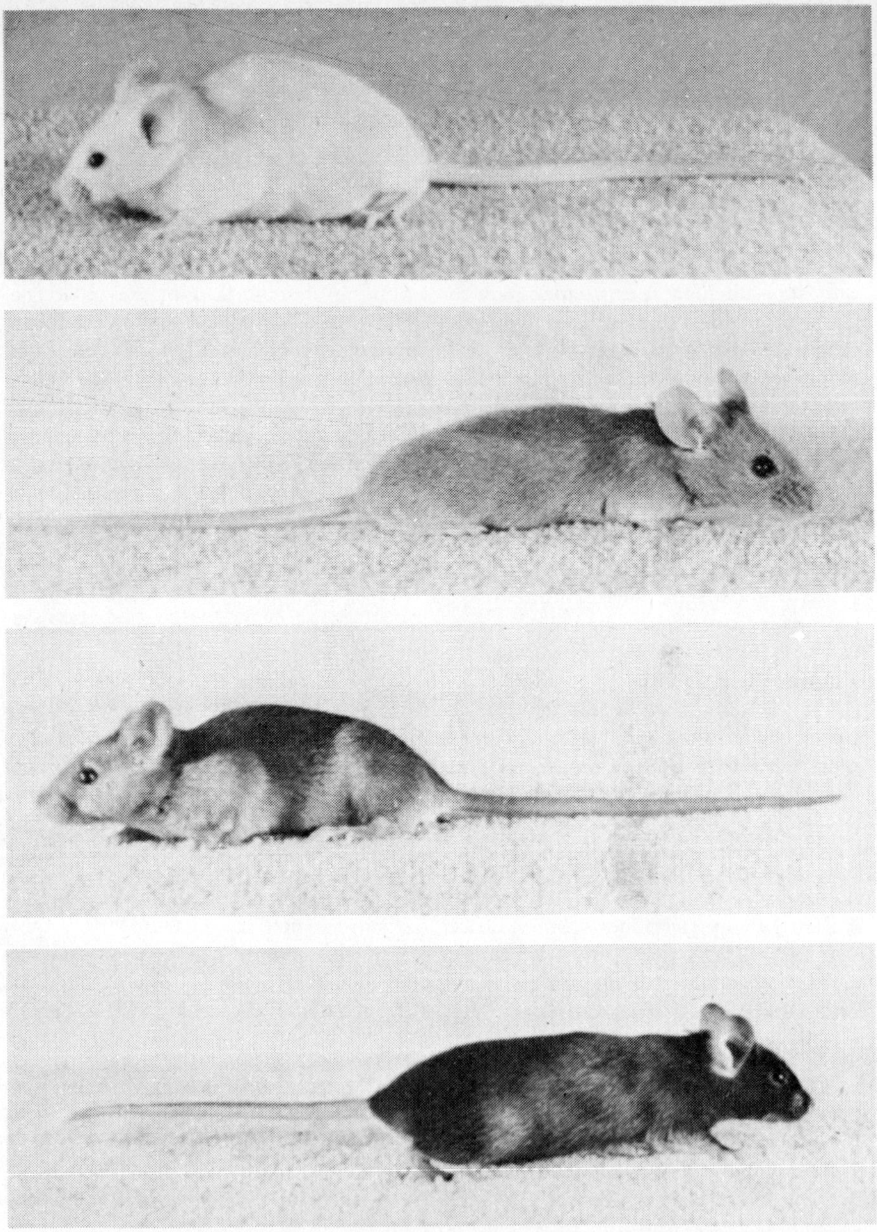

FIGURA 10.2.—*Cuatro cepas consanguíneas de ratón. (a) BALB/cJ. (b) DBA/2Ibg. (c) C3H/2Ibg. (d) C57BL/6Ibg. (Cortesía de E. A. Thomas).*

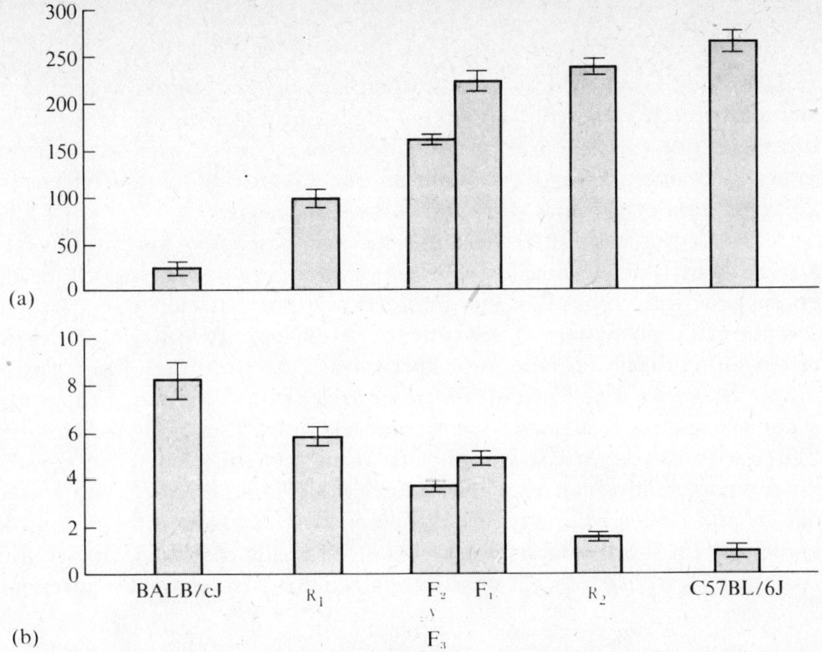

FIGURA 10.3.—*Actividad (a) y defecaciones (b) en Campo Abierto (± dos veces el error estándar), de ratones BALB/cJ y C57BL/6J,* F_1 *obtenida de éstos, retrocruzamientos* (R_1 *y* R_2) *y generaciones* F_2 *y* F_3. *(De «Reponse to 30 generations of selection for open-field activity in laboratory mice» por J. C. De Fries, M. C. Gervais y E. A. Thomas.* Behavior Genetics, *8, 3-13 Copyright © 1978 by Plenum Publishing Corporation. Reservados todos los derechos).*

tudios de este tipo (Sprott y Staats, 1979). Esta clase de estudios han demostrado que la varianza genética es prácticamente ubicua (las cepas diferían en casi todas las conductas estudiadas). Aunque el método de la comparación de cepas empieza a ser ensombrecido por otros análisis genéticos más sofisticados, todavía constituye un test sencillo y eficaz para determinar la presencia de variaciones heredables. Por ejemplo, recientemente, mediante comparaciones entre cepas se ha demostrado que existe una varianza genética considerable en caracteres tales como el olfato en el ratón (Wysocki, Whitney y Tucker, 1977) y en la mosca de la fruta (Hay, 1976), percepción de sabores en ratas (Tobach, Bellin y Das, 1974), correlaciones de EEG (Maxon y Cowen, 1976) y modos de desarrollo de diversas respuestas en el ratón (Deckard et al., 1976), y aptitud para el aprendizaje del ratón (Anisman, 1975; Padeh, Wahlsten y DeFries, 1974; Sprott y Starnes, 1975) y de *Drosophila* (Hay, 1975).

Efectos genéticos sobre el aprendizaje

Dado que los científicos que estudian la conducta animal se centran frecuentemente en el aprendizaje, expondremos unos ejemplos de las amplias diferencias que existen entre las aptitudes para el aprendizaje de las distintas cepas de ratones. Estos datos indican que es arriesgado generalizar estos hallazgos para otras cepas distintas de las estudiadas.

Se han encontrado diferencias genéticas en casi todos los estudios (véase la reciente revisión de Bovet, 1977). Se ha demostrado la existencia de diferencias genéticas en el ratón en el aprendizaje por evitación activa, aprendizaje por evitación pasiva, entrenamiento de escape, aprendizaje de discriminación, aprendizaje en laberinto, aprendizaje inverso, aprendizaje por presión de palanca e incluso condicionamiento del ritmo cardiaco. El aprendizaje por evitación activa puede servir como ejemplo. Este tipo de aprendizaje se suele estudiar en un aparato conocido como «caja de saltos», que consta de dos compartimentos con el suelo electrificado (Figura 10.4). Se sitúa al animal en uno de los compartimentos, se enciende instantáneamente una luz, seguida de un shock (gracias a la rejilla electrificada del suelo) que continúa hasta que el animal pasa al otro compartimento. Los animales aprenden a

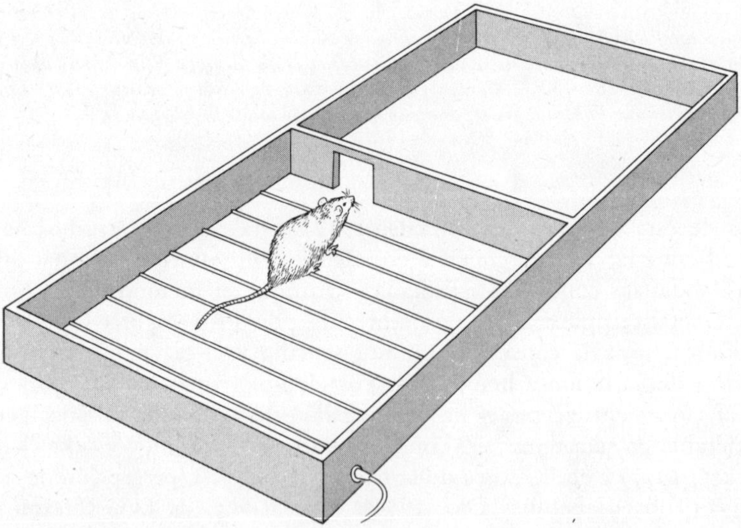

FIGURA 10.4.—*Caja de saltos utilizada para el estudio del aprendizaje por evitación.* (The Experimental Analysis of Behavior *por Edmund Fantino y Cheryl A. Logan. W. H. Freeman y compañía. Copyright © 1979).*

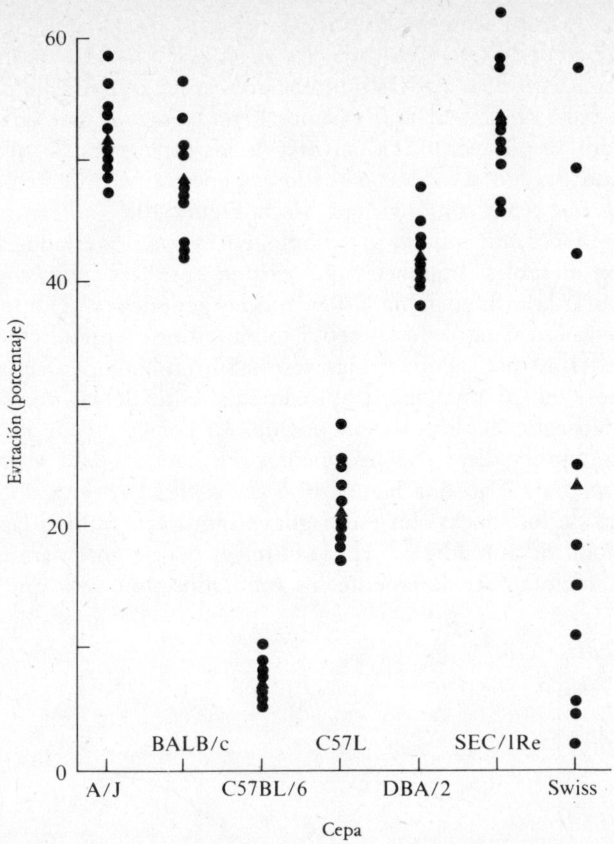

FIGURA 10.5.—*Aprendizaje por evitación de seis cepas consanguíneas de ratones y una cepa apareada al azar (Swiss). Cada punto representa los resultados de un ratón durante cinco sesiones. Los triángulos representan la media (De «Strain differences and learning in the mouse» por D. Bovet. En A. Oliverio, ed.,* Genetics, Environment and Intelligence. *Copyright © 1977 by Elsevier/North-Holland Biomedical Press. Reservados todos los derechos).*

evitar el shock cambiándose al otro compartimento tan pronto como se enciende la luz.

En realidad, sólo algunos animales aprenden a evitar el shock. Hasta que los experimentadores fueron conscientes de las causas genéticas de las diferencias en el aprendizaje, se sorprendían del amplio margen de diferencias existentes entre sus sujetos escogidos genéticamente al azar. Suponían que las diferencias podrían desaparecer si fuera posible medir el aprendizaje con suficiente precisión. Incluso había un chiste conocido como «La Ley de Harvard de la conducta animal»: «Cuando se aplica repetidamente un estímulo preciso, en una situación perfectamente controlada, el animal reaccionará exactamente como le venga en gana» (Scott, 1958). La parte más a la derecha de la Figura 10.5 indica que las puntuaciones en el aprendizaje por evitación en ratones Swiss criados al azar (grupos heterogéneos) varía desde casi cero hasta más del 50 por ciento. La mayoría de los experimentos sobre el aprendizaje se han llevado a cabo con roedores genéticamente heterogéneos. Los datos de las seis cepas consanguíneas de la Figura 10.5 indican que los ratones consanguíneos son mucho más homogéneos que los criados al azar. Más aún, las considerables diferencias que existen entre las cepas consanguíneas parecen indicar la influencia de las diferencias genéticas en el aprendizaje activo por evitación. Cuatro de las cepas consanguíneas aprendieron a evitar el shock más del 40 por ciento de las veces. Sin embargo, la cepa C57L sólo evitó el shock el 20 por ciento aproximadamente de las veces, y la cepa C57BL/6 sólo evitó el shock en menos del 10 por ciento de las pruebas.

Algunos ratones dieron incluso peores resultados, como se indica en las puntuaciones día a día de la Figura 10.5. La cepa CBA evita sólo menos del 5 por ciento de los shocks. En esta figura se indican también las diferencias en la velocidad de aprendizaje. Hacia el tercer día de entrenamiento, los ratones DBA mejoran sensiblemente los resultados, mientras que los ratones

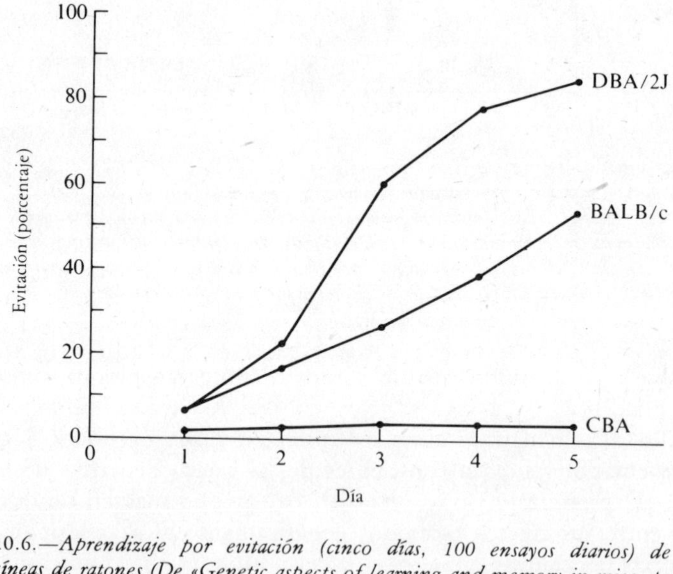

FIGURA 10.6.—*Aprendizaje por evitación (cinco días, 100 ensayos diarios) de tres cepas consanguíneas de ratones (De «Genetic aspects of learning and memory in mice» por D. Bovet-Nitti y A. Oliverio.* Science, *163, 139-149. Copyright 1969 by The American Association for the Advancement of Science).*

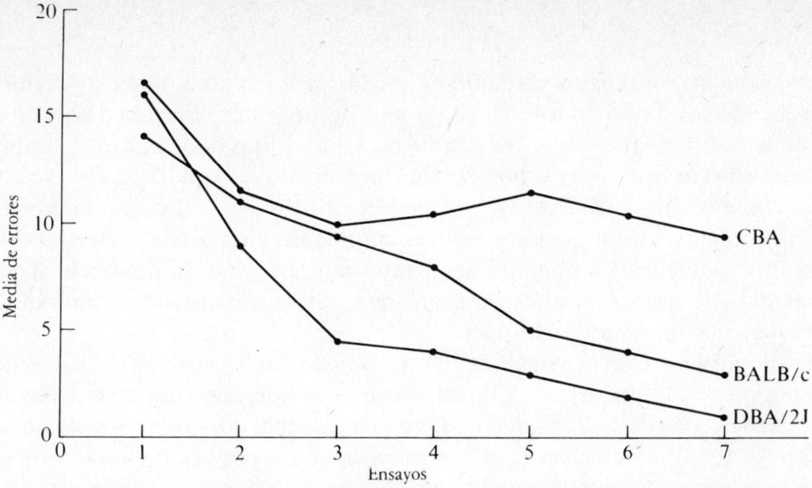

FIGURA 10.7.—*Errores en el aprendizaje del laberinto (laberinto III de Lashley) de tres cepas consanguíneas de ratones. Cada punto representa la media de los errores de 16 ratones a los que se sometía a una prueba diaria durante 1 día. (De «Genetic aspects of learning and memory in mice» por D. Bovet, F. Bovet-Nitti y A. Oliverio.* Science, *163, 139-149. Copyright © 1969 by The American Association for the Advancement of Science).*

BALB/c aún ejecutan la prueba con dificultad, mejorando sus resultados, pero más lentamente. La Figura 10.7 muestra que estas diferencias entre cepas no son privativas del aprendizaje aversivo (es decir, aprender a evitar un suceso desagradable, como un shock). La ejecución por estas mismas tres cepas de una tarea apetitiva, aprender a recorrer un laberinto para obtener comida, se ajusta a un esquema similar. La cepa DBA/2J aprende rápidamente, los ratones CBA fueron más lentos (aunque esta vez sí aprendieron un poco), y la cepa BALB/c dio resultados intermedios. No obstante, las cepas más rápidas en un tipo de aprendizaje no son siempre las más rápidas en otro distinto (Padeh, Wahlsten y De Fries, 1974).

Otro problema clásico en los estudios sobre el aprendizaje es el efecto de los ensayos realizados con mucha frecuencia, frente a los ensayos distribuidos a lo largo de períodos de tiempo más largos. En algunos casos, la cepa consanguínea C3H parece aprender rápidamente sólo cuando los ensayos son muy repetitivos. Por otro lado, los ratones DBA obtienen mejores resultados cuando los ensayos están más distanciados (Bovet et al., 1969).

En resumen, las cepas consanguíneas difieren en el aprendizaje de distintas tareas. Estos resultados sugieren que las diferencias genéticas influyen sobre el aprendizaje. En la siguiente sección comentaremos que las cepas consanguíneas también son de utilidad en el estudio de los efectos ambientales.

Efectos ambientales sobre la conducta

Las cepas consanguíneas también son de utilidad para poner de manifiesto los efectos ambientales. Si los ratones de una misma cepa criados en entornos distintos difieren en su conducta, estarán implicados factores ambientales. En este tipo de estudios, se han investigado las conductas de varias cepas consanguíneas en distintas situaciones ambientales, tales como ambientes «enriquecidos» con juguetes y espacio abundante para poder correr, ambientes superpoblados y ambientes agobiantes por la aplicación de shocks. Los resultados de estos estudios indican que estas circunstancias ambientales pueden influir sobre la conducta.

En algunos experimentos se han estudiado los efectos de las diferencias genotípicas y ambientales. Uno de los estudios de este tipo más conocidos utilizaba cepas de cruces selectivos, en vez de cepas consanguíneas (Cooper y Zubek, 1958). Estos investigadores trabajaron con ratas que habían sido cruzadas selectivamente para recorrer el laberinto con pocos errores («listas en laberinto»), o con muchos errores («tontas en el laberinto»). Se crió a las ratas de estas dos líneas en dos entornos distintos desde el destete (a los 25 días de edad), hasta los 65 días. Uno de los entornos estaba «enriquecido» con jaulas de colores claros y diversos juguetes móviles. En el entorno «empobrecido» las jaulas eran grises y no contenían juguetes. Se comparó a los animales criados en estos ambientes con las ratas listas y tontas en el laberinto, criadas en un ambiente habitual del laboratorio (en un experimento aparte).

Los resultados de las pruebas en el laberinto de estos animales (Figura 10.8) indican que existe una gran diferencia entre las dos líneas criadas en el ambiente normal. Esto no es sorprendente ya que las líneas se criaron selectivamente para que así fuera. El ambiente enriquecido no afectaba a las ratas listas en el laberinto, pero mejoraba considerablemente los resultados de las ratas tontas. Por otro lado, el ambiente empobrecido era extremadamente perjudicial para las ratas listas en el laberinto, aunque no afectaba apenas a las ratas tontas en el laberinto. En otras palabras, en este estudio no hay una respuesta sencilla sobre los efectos de los ambientes enriquecidos o empobrecidos. Depende del genotipo del animal. Este ejemplo ilustra la interacción genotipo-ambiente, la distinta respuesta de los genotipos a los distintos ambientes.

En otros estudios sobre el aprendizaje, también se han encontrado interacciones significativas entre genotipo y ambiente. Un importante estudio realizado por Norman Henderson (1972) sugiere que los efectos de las primeras experiencias pueden estar mediados por características temperamentales, tales como la curiosidad o el grado de motivación. Por ejemplo, en la siguiente sección veremos que las ratas listas y tontas en el laberinto, utilizadas en el estudio de R. M. Cooper y J. P. Zubek, difieren más desde el pun-

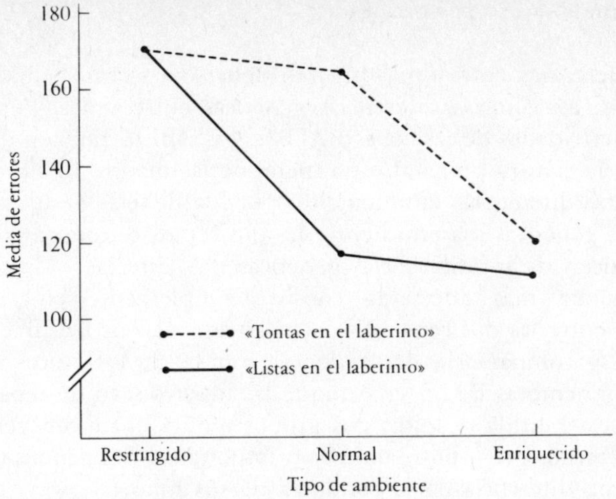

FIGURA 10.8.—*Interacción genotipo-ambiente. Errores en el recorrido en el laberinto de ratas «listas» y «tontas» en el laberinto criadas en ambientes empobrecido, normal y enriquecido. (De Cooper y Zubek, 1958).*

to de vista de sus características temperamentales que en su capacidad para aprender per se. Henderson estudió seis cepas consanguíneas de ratones criados en entornos «enriquecidos» o estándar. Los estudios previos sobre las primeras experiencias se basaban en el aprendizaje de tareas que podían estar influenciadas por diferencias inquisitivas y en la motivación, como el aprender a recorrer un laberinto para obtener comida, y aprender a evitar un shock con la ayuda de alguna pista (como una luz). Henderson realizó con los ratones dos test de autoconservación, que consistían en el aprendizaje de una técnica de escape (escapar del agua y escapar de un shock), que producen alta y uniforme motivación y mínima curiosidad. Como en otros estudios, se encontró que el aprendizaje estaba influido por factores genéticos, como indicaban las grandes diferencias entre cepas. A diferencia de otros estudios, el entorno en el que se criaban y las interacciones genotipo-ambiente parecían tener poca importancia. Henderson afirmaba que el aprendizaje, independientemente de características temperamentales como curiosidad y motivación, puede no estar influido por el ambiente en el que se cría al animal o por interacciones genotipo-ambiente. Volveremos a este importante punto de las interacciones genotipo-ambiente en el Capítulo 14.

Factores prenatales y postnatales

Las diferencias entre cepas pueden deberse a factores ambientales pre y postnatales, así como a diferencias genéticas entre cepas. Por ejemplo, las distintas actividades de las cepas BALB/c y C57BL/6 pueden deberse a diferencias en la crianza prenatal o postnatal de las madres BALB/c y C57BL/6. Si bien estas diferencias «ambientales» pueden deberse en última instancia a diferencias genéticas maternas entre las dos cepas, es conveniente separar estas influencias de las diferencias genéticas más directas.

La prueba más adecuada consiste simplemente en realizar *cruces recíprocos* entre las dos cepas. Es decir, cruzar machos BALB/c con hembras C57BL/6, y comparar la descendencia con la de los cruces entre machos C57BL/6 y hembras BALB/c. Aunque las madres sean de cepas distintas, la descendencia híbrida de estos dos grupos tendrá el mismo genotipo. Si los efectos maternos pre o postnatales son importantes, el genotipo de la madre marcará una diferencia en la conducta de sus hijos.

En el amplio estudio mencionado anteriormente (DeFries y Hegmann, 1970), se obtuvo la descendencia híbrida de los cruces recíprocos entre las cepas BALB/c y C57BL/6. En la Figura 10.9 se representa la media diaria de la actividad en Campo Abierto de las dos cepas consanguíneas y de la descen-

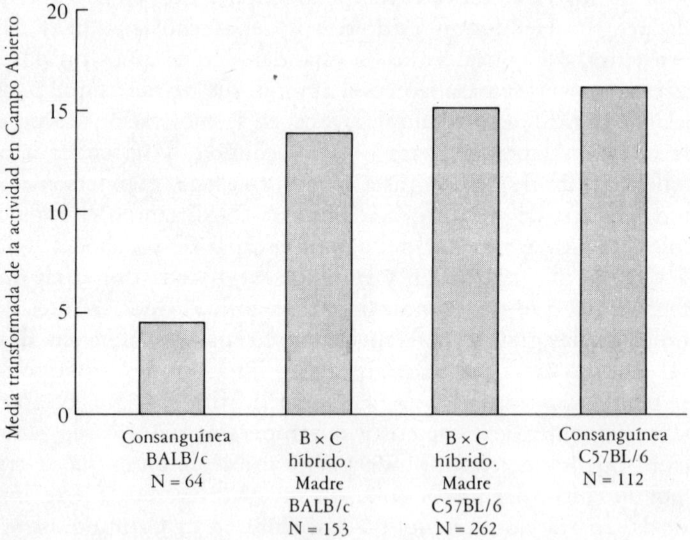

FIGURA 10.9.—*Media transformada de la actividad en Campo Abierto de dos cepas consanguíneas de ratones y sus cruces recíprocos. (Datos de DeFries y Hegmann, 1970).*

dencia obtenida por cruces recíprocos. Como ya vimos en la Figura 10.3, los ratones C57BL/6 son mucho más activos que los BALB/c. Los híbridos tienden a parecerse más a los ratones C57BL, indicando cierta dominancia en la actividad en Campo Abierto. Más aún, los híbridos criados por madres BALB/c son casi tan activos como los híbridos criados por madres C57BL/6. La ligera influencia materna, si bien estadísticamente significativa, es despreciable frente a las grandes diferencias entre las dos cepas consanguíneas. También se encontró una ligera influencia materna en las defecaciones en Campo Abierto. Por lo tanto, aunque existe cierta influencia materna, está claro que ésta no puede dar cuenta de las grandes diferencias en la conducta en Campo Abierto entre las dos cepas.

Cruce de nodrizas

La ligera influencia materna que indicaban los resultados del cruce recíproco pueden ser de origen prenatal o postnatal. Mediante una técnica llamada *cruce de nodrizas*, se pueden identificar las influencias postnatales. Al nacer, las crías son transferidas a otra madre de una cepa distinta. Si estas crías se comportan como las crías auténticas de la madre a la que han sido transferidas, existirán influencias postnatales. Sin embargo, si las crías que han sido transferidas se comportan de acuerdo con su propio genotipo, la diferencia entre las cepas no estará afectada por factores postnatales.

A pesar de que parece razonable asumir la posibilidad de que existan influencias maternas, ni los estudios de cruces recíprocos ni los de cruces de nodrizas han puesto de manifiesto muchos efectos maternos importantes, al menos en roedores. Sin embargo, en un estudio (Reading, 1966) se encontró un ligero, pero significativo, efecto del cruce de nodrizas sobre la actividad en Campo Abierto de los ratones BALB/c y C57BL/6. En la Figura 10.10 se ilustran los resultados de ese estudio. Los ratones C57BL/6 no eran afectados por el cruce de nodrizas, pero los ratones BALB/c eran ligeramente más activos cuando se les transfería a una madre C57BL/6. De nuevo, el efecto materno es pequeño comparado con las diferencias entre las dos cepas. Los ratones C57BL/6 transferidos a madres BALB/c eran casi un 40 por ciento más activos que los ratones BALB/c transferidos a madres C57BL/6. Por lo tanto, las diferencias entre las cepas BALB/c y C57BL/6 no parecen deberse en gran proporción a influencias postnatales.

Trasplantes de ovario

Una elegante técnica para demostrar la presencia de efectos maternos consiste en transplantar los ovarios de una hembra a otra. Los ovarios son los órganos reproductores femeninos encargados de la producción de óvulos. Aunque pueda parecer ciencia-ficción, la operación es relativamente sencilla, y en embriología se utiliza esta técnica desde 1909 (Palm, 1961). Realmente, sí tiene elementos de ciencia-ficción, como puso de manifiesto el título de uno de los primeros artículos sobre esta técnica, «Descendencia de madres no nacidas» (Russell y Douglas, 1945).

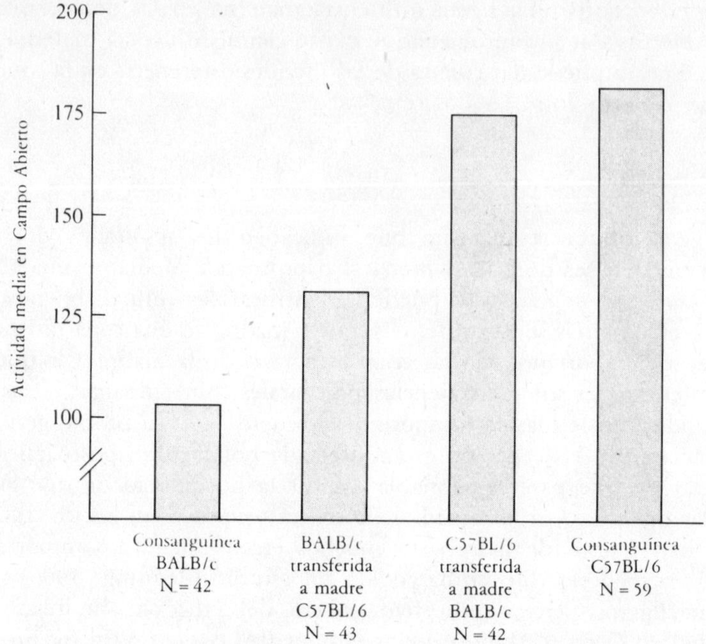

FIGURA 10.10.—*Actividad media en Campo Abierto de dos cepas consanguíneas de ratones y sus cruces de nodrizas (Datos de Reading, 1966).*

El transplante de ovarios tiene algunas singulares ventajas sobre otras técnicas en la identificación de efectos maternos. Los cruces recíprocos requieren hibridación y, debido al vigor híbrido, es probable que los híbridos sean menos susceptibles a las influencias ambientales (Falconer, 1960). Los estudios de cruces de nodrizas requieren la transferencia de una camada muy poco después de nacer. El transplante de ovarios no presenta estos problemas. Sin embargo, como en los injertos de piel, el transplante de ovarios requiere que exista histocompatibilidad entre donante y receptor. Por lo tanto, se pueden realizar sin dificultad transplantes de ovarios entre ratas de una misma cepa.

Pero esto no nos ayuda a comprender el papel de las influencias ambientales. Afortunadamente, los híbridos son compatibles con ambas cepas progenitoras. Transplantando los ovarios de dos cepas consanguíneas a madres híbridas genéticamente idénticas, podemos determinar si las diferencias entre cepas consanguíneas se deben al genotipo de la descendencia o al de sus madres.

El primer estudio sobre la conducta que utilizó trasplante de ovario fue llevado a cabo por DeFries et al. (1967). Se trasplantaron los ovarios de hembras BALB/c y C57BL/6 a hembras de la F_1 del cruce (BALB/c × C57BL/6) a las que se habían extirpado los ovarios. La operación es bastante sencilla porque el ovario es una unidad autocontenida. Se hace una pequeña incisión en la pared abdominal y se extirpa cada ovario rodeado de su capa de grasa. Los ovarios, encerrados en sus cápsulas transparentes, se transplantan a la cavidad ovárica de la hembra receptora, engarzándose la cápsula grasa en la pared abdominal. Pocos días después, los ovarios están en condiciones de liberar óvulos.

Las hembras híbridas con ovarios BALB/c se aparearon con machos BALB/c, produciendo por lo tanto fetos consanguíneos BALB/c (de espermatozoides y óvulos BALB/c) albergados en madres híbridas. Se designó a la descendencia de estas hembras como B/H (crías BALB/c alumbradas por madres híbridas). Homólogamente, se cruzaron hembras híbridas, a las que se les habían transplantado ovarios BALB/c, con machos C57BL/6. Se designó a la descendencia como C/H. También se utilizaron descendientes consanguíneos, criados por madres no operadas, como término de comparación. En la Figura 10.11 se esquematiza todo el proceso.

En la Figura 10.12 se ilustra la actividad en Campo Abierto de estos cuatro grupos de descendientes. Como ya hemos mencionado varias veces, los ratones consanguíneos BALB/c (B/B) son considerablemente menos activos y defecan más que los C57BL/6 (C/C). Y lo que es aún más importante, la actividad de los descendientes criados pre y postnatalmente por madres híbridas (B/H y C/H) es similar a la de las crías consanguíneas normales (B/B y C/C). En la defecación en Campo Abierto se obtuvieron los mismos resultados. Sin embargo, este estudio demostró la influencia de los factores ambientales maternos sobre el peso corporal, carácter del que ya se sospechaba que podría estar influido por estos factores.

A pesar de la efectividad de los transplantes de ovario, no conocemos otros estudios conductuales en los que se haya utilizado esta técnica para dilucidar entre influencias pre y postnatales y factores genéticos. En el caso de la conducta en Campo Abierto, proporciona las mejores pruebas de que los efectos maternos no son el origen de las diferencias entre las cepas BALB/c y C57BL/6.

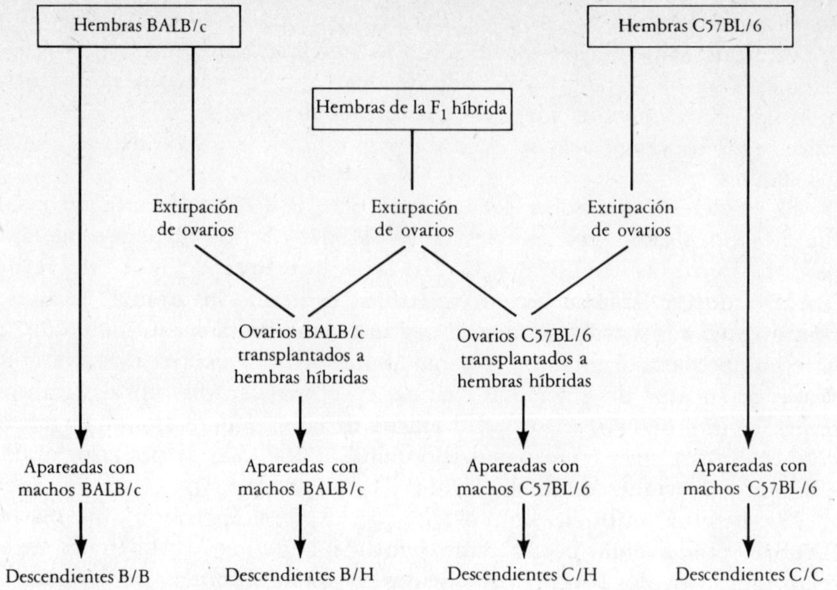

FIGURA 10.11.—*El experimento de trasplantes de ovarios realizado por De Fries y asociados (De Fries et al., 1967).*

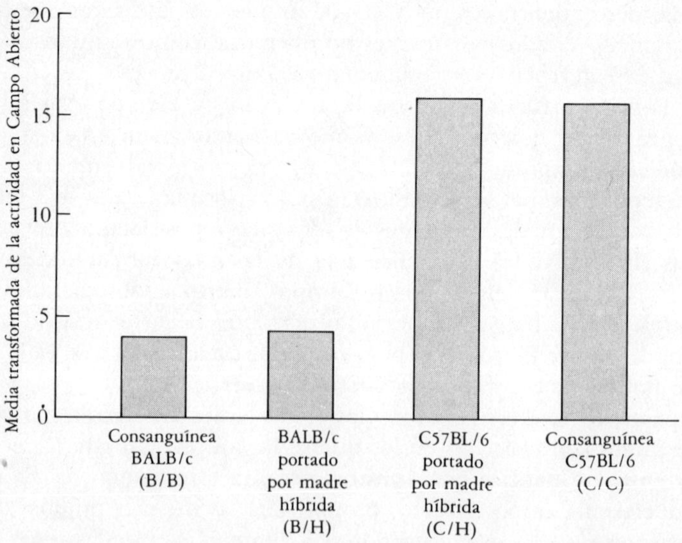

FIGURA 10.12.—*Media transformada de la actividad en Campo Abierto de dos cepas consanguíneas de ratones normales y transplantadas. El transplante de ovarios se explica en el texto (datos de DeFries et al., 1967).*

Análisis clásicos

Los estudios de cepas, además de demostrar que las diferencias genéticas entre cepas pueden dar lugar a sorprendentes diferencias en la conducta, se pueden utilizar para determinar la heredabilidad. Dado que este método requiere el análisis de las generaciones parentales y F_1 y F_2 mendelianas, se le denomina *análisis clásico*. Cuando se cruzan cepas consanguíneas para conseguir una F_1 híbrida, los individuos de cada una de las tres poblaciones serán genéticamente idénticos entre sí (isogénicos). Todos los ratones híbridos serán heterozigotos, pero todos tendrán el mismo tipo de heterozigosis. Por lo tanto, la variabilidad que exista dentro de cada población se deberá a factores no genéticos. La varianza fenotípica de cada una de las poblaciones, por tanto, dará idea de la varianza de origen ambiental:

$$V_E = V_{P_1} = V_{P_2} = V_{F_1}$$

donde V_{P_1} es la varianza fenotípica observada en la cepa progenitora 1, etc.

En la generación F_2 los genes se combinan y los individuos serán distintos tanto genética como ambientalmente. Ya que los individuos de la F_2 difieren genética y ambientalmente, su varianza fenotípica dará cuenta de todas las fuentes de variabilidad:

$$V_{F_2} = V_G + V_E$$

Por lo tanto, la varianza de los individuos de la F_2 es equivalente a la varianza fenotípica total. La heredabilidad es la fracción de la varianza fenotípica debida a la varianza genética. Dado que la varianza fenotípica comprende tanto la varianza genética como ambiental, podemos estimar la varianza genética como $V_{F_2} - V_E$. El cálculo de V_E se puede realizar a partir de la varianza fenotípica de cada cepa consanguínea o de la generación F_1. La estimación más correcta es la de la varianza conjunta parental y F_1. Para calcular la heredabilidad, dividimos esta varianza genética por la varianza fenotípica total de la población F_2:

$$h_B^2 = \frac{V_{F_2} - V_E}{V_{F_2}} = \frac{V_G}{V_G + V_E} = \frac{V_G}{V_P}$$

En los análisis clásicos se calcula la heredabilidad en amplio sentido, porque cualquier diferencia genética —causada por efectos genéticos aditivos y no aditivos— contribuirá a la varianza genética de la población F_2.

Los datos sobre la conducta en Campo Abierto de los ratones C57BL/6 y BALB/c y sus cruces F_1 y F_2 (DeFries y Hegmann, 1970) pueden de nuevo servir como ejemplo. Respecto a la actividad, la varianza de la población F_2 fue 16,1. La varianza conjunta de las poblaciones genéticamente invariables (las dos cepas progenitoras y la F_1) fue de 9,6. La varianza de la F_2, incluyendo tanto la varianza genética como la ambiental, es significativamente más alta que la V_E estimada, sugiriendo, por tanto, la influencia de los genes. Podemos calcular la heredabilidad en amplio sentido, del siguiente modo:

$$h_B^2 = \frac{V_G}{V_P} = \frac{V_{F_2} - V_E}{V_{F_2}} = \frac{16{,}1 - 9{,}6}{16{,}1} = 0{,}40$$

Esta estimación de la heredabilidad en amplio sentido indica que cerca del 40 por ciento de la varianza fenotípica de la generación F_2 se debe a diferencias genéticas. Esto significa, por supuesto, que la mayor parte de la varianza se debe a causas ambientales. La heredabilidad de la defecación en Campo Abierto, calculada a partir de estos mismos datos, es 0,29 (V_{F_2} = 0,55; V_E = 0,39).

En la sección anterior, la regresión entre padres e hijos parecía indicar que la heredabilidad en sentido estricto de la actividad en Campo Abierto era 0,22. Acabamos de calcular una heredabilidad en amplio sentido de 0,40. La diferencia entre la heredabilidad en amplio sentido y en sentido estricto se debe a la varianza genética no aditiva, como ya indicamos en el Capítulo 9. Sin embargo, podría suceder que en el análisis clásico se sobreestimara la varianza genética, ya que, en la práctica, normalmente se parte de cepas que difieren muy marcadamente. Por ejemplo, las cepas BALB y C57BL difieren sustancialmente en la actividad en Campo Abierto. La segregación en la F_2 de bloques de genes con valores genotípicos negativos, podría dar lugar a una sobreestimación de la varianza genética.

Diseño dialélico

El análisis clásico que acabamos de describir estudia las generaciones obtenidas en el cruce entre dos cepas consanguíneas. Este análisis puede ampliarse a todos los cruces posibles entre varias cepas. El *diseño dialélico* compara varias cepas consanguíneas con todos los cruces híbridos F_1 posibles. Inicialmente se denominó a esta técnica «el método del intercruzamiento completo» (Schmidt, 1919). Como el análisis clásico de dos cepas consanguíneas, el análisis dialélico proporciona información sobre la varianza genética, heterosis y efectos maternos. También pueden añadirse a estos los parámetros ambientales (Hendersson, 1967; Hyde, 1974). No obstante, el método dialélico es más eficaz porque permite determinar más parámetros genéticos utilizando sólo la generación F_1, es decir, sin tener que esperar a la generación F_2. Más aún, el método dialélico da cuenta de la varianza genética de varias cepas consanguíneas, y por lo tanto permite extraer consecuencias más amplias.

Tomemos como ejemplo, una vez más, la actividad en Campo Abierto del ratón. Hendersson (1967), llevó a cabo el cruce dialélico de 1.440 ratones pertenecientes a cuatro cepas. En la Tabla 10.4 se resumen los datos de la actividad en Campo Abierto. Las puntuaciones medias de las cuatro cepas consanguíneas forman una de las diagonales. Como hemos visto, los ratones C57BL/10 son más activos que los BALB/c, siendo los C3H/He los menos activos. Las demás puntuaciones son las obtenidas en los cruces recíprocos entre cepas. Comparando las puntuaciones por encima y por debajo de la diagonal, podemos deducir que los efectos maternos no son importantes. Por ejemplo, no existen efectos maternos en el cruce BALB/c × C57BL/10. Cuando la madre es BALB/c, los híbridos tienen una actividad media de 49. Cuando la madre es C57BL/10 la puntuación media es 50. Estos datos permiten generalizar las conclusiones sobre los efectos maternos a otras cepas y sus cruces. Los análisis de la varianza de esta cuatro cepas indican una heredabilidad en amplio sentido de 0,40 para la actividad en Campo Abierto y de 0,08 para la defecación.

TABLA 10.4.—*Análisis dialélico de la actividad en Campo Abierto de cuatro cepas consanguíneas de ratones.*

	Cepa paterna			
Cepa materna	C57BL/10	DBA/1	C3H/He	BALB/c
C57BL/10	56	47	49	50
DBA/1	45	55	29	40
C3H/He	46	22	21	24
BALB/c	49	42	21	35

PROCEDENCIA: Hendersson, 1967.

En resumen, los estudios que comparan diversas cepas consanguíneas son de utilidad, no sólo para determinar la influencia de los genes sobre la conducta, sino también para valorar los efectos del ambiente. En combinación con los experimentos en los que se manipulan las condiciones ambientales, los estudios de cepas consanguíneas proporcionan información acerca de las interacciones genotipo-ambiente e influencias maternas pre y postnatales.

Crianza selectiva

La selección, tanto natural como artificial, sólo es efectiva si los rasgos que se seleccionan son heredables. Los criadores de animales, a lo largo de la historia, han seleccionado caracteres de la conducta mucho antes de que se conociera el por qué del éxito, y la selección sigue siendo hoy un aspecto importante de la cría de animales. La selección artificial se manifiesta no sólo en sus aplicaciones comerciales, tales como producción avícola, ganadería y animales criados para obtener carne, sino también en nuestros animales de compañía. Ya que los perros ofrecen un ejemplo tan familiar de variabilidad genética, nos detendremos por un momento en la crianza de perros.

Perros

A pesar de la enorme variedad de perros, todos son miembros de una única especie. Durante los últimos diez mil años se ha seleccionado su conducta y morfología. Todo el mundo conoce sus amplias diferencias morfológicas; por ejemplo, un San Bernardo pesa cuarenta veces más que un chihuahua. Sin embargo, la conducta no ha sido menos importante en su selección. J. P. Scott y Fuller (1965) mencionan algunos casos de crianza muy antiguos. El primer libro sobre perros editado en Inglaterra, fechado en 1576, hace una clasificación atendiendo a la conducta. Los terriers, por ejemplo, se criaron para que gatearan en las madrigueras y desalojaran a animales pequeños. Otro libro publicado en 1686 describe la conducta que originalmente se seleccionó en los spaniels. Fueron criados para que se acercaran arrastrándose a las aves y saltaran luego sobre ellas, ahuyentándolas hacia las redes del cazador. Con la aparición del rifle, se crió a los spaniels para que señalaran en vez de agacharse, aunque los cocker spaniel todavía se agachan cuando están asustados. Sin embargo, el autor del trabajo de 1686 estaba interesado en el carácter de los spaniels: «Los spaniel son muy fieles por naturaleza, más que cualquier otra criatura, ya que ni frío, ni calor, ni seco, ni mojado, ni día, ni noche les haría abandonar a su amo» (citado por Scott y Fuller, 1965; p. 47).

Hoy día se sigue clasificando a los perros de acuerdo con su conducta. En los criaderos de perros americanos y británicos se sigue clasificando a los perros atendiendo a la conducta, más que a la similitud genética. Los procesos de selección pueden ser muy precisos. Por ejemplo, en Francia, donde se

FIGURA 10.13.—*J. P. Scott con las cinco razas de perros que utilizó en sus experimentos con J. Fuller. De izquierda a derecha: fox terrier pelo de alambre, cocker spaniel americano, basenji africano, perro pastor de Shetland y beagle. (De* Genetics and the Social Behavior of the Dog *por J. P. Scott y J. L. Fuller. Copyright © 1965. The University of Chicago Press. Reservados todos los derechos).*

utiliza a los perros sobre todo para tareas de granja, existen 17 razas de perros pastores y guardianes, especializados en diversos aspectos de este tipo de trabajos. En Inglaterra, la crianza de perros se orienta fundamentalmente a la caza y existen 26 razas reconocidas de perros de caza. La crianza, sin embargo, puede tener efectos impredecibles. En muchos casos, al seleccionar ciertas características, los criadores han seleccionado también defectos. Por ejemplo, muchas razas, como es el caso del pastor alemán, se crían para el «tirar cuesta abajo», en el sentido de que los hombros quedan más altos que las caderas. Aunque esto pueda darle una apariencia magnífica, también les hace más susceptibles a padecer desarreglos en las articulaciones de la cadera, que pueden conducir a la cojera.

Hace dos décadas, Scott y Fuller (1965) llevaron a cabo un extenso programa de investigación sobre la crianza de perros, desde el punto de vista de la genética de la conducta. Estudiaron el desarrollo de las razas puras e híbridas de las cinco razas representativas que se muestran en la Figura 10.13: basenjis, beagles, cocker spaniels, perros pastores de Shetland y fox terriers. La historia de la selección de cada una de las razas es muy distinta. Los basenjis se trajeron recientemente de África, donde son utilizados para la caza en general. Se les utilizaba para conducir presas pequeñas hacia una red, seguir pistas y para el ojeo de aves. Los cocker spaniel descienden de perros para la caza de aves, y ahora son sobre todo perros de compañía. Los terriers son agresivos y pendencieros, como se puede deducir de la historia de su selección que ya mencionamos. A diferencia de otras razas, los perros pastores de Shetland no se han criado para la caza, sino para realizar complicadas tareas bajo la estrecha dirección de su amo. Originalmente eran perros de pequeño tamaño, que se cruzaron primero con los grandes colis escoceses y más tarde con razas más pequeñas. Normalmente se les cría como perros pequeños con una apariencia similar al coli.

Estas razas son todas de un tamaño similar, pero difieren marcadamente en su conducta. Antes de generalizar sobre la conducta de cada raza debemos tener en cuenta que los individuos de una raza no son genéticamente idénticos, como era el caso de los ratones de una cepa consanguínea. Dentro de cada raza existe una variabilidad genética considerable, aparte de las diferencias genéticas que existan entre ellas. Las diferencias medias en la conducta reflejan la historia de su crianza. Los spaniels son muy amantes de las personas y no son agresivos. Los terriers son considerablemente agresivos. Los basenji raramente ladran y se asustan mucho de la gente hasta que tienen un par de meses, edad a la que empiezan a ser domesticados. Los perros pastores de Shetland son muy fáciles de entrenar. En resumen, Scott y Fuller encontraron diferencias entre las razas en casi todos los aspectos, como desarrollo de las relaciones sociales, emocionalidad y entrenabilidad. También demostraron que estas diferencias existen aún cuando se críe a los animales en el mismo entorno.

Heredabilidad

A través de la genética cuantitativa podemos predecir el éxito de la selección. Al nivel más básico, si la heredabilidad es nula, la crianza selectiva no resultará de utilidad alguna. Si la heredabilidad es 1,0 la selección tendrá un efecto inmediato. Los valores intermedios de heredabilidad harán que la selección tenga un efecto parcial.

Más concretamente, para valorar la respuesta a la selección, se utiliza la heredabilidad en sentido estricto, porque incluye únicamente la varianza genética aditiva (Capítulo 9). La selección sólo tendrá éxito en tanto exista varianza genética aditiva. Consideremos una conducta como la de Campo Abierto en un grupo de ratones genéticamente heterogéneo. Si criamos ratones con una alta actividad en Campo Abierto, y la actividad es altamente heredable, la descendencia presentará una actividad media más próxima a la de sus padres que a la de la población original. Sin embargo, si la actividad en Campo Abierto no es heredable, la descendencia de los animales más activos presentará una actividad media idéntica a la de la población original.

Para describir estos razonamientos es preciso introducir dos términos nuevos. El primero es el de *diferencial de selección,* la diferencia entre la media de los padres seleccionados y la de la población base (Figura 10.14). El otro es el de *respuesta a la selección* (o ganancia), la diferencia entre la media de la descendencia de los animales seleccionados y la de la población base. Si la heredabilidad es nula, la respuesta a la selección será cero, independientemente del diferencial de selección. De hecho, la respuesta a la se-

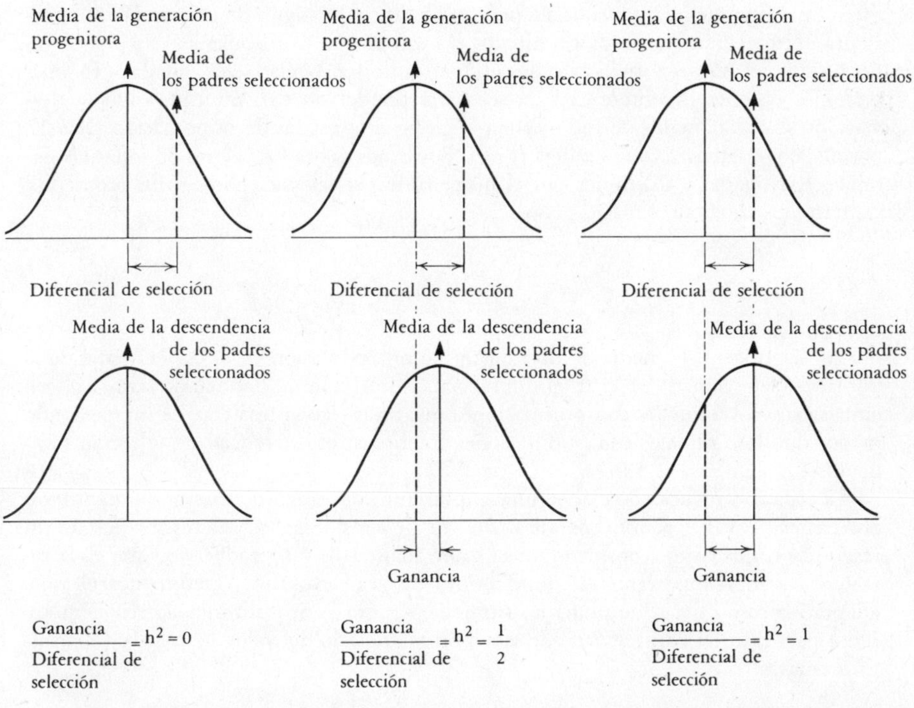

FIGURA 10.14.—*Relación entre diferencial de selección, respuesta a la selección o ganancia y heredabilidad realizada. (De* Heredity, Evolution and Society, *2.ª edición, por I. Michael Lerner y William J. Libby. W. H. Freeman and Company. Copyright © 1976).*

CUADRO 10.2.—*Teorema fundamental de la selección natural.*

Los cálculos del diferencial de selección deben tener en cuenta, no sólo la media de los padres seleccionados y la de la población base, sino también que algunos de los padres seleccionados pueden tener más descendientes que el resto. Por ejemplo, supongamos que los individuos con la puntuación más alta entre los padres seleccionados no tienen tantos descendientes como otros padres seleccionados. Si no se pondera la media parental teniendo en cuenta el número de descendientes, el diferencial de selección calculado sobreestimaría la media esperada en la descendencia. Aunque puede parecer poco importante, sirve para introducir un tema de gran interés, el teorema fundamental de la selección natural. Este teorema establece que el cambio en el valor adaptativo o eficacia biológica evolutiva requiere varianza genética aditiva.

Este teorema fundamental de la selección natural se comprende mejor si nos referimos de nuevo al problema de la reproducción diferencial de padres seleccionados, en un estudio de crianza selectiva. Para definir el problema, se utiliza un diferencial de selección ponderado que valora la media de los padres teniendo en cuenta el número de descendientes. El valor adaptativo o eficacia biológica de una pareja es el cociente entre el número de descendientes (f_i) con el que contribuye a la siguiente generación, y el número medio de descendientes de las parejas seleccionadas ($\bar{f}$). Así, podemos obtener un diferencial de selección ponderado (S), multiplicando la desviación del valor medio de cada pareja respecto a la media de la población ($X_i - \bar{X}$) por el valor adaptativo de la pareja ($f_i / \bar{f}$). Sumamos ahora los valores de todas las parejas seleccionadas y dividimos por el número de parejas para obtener un promedio. En términos algebraicos más concisos:

$$S = \left(\frac{1}{n}\right) \sum \left[\frac{f_i}{f} (X_i - \bar{X}) \right]$$

Por ejemplo, si la media de un carácter en una población es 10,0 y la media de la población seleccionada es 15,0, el diferencial de selección no ponderado sería 5,0. Sin embargo, si los animales con puntuaciones más altas tienen una tasa de reproducción menor que los animales con puntuaciones inferiores, el diferencial de selección ponderado sería inferior a 5,0.

La ecuación mencionada tiene una importante consecuencia, puesta de manifiesto por Fisher (1930) hace muchos años. En vez de considerar los valores medios de un rasgo (X) como antes, consideremos el valor adaptativo o reproductivo, que es la característica más importante desde el punto de vista evolutivo. Definíamos el valor adaptativo como $f_i/\bar{f}$, que podemos simbolizar como F. Si utilizamos la ecuación anterior para calcular el diferencial de selección ponderado del valor adaptativo (S_F), sustituiremos:

$$S_F = \left(\frac{1}{n}\right) \Sigma[F_i(F_i - \bar{F})]$$

que es equivalente a:

$$\frac{\Sigma F_i^2 - [(\Sigma F_i)^2]/n}{n} = V_{PF}$$

Esto, a su vez, es equivalente a la varianza fenotípica de F, el valor adaptativo (los lectores que hayan estudiado estadística se darán cuenta de que esta ecuación representa una forma abreviada del cálculo de la varianza).

Como se explica en el texto, la respuesta a la selección es función de la heredabilidad y del diferencial de selección. Para el caso del valor adaptativo, la respuesta a la selección (R_F) representa el cambio de valor adaptativo en cada generación:

$$R_F = h_F^2 S_F$$

Dado que la heredabilidad en sentido estricto es equivalente al cociente entre la varianza genética aditiva y la varianza fenotípica, y como hemos visto, S_F es igual a la varianza fenotípica de F, esta ecuación se puede simplificar:

$$\begin{aligned} R_F &= (V_{AF}/V_{PF})(V_{PF}) \\ &= V_{AF} \end{aligned}$$

En otras palabras, el cambio en eficacia biológica por generación es igual a la varianza genética aditiva. Si en una especie existe varianza genética aditiva para caracterers relacionados con el valor adaptativo, cabe la posibilidad de que siga actuando la selección. Sin embargo, cuando los caracteres en relación con el valor adaptativo han sido seleccionados lo más rigurosamente posible (entendiendo que no pueden existir más respuestas a la selección), no se mantendrá la varianza genética. Esperaríamos, por lo tanto, una baja heredabilidad de los componentes principales de eficacia biológica, como la fertilidad (Falconer, 1960). Sin embargo, la recíproca no es necesariamente cierta. Los caracteres con baja heredabilidad no tienen por qué ser componentes importantes del valor adaptativo. Pueden tener baja heredabilidad debido a la importancia de los factores ambientales.

El teorema fundamental de la selección natural también implica que la mayor parte de la varianza genética de los caracteres del valor adaptativo debe ser no aditiva. Dado que dominancia y recesividad son las responsables de la depresión por consanguineidad y del vigor híbrido, también esperaríamos encontrar en los caracteres de la eficacia biológica de una población estable una considerable depresión por consanguineidad y vigor híbrido, así como una baja heredabilidad (Bruell, 1964, 1967).

lección (R) es función de la heredabilidad (h^2) y del diferencial de selección (S):

$$R = h^2S$$

Por lo tanto, cuanto más próxima a 1,0 esté la heredabilidad, más se aproximarán la respuesta a la selección y el diferencial de selección. En otras palabras, la descendencia tendrá una puntuación media similar a la puntuación media de sus progenitores. Por lo tanto, si conocemos la heredabilidad de un carácter, podemos predecir la respuesta a la selección para un diferencial de selección dado, aunque las predicciones precisas son complicadas por la existencia de dominancia, pleiotropía, ligamiento y frecuencias alélicas iniciales distintas (Wright, 1977). Esta relación es especialmente importante en biología evolutiva, donde el carácter seleccionado es el valor adaptativo o eficacia biológica (véase el Cuadro 10.2).

Reordenando términos vemos que:

$$h^2 = \frac{R}{S}$$

Por lo tanto, se puede utilizar un estudio de selección para determinar a posteriori la heredabilidad, la llamada heredabilidad realizada. En la Figura 10.14 se ilustran las relaciones entre estas variables. En el primer ejemplo, la heredabilidad es cero porque la media de la descendencia es idéntica a la de la población base no seleccionada. En el segundo ejemplo, la respuesta a la selección (denominada «ganancia» en la Figura 10.14) presenta un valor mitad del diferencial de selección, por lo tanto, la heredabilidad vale 0,50. En el último ejemplo, la heredabilidad vale 1,0 ya que la respuesta a la selección es idéntica al diferencial de selección.

Aprendizaje de las ratas en el laberinto

Los experimentos de crianza selectiva se emplearon ya en los comienzos de la genética de la conducta. En 1924, E. C. Tolman dio a conocer los resultados de seleccionar, durante dos generaciones, el aprendizaje de las ratas en el laberinto. Tolman vio en el enfoque genético, y en particular en la crianza selectiva, una valiosa herramienta para la «disección» de las características de la conducta:

Podría parecer que el objeto de esta investigación concerniera más directamente a los genetistas. Sin embargo, también es de gran interés para los psicólogos. Nosotros los genetistas podríamos descubrir el mecanismo genético completo de un carácter como la aptitud para el aprendizaje en un laberinto; es decir, el número de genes implicados, cómo se segregan, sus ligamientos, etc., pero necesariamente, estaríamos, al mismo tiempo, descubriendo la naturaleza de la aptitud para el aprendizaje en un laberinto desde un punto de vista psicológico o conductista; de qué aptitudes se compone, su interdependencia y sus relaciones con otras aptitudes medibles como, digamos, discriminación sensorial, nerviosismo, etc. La respuesta al problema genético requiere la respuesta al problema psicológico, al mismo tiempo que la respuesta al primero señala el camino hacia la del segundo (Tolman, 1924, p. 1).

Como aportación propia a este fin, Tolman comenzó con un grupo diverso de 82 ratas, en las que se determinó su aptitud para el aprendizaje en un laberinto. Utilizando como criterio para la selección «un promedio aproximado de los resultados respecto a errores, tiempo y número de recorridos perfectos», se seleccionaron nueve ratas macho y nueve hembras «listas» y se cruzaron entre ellas. De un modo similar, se seleccionaron nueve ratas macho y nueve hembras «tontas» para iniciar la línea «tonta». La descendencia de estos individuos constituyó la primera generación de selección. Se determinó la aptitud de estos animales en el laberinto, y se seleccionaron los más listos del grupo de los listos y los más tontos del grupo de los tontos. Se cruzó a estos individuos entre sí (hermano × hermana) para obtener la segunda generación de selección de «listos» y «tontos».

Los resultados de la primera generación no dejaban lugar a dudas. Los padres listos tuvieron descendientes listos, y los padres tontos tuvieron descendientes tontos. La cantidad de datos presentados por Tolman (1924), permite calcular que las heredabilidades realizadas de los tres caracteres seleccionados fueron: errores, 0,93; tiempo, 0,57; número de recorridos perfectos, 0,61. Sin embargo, debido al pequeño tamaño de la muestra, estas estimaciones están sujetas a errores estándar considerables. En la siguiente generación disminuyó la diferencia entre listos y tontos, debido fundamentalmente a una disminución de la eficiencia del grupo listo. Estos resultados de la segunda generación, fueron, desde luego, decepcionantes, y Tolman examinó varias explicaciones posibles. En primer lugar, el laberinto que utilizó no era un instrumento de medida especialmente fiable. En segundo lugar, los cruces entre hermanos y hermanas podrían haber dado lugar a cierta depresión por consanguineidad.

Para facilitar las investigaciones consecuentes, Tolman, en colaboración con Robert Tryon, desarrolló un laberinto-registrador automático. Con el nuevo laberinto, que proporcionaba un mayor control de las variables ambientales y que resultaba muy fiable, Tryon comenzó de nuevo el proceso de selección, partiendo de un stock fundador heterogéneo de ratas criadas en varios laboratorios distintos. Tolman dedicó sus energías al desarrollo de su teoría sobre el aprendizaje, y no realizó más experimentos en el campo de la genética de la conducta. Sin embargo hizo una imperecedera contribución a este campo, insistiendo sobre la importancia de la herencia en su muy conocida lista H.E.E.E. de factores que influyen sobre las diferencias individuales (herencia, edad, entrenamiento y situaciones endocrina, farmacológica y vitamínica).

En los experimentos de Tryon, la selección se basaba en el número de entradas en caminos sin salida, entre los 2 y 19 días siguientes a un entrenamiento de 8 días para familiarizar a los sujetos con el laberinto. Como en el estudio de Tolman, se llevaron a cabo cruces consanguíneos deliberadamente. Los resultados se representan en la Figura 10.15. Existe una divergencia bastante constante a partir del séptimo día, y en los días sucesivos no hay prácticamente solapamiento entre las distribuciones de los grupos «listo» y «tonto». Las ratas más tontas de entre las listas, ejecutaban la tarea con aproximadamente la misma eficacia que las más listas del grupo de las tontas. En las siguientes generaciones no se encontró respuesta a la selección adicional. Tryon proporcionó información suficiente como para que Patrick Tyler (1969) calculase una heredabilidad realizada de 0,21.

En los resultados del experimento de Tryon se pone de manifiesto un problema general que surge en la interpretación de los estudios de crianza selectiva. El problema consiste en que podemos creer que estamos selec-

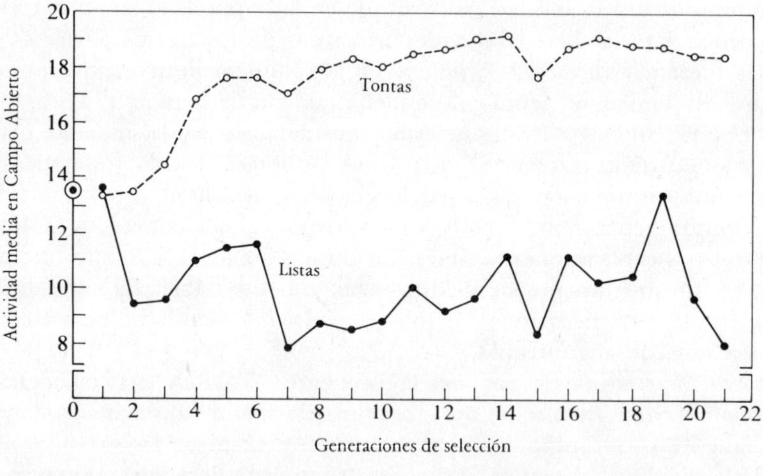

FIGURA 10.15.—*Resultados del experimento de Tryon sobre la crianza selectiva de ratas «listas» y «tontas» en el laberinto. (De «The inheritance of behavior» by G. E. McClearn. En L. J. Postman Ed.* Psychology in the Making. *Copyright © 1963. Reproducido con autorización de Alfred A. Knopf. Inc.).*

cionando una característica, cuando, de hecho, hemos seleccionado otra distinta. Podemos pensar que Tryon en su estudio seleccionó en las ratas el equivalente a inteligencia, como parecen indicar los términos «listo» y «tonto». Pero existen otras muchas posibilidades. Todo lo que sabemos es que en cierto laberinto, siguiendo cierto protocolo experimental, los animales listos cometieron menos errores que los tontos. Esta diferencia podría deberse a defectos perceptivos o motrices de los animales tontos. Aunque las investigaciones realizadas no apoyan estas hipótesis periféricas, una hipótesis central que compete al concepto de «inteligencia de la rata» es que los animales tontos son más «emocionales» o asustadizos que los listos. Esta hipótesis fue expuesta por L. V. Searle (1949), tras medir 30 parámetros distintos relativos al aprendizaje y la emocionalidad, en los grupos de animales listos y tontos. Encontró que los listos eran más eficaces en el laberinto en sólo dos de los cinco parámetros del aprendizaje. Sus resultados también indicaban que los tontos podrían ser más emocionales que los listos. En un estudio de selección realizado posteriormente (Thompson y Bindra, 1952), utilizando un laberinto distinto, también se encontraron diferencias entre los dos grupos seleccionados, aunque en este estudio las diferencias no parecían deberse a la emocionalidad o a la motivación.

Si bien el experimento de selección de Tryon es un clásico en la genética experimental conductista, su diseño tiene varios defectos, que se han perpetuado en algunas investigaciones más recientes sobre la selección. Como hemos indicado, Tolman y Tryon llevaron a cabo cruces consanguíneos deliberadamente. Aunque el segundo objetivo de estos estudios era obtener líneas consanguíneas con diferencias uniformes de conducta, la consanguineidad podría alterar la respuesta a la selección, que era el objetivo primario. La consanguineidad reduce la varianza genética de cada línea y, por lo tanto, disminuye la respuesta potencial a la selección. Por otro lado, los cruces consanguíneos se acompañan casi siempre de una reducción en la fertilidad que hace disminuir el diferencial de selección.

Otro defecto de este diseño experimental consiste en la ausencia de un grupo control no seleccionado. Cuando se incluye un grupo de este tipo, es posible evaluar los cambios ambientales acontecidos a lo largo de las generaciones. Además, la respuesta a la selección de cada una de las líneas podría medirse en base a su desviación respecto a la media del grupo control. De este modo, es posible determinar el grado de asimetría de la respuesta a la selección. Finalmente, las líneas seleccionadas y control deberían duplicarse. Ya que los experimentos de selección muestran una considerable variabilidad intergeneracional, la fiabilidad de los resultados podría evaluarse mediante la inclusión de las líneas por duplicado. Aún más importante es el hecho de que las líneas duplicadas son críticas para el análisis de la correlación genética entre caracteres (Capítulo 9), la llamada respuesta a la selección correlacionada. Si sólo se mantiene una línea «alta» y otra «baja» pueden aparecer a menudo correlaciones fortuitas entre los caracteres seleccionados (por ejemplo, eficacia en el laberinto) y otros caracteres de interés (como el temperamento). Sin embargo, si se observa la misma asociación en la línea duplicada, es mucho más probable que la correlación sea indicativa de una relación causal (pleiotrópica).

El estudio de selección de la conducta en Campo Abierto descrito en la siguiente sección incorpora todos los refinamientos que acabamos de sugerir.

Conducta en Campo Abierto

El estudio más amplio y de más larga duración sobre la conducta en mamíferos se llevó a cabo en la Universidad de Colorado (DeFries et al., 1978). Se seleccionó la conducta en Campo Abierto de treinta generaciones de ratones, incluyendo el análisis a lo largo de diez años de un total de más de 14.000 ratones. La selección comenzó en la generación F_3 de un cruce entre las cepas BALB/c y C57BL/6. La selección fue bidireccional, es decir, se seleccionaron las líneas de alta y baja actividad. Se mantuvo igualmente una línea control, y cada una de las líneas se mantuvieron por duplicado. La selección de los animales menos y más activos pueden dar lugar a cruces consanguíneos porque los animales seleccionados podrían pertenecer a la misma camada. Para evitar la consanguineidad, se seleccionó un macho y una hembra de cada camada y se cruzaron al azar en cada línea. Se mantuvieron diez parejas para cada una de las seis líneas en cada generación.

La Figura 10.16 sigue el progreso de la selección a lo largo de las treinta generaciones. Tras treinta generaciones de cruces selectivos, las líneas de alta y baja actividad se diferenciaban en un factor de treinta. Las medidas realizadas en las líneas duplicadas aseguraban la fiabilidad de los resultados. Hacia la trigésima generación (S_{30}), las líneas de baja actividad habían casi alcanzado el límite inferior de actividad cero. Sin embargo, las líneas de alta actividad no daban signos de haber alcanzado un «límite de selección» (Falconer, 1960). Los ratones muy activos recorrían la distancia equivalente a un campo de fútbol durante las dos pruebas de tres minutos de duración. Como se indica en la Figura 10.17, no existe solapamiento en las distribuciones de actividades de las líneas de alta y baja actividad en Campo Abierto.

Si bien se seleccionó a los ratones por su actividad en Campo Abierto, existía una respuesta a la selección correlacionada en el número de defecaciones en Campo Abierto (Figura 10.18). Esto indica que la actividad en Campo Abierto y las defecaciones están correlacionadas genéticamente (Capítulo 9). El número medio de defecaciones de las líneas de baja actividad era unas siete veces superior al de las líneas de alta actividad. El estudio

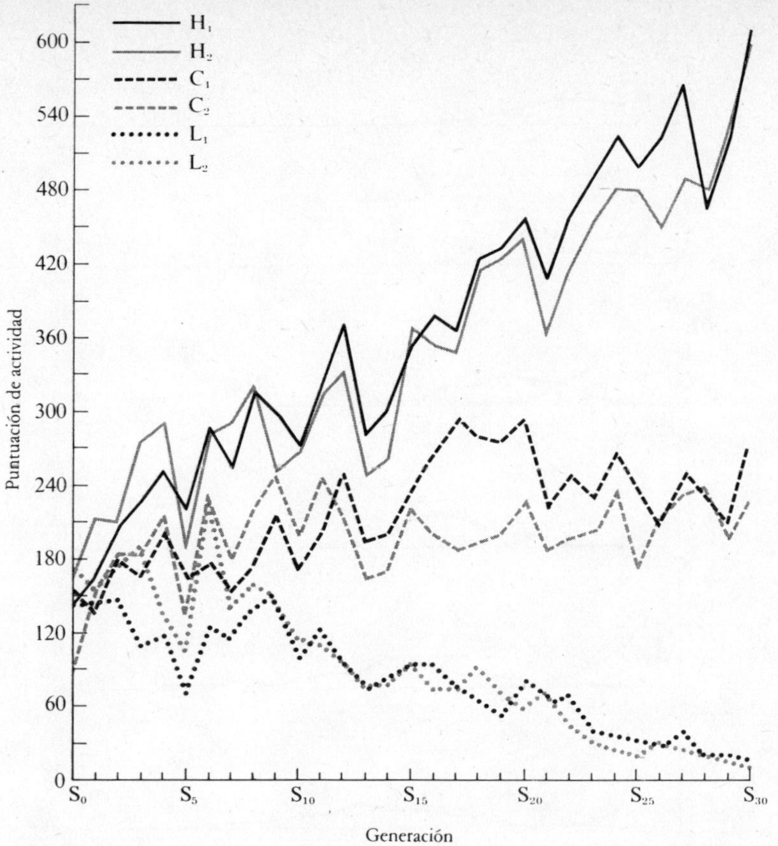

FIGURA 10.16.—*Actividad media en Campo Abierto de seis líneas de ratones: dos de ellas seleccionadas por su alta actividad (H_1 y H_2), dos seleccionadas por su baja actividad (L_1 y L_2), y dos apareadas al azar para ser utilizadas como control. (C_1 y C_2). (De «Response to 30 generation of selection for open-field activity in laboratory mice» por J. C. DeFries, M. C. Gervais y E. A. Thomas.* Behavior Genetics, *8, 3-13. Copyright © 1978 by Plenum Publishing Corporation. Reservados todos los derechos).*

de las respuestas a la selección correlacionada es un ejemplo de análisis multivariado, comentado en el Capítulo 9. En este caso, la actividad en Campo Abierto y el número de defecaciones parecen estar influenciados por varios genes comunes. Además, como sería de esperar teniendo en cuenta nuestros comentarios sobre la actividad en Campo Abierto y el albinismo (Capítulo 4), en las líneas activas no existían casi albinos, mientras que las líneas de baja actividad estaban compuestas exclusivamente por ratones albinos (Figu-

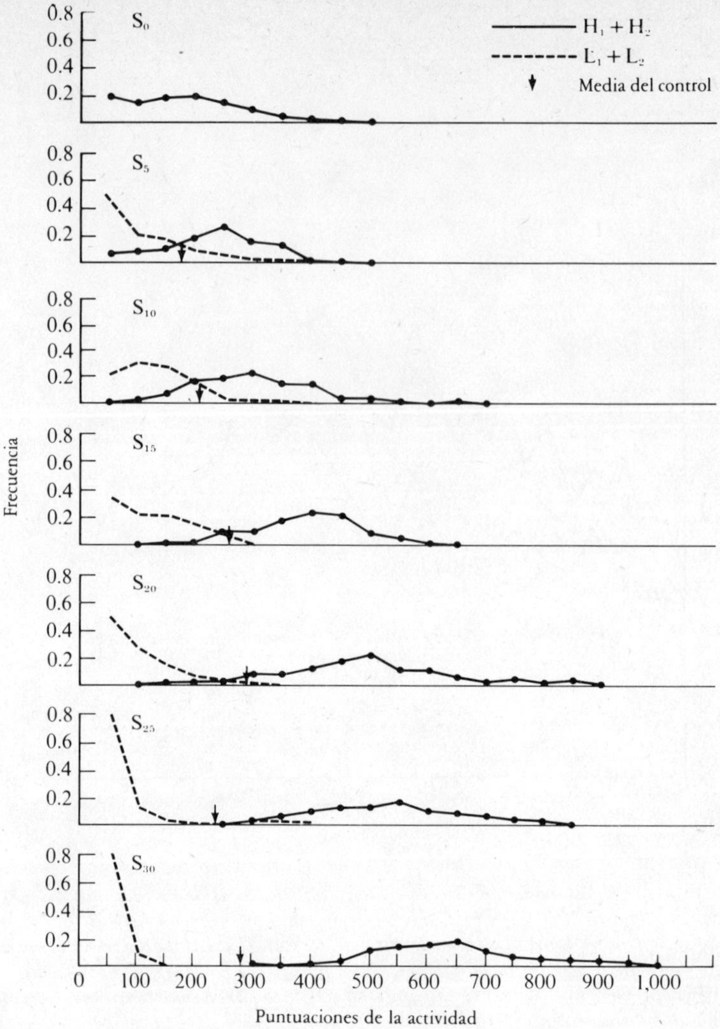

FIGURA 10.17.—*Distribución de las puntuaciones de la actividad de las seis líneas seleccionadas por su alta y baja actividad. La actividad media de los controles de cada generación se indica con una flecha. (De «Response to 30 generations of selection for open-field activity in laboratory mice» por J. C. DeFries, M. C. Gervais y E. A. Thomas,* Behavior Genetics, *8, 3-13. Copyright © 1978 by Plenum Publishing Corporation. Reservados todos los derechos).*

ra 10.19). Parecería que la presión de selección continuada hubiera destacado los alelos, incluyendo el del albinismo, que conllevan menor actividad, y los hubiera concentrado en las líneas de baja actividad, concentrando en las líneas de alta actividad los alelos que determinan mayor actividad.

Es posible estudiar la heredabilidad realizada de la conducta en Campo Abierto a partir de estos datos. Como ya comentamos, la selección, sea natu-

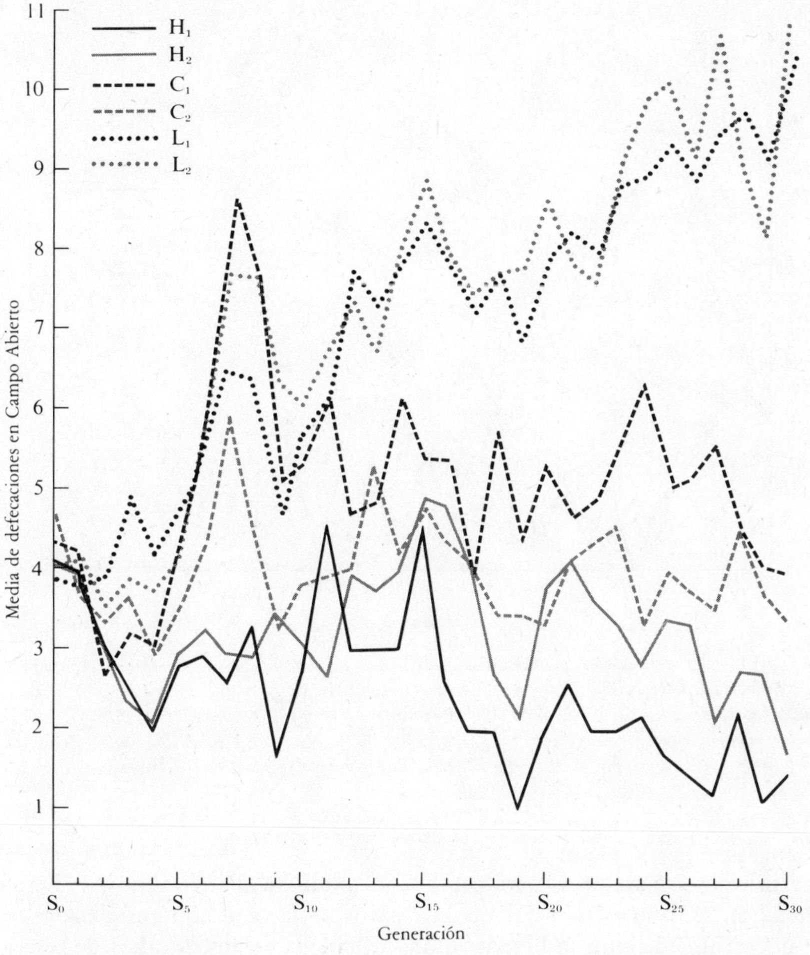

FIGURA 10.18.—*Puntuaciones medias de defecaciones en Campo Abierto de seis líneas de ratones: dos de ellas seleccionadas por su alta actividad (H_1 y H_2), dos por su baja actividad (L_1 y L_2) y dos apareadas al azar para ser utilizadas como control (C_1 y C_2). (De «Response to 30 generations of selection for open-field activity in laboratory mice» por J. C. DeFries, M. C. Gervais y E. A. Thomas.* Behavior Genetics, *8, 3-13. Copyright © 1978 by Plenum Publishing Corporation. Reservados todos los derechos).*

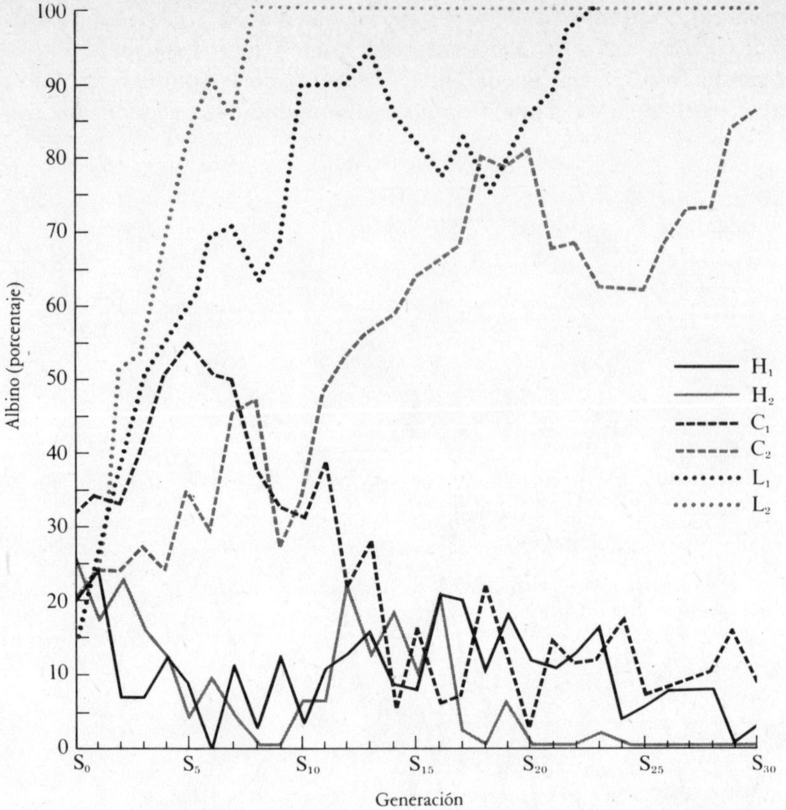

FIGURA 10.19.—*Frecuencia del albinismo en seis líneas de ratones. Dos de ellas seleccionadas por su alta actividad (H_1 y H_2), dos por su baja actividad (L_1 y L_2), y dos apareadas al azar para ser utilizadas como control (C_1 y C_2). (De «Response to 30 generations of selection for open-field activity in laboratory mice» por J. C. De Fries, M. C. Gervais y E. A. Thomas.* Behavior Genetics, *8, 3-13. Copyright © 1978 by Plenum Publishing Corporation. Reservados todos los derechos).*

ral o artificial, se basa en la varianza genética aditiva. Por lo tanto, la heredabilidad en sentido estricto calculada a partir de la regresión entre padres e hijos debe coincidir con la heredabilidad calculada en los estudios de selección. Tras cinco generaciones de selección de la actividad en Campo Abierto, la heredabilidad conjunta en sentido estricto fue de 0,26, que coincide estrechamente con el 0,22 calculado anteriormente a partir de la regresión entre padres e hijos. Este estudio demuestra que, cuando la heredabilidad es considerablemente inferior a 1,0, los cruces selectivos pueden estar acompañados de marcados cambios en la conducta.

Otros estudios de selección de conductas

Ha sido posible seleccionar otras muchas conductas en el laboratorio. Cierto estudio se centró en una conducta con repercusiones sociales, la sensibilidad a los efectos del alcohol (McClearn, 1976). Los ratones, al igual que los humanos, reaccionan de un modo distinto al alcohol. Cuando se inyecta a los ratones una cantidad de alcohol que para ellos equivaldría a varios martinis, «lo duermen» durante un período de tiempo variable. El tiempo que permanecen dormidos en respuesta a la inyección de alcohol se mide controlando el tiempo que necesita un ratón para enderezarse en una cuna, como las que se muestran en la Figura 10.20. En la Figura 10.21 se representa el transcurso de la selección. Tras 15 generaciones de cruces selectivos, los animales de sueño largo dormían dos horas por término medio. Algunos de los animales de sueño corto ni siquiera eran abatidos por el alcohol, y dormían

(a) (b)

FIGURA 10.20.—*Las «cunas» utilizadas para medir la pérdida de la verticalidad tras la inyección de etanol a ratones. (a) Un ratón de sueño largo yace aún de espaldas durmiendo la inyección de etanol. (b) Un ratón de sueño corto a punto de incorporarse. (Cortesía de E. A. Thomas).*

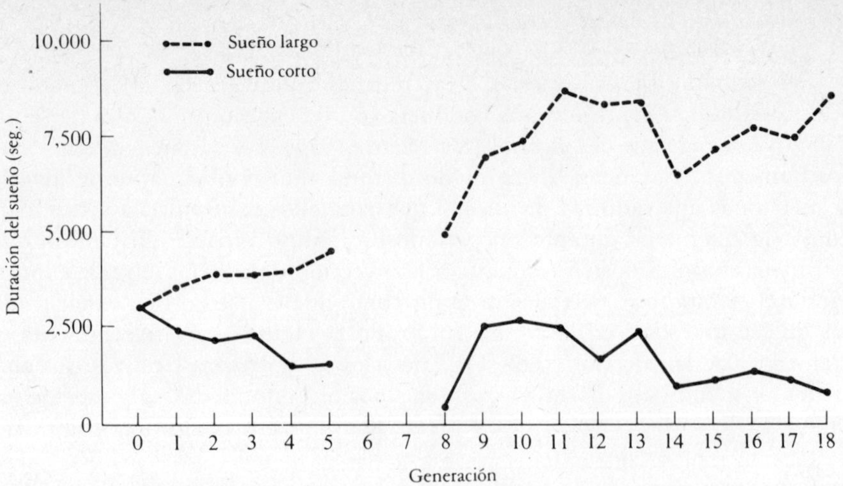

FIGURA 10.21.—*Resultados del estudio de selección de la duración del sueño. La selección se suspendió entre las generaciones 6 a 8. (De McClearn, datos no publicados).*

una media de 10 minutos. En la Figura 10.22 se puede comprobar que no existe solapamiento entre las líneas de sueño largo y corto. De hecho aunque debido al estado de embriaguez es difícil asegurarlo, los individuos de sueño más corto del grupo de sueño largo dormían cerca de media hora más que los de sueño más largo del grupo de sueño corto.

Se han seleccionado otras conductas en ratones, tales como la preferencia por el alcohol, susceptibilidad a la respuesta audiogénica, docilidad e indocilidad, aprendizaje y conducta del cuidado de la prole. Recientemente, se han realizado investigaciones en ratones sobre la agresividad (Ebert y Hyde, 1976), velocidad del impulso nervioso (Heqman, 1975) y susceptibilidad a los ataques (Chen y Fuller, 1976; Deckard et al., 1976). En ratas, se ha podido seleccionar la actividad espontánea, actividad en Campo Abierto y preferencia por la sacarina. En los gallos se ha seleccionado la agresividad y ciertas conductas del apareamiento (Sefton y Siegel, 1975). En *Drosophila* se han seleccionado: geotaxia, fototaxia, velocidad de apareamiento y actividad (incluyendo los estudios de Polivanov, 1975; Watanabe y Anderson, 1976; y Kekic y Marincovic, 1974).

Estos éxitos en la crianza selectiva son otro indicador de la considerable variabilidad genética que existe en la conducta. Estos estudios generan grupos de animales ideales para la investigación de los mecanismos fisiológicos de la conducta. Peter Broadhurst (1975, 1976), por ejemplo, ha revisado un gran número de experimentos realizados entre 1964 y 1974 con sus ratas

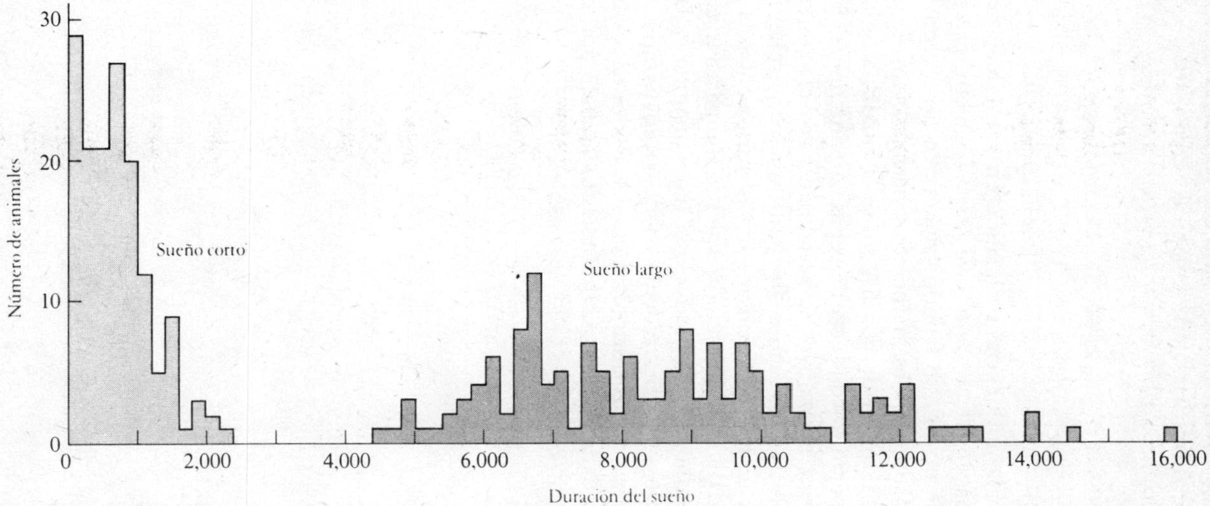

FIGURA 10.22.—*Distribución de la duración del sueño por inyección de etanol, tras 15 generaciones de selección. (Datos publicados).*

Maudsley reactivas y no reactivas, seleccionadas en base a las defecaciones en Campo Abierto. Broadhurst (1978), también revisó los estudios de crianza selectiva relativos a diferencias farmacológicas. Estos estudios forman parte del creciente campo de la *psicofarmacogenética.*

Resumen

Para determinar las influencias poligénicas en la conducta animal se utilizan tres métodos básicos. Los *estudios de familias* determinan si la similitud genética se pone de manifiesto fenotípicamente en las diversas relaciones de parentesco, como padres e hijos, hermanos y hermanastros. Existen, sorprendentemente, pocos estudios de familias sobre la conducta animal. Los *estudios de cepas* comparan la conducta de cepas consanguíneas. Se puede estudiar los efectos pre y postnatales (especialmente los efectos maternos) por medio de cruces recíprocos, cruce de nodrizas y transplantes de ovario. Los análisis clásicos de las cepas consanguíneas junto con sus F_1 y F_2, permiten calcular la heredabilidad. El método dialélico compara varias cepas apareadas en todas las combinaciones posibles. El tercer método es la *selección.* A lo largo del capítulo se ha utilizado la conducta en Campo Abierto como ejemplo de la utilidad de los distintos métodos. Todos ellos convergen en el cálculo de una heredabilidad en sentido estricto de 0,25 aproximadamente.

11 ESTUDIOS DE FAMILIAS APLICADOS A LA CONDUCTA HUMANA

Los genes afectan a la conducta humana del mismo modo que afectan a cualquier otro fenotipo. Controlan la producción de proteínas, que interaccionan con los sistemas fisiológicos, influyendo así indirectamente sobre la conducta. Obviamente, no podemos (ni querríamos) criar selectivamente personas, someterlas a ambientes controlados, o producir grupos genéticamente idénticos como las cepas consanguíneas de ratones. Podemos, sin embargo, encontrar situaciones que han ocurrido espontáneamente en las que: (1) las influencias genéticas, controladas o al azar, permiten estudiar los efectos ambientales, y (2) casos en los que están controladas las influencias ambientales, de tal modo que es posible estudiar los efectos de los genes. Aunque los estudios sobre las complejas conductas humanas carecen del control experimental propio de los estudios realizados con animales no humanos, no hay mal que por bien no venga. Desde un principio, la conducta humana ha sido estudiada en el contexto de las variaciones genéticas y ambientales existentes espontáneamente en las poblaciones. Por lo tanto, la genética de la conducta humana ha proporcionado información sobre las contribuciones relativas de los factores genéticos y ambientales a las variaciones observadas, dada la mezcla de influencias genéticas y ambientales que en realidad existen en el mundo. Por el contrario, se sabe muy poco del amplio rango de variaciones genéticas y ambientales que existen en las poblaciones naturales de ratones, ya que las cepas consanguíneas se estudian en el ambiente controlado del laboratorio.

En este capítulo y en los dos siguientes, consideraremos tres métodos básicos para el estudio de las influencias relativas de los factores genéticos y ambientales sobre la conducta humana: estudios de familias, estudios de gemelos y estudios de adopciones. A lo largo de estos capítulos, utilizaremos la conducta cognitiva y la psicopatología como ejemplos de conducta compleja afectada por factores genéticos y ambientales. Existen muchos más datos disponibles sobre los procesos cognitivos y la psicopatología, que sobre cualquier otra conducta humana. En el Capítulo 1, comentábamos los tres puntos de vista desde los que se puede considerar la conducta. El primero no daba importancia a las diferencias entre especies o intraespecie, el segundo aceptaba las diferencias entre especies, pero no las diferencias intraespecie, y el tercero consideraba tanto las diferencias entre especies como las intraespecie. El tercer punto de vista no sólo coincide con el de la genética de la conducta, sino que ha orientado gran parte de las investigaciones realizadas sobre la conducta cognitiva (concretamente sobre el C.I. y las capacidades cognitivas específicas), personalidad y psicopatología. Otros aspectos de las ciencias de la conducta son más reacios a aprovechar las ventajas que ofrecen los métodos de la genética de la conducta, por lo que están más orientados hacia los dos primeros puntos de vista. Sin embargo, existen claros indicios de cambio.

Componentes de la covarianza en los estudios de familias

La similitud genética ocurre tanto en las relaciones familiares humanas como en las no humanas, comentadas en el capítulo anterior (véase la Tabla 10.1). Los individuos relacionados genéticamente deben ser fenotípicamente similares en la medida en que los genes influyan sobre una conducta concreta. Por lo tanto, además de su utilidad en el análisis de modelos genéticos específicos, como describimos en el Capítulo 5, los estudios de familia permiten demostrar la semejanza familiar o familiaridad, condición sine qua non para afirmar que existe influencia genética. Cuando se trata de animales de laboratorio, podemos asumir que el entorno está controlado, y podemos confirmarlo mediante cruces recíprocos, cruces de nodrizas y transplantes de ovarios. En el caso de las familias humanas no podemos hacer este supuesto. Por lo tanto, en la conducta humana, la similitud fenotípica entre las diversas relaciones de parentesco no se puede tomar como prueba concluyente de la influencia genética, sino sólo como datos compatibles con una hipótesis genética.

En este sentido, los estudios de familias proporciona una estimación del valor máximo de la heredabilidad (Capítulo 9). Es decir, la influencia genética no suele ser mayor que el grado de familiaridad (excepto en el caso de que la correlación de los factores ambientales entre los miembros de la familia sea negativa). Si el estudio de familias no indica que exista semejanza familiar, se puede descartar la hipótesis genética. La ausencia de familiaridad también podría indicar que no existen factores ambientales familiares que hagan parecerse a los miembros de la familia entre sí. Estas influencias ambientales compartidas por los miembros de la familia se conocen como influencias ambientales «entre familias» como comentamos en el Capítulo 9. Cuando los científicos conductistas hablan de ambiente, normalmente se refieren a las influencias ambientales «entre familia» que hacen ser similares entre sí a los miembros de una familia, pero distintos de los de otras familias. Por ejemplo, si las familias se diferencian en el modo de criar a sus hijos, o en sus ingresos, la similitud fenotípica entre los miembros de la familia podría estar afectada por estos factores. El resto de las influencias ambientales se conocen como intrafamiliares. Estos factores establecen diferencias entre los miembros de una misma familia. Si bien se ha concedido mucha menos atención a las influencias ambientales intrafamilia que a las influencias entre familias, los estudios de la genética de la conducta humana parecen indicar que este tipo de influencias ambientales desempeñan un papel fundamental, sobre todo en la personalidad y la psicopatología. La herencia, por supuesto, crea diferencias tanto entre como intrafamilia. Esto explica por qué similitud engendra a veces, pero no siempre, similitud. Aunque los factores hereditarios predicen diferencias intrafamilia, de momento no sabemos prácticamente nada sobre los posibles factores ambientales intrafamilia.

Como hemos descrito en el capítulo anterior al comentar las investigaciones en no humanos, podemos estudiar varios tipos de relaciones de parentesco como padres e hijos, hermanos y hermanastros. Los hermanastros son individuos que sólo tienen un progenitor en común. Esta situación aparece, por ejemplo, cuando un individuo divorciado tiene hijos de su anterior matrimonio y de su matrimonio actual. En la investigación sobre humanos, también podemos considerar la relación entre hermanos gemelos. La relación genética entre gemelos fraternos es idéntica a la existente entre hermanos comunes —como se indicó en la Tabla 9.9, comparten $\frac{1}{2} V_A + \frac{1}{4} V_D$. También comparten las influencias ambientales entre familia. Los gemelos idénticos poseen los mismos genes porque provienen de un mismo zigoto. Por lo tanto, su covarianza genética comprende la totalidad de la varianza genética aditiva y no aditiva ($V_A + V_D$), más las influencias ambientales entre familia.

En las siguientes secciones examinaremos estudios de familias aplicados a las capacidades cognitivas y a la psicopatología. Hasta hace relativamente poco, el ámbito de la investigación estaba dominado por los estudios de familias sobra la capacidad cognitiva general. Como explicaremos, ahora se dirige la atención a las capacidades cognitivas específicas.

Cognición

El concepto de capacidad cognitiva no sólo incluye el C.I., aunque existen muchos más datos familiares disponibles sobre el C.I. que sobre cualquier otra conducta. Por esta razón vamos a presentar un sumario de los estudios de familias sobre el C.I., en vez de referirnos a las recientes controversias sobre los test de medida del C.I. Desde luego, este no es lugar para un estudio detallado de la naturaleza del C.I. o de sus aplicaciones (véase, por ejemplo, Carroll y Maxwell, 1979; Vernon, 1979; Willerman, 1979). En los estudios de la genética de la conducta se ha empezado a considerar las capacidades cognitivas específicas, en vez de concentrarse únicamente en una sola medida de la capacidad cognitiva general, aunque también presentaremos los datos de este tipo de investigaciones. Es probable que los futuros estudios hagan uso tanto de enfoques teóricos, como el de Jean Piaget, como de las teorías e instrumentación de la psicología experimental, con el fin de aumentar nuestros conocimientos sobre los procesos cognitivos relacionados con la percepción de estímulos, atención y almacenamiento y recuperación de información en la memoria (Resnick, 1976).

Cociente de inteligencia (C.I.)

De 1920 a 1940 se llevaron a cabo gran número de estudios sobre el parecido familiar en el C.I. Si bien individualmente, estos estudios se basaban en muestras de pequeño tamaño y adolecían de sesgo en el muestreo (véase McAskie y Clarke, 1976), el conjunto combinado de sus datos demuestra la existencia de palpables influencias familiares. En la Figura 11.1 se resumen los resultados de los estudios familiares publicados con anterioridad a 1962 (Erlenmeyer-Kimling y Jarvik, 1963). Las correlaciones medias entre padres e hijos, hermanos y gemelos fraternos son prácticamente idénticas (aproximadamente 0,50). Las correlaciones medias entre gemelos fraternos del mismo sexo y gemelos fraternos de distinto sexo son iguales. Todas estas relaciones familiares son de parentesco en primer grado, y por lo tanto, se comparte la mitad de la dotación génica. La correlación media entre gemelos idénticos es mucho más alta (0,88). Volveremos a comentar este hecho en el siguiente capítulo cuando consideremos el método de gemelos.

La correlación media de 0,50 entre hermanos puede deberse a similitudes genéticas o ambientales o a ambas. Si la similitud fenotípica entre hermanos no estuviera influenciada por factores genéticos, la totalidad de la varianza fenotípica estaría causada por factores ambientales (más propiamente, por factores no genéticos). Una correlación de 0,50 indicaría que los hermanos compartirían la mitad de esta varianza (ambiente entre familia, como co-

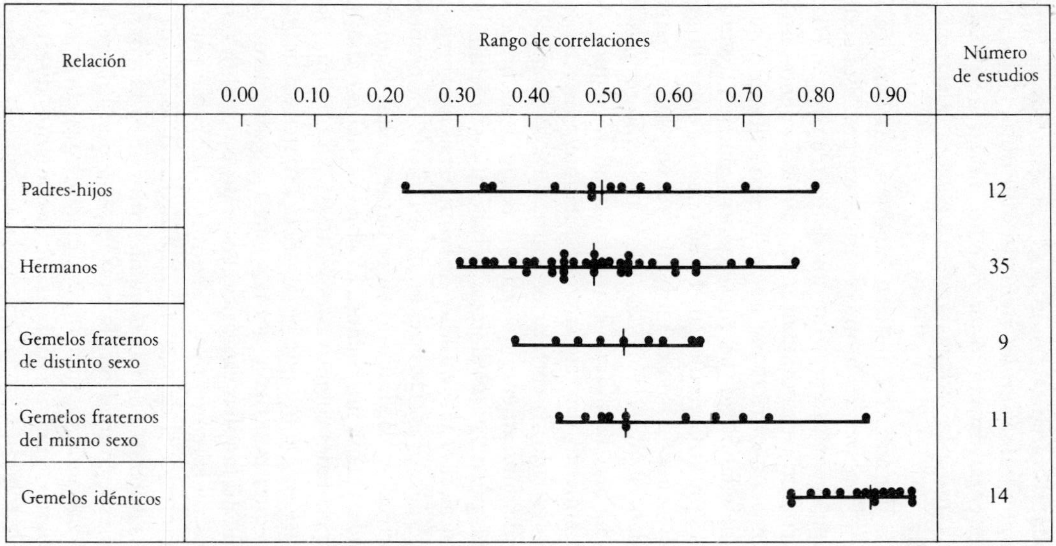

FIGURA 11.1.—*Estudios de familias sobre el C.I. Resumen de los coeficientes de correlación recopilados por Erlenmeyer-Kimling de diversas procedencias. Las líneas horizontales muestran el intervalo de correlaciones, y las líneas verticales indican la mediana. (De «Genetics and intelligence review» por L. Erlenmeyer-Kimling y L. F. Jarvick.* Science, *142, 1477-1479 Copyright © 1963 by The American Association for the Advancement of Science).*

mentamos en el Capítulo 9), y la otra mitad se debería a influencias ambientales no compartidas por los hermanos (ambiente intrafamilia). Si toda la similitud fenotípica se debiera a la similitud genética, la heredabilidad en amplio sentido valdría 1,0, indicando que las diferencias genéticas pueden dar cuenta de toda la varianza fenotípica. Los estudios de gemelos y de adopciones que expondremos en los siguientes capítulos, indican que la respuesta se encuentra en algún punto intermedio. La varianza fenotípica entre hermanos se debe tanto a la varianza genética como a la varianza ambiental entre e intrafamilia.

Los datos de la Figura 11.1 indican también una correlación de 0,50 entre padres e hijos. Sin atender a otras consideraciones, esta correlación nos llevaría a las mismas conclusiones que los datos relativos a hermanos. Sin embargo, esta docena de estudios abarcan la correlación entre un solo progenitor y su descendencia y entre la media de los progenitores y su descendencia. Al calcular la heredabilidad, las consecuencias pueden ser muy distintas, como ya explicamos en el Capítulo 10. La correlación entre la media de los progenitores y la descendencia no es muy informativa; sin embargo, la regresión de la descendencia sobre la media de los progenitores nos da idea del valor máximo de la heredabilidad. También tiene la ventaja de no verse afectada por el casamiento direccional, que sabemos existe respecto al C.I. (Capítulo 8). Por otro lado, la correlación entre un solo progenitor y su descendencia nos da idea únicamente del valor máximo de la mitad de la heredabilidad, y además puede sobrevalorarse debido al casamiento direccional.

Los datos pertenecientes a los estudios de familia más recientes y amplios sobre las capacidades cognitivas (De Fries et al., 1976, 1979), proporcionan una estimación más correcta de la similitud entre padre e hijo, e indican un parecido familiar considerablemente menor. El objetivo del estudio realizado en Hawai, eran las capacidades cognitivas específicas. No obstante, la batería de test incluía una versión resumida de las Matrices Progresivas de Raven, considerado como la medida más fiable del razonamiento abstracto. La media de las correlaciones de 830 familias caucásicas entre un progenitor (entre 35 y 55 años de edad) y sus hijos (entre 13 y 33 años de edad), fue para este test de 0,26. Este valor es inferior al de la correlación media de 0,50 que se indicaba en la Figura 11.1. Podemos calcular el valor límite de la heredabilidad multiplicando por dos esta correlación, lo que implica que la heredabilidad en sentido estricto valdrá como máximo 0,52. Téngase en cuenta que este cálculo puede incluir varianza genética debida al casamiento direccional. Como ya mencionamos, la regresión de la descendencia sobre la media de los progenitores proporciona la estimación más fiable del valor límite de la heredabilidad (ya que esta regresión no está afectada por el casamiento direccional). En el estudio de familias realizado en Hawai sobre las capacidades cognitivas, la regresión fue de 0,52 (DeFries et al., 1979). La correspondencia entre este valor y el calculado en base a la correlación entre un solo progenitor y su descendencia, indica que el casamiento direccional no alteró el cálculo basado en la correlación entre un solo progenitor y su descendencia.

Otro parámetro de la capacidad cognitiva general analizado en este estudio fue una puntuación compuesta, basada en las varianzas comunes de los 15 test de capacidades cognitivas específicas. Esta combinación, conocida como el primer componente principal, correlaciona estrechamente con las puntuaciones de los test de C.I. clásicos. La media de las correlaciones entre la media de los progenitores y la descendencia para este factor cognitivo en las familias caucásicas fue 0,35. La regresión de la descendencia sobre el valor medio de los progenitores, que podría ser la estimación más fiable del valor límite de la heredabilidad en sentido estricto de la capacidad cognitiva general, fue 0,60.

Este estudio proporciona también un buen ejemplo de cómo las estimaciones de la heredabilidad pueden variar dependiendo de la población. Además de las 830 familias de origen europeo, también se estudiaron 305 familias de origen japonés. La regresión de la descendencia sobre el valor medio de los progenitores en las puntuaciones del test de Matrices Progresivas de Raven fue de 0,24, en comparación con el 0,52 de las familias caucásicas. Para la puntuación compuesta, fue de 0,42 en vez de 0,60. Por lo tanto, parece existir un menor parecido familiar (debido a influencias genéticas o ambientales) entre padres e hijos en las familias de origen japonés que en las familias caucásicas.

El valor límite de la heredabilidad en sentido estricto, calculado en este estudio sobre las capacidades cognitivas, fue 0,60 cuando la estimación se basaba en la similitud entre el valor medio de los progenitores y su descendencia en las familias caucásicas. Este valor es inferior en el caso de las familias de origen japonés. Ambas estimaciones son inferiores a los valores calculados a partir de la correlación media de 0,50 entre padre e hijos indicada en la Figura 11.1. Volveremos a comentar este hecho tras analizar los datos sobre hermanos.

En este estudio en gran escala se calculaba una correlación media de 0,31 de las 455 parejas de hermanos caucásicos. Esta correlación parece indicar que el límite superior de la heredabilidad en amplio sentido es 0,62, similar al calculado en base a la regresión entre padres e hijos. Aún más interesante es el hecho de que la correlación de las 147 parejas de hermanos de origen japonés era 0,53. Esto indica que las influencias genéticas y ambientales compartidas por los hermanos son similares en las familias de origen japonés y en las caucásicas.

Por lo tanto, de este estudio podemos concluir que los datos sobre la similitud entre padres e hijos y entre hermanos, desde el punto de vista de las capacidades cognitivas, indican que existe una familiaridad inferior a la calculada en investigaciones anteriores. En los siguientes capítulos encontraremos resultados de este mismo tipo. Por ejemplo, datos recientes sobre el C.I. en gemelos y adopciones, indican que la heredabilidad es inferior a la calculada a partir de datos anteriores. Si bien es posible que las discrepancias entre los datos anteriores y los más recientes se deban a cambios genéticos o ambientales de la población, es más fácil atribuirlas a variaciones en la metodología. Por ejemplo, en alguno de los primeros estudios se analizaba a la familia como un todo, por lo que cualquier diferencia en la aplicación del test incrementaría la correlación familiar. Por el contrario, en el estudio realizado en Hawai, los test se aplicaron a varias familias simultáneamente, en condiciones similares y utilizando procedimientos completamente estandarizados.

Capacidades cognitivas específicas

El C.I. no dice todo sobre la inteligencia. Si bien existe un factor general de la capacidad cognitiva, también existen capacidades cognitivas específicas. En realidad, no deberíamos hablar de inteligencia sino de capacidades intelectuales. El número de estas capacidades específicas dependen del nivel de análisis. Estas capacidades varían desde dos aptitudes muy generales (como los factores verbal y de ejecución), pasando por los 6-12 factores de grupo medidos por L. L. Thurstone, hasta los 120 postulados por J. P. Gilford (1967) en su modelo de inteligencia. Aunque estas capacidades específicas sólo se correlacionan moderadamente unas con otras, como apoyo al concepto de «inteligencia general» son suficientemente distintas como para permitir un análisis de mayor resolución del proceso cognitivo.

Por ejemplo, en el estudio realizado en Hawai que acabamos de describir (DeFries et al., 1979), se incluyeron en la batería de pruebas 15 test sobre capacidades cognitivas específicas. Además del factor cognitivo general descrito en la sección anterior, a través de la aplicación de una técnica conocida como *análisis factorial* a la correlación entre los 15 test, se obtuvieron cuatro factores de grupo: verbal (incluyendo vocabulario y fluidez) espacial (visualización y rotación de objetos en espacios bi y tridimensionales), velocidad perceptiva (operaciones aritméticas sencillas y comparación de números) y memoria visual (reconocimiento de dibujos a corto y a más largo plazo).

En la Figura 11.2 se representan gráficamente las regresiones de la descendencia sobre el valor medio de los padres (el límite superior de la heredabilidad) en estos cuatro grupos de factores, junto con la regresión de cada uno de los 15 test por separado. El hecho más obvio es que la familiaridad varía dependiendo de los test y de los factores. Estos datos están corregidos teniendo en cuenta la fiabilidad de los test, para descartar el que las diferen-

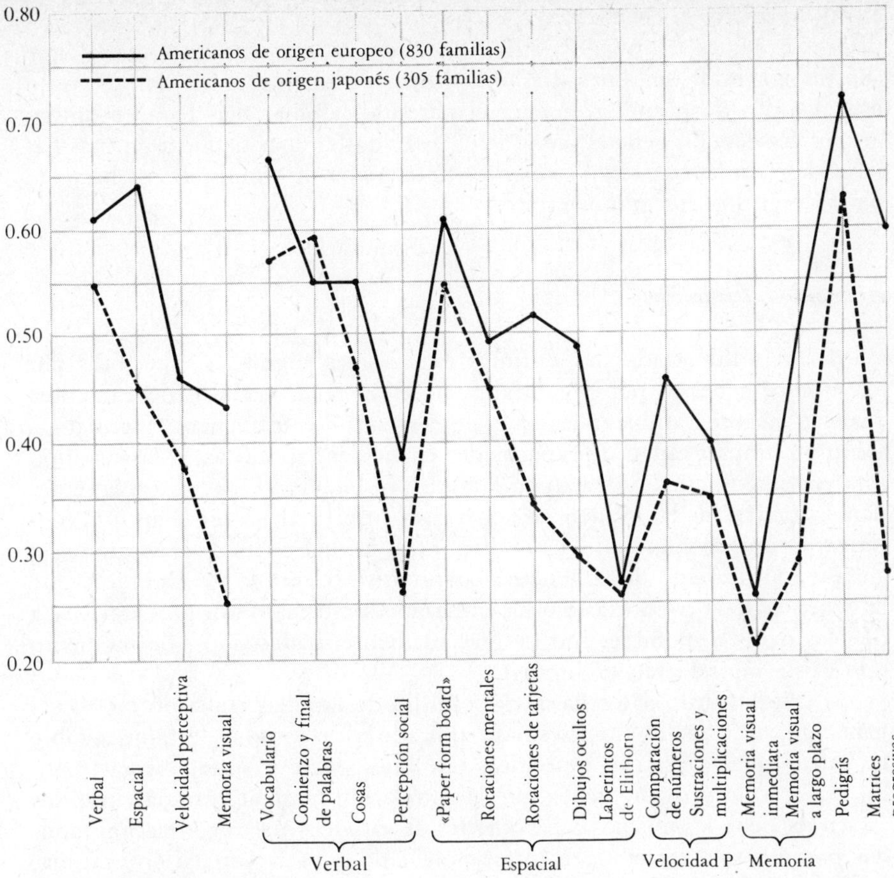

FIGURA 11.2.—*Estudio de familias sobre las capacidades cognitivas específicas. Regresión del valor medio de la descendencia sobre el valor medio de los progenitores en 15 tests cognitivos aplicados a dos grupos étnicos. (Datos de De Fries et al., 1979).*

cias en el parecido familiar se debieran a diferencias en la fiabilidad de cada test. En ambos grupos étnicos, los factores espaciales y verbales presentan un mayor parecido familiar que la velocidad perceptiva y memoria visual. Otros estudios de familias (revisados en De Fries, Vandenberg y McClearn, 1976), también indican que la capacidad verbal presenta la familiaridad más alta.

El parecido familiar de cada factor también varía dependiendo del test aplicado. Por ejemplo, un test de ordenación espacial conocido como «Paper Form Board», presenta una marcada familiaridad en ambos grupos étnicos. El test consiste en cortar una figura para obtener un cierto modelo, por ejemplo, cortar un círculo de modo que se obtenga un triángulo y tres medias lunas. El laberinto de Elithorn, un test de organización espacial que consiste en trazar una línea que una el mayor número posible de puntos en un laberinto de puntos, presenta el parecido familiar más bajo en ambos grupos étnicos. En general, aunque el parecido familiar tiende a ser más bajo en las familias de origen japonés, el esquema de similitudes es bastante parecido en los dos grupos étnicos.

Análisis multivariado

¿Están influenciadas las distintas capacidades cognitivas específicas por los mismos genes, o por el contrario, no están relacionadas genéticamente? ¿Existen factores ambientales que poseen amplias influencias sistemáticas sobre un amplio rango de capacidades cognitivas específicas, o las distintas influencias ambientales afectan a diferentes capacidades? Para conocer la verdadera naturaleza de las influencias genéticas y ambientales sobre la aptitud cognitiva, es preciso contestar a estas preguntas, lo cual puede hacerse gracias al análisis multivariado de la genética cuantitativa (Capítulo 9). Debido a que la genética de la conducta sólo ha empezado a estudiar estos problemas, y a que los datos disponibles son desgraciadamente inadecuados, de momento sólo existe información preliminar.

Se pueden utilizar los datos del estudio de familias realizado en Hawai para ilustrar el análisis multivariado aplicado a un estudio de familia sobre las capacidades cognitivas específicas (De Fries, Kuse y Vandenberg, 1979). En el Capítulo 9 resaltábamos que la correlación familiar cruzada entre dos caracteres tiene los mismos componentes de varianza que la correlación familiar para un solo carácter. La correlación familiar, o la correlación cruzada, incluye los efectos genéticos y las influencias ambientales compartidas. Por lo tanto, las correlaciones cruzadas entre las capacidades cognitivas específicas del estudio en cuestión no sólo incluyen el parecido genético, aunque consideraremos la familiaridad cruzada como de origen genético. En este contexto, la correlación ambiental incluye los factores ambientales intrafamilia así como las influencias genéticas no aditivas.

Se sometió a análisis multivariado las puntuaciones obtenidas en 15 test de capacidades cognitivas específicas, por padres e hijos pertenecientes a 830 familias caucásicas (De Fries, Kuse y Vendenberg, 1979). Aunque la correlación fenotípica media de los 15 test es 0,28, el rango de correlaciones va desde 0,07 a 0,57. Como ya indicamos, el análisis de factores de estas correlaciones permitía obtener cuatro grupos fenotípicos de factores (verbal, espacial, velocidad perceptiva y memoria visual). Se calcularon las correlaciones cruzadas padre-hijo entre los test, y se valoraron las correlaciones genética y ambiental. Debido a que el elevado número de correlaciones dificultaba la interpretación de los datos, estas correlaciones genéticas y ambientales se sometieron a análisis factorial. A partir de las correlaciones genéticas se obtuvieron cuatro factores virtualmente idénticos a los factores fenotípicos. Las correlaciones ambientales también dieron lugar a cuatro factores bastante parecidos a los fenotípicos. Estos hallazgos indican que las influencias genéticas y ambientales a las que están sometidas las capacidades cognitivas específicas no son muy amplias, ni tienen efectos peculiares. Por el contrario, hay varios conjuntos de influencias genéticas y ambientales que se corresponden con los factores fenotípicos. Como en el caso del estudio multivariado de familias sobre la conducta en ratones, estos datos sobre conducta humana parecían indicar la interesante posibilidad de que las correlaciones genética y ambiental estén correlacionadas entre sí.

Psicopatología

En un año cualquiera, al menos un 15 por ciento de la población de los Estados Unidos padece problemas mentales (Regier et al., 1978). Los dos tipos principales de enfermedades mentales, llamadas psicosis, son la esquizofrenia y la psicosis maníaco-depresiva, ambas con una incidencia próxima al 1 por ciento en la población general. Esto significa que unos 4,5 millones de personas en los Estados Unidos o bien padecen una psicosis, o la padecerán a lo largo de sus vidas. La mitad de las plazas hospitalarias de los Estados Unidos están ocupadas por pacientes con algún tipo de enfermedad mental, y cerca de la mitad de estos pacientes están diagnosticados como esquizofrénicos.

Aunque antiguamente se consideraba que la locura era de origen demoníaco, ya en el siglo XVI se aceptaba que en esta enfermedad existía cierta relación familiar. A finales del siglo XIX, E. Krapelin indicó que existían dos tipos principales de locura: esquizofrenia y psicosis maníaco-depresiva. Los estudios de familias realizados en el siglo XIX han sido importantes para la determinación de la transmisión familiar y de la heterogeneidad de las psicopatologías. Aunque los individuos esquizofrénicos tienen una probabilidad superior a la media de tener familiares afectados por esta misma psicosis, la probabilidad de tener parientes con psicosis maníaco-depresivas es similar a la del conjunto de la población. En los últimos años se ha puesto de relieve la utilidad de los estudios de familia en la determinación de la heterogeneidad de las enfermedades mentales, y más adelante abundaremos en ello.

La psicopatología plantea un problema nuevo a los análisis de la genética cuantitativa. Las enfermedades mentales no se han estudiado desde un punto de vista cuantitativo, es decir, como los extremos de la curva normal de distribución de la capacidad mental. Anteriormente se manejaban datos de tipo «todo o nada», aunque esta tendencia está desapareciendo. Debido a que las enfermedades mentales se clasifican cualitativamente, no podemos hacer uso de los análisis cuantitativos clásicos. Típicamente, comparamos la incidencia de la psicopatología en los parientes de un caso índice afectado, con la incidencia en la población general. Una mayor incidencia en los familiares que en la población general será indicativa de la existencia de parecido familiar. Sin embargo, no es fácil obtener cifras fiables de la incidencia. La incidencia es distinta de la prevalecencia. La prevalecencia es el número de individuos de una población que están afectados en un momento dado, independientemente de su edad. La incidencia, por otro lado, se puede considerar como una estimación de la prevalecencia a lo largo del período de vida. La edad con mayor riesgo de esquizofrenia, por ejemplo, se encuentra entre los 15 y 45 años. Las personas menores de 45 años aún tienen posibilidades de convertirse en esquizofrénicos. Los cálculos de la incidencia tienen en cuenta también a los individuos de mayor edad que han sido hospitalizados por problemas mentales, pero que ya no lo están. Un valor especial de la incidencia utilizado en los estudios de familia es el llamado *factor de morbilidad,* que es una estimación del riesgo de estar afectado.

Aunque a menudo los problemas mentales se consideran como rasgos discontinuos, podrían muy bien tener una base cuantitativa. Sin embargo, el método discontinuo de medida (clasificación cualitativa) hace muy difícil el cálculo de la heredabilidad. Podemos, sin embargo, asumir que un carácter «todo o nada» pueda tener una tendencia continua subyacente. Los individuos que se mantienen por debajo de cierto umbral se consideran como no afectados. Los individuos cuya tendencia sobrepase el umbral se consideran afectados. La tendencia es por tanto un parámetro no observable que presumiblemente es función continua de las desviaciones genética y ambiental. Si existe este umbral para un carácter relativamente poco frecuente, sólo existirá concordancia si la heredabilidad es muy alta, incluso en el caso de gemelos idénticos (Smith, 1970). Se puede estimar la heredabilidad de la tendencia, aunque se deben hacer algunas asunciones (Falconer, 1965; Reich, Cloninger y Guze, 1975). Los datos de gemelos relativos a la esquizofrenia indican que la heredabilidad de la tendencia es 0,85 (Gottesman y Shields, 1972).

Presentaremos ahora un breve sumario de los estudios de familia relativos a la esquizofrenia y a la psicosis maníaco-depresiva, para ilustrar la utilidad del método del estudio de familias. El comentar los avances bioquímicos realizados en el estudio de estas enfermedades cae fuera del alcance de la genética de la conducta. Sin embargo, mencionaremos de pasada que se han hecho considerables progresos que apuntan hacia la investigación del papel de los factores genéticos en la psicopatología (por ejemplo, Motulsky y Omenn, 1975; Kety, 1975).

Esquizofrenia

Aunque la rigurosidad del diagnóstico muestra cierta variabilidad (Taylor y Abrams, 1978) el factor de riesgo de la esquizofrenia en la población general está cerca del 1 por ciento (Slater y Cowie, 1971). En la Tabla 11.1 se indica el factor de morbilidad de los distintos familiares de esquizofrénicos (de Rosenthal, 1970). Parece estar claro que la esquizofrenia tiene cierta asociación familiar. En 14 estudios que incluían a más de 4.000 esquizofrénicos, el factor de morbilidad en los padres de esquizofrénicos era algo más de cuatro veces superior al de la población general. Es probable que la menor tasa de los padres respecto a otros familiares en primer grado se deba a que los esquizofrénicos no suelen casarse, y loś que lo hacen tienen relativamente pocos hijos. Los hermanos de los esquizofrénicos proporcionan datos más fiables. Tienen una probabilidad de convertirse en esquizofrénicos ocho veces superior a la de un individuo tomado al azar de la población general (Tabla 11.1). El factor casi se duplica cuando los hermanos tienen también un padre afectado. Estos resultados coinciden con los de seis estudios de familias sobre la esquizofrenia, realizados recientemente en Europa, y publicados en los años 70, aunque en un amplio estudio americano sobre las psicosis en general los valores eran mucho más altos (véase la revisión de Gottesman y Shields, 1976).

TABLA 11.1.—*Factor de morbilidad medio en la población general y familiares de casos índice esquizofrénicos.*

	Porcentaje
Población general	0,9
Familiares en primer grado	
Padres de esquizofrénicos	4,2
Hermanos de esquizofrénicos	7,5
Hijos de esquizofrénicos	9,7
Familiares en segundo grado	2,1
Familiares en tercer grado	1,7

PROCEDENCIA: Rosenthal, 1970.

En cinco estudios sobre hijos de esquizofrénicos, se calculó un factor de morbilidad medio de casi el 10 por ciento. Es interesante que el factor de riesgo sea idéntico cualquiera que sea el progenitor esquizofrénico, lo que parece indicar que los factores maternos no son críticos. Cuando ambos padres son esquizofrénicos el riesgo es cuatro veces mayor. Esto introduce una interesante variación en el método de los estudios de familias. Los estudios *en riesgo* son los que valoran el curso del desarrollo de la esquizofrenia en niños con un alto riesgo. Se están realizando veinte estudios (Erlenmeyer-Kimling, 1975) en los que se analiza «longitudinalmente» a hijos de esquizofrénicos. La meta de estos trabajos es estudiar el curso de la instauración de la esquizofrenia antes de la aparición manifiesta de los síntomas, para obtener más información sobre las causas de la esquizofrenia, así como encontrar modos de alterar e interrumpir el desarrollo de la enfermedad (Erlenmeyer-Kimling, Cornblatt y Fleiss, 1979). Se ha empleado una extensa batería de medidas conductuales y fisiológicas. Esperaremos con impaciencia los resultados de los estudios en riesgo hasta que los sujetos se hagan adultos.

Como se muestra en la Tabla 11.1, el factor de riesgo de familiares en segundo grado, tales como nietos (que comparten un cuarto de los genes paternos segregados), es aproximadamente el doble del de la población general. Los familiares en tercer grado (que comparten un octavo de los genes) sólo tienen una probabilidad ligeramente superior a la media.

Los estudios de familias han establecido que las influencias familiares desempeñan un papel fundamental en la esquizofrenia. Sin embargo, para definir con precisión los papeles relativos de los factores genéticos y ambientales son necesarios los estudios de gemelos y de adopciones. No obstante, de los estudios de familias se puede extraer una importante conclusión. Los familiares en primer grado son similares genéticamente en un 50 por ciento, pero menos del 10 por ciento de los familiares en primer grado se convierten en esquizofrénicos. Por lo tanto, los resultados de los estudios de familias indican que el desarrollo de la esquizofrenia está sensiblemente afectado por las influencias ambientales intrafamilia.

Psicosis maníaco-depresiva

En la última década ha aumentado el interés por otras psicopatologías, principalmente por la psicosis maníaco-depresiva. Este síndrome conlleva desórdenes afectivos que aparecen y desaparecen, a veces siguiendo ciclos regulares. Clásicamente, comprende ciclos de manía (euforia) y de depresión. A diferencia de la esquizofrenia, las personas que padecen esta psicosis no suelen ser hospitalizadas crónicamente porque tienden a recuperarse espontáneamente tras cada ataque, aunque cerca del 6 por ciento puede llegar a suicidarse en la fase depresiva. Dado que frecuentemente los maníaco-depresivos no están hospitalizados, es difícil estimar la frecuencia de esta psicosis en la población general. Los cálculos flúctuan entre el 0,07 y el 7,0 por ciento. Sin embargo, el factor de riesgo medio es del 0,7 por ciento, próximo al calculado para la esquizofrenia.

Los estudios de familias realizados entre 1920 y 1960 han demostrado la existencia de parecido familiar en la psicosis maníaco-depresiva. La Tabla 11.2 (de Rosenthal, 1970) documenta el factor de riesgo de los familiares de psicóticos maníaco-depresivos. Por ejemplo, en nueve estudios de casi dos mil padres de maníaco-depresivos, el riesgo medio calculado fue del 7,6 por ciento, diez veces superior al riesgo de la población general. En ocho estudios de unos tres mil hermanos de psicóticos maníaco-depresivos, el riesgo fue del 8,8 por ciento. En estudios de más de mil hijos de individuos con esta psicosis el factor de riesgo fue del 11 por ciento, triplicándose el riesgo cuando los dos padres eran maníaco-depresivos.

Parece evidente que existe una base familiar en la psicosis maníaco-depresiva. Una variante del análisis multivariado de correlaciones cruzadas indica que la psicosis maníaco-depresiva es genéticamente distinta de la esquizofrenia. La Tabla 11.2 muestra que no se dan más casos de esquizofrenia entre los familiares de casos índice maníaco-depresivos (con la posible excepción de sus hijos) que en la población general. Este análisis de correlaciones cruzadas parece también indicar que podrían existir varios subtipos de psicosis maníaco-depresivas.

Algunos individuos diagnosticados como maníaco-depresivos alternan en realidad entre fases de normalidad y depresivas, no entre depresión y manía. Este tipo de conducta se conoce como *depresión unipolar.* Por el contrario, el tipo clásico, que incluye ataques de manía y depresión, se conoce como *psicosis maníaco-depresiva bipolar.* Los resultados de cuatro estudios de familias indican que ambos subtipos se transmiten independientemente. Los probandos afectados depresivos unipolares tienden a tener familiares unipolares, y los bipolares, en menor proporción, tienden a tener familiares bipolares (Perris, 1976; Dunner, 1975). Uno de los estudios más amplios (Perris, 1968), indica que no existe prácticamente solapamiento familiar entre los dos tipos. Sin embargo, los resultados de otro estudio (Angst, 1968) no son tan definitorios. Aunque los probandos unipolares no suelen tener familiares bipolares, los probandos bipolares tienen más familiares unipolares que bipolares (11,2 por ciento frente a 3,7 por ciento). Estudios recientes, incluyendo un estudio de gemelos sobre los subtipos unipolar y bipolar (Bertelsen, Harrald y Mauge, 1977; véase el Capítulo 12) y un estudio de adopciones sobre la psicosis maníaco-depresiva bipolar (Mendlewicz y Rainer, 1977; véase el Capítulo 13), indican que existe un solapamiento considerable entre los dos subtipos. En cualquier caso, estos estudios confirman la utilidad de esta subdivisión. Además, existen cada vez más pruebas de que en el subtipo bipolar, pero no en el unipolar, está implicado un gen dominante ligado al sexo

(Mendlewicz y Fleiss, 1974). Por otro lado, ambos subtipos parecen responder de forma distinta a los fármacos (por ejemplo, Baron et al., 1975). Estos estudios son los cimientos de las posteriores investigaciones. Por ejemplo, existen casos del subtipo bipolar que no pueden adscribirse a un gen ligado al sexo, ya que se ha demostrado que se transmite de padre a hijo. El tipo bipolar puede a su vez subdividirse de acuerdo con el grado de manía (Dunner, Gershon y Goodwin, 1976). En los depresivos unipolares, la instauración de la enfermedad tiene lugar, en algunos individuos, después de los cuarenta años, aunque otros casos se caracterizan por su temprana aparición (Winokur et al., 1975). Asimismo, los depresivos unipolares pueden responder o no a ciertos fármacos (por ejemplo, Taylor y Abrams, 1975; Kupfer et al., 1975).

TABLA 11.2.—*Factor de morbilidad medio de la psicosis maníaco-depresiva y esquizofrenia, en la población general y familiares de casos índice maníaco-depresivos.*

	Maniaco-depresivos (%)	Esquizofrénicos (%)
Población general	0,7	0,9
Padres de maniaco-depresivos	7,6	0,6
Hermanos de maniaco-depresivos	8,8	0,8
Hijos de maniaco-depresivos	11,2	2,5

PROCEDENCIA: Rosenthal, 1970.

Heterogeneidad

Los estudios de familias sobre la depresión unipolar y psicosis maníaco-depresiva bipolar desencadenaron gran cantidad de investigaciones sobre la heterogeneidad de la psicopatología. Los estudios de familias en este campo se han dirigido mayoritariamente a la búsqueda de síndromes con distintas etiologías (Winokur, 1975). Este es el caso del proyecto Iowa 500, un estudio en el que se sigue la evolución por un período de 35 años, de unos 500 casos índice psicóticos y de cinco mil familiares (Tsuang et al., 1977). Este proyecto en gran escala, junto con otros estudios de familias que están llevándose a cabo, consideran la heterogeneidad de la esquizofrenia (Tsuang, 1975) y de la psicosis maníaco-depresiva (Dunner et al., 1976), la posibilidad de otras psicosis distintas de la esquizofrenia y la psicosis maníaco-depresiva (McCabe, 1976), y estudian psicopatologías de menor gravedad como la histeria y la personalidad antisocial (Cloninger, Reich y Guze, 1975a, 1975b). La búsqueda de la heterogeneidad en la psicopatología puede inicialmente producir cierta confusión. Sin embargo, estamos seguros de que es una importante rama de la investigación y acabará contribuyendo sustancialmente al conocimiento de las psicopatologías.

Aunque numerosos investigadores consideran acertado subdividir los distintos tipos de psicopatologías para encontrar síndromes etiológicamente distintos (Kidd and Mattysse, 1978), otros prefieren considerar varios conjuntamente, sobre todo en el caso de la esquizofrenia. Por ejemplo, las pruebas que comentaremos en los dos siguientes capítulos apoyan la unicidad genética de un espectro de problemas relacionados con la esquizofrenia, que abarca hasta características *esquizoides* como la personalidad antisocial (Rosenthal, 1975; Reich, 1976; Shields, Heston y Gottesman, 1975).

Resumen

Los estudios de familias permiten establecer si en las conductas bajo estudio existe semejanza familiar. Si se observa familiaridad, puede deberse a influencias genéticas o ambientales. Los estudios de familias no indican si el parecido familiar observado está causado por ambiente compartido o por herencia compartida, aunque proporcionan una estimación del valor límite superior de la heredabilidad (o de las influencias ambientales entre familia). Se ha encontrado una familiaridad considerable en estudios de familias relativos al C.I., capacidades cognitivas específicas y psicopatológicas, sobre todo en la esquizofrenia y psicosis maníaco-depresivas. Los estudios de gemelos y de adopciones, que se describirán en los dos siguientes capítulos, permiten definir la importancia relativa de las influencias genéticas y ambientales subyacentes al parecido familiar.

12
ESTUDIO DE GEMELOS

Los estudios de gemelos tienen una larga historia. Galton, el padre de la genética de la conducta, propuso este método de estudio en 1876. Estudió las historia de dos grupos de gemelos. Un grupo estaba compuesto por parejas que fueran similares al nacer, y Galton propuso que estos gemelos (ahora llamados idénticos o *monozigóticos*) se habían desarrollado a partir de un único óvulo fecundado. Indicó que las parejas de gemelos no similares del otro grupo (ahora llamados gemelos fraternos o *dizigóticos*), derivaban de dos óvulos fecundados independientemente. Galton encontró que la similitud o no similitud inicial de algunos aspectos de la conducta tendía a mantenerse a lo largo de toda la vida.

A comienzos del siglo XX, la mayoría de los biólogos no dudaban de la existencia de dos tipos de gemelos humanos (Wilder, 1904). No obstante, E. L. Thorndike, que en 1905 había medido objetivamente las capacidades cognitivas específicas de gemelos, no creía que existieran dos tipos. Estudiando gemelos para comprobar la hipótesis ambiental, encontró que las parejas de gemelos de mayor y menor edad presentaban el mismo grado de similitud respecto a las capacidades cognitivas específicas. El primer estudio conductual de gemelos que se aproxima a los métodos modernos fue realizado en 1924 por C. Merriman, quien designó a los dos tipos de gemelos como gemelos «duplicados» y fraternos. Mostró por primera vez que la similitud entre los C.I. de los gemelos de distinto sexo de su muestra era la misma que existía entre hermanos no gemelos (una correlación de 0,50), y que el C.I. de los gemelos del mismo sexo presenta una correlación más alta (0,87 aproximadamente). Llegó a la conclusión de que la mayor similitud existente entre las parejas de gemelos pertenecientes al grupo de gemelos del mismo sexo, se debía a la inclusión de los gemelos «duplicados» en este grupo.

Merriman intentó a continuación discernir entre los dos tipos de gemelos del mismo sexo utilizando el criterio de la similitud física. Este, como veremos, es un método razonablemente exacto para la diagnosis de la zigosidad (es decir, número de zigotos). En veintidós parejas de gemelos del mismo sexo «la similitud era tal, que frecuentemente era difícil identificarlos». La correlación entre estos gemelos en el test de C.I. Stanford-Binet era 0,99 en esta reducida muestra.

Mientras que el número de crías por camada en la mayoría de los mamíferos es relativamente alto, los primates, incluyendo al *Homo sapiens*, suelen tener un solo retoño. Sin embargo, todos los tipos de primates tienen ocasionalmente partos múltiples. La embriología de los gemelos ha sido profundamente estudiada en la especie humana (Bulmer, 1970). En el embarazo normal, el embrión está suspendido en un saco compuesto por dos membranas formado en el interior de la placenta. La capa interna del saco, el amnios, está rodeado por la capa más externa, el corion. Los gemelos fraternos ocupan cámaras independientes en el interior del útero; se originan a partir de dos zigotos distintos (dizigóticos) que fueron fecundados a la vez. Cuando los embriones se implantan uno junto al otro, sus placentas pueden fusionarse, pero cada uno posee amnios y corion independientes (Figura 12.1).

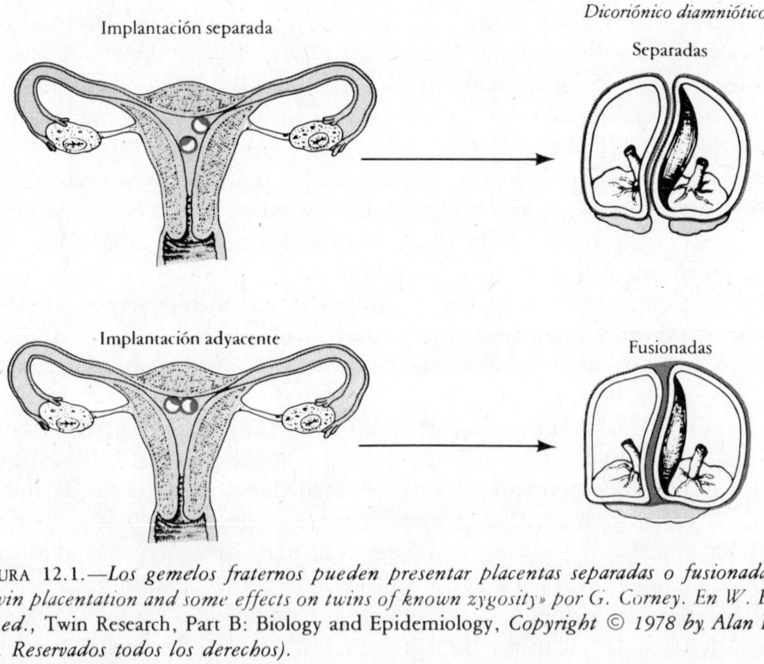

FIGURA 12.1.—*Los gemelos fraternos pueden presentar placentas separadas o fusionadas. (De «Twin placentation and some effects on twins of known zygosity» por G. Corney. En W. E. Nance, ed.,* Twin Research, Part B: Biology and Epidemiology, *Copyright © 1978 by Alan R. Liss, Inc. Reservados todos los derechos).*

Los gemelos idénticos provienen de un único zigoto (monozigóticos) que se escinde por razones desconocidas. Hasta cierto punto comparten su acomodación en el útero, dependiendo del momento de la escisión. Antes se creía que los gemelos idénticos siempre tenían un corion común, pero ahora sabemos que en un tercio de los casos existen amnios y corion separados, como en el caso de los gemelos fraternos (Corney, 1978). Estos gemelos idénticos provienen de zigotos que se escinden antes de implantarse, lo que suele ocurrir cinco días después de la fecundación (Figura 12.2). Los dos tercios restantes de gemelos idénticos provienen de zigotos que se escinden tras la implantación. Estos gemelos idénticos se desarrollan en el interior del mismo

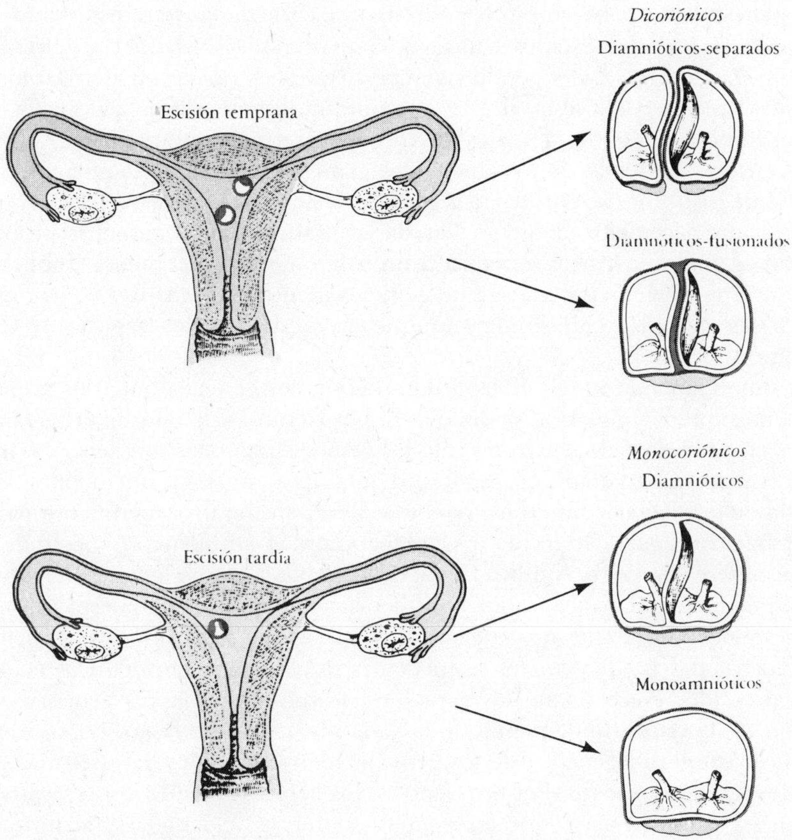

FIGURA 12.2.—*Los gemelos idénticos pueden presentar corion y amnios separados o fusionados, dependiendo del momento de la escisión de los zigotos. (De* Twin Research, Part B: Biology and Epidemiology, *Copyright © 1978 by Alan R. Liss, Inc. Reservados todos los derechos).*

corion. Cuando la escisión tiene lugar entre el quinto y décimo día tras la fecundación, como ocurre normalmente, existen dos amnios. Cerca del 4 por ciento se separan después del décimo día y éstos comparten amnios y corion. Una escisión extremadamente tardía da lugar a hermanos «siameses», individuos parcialmente fusionados.

Los partos gemelares son mucho más frecuentes de lo que la gente cree. En los Estados Unidos, uno de cada 83 partos es gemelar. La probabilidad de embarazos gemelares, especialmente de gemelos fraternos, depende de la edad de la madre y del número previo de descendientes (Rao, 1978), así como de los fármacos para aumentar la fertilidad. En un grupo de mujeres que tomen algún tipo de droga para aumentar la fertilidad, la tasa de gemelos puede ser de hasta el 50 por ciento (Wyshack, 1978). Por otro lado, en algunos países, como por ejemplo Nigeria, la tasa de gemelos fraternos es mucho más alta que en los Estados Unidos y Gran Bretaña (Nylander, 1978). Por último, la tendencia a engendrar gemelos fraternos puede ser heredable en algunas familias (Nance et al., 1978), aunque la herencia no parece ser un factor importante en los gemelos idénticos (Segretti, Winter y Nance, 1978).

Cerca de un tercio de los embarazos gemelares dan lugar a gemelos fraternos de distinto sexo, un tercio a gemelos fraternos del mismo sexo y el tercio restante a gemelos idénticos. Pasada la infancia, sin embargo, la proporción de gemelos idénticos se reduce a un cuarto debido a la menor viabilidad de este tipo de gemelos. La tasa de gemelos idénticos de madres de distintas edades es marcadamente similar, aunque la tasa de gemelos fraternos fluctúa (Bulmer, 1970).

Como comentamos en el capítulo anterior, los gemelos fraternos presentan una similitud genética media del 50 por ciento, al igual que otros familiares en primer grado, mientras que los gemelos idénticos son genéticamente idénticos. Comparando la similitud fenotípica de los gemelos idénticos con la de los gemelos fraternos, podemos llevar a cabo un experimento natural para investigar los efectos de la herencia y el ambiente. A pesar de la doble diferencia en la similitud genética, ambos tipos de gemelos comparten aproximadamente las mismas influencias ambientales (supuesto que comentaremos en detalle más adelante). Si al estudiar una conducta concreta en muchas parejas de gemelos se encuentra que los gemelos idénticos no son más parecidos entre sí que los gemelos fraternos, los factores genéticos no deben ser la causa fundamental de la variabilidad de ese rasgo. En ese caso, la mayor similitud genética de los gemelos idénticos no les hace ser más parecidos fenotípicamente. Por otro lado, si los gemelos idénticos son significativamente más similares que los gemelos fraternos, el rasgo estará influido por factores genéticos. Los gemelos fraternos pueden ser de igual o distinto sexo, mientras que los gemelos idénticos son siempre del mismo sexo. Dado que la diferencia entre varones y hembras reside en los cromosomas sexuales, y dado que existe la posibilidad de que varones y hembras estén sometidos a entornos distintos, los estudios de gemelos son los mejores experimentos naturales si sólo comparamos gemelos idénticos con gemelos fraternos del mismo sexo.

Determinación de la zigosidad

A menudo se ha cuestionado la validez del método del estudio de gemelos. Comentaremos con mayor detalle dos aspectos importantes: la determinación de la zigosidad y el supuesto de los ambientes idénticos. Respecto a la determinación de la zigosidad, el problema surgió cuando algunos investigadores hicieron un juicio subjetivo de la zigosidad (naturaleza idéntica o fraterna de los gemelos) y un juicio subjetivo de la conducta. Este método podría falsear los resultados. Actualmente, es posible realizar análisis sanguíneos muy precisos en los que se comparan los marcadores genéticos de cada par de gemelos. Basta con que uno de los marcadores genéticos sea distinto para que forzosamente los gemelos sean fraternos; si todos los marcadores son iguales los gemelos serán idénticos. Por otra parte, cualquier error en el diagnóstico de la zigosidad de los gemelos tenderá a hacer disminuir la estimación de la influencia genética basada en la comparación de las correlaciones entre gemelos idénticos y fraternos, porque hará aumentar la correlación entre gemelos fraternos y hará disminuir la correlación entre gemelos idénticos.

Vamos a considerar con más detalle algunos recientes adelantos en el diagnóstico, dadas sus importantes implicaciones en los estudios de gemelos. Ya en 1927 se utilizaban los rasgos físicos (como color del pelo y de los ojos), junto con sencillas determinaciones sanguíneas, para el diagnóstico de la zigosidad (Siemens, 1927). Hacia 1955, el análisis de los grupos sanguíneos comenzó a considerarse como el mejor método de diagnóstico (Smith y Penrose, 1955). Sin embargo, en 1941 se puso de manifiesto que existía una estrecha relación entre los marcadores sanguíneos y la similitud física (Essen-Moller, 1941).

En 1953, T. Husen, en Suecia, publicó un detallado análisis de esta relación. Por aquel entonces, aunque los análisis sanguíneos eran mucho menos precisos que en la actualidad, Husen fue capaz de estudiar cuatro marcadores. Uno de ellos era el sistema ABO, del que se analizaron seis variantes. Naturalmente, los gemelos idénticos deben pertenecer a la misma variante. No obstante, es de esperar que unos dos tercios de las parejas de gemelos fraternos pertenezcan también a variedades idénticas, por motivos estadísticos. Por esta razón, Husen sólo pudo asegurar que se trataban de gemelos idénticos con una exactitud del 60 por ciento, cuando pertenecían a la misma variedad del sistema sanguíneo ABO. Sin embargo, la probabilidad de que las parejas de hermanos fraternos pertenecieran a la misma variedad de dos sistemas sanguíneos distintos es mucho menor. Por ejemplo, la exactitud de la diagnosis aumenta a 0,72 cuando consideramos los sistemas de grupos sanguíneos ABO y MNS. Con los cuatro grupos sanguíneos que Husen estudió, la exactitud del diagnóstico era del 90 por ciento. Actualmente, es posible analizar más de 20 marcadores genéticos sanguíneos, y la exactitud se aproxima al 100 por cien (Giblett, 1969).

Husen descubrió que la evaluación de la similitud física es un buen método para determinar la zigosidad, incluso mediante una valoración subjetiva de la similitud. De 25 parejas de gemelos idénticos, sólo se señaló la existencia de una «llamativa diferencia» en 5 de ellas. Sólo se clasificó a una pareja de gemelos fraternos como «muy similares». Por regla general, se tiende más a clasificar erróneamente a los gemelos fraternos como idénticos que al contrario. Husen encontró también que los gemelos fraternos raramente eran confundidos uno con otro por los miembros de la familia y amigos, a diferencia de los gemelos idénticos. Sin embargo, el preguntar a los gemelos si son idénticos o fraternos no es un método muy exacto (Husen, 1959; Carter-Saltzman y Scarr, 1977).

Aún se puede aumentar la precisión del diagnóstico de la zigosidad utilizando características físicas específicas, como el color de los ojos y del pelo, del mismo modo que se utilizan los marcadores sanguíneos. Por ejemplo, Husen encontró que el 92 por ciento de los gemelos idénticos tenían exactamente el mismo color de ojos, comparado con el 44 por ciento de los gemelos fraternos. Las comparaciones entre otras características fueron: 92 por ciento frente a 38 por ciento para el color del pelo; 96 por ciento frente a 16 por ciento para la línea de nacimiento del cabello; 96 por ciento frente a 55 por ciento para la tez y 93 por ciento frente a 11 por ciento para la disposición de los dientes. En diez de estas características se podía alcanzar una exactitud en el diagnóstico del 90 por ciento.

Estos resultados están de acuerdo con los análisis recientes de datos sobre gemelos adultos (Cederlöf et al., 1961) y adolescentes (Nichols y Bilbro, 1966), así como con los datos obtenidos con las puntuaciones sobre la similitud otorgadas por los padres de los gemelos (Cohen et al., 1973, 1975). En la Tabla 12.1 se describen los resultados del estudio sobre niños, enumerándose diez variables de la similitud física que fueron evaluadas por las madres de gemelos idénticos y fraternos. Todos estos estudios encuentran una exactitud de 90 por ciento en el diagnóstico de la zigosidad a partir de la similitud física. Dado que obtener muestras sanguíneas es difícil y costoso, sobre todo en niños de corta edad, es una gran suerte poder diagnosticar la zigosidad a partir de la similitud física.

TABLA 12.1.—*Similitud física y zigosidad de niños gemelos.*

	Porcentaje de gemelos «exactamente iguales» (o de respuestas afirmativas de las madres)	
	Idénticos	Fraternos
«¿Resulta difícil a los extraños distinguirlos?» (Preguntado a las madres.)	100	8
Color de ojos	100	30
Color del pelo	100	10
Aspecto facial	49	0
Tez	99	14
Peso	46	6
«¿Son como dos gotas de agua?»	48	0
«¿Los confunden alguna vez su padre o su madre?»	79	1
«¿Los confunden alguna vez otros miembros de la familia?»	93	1
Estatura	56	13
Número de parejas	181	84

PROCEDENCIA: Adaptado de D. J. Cohen et al., «Fiabilidad en la distinción entre gemelos idénticos y fraternos». *Archives of General Psychiatry*, 1975, 32, 1373-1374.

El supuesto de los ambientes idénticos

Otra cuestión en relación con el método de los estudios de gemelos era el supuesto de los ambientes idénticos. La idea central del método de los estudios de gemelos es comparar las similitudes fenotípicas de gemelos idénticos y fraternos, y poder adscribir la mayor similitud de los gemelos idénticos a su dos veces mayor similitud genética. El método asume que el grado de similitud ambiental es aproximadamente el mismo en ambos tipos de gemelos. Si el supuesto de los ambientes idénticos no es correcto (por ejemplo, si los gemelos idénticos son tratados de un modo más parecido que los gemelos fraternos), la aparición de una mayor similitud fenotípica entre gemelos idénticos podría deberse en parte a la mayor similitud ambiental. No podría atribuirse únicamente a la mayor similitud genética.

A primera vista, el supuesto de los ambientes idénticos parece bastante razonable en el caso de muchas variables importantes. Ambos tipos de gemelos comparten el mismo útero. Ambos son criados en la misma familia y al mismo tiempo. Son de la misma edad y del mismo sexo (si se excluye de la muestra a los gemelos fraternos de distinto sexo). Sin embargo, la principal crítica al método de los estudios de gemelos es que los gemelos idénticos pueden ser tratados de un modo más similar que los gemelos fraternos. Hay que señalar que también podría afirmarse que los gemelos idénticos podrían ser tratados de un modo *menos* similar que los gemelos fraternos, lo cual daría lugar a una subestimación de la influencia genética. Por ejemplo, los gemelos idénticos son de aspecto tan parecido, que sus padres podrían acentuar cualquier ligera diferencia en la conducta. Por otra parte, los propios gemelos pueden comportarse de un modo distinto en un intento de forjarse una identidad.

Las especulaciones de este tipo han sido mucho más frecuentes que las investigaciones para dilucidar la cuestión. Por fortuna, recientemente se han llevado a cabo algunos estudios empíricos sobre el supuesto de los ambientes idénticos. Estos estudios han sido de tres tipos principales: efectos de la clasificación, determinación directa de las diferencias ambientales en gemelos idénticos y fraternos y tests para determinar si esas diferencias ambientales afectan a la conducta.

El efecto de la clasificación de unos gemelos como idénticos o fraternos se ha estudiado mediante parejas de gemelos que sus padres, o ellos mismos, habían clasificado erróneamente. Por ejemplo, en el caso de que los padres crean que sus gemelos son fraternos pero en realidad sean idénticos, ¿presentarán estos mal clasificados gemelos idénticos conductas tan similares como los auténticos gemelos idénticos? Dos estudios (Scarr, 1968; Scarr y Carter-Saltzman, 1979) parecen indicar que la influencia de la clasificación es mínima. Los gemelos se comportan de acuerdo con su verdadera zigosidad, no con la zigosidad que creen sus padres o los propios gemelos. Por ejemplo, en un estudio realizado en Filadelfia, que comprendía cuatrocientas parejas de gemelos adolescentes, sencillamente se les preguntaba si eran idénticos o fraternos; el 40 por ciento estaba equivocado sobre su zigosidad. En la Tabla 12.2 se presentan las diferencias en los resultados de tests de personalidad y capacidades cognitivas entre parejas de gemelos clasificados correcta o incorrectamente. Aunque los gemelos fraternos presentan diferencias mayores que los gemelos idénticos, los gemelos idénticos que creían que eran fraternos presentaban diferencias sólo ligeramente superiores a las de los gemelos que creían que eran idénticos. Los gemelos fraternos que creían que eran idénticos, no eran más similares que los que acertadamente creían que eran fraternos. De este y otro estudio anterior (Scarr, 1968), podemos extraer la conclusión de que el clasificar a los gemelos como idénticos o fraternos tiene muy pocos efectos sobre la similitud de su conducta.

TABLA 12.2.—*Efecto de la clasificación de la zigosidad: diferencias medias absolutas en los tests de capacidades cognitivas y personalidad, entre gemelos idénticos y fraternos que conocían correctamente o no su zigosidad.*

	Test cognitivo		Test de personalidad	
	Diferencia media entre los gemelos de cada pareja	Número de parejas	Diferencia media entre los gemelos de cada pareja	Número de parejas
Gemelos idénticos que conocían correctamente su zigosidad	0,66	89	0,81	98
Gemelos idénticos que no conocían correctamente su zigosidad*	0,73	61	0,85	68
Gemelos fraternos que conocían correctamente su zigosidad	0,81	84	0,93	101
Gemelos fraternos que no conocían correctamente su zigosidad*	0,81	49	0,99	64

* Incluye las parejas en las que uno o ambos gemelos estaban en error.
PROCEDENCIA: Scarr y Carter-Saltzman, 1979.

El segundo enfoque de la cuestión del supuesto de los ambientes idénticos consistía en la medida de ciertos aspectos del entorno de los gemelos idénticos y fraternos, para determinar si los gemelos idénticos, de hecho, experimentan un ambiente más similar. Se pueden detectar algunas diferencias (Vandenberg, 1976). Por ejemplo, los gemelos idénticos tienden a ser tratados de un modo más similar en términos de vestimenta, estudian más tiempo juntos y comparten más amigos (Wilson, 1934; Lehtovaara, 1938; Zazzo, 1960; Smith, 1965; Loehlin y Nichols, 1976). Este tipo de pruebas se han utilizado para demostrar el sesgo de los estudios de gemelos. Sin embargo, es erróneo asumir que este tipo de diferencias puedan influir sobre la conducta. Este enfoque no tiene el alcance suficiente.

La tercera vertiente plantea una pregunta más apropiada: «¿Afectan a la conducta las diferencias observadas en los ambientes de los dos tipos de gemelos?» John Loehlin y Robert Nichols (1976), que publicaron datos sobre un extenso estudio relativo a la personalidad de los gemelos, fueron los primeros en sugerir este método. El estudio comprendía unas 850 parejas de gemelos de bachillerato superior que participaron en la Prueba Nacional de Calificación de Méritos Escolares en 1962 y 1965. Se pedía a los padres de los gemelos que calificaran cinco variables ambientales en las que se había comprobado que diferían gemelos fraternos e idénticos. Los resultados se presentan en la Tabla 12.3. Como en otros estudios anteriores, los gemelos idénticos experimentaban un ambiente ligeramente más similar que los fraternos.

La pregunta crucial es si estas diferencias ambientales puedan afectar a la conducta. Dado que los gemelos idénticos son idénticos genotípicamente, las diferencias entre los componentes de una pareja de gemelos idénticos se deben únicamente a factores ambientales. Algunos gemelos idénticos presentan una conducta más similar que otros; y algunas parejas de gemelos idénticos están sometidos a ambientes más similares que otros. Loehlin y Nichols comprobaron la bondad del supuesto de los ambientes idénticos, correlacionando las diferencias entre gemelos idénticos respecto a la capacidad cognitiva y personalidad, con las medidas de la similitud ambiental. Si la similitud ambiental puede afectar a la conducta, los gemelos idénticos cuyos ambientes sean más parecidos deben presentar conductas más similares. Sólo se analizaron gemelos idénticos porque las diferencias entre ellos se deben necesa-

TABLA 12.3.—*Puntuaciones medias de gemelos idénticos y fraternos en cinco parámetros y su puntuación compuesta sobre las experiencias diferenciales.*

Parámetro	Rango de puntuaciones	Idénticos		Fraternos	
		V	H	V	H
Se vestían igual	1-3	1,7	1,5	2,0	1,8
Jugaban juntos (edad 6-12 años)	1-4	1,3	1,3	1,6	1,6
Pasaban tiempo juntos (edad 12-18 años)	1-4	1,8	1,7	2,2	2,0
Dormían en la misma habitación	1-4	1,7	1,7	1,8	1,8
Igual tratamiento por parte de los padres	1-5	1,9	2,0	2,3	2,2
Indice compuesto de los anteriores parámetros	6-23	9,7	9,6	11,6	10,8
Número de parejas		217	137	297	199

NOTA: Una puntuación de 1.0 indica máxima similitud, y puntuaciones mayores indican menor similitud.
PROCEDENCIA: Loehlin y Nichols, 1976.

riamente a factores ambientales. Los gemelos fraternos, por otro lado, son distintos tanto genética como ambientalmente, por lo que los investigadores no podrían haber asegurado si las diferencias genéticas eran las causantes de las diferencias ambientales, o viceversa. En la Tabla 12.4 se presentan las correlaciones entre las diferencias en la conducta y un índice combinado de las diferencias ambientales. Una correlación positiva indica que los gemelos idénticos sometidos a un ambiente más similar presentaban una conducta más parecida. Las bajas correlaciones obtenidas prueban sin lugar a dudas el supuesto de los ambientes idénticos de los estudios de gemelos. Las variables ambientales que presentaban valores distintos en los dos tipos de gemelos, sencillamente no afectan a la capacidad cognitiva, personalidad, vocación o relaciones interpersonales.

¿Qué ocurre con la mayor similitud en el aspecto de los gemelos idénticos? El método utilizado por Loehlin y Nichols puede también aplicarse a esta pregunta. Aunque los gemelos idénticos son normalmente de apariencia bastante similar, la frecuencia con que se les confunde entre ellos varía, como se indica en la Tabla 12.1 (Cohen et al., 1975). Por ejemplo, sólo el 48 por ciento de las madres de gemelos idénticos dijeron que los gemelos eran «como dos gotas de agua». Por lo tanto, podemos preguntarnos si los gemelos a los que se les confunde frecuentemente presentan conductas más simi-

TABLA 12.4.—*Prueba del supuesto de los ambientes idénticos: correlaciones entre las diferencias absolutas en las medidas de la conducta de gemelos idénticos y una medida compuesta de la experiencia diferencial.*

	Correlación*	Número de parejas
Cognición (media de 5 subtest de la PNCME)	−0,06	276
Personalidad (media de 18 escalas del CPC)	0,06	451
Interés vocacional (media de 12 escalas del CPV)	0,01	276
Relaciones interpersonales (media de 6 tipos de relaciones)	0,05	276

NOTA: PNCME: Prueba Nacional de Calificación de Méritos Escolares; CPC: Catálogo Psicológico de California; CPV: Catálogo de Preferencias Vocacionales.

* Una correlación positiva indica que los gemelos idénticos tratados de un modo más similar presentaban conductas más parecidas.

PROCEDENCIA: Loehlin y Nichols, 1976.

lares (Matheny, Wilson y Brown, 1976; Plomin, Willerman y Loehlin, 1976). Matheny y colaboradores compararon las diferencias absolutas en las puntuaciones del C.I. y medidas de las personalidad, con las calificaciones de la similitud física entre gemelos idénticos de edades comprendidas entre tres y trece años, diagnosticados mediante análisis sanguíneos. La ausencia de correlaciones significativas entre las diferencias de conducta y la similitud física (Tabla 12.5) parece indicar que la mayor similitud física de los gemelos idénticos no parece afectar seriamente al supuesto de los ambientes idénticos de los estudios de gemelos.

TABLA 12.5.—*Prueba del supuesto de los ambientes idénticos: correlaciones entre las diferencias absolutas en conducta y similitud física de gemelos idénticos.*

	Correlación*	Número de parejas
Test Stanford-Binet de C.I.	0,05	47
Test WISC de C.I.	−0,19	74
Test de personalidad (media de 16 PF)	0,00	51

NOTA: 16 PF: Test de los 16 Factores de Personalidad de Raymond Cattell.
* Una correlación positiva indica que los gemelos idénticos que eran más parecidos físicamente presentaban conductas más similares.
PROCEDENCIA: Matheny et al., 1976.

Este tipo de datos apoyan firmemente el supuesto de los ambientes idénticos. Aunque se puedan encontrar otras diferencias en los ambientes de los gemelos idénticos y fraternos, estos resultados indican que tales experiencias diferenciales no tienen por qué afectar a la similitud de la conducta de los dos tipos de gemelos.

Heredabilidad

Algunos investigadores prefieren comprobar la significación de las diferencias entre las correlaciones de los gemelos idénticos y fraternos y no ir más allá. Sabemos, por ejemplo, que los gemelos idénticos son más parecidos en estatura, peso y surcos de las huellas dactilares. Por lo tanto, en la etiología de estos rasgos están implicadas diferencias genéticas.

En muchos contextos es útil ir más allá de la mera significación estadística y calcular la heredabilidad en amplio sentido, aunque debemos tener en mente las precauciones que comentábamos en el Capítulo 9. Incluso si decidimos no estimar la heredabilidad, es importante conocer si son razonables los patrones de correlaciones entre gemelos idénticos y fraternos, independientemente de la significatividad de las diferencias entre correlaciones. Por ejemplo, una correlación de 0,90 entre gemelos idénticos y una correlación de 0,10 entre gemelos fraternos no apoya la hipótesis genética, porque los gemelos idénticos son sólo dos veces más similares genéticamente que los gemelos fraternos. En los estudios de gemelos se obtienen con frecuencia patrones de correlaciones razonables. Por ejemplo, en la Tabla 12.6 hemos enumerado las correlaciones medias de la estatura, peso y número total de surcos en las huellas dactilares entre gemelos adultos (de Mittler, 1971). Estos datos también están de acuerdo con otras informaciones familiares. Por ejemplo, para el número total de surcos, la correlación entre hermanos es 0,51 y entre un progenitor y su descendencia es 0,46.

TABLA 12.6.—*Correlaciones medias de la estatura, peso y número total de surcos en las huellas dactilares, entre gemelos idénticos y fraternos.*

	Correlación	
	Idénticos	Fraternos
Estatura	0,93	0,48
Peso	0,91	0,58
Número total de surcos	0,96	0,49

PROCEDENCIA: Mittler, 1971.

Los componentes de la covarianza en las distintas relaciones de parentesco se describieron en el Capítulo 10. La covarianza de los gemelos fraternos (DZ) tiene los mismos componentes genéticos que la covarianza entre hermanos (véanse las Tablas 9.9 y 10.1):

$$\mathrm{Cov}_{DZ} = \tfrac{1}{2} V_{A} + \tfrac{1}{4} V_{D} + V_{E_c(DZ)}$$

Dado que los gemelos fraternos también comparten el ambiente familiar, hemos incluido un componente que dé cuenta de los factores ambientales comunes entre gemelos fraternos (que podría ser mayor que V_{E_c} en los hermanos no gemelos). Esto es sólo un modo ligeramente más preciso de decir que la covarianza fenotípica de los gemelos fraternos puede comprender la mitad de la varianza genética y parte de la varianza ambiental. Los gemelos idénticos (MZ), por otra parte, covarían genéticamente y además comparten el ambiente familiar:

$$\text{Cov}_{MZ} = V_A + V_D + V_{Ec(MZ)}$$

Por lo tanto, la diferencia entre las covarianzas fenotípicas de gemelos idénticos y fraternos es:

$$\text{Cov}_{MZ} - \text{Cov}_{DZ} = \tfrac{1}{2}V_A + \tfrac{3}{4}V_D$$

asumiendo que los ambientes comunes son similares para los dos tipos de gemelos.

Como describimos en el Capítulo 9, la mayoría de los investigadores prefieren manejar covarianzas estandarizadas, llamadas correlaciones. La correlación fenotípica es el cociente entre la covarianza y la varianza. Por lo tanto, la correlación entre gemelos fraternos reflejará los siguientes componentes:

$$r_{DZ} = \frac{\tfrac{1}{2}V_A + \tfrac{1}{4}V_D + V_{Ec(DZ)}}{V_P}$$

La correlación entre gemelos idénticos quedará representada como:

$$r_{MZ} = \frac{V_A + V_D + V_{Ec(MZ)}}{V_P}$$

La diferencia entre estas dos expresiones es:

$$r_{MZ} - r_{DZ} = \frac{\tfrac{1}{2}V_A + \tfrac{3}{4}V_D}{V_P}$$

Si multiplicamos por dos esta diferencia obtenemos:

$$2(r_{MZ} - r_{DZ}) = \frac{V_A + \tfrac{3}{2}V_D}{V_P}$$

Como describimos en el Capítulo 9, la heredabilidad en amplio sentido es la fracción de la varianza fenotípica debida a la varianza genética aditiva y no aditiva:

$$h^2_B = \frac{V_A + V_D}{V_P}$$

Por lo tanto, si multiplicamos por dos la diferencia entre las correlaciones fenotípicas de gemelos idénticos y fraternos, podemos, en cierta medida, sobreestimar la heredabilidad en amplio sentido, ya que esta estimación incluye 1,5 veces la varianza por dominancia. Aunque no hemos expresado la varianza epistática, también conduciría a una sobreestimación de la heredabilidad. Otra posible complicación es que la unión direccional de los padres incrementaría la varianza genética aditiva compartida por los gemelos fraternos, pero no la compartida por los gemelos idénticos. Un valor más alto de la varianza genética aditiva compartida por los gemelos fraternos aumentará la correlación fenotípica y reducirá la diferencia entre las correlaciones de los gemelos idénticos y fraternos. Por lo tanto, la unión direccional puede dar lugar a una subestimación de la heredabilidad en amplio sentido, aunque existen modos de corregir las estimaciones de la heredabilidad en gemelos, teniendo en cuenta el efecto de la unión direccional combinada (Jensen, 1967). Aún existe otra posible complicación, se trata de la interacción potencial o correlación genotipo-ambiente, que se discutirá en el Capítulo 14. Aunque se han emitido muchas hipótesis y se ha investigado profundamente sobre estos problemas, podemos dejarlos en suspenso porque probablemente sólo tengan pequeños efectos intercompensados sobre los cálculos de la heredabilidad en los estudios de gemelos.

El multiplicar por dos la diferencia entre las correlaciones de los gemelos idénticos y fraternos, se conoce como el método de Falconer para la estimación de la heredabilidad en amplio sentido. Los análisis de las correlaciones de la Tabla 12.6 indican que la heredabilidad en amplio sentido es 0,90 (es decir; 2(0,93 − 0,48) = 0,90) para la estatura, 0,66 para el peso y 0,94 para el número total de surcos. Como se explicó en el Capítulo 9 esto es una manera abreviada de decir que, dadas las diferencias individuales en estatura de estas muestras, en un momento dado, cerca del 90 por ciento de la variación se debe a diferencias genéticas entre sujetos y cerca del 10 por ciento se debe a diferencias ambientales.

Si bien la fórmula de Falconer es apropiada como introducción, existen otras fórmulas para calcular la heredabilidad a partir de los datos sobre gemelos. Una de las primeras descritas y ampliamente utilizada es la llamada (aunque incorrectamente, como veremos) H de Holzinger:

$$H = \frac{\text{Correlación entre gemelos idénticos} - \text{correlación entre gemelos fraternos}}{1{,}0 - \text{correlación entre gemelos fraternos}}$$

Aunque puede parecer paradójico, el problema básico con la H de Holzinger es que siempre se obtiene una estimación razonable de la heredabilidad, incluso cuando el patrón de correlaciones es claramente erróneo. Por ejemplo, supongamos que la correlación para un rasgo concreto entre gemelos idénticos es 0,90 y la correlación entre gemelos fraternos es 0,10. Mediante la fórmula de Falconer obtendríamos una heredabilidad de 1,60, indicativa de que se trata de un patrón de correlaciones imposible. Sin embargo, utilizando la H de Holzinger obtendríamos una decepcionantemente razonable estimación de 0,89. Otro ejemplo de los decepcionantes resultados de utiliar la H de Holzinger sería el obtener una heredabilidad de 1,0, cuando la correlación entre gemelos idénticos fuese 1,0 y la correlación entre gemelos fraternos fuese 0,99. Mediante la fórmula de Falconer, con este patrón de correlaciones, se obtendría un valor de 0,02. La fórmula de Holzinger se basa, como todas las estimaciones de la heredabilidad, en las diferencias en el parecido entre gemelos idénticos y fraternos. No obstante, sólo es equivalente a la fórmula de Falconer en circunstancias muy particulares.

Ambientalidad

El método de los gemelos también puede describirse gráficamente (Nichols, 1965), como en la Figura 12.3, que pone de relieve los supuestos de este método. El rectángulo representa la varianza fenotípica de los individuos respecto a un rasgo en particular. El primer supuesto es que la varianza total de los gemelos fraternos e idénticos es la misma y no difiere de la varianza de la población general a la que se generalizarán los resultados. Los estudios de gemelos normalmente satisfacen esta condición. Incluso en los pocos casos en los que existe una diferencia de medias entre gemelos y la población tomada como un todo (un ejemplo es el C.I. medio de 96 de los gemelos), la varianza de los dos tipos de gemelos y de la población general es la misma. La varianza del rectángulo ha sido descompuesta en sus componentes genético y ambiental, utilizando un ejemplo en el que la correlación entre gemelos idénticos es de 0,75 y de 0,50 entre gemelos fraternos. La varianza situada por encima de la correlación representa las diferencias entre los miembros de cada pareja, mientras que la situada por debajo de la correlación indica la varianza compartida por los miembros de cada pareja. Si examinamos el lado izquierdo del triángulo podemos deducir que los gemelos idénticos comparten el 75 por ciento de la varianza, o lo que es lo mismo, el 25 por ciento de la varianza no es compartida. Las diferencias entre los miembros de cada pareja de gemelos idénticos sólo pueden ser ambientales (excepto en el caso de mutaciones somáticas y posibles diferencias citoplásmicas en el momento de la escisión). Estas influencias ambientales se conocen como influencias ambientales intrafamilia; en este caso, serían influencias ambientales intrapareja (V_{EW}). Una de las asunciones del método de gemelos es que estas diferencias son iguales en los dos tipos de gemelos (el «supuesto de los ambientes idénticos» que ya comentamos).

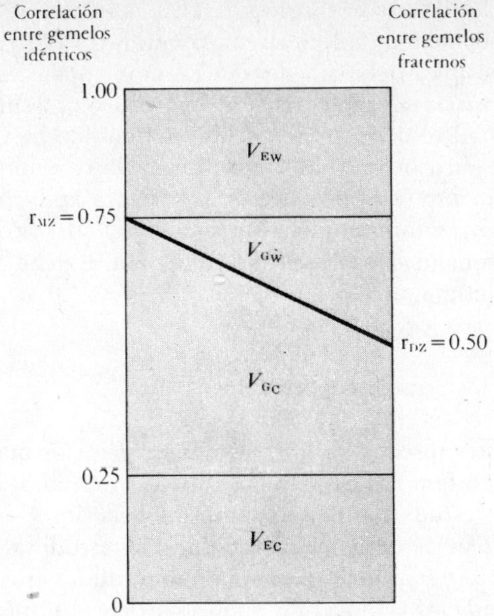

FIGURA 12.3.—*Representación gráfica del método de gemelos y sus supuestos.* (Adaptado de *Nichols, 1965).*

El lado derecho del rectángulo indica que la diferencia entre la correlación de los gemelos idénticos y fraternos es de origen genético. A veces se denomina a esta varianza la varianza genética intrafamilia (V_{GW}) porque se debe a las influencias genéticas que hacen diferir a los miembros de la familia (en este caso, gemelos fraternos). Comparando los dos lados del rectángulo descubrimos que la covarianza genética (V_{G_c}) entre gemelos fraternos vale la mitad que la covarianza genética entre gemelos idénticos. Juntos V_{GW} y V_{G_c}, los dos tipos de varianza genética, representan hasta qué punto la varianza fenotípica se debe a la varianza genética (es decir, $V_G = V_{G_c} + V_{GW}$). En este ejemplo, la varianza genética total es del 50 por ciento (el doble de la diferencia entre las correlaciones de los gemelos idénticos y fraternos). Por supuesto, los gemelos, como otros miembros de la familia, pueden ser similares ambiental y genéticamente. Esto se representa como el componente V_{E_c}. Las influencias ambientales interfamilia se definieron en el Capítulo 9 como las influencias ambientales que hacen que los miembros de una familia se parezcan entre sí, pero difieran de los miembros de otras familias. No hay que olvidar que las influencias ambientales interfamilia pueden ser más acusadas en los gemelos que en los hermanos no gemelos.

En este ejemplo, la varianza genética da cuenta de la mitad de la varianza fenotípica (la heredabilidad en amplio sentido es 0,50). La ambientalidad, varianza fenotípica debida a diferencias ambientales, es también 0,50. La mitad de esta varianza ambiental se debe, a su vez, a diferencias intrafamilia y la otra mitad se debe a diferencias interfamilia. La varianza ambiental no siempre se distribuye uniformemente en intra e interfamilia. Como veremos en la siguiente sección, parte de la varianza ambiental relativa a los procesos cognitivos es interfamilia. Sin embargo, en psicopatología (y en general en la personalidad), la varianza ambiental se debe primordialmente a las influencias intrafamilia.

Otros diseños en los estudios de gemelos

Existen otros tres diseños en los estudios de gemelos que merecen atención: estudios sobre familias de gemelos idénticos; estudios control de cogemelos idénticos y estudios sobre la similitud genética y fenotípica de los miembros de las parejas de gemelos fraternos. El estudio de adopciones de gemelos idénticos y fraternos es particularmente informativo y se describirá cuando comentemos los estudios de adopciones en el Capítulo 13.

Familias de gemelos idénticos

Existen interesantes relaciones entre familias de gemelos idénticos, que recientemente han sido sometidas a los análisis de la genética de la conducta. Este tipo de análisis se conoce como el método de las familias de gemelos idénticos (o método de hermanastros monozigóticos) (Corey y Nance, 1978; Nance y Corey, 1976; Nance, 1976). En la figura 12.4 se ilustra la configuración familiar que aparece cuando los miembros de una pareja de gemelos idénticos se casan y tienen descendientes. Algunos miembros de estas dos familias comparten: todos sus genes (relación A en la Figura 12.4), la mitad de sus genes (relaciones B, C y E), un cuarto de sus genes (relación F), y ninguno de sus genes (relación D, si no existe unión direccional). Este tipo de estudios de familias compara tanto a los hermanos entre sí como a padres e hijos. Al igual que en otros estudios de familias, en estas relaciones se comparte tanto herencia como ambiente. La característica única de esta metodología es la comparación entre las dos familias. En las familias de gemelos idénticos varones, por ejemplo, tíos y sobrinos (as) (relación C), son tan similares entre sí genéticamente como los progenitores masculinos e hijos/as (relación B). También los primos son genéticamente hermanastros, porque de hecho tienen el mismo padre desde un punto de vista genético.

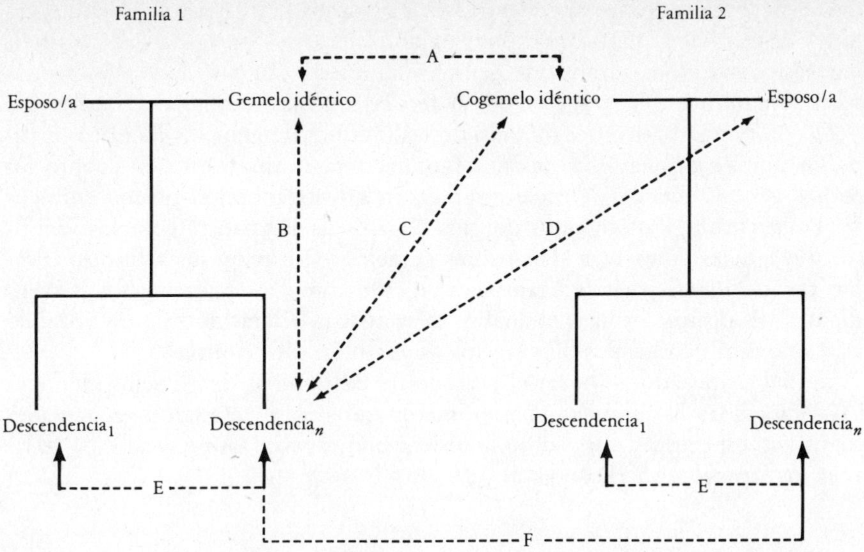

FIGURA 12.4.—*El método de las familias de gemelos idénticos. La explicación en el texto.*

Estos hermanastros son especialmente interesantes porque se educan en familias diferentes, evitando así el problema de otros estudios en los que los hermanastros están separados por divorcio, muerte o desaparición de uno de sus padres.

Estas comparaciones se pueden ajustar a un modelo para determinar los parámetros genéticos y ambientales (Nance, 1976). Aunque el modelo es matemáticamente complicado, la idea es muy simple. La comparación más crítica se establece entre los padres gemelos idénticos y sus hijos frente a sus sobrinos/as. Se puede comparar la similitud genética entre padres gemelos idénticos y sus descendientes con la existencia entre estos mismos individuos y sus sobrinos/as. Genéticamente, el grado de similitud es el mismo; pero, dado que los sobrinos/as son criados en un hogar con ambiente distinto, se comparten menos influencias ambientales entre los tíos gemelos idénticos y sus sobrinos/as que entre los padres gemelos idénticos y sus hijos. La comparación entre hermanos (relación E) y hermanastros (relación F) también es interesante. Genética y ambientalmente los hermanastros son menos similares que los hermanos, porque son criados en familias distintas. Otra útil característica de este método es la posibilidad de comparar familias de gemelos idénticos varones y hembras para detectar efectos maternos y ligamento al sexo. Si existen efectos maternos, los hermanastros hijos de gemelas idénticas deben ser más parecidos que los hermanastros hijos de gemelos idénticos varones. Respecto a los caracteres ligados al sexo, los hermanastros paternos varones de gemelos idénticos varones deben ser menos parecidos que los hermanastros maternos varones de gemelas idénticas. Por otro lado, las hermanastras maternas deben ser menos parecidas que las hermanastras paternas.

El problema básico del método de las familias de gemelos idénticos estriba en que el ambiente de las dos familias será similar tanto en cuanto los padres genéticamente idénticos establezcan un hogar con el mismo ambiente. Por ejemplo, supongamos que los hogares de los padres gemelos idénticos son iguales en esencia. Los padres gemelos idénticos y sus sobrinos/as serán tan similares genética y ambientalmente como los padres y sus descendientes. Es posible utilizar el ánálisis de vías para aclarar no sólo este problema, sino también los posibles efectos de la unión direccional.

Se ha empezado a aplicar el método de las familias de gemelos idénticos a los rasgos de la conducta. Los primeros trabajos se referían a capacidades cognitivas específicas tales como la ordenación espacial (Rose et al., 1979a) y velocidad perceptiva (Rose et al., 1979b).

Estudios control de cogemelos idénticos

Los estudios control de cogemelos comprueban la capacidad de las variables ambientales para modificar los fenotipos, sometiendo a cada uno de los miembros de una pareja de gemelos (cogemelos) a influencias ambientales distintas. Los escasos (menos de una docena) estudios control de cogemelos existentes en la bibliografía de la genética de la conducta, pertenecen a tres categorías. La primera y más amplia de las categorías comprende los estudios sobre la interacción entre madurez y entrenamiento. Varios investigadores estudiaron a una pareja de gemelas idénticas a diferentes edades (Gesell y Thompson, 1929; Stayer, 1930; Hilgard, 1933). Entrenaron a ambas gemelas para una misma tarea, haciendo énfasis en la edad en la que cada una de las cogemelas era entrenada. Otro estudio control de cogemelos de este estilo se enfocó sobre la aptitud para la lectura (Fowler, 1965).

La segunda categoría compara la efectividad de los distintos programas de entrenamiento. Por ejemplo, Vandenberg (1968) publicó un estudio en Estocolmo, en el que se separaba a los gemelos idénticos durante el primer año de estudios elementales para comparar dos programas educacionales distintos. La tercera, y más general, categoría comprende los estudios sobre la proporción en la que las diferencias ambientales pueden dar lugar a diferencias entre individuos genéticamente idénticos. En dos estudios realizados en Rusia (Mirenva, 1935; Levit mencionado por Newman, Freeman y Holzinger, 1937) se aplicó el método de los cogemelos al entrenamiento motriz. En otros estudios se ha aplicado el método a la lectura y conceptos numéricos

(Vandenberg, Stafford y Brown, 1968) y a la personalidad (Plomin y Willerman, 1975).

El método de los cogemelos proporciona una oportunidad única de controlar la variabilidad genética en cierto tipo de investigaciones sobre las influencias ambientales. El método experimental habitual considera las diferencias genéticas al azar, analiza un gran número de sujetos y obtiene las diferencias medias entre grupos. En el caso de que los requerimientos de aptitud o de tiempo del protocolo experimental impida el análisis de un número elevado de sujetos, el método de los cogemelos puede ser una alternativa muy útil.

Estudios sobre la similitud genética entre gemelos fraternos

Si bien los gemelos fraternos por término medio tienen la mitad de sus genes en común, la segregación genética asegura el que algunas parejas de gemelos fraternos son más similares genéticamente que otros, como ocurre con los hermanos no gemelos. Se ha intentado hacer uso de este hecho para analizar la relación entre similitud genética, determinada mediante análisis de los grupos sanguíneos, y la similitud fenotípica. Si los genes afectan a una conducta concreta, los gemelos fraternos más similares genéticamente deben ser más parecidos fenotípicamente. El método se ha aplicado a rasgos cognitivos y de la personalidad (Carter-Saltzman y Scarr, 1975). Sin embargo, todavía se pone en duda la utilidad del método (Loehlin, Willerman y Vandenberg, 1974).

Estudios de gemelos y conducta

El método de los gemelos se ha aplicado a un amplio rango de conductas. Muchos de estos estudios han sido revisados por Fuller y Thompson (1978), Peter Mittler (1971) y Vandenberg (1976). Algunos estudios de gemelos recientes se han centrado sobre la madurez (Jarvik, 1975), capacidades escolares (Martin, 1975), creatividad (Reznikoff et al., 1973), intereses vocacionales (Roberts y Johansson, 1974), lenguaje (Mittler, 1974; Munsinger y Douglass, 1976), lectura (Matheny y Brown, 1974), habla (Matheny y Bruggemann, 1973), actitudes sociales (Eaves y Eysenck, 1974), y conducta sexual (Martin. Eaves y Eysenc, 1977). En las siguientes secciones continuaremos con nuestros ejemplos sobre la conducta cognitiva y psicopatológica.

Hay que señalar que conseguir gemelos para investigaciones no es tan difícil como se podría pensar. Por ejemplo, existen varios registros con numerosas parejas de gemelos. En los Estados Unidos, desde hace una década existe un registro con 16.000 parejas, mantenido por el Consejo Nacional de Investigación de la Academia Nacional de Ciencias (Hrubec y Neel, 1978), y otro registro, conocido como el Registro Permanente de Gemelos, fue iniciado en California en 1974 (Friedman y Lewis, 1978). También existen extensos registros en Finlandia (Kaprio et al., 1978), Suecia (Cederlöf y Lorich, 1978) y Noruega (Kringlen, 1978). Además existen muchos clubs de madres de gemelos en los Estados Unidos y muchos de ellos están interesados en participar en las investigaciones sobre gemelos.

Cognición

Cociente de inteligencia (C.I.)

El primer estudio genético de gemelos desde un punto de vista conductual se centraba en el C.I. (Merriman, 1924). Desde entonces, se han aplicado tests de C.I. a miles de gemelos en los estudios sobre la heredabilidad de la inteligencia general. Merriman también fue el primero en señalar que el C.I. de los gemelos era ligeramente inferior al de la población general (96 frente a 100). Aunque no se conocen bien los motivos de esta diferencia, no influye marcadamente sobre los resultados de los estudios de gemelos, ya que la varianza de los gemelos es idéntica a la de la población general.

En la Tabla 12.7 se enumeran 19 estudios de gemelos sobre las capacidades cognitivas específicas (Loehlin y Nichols, 1976). En cada uno de estos estudios, se analizaron más de 25 parejas de cada tipo de gemelos. En total comprenden 3.454 parejas de gemelos idénticos y 2.885 parejas de gemelos fraternos. Las correlaciones en todos los estudios, exceptuando uno, indican una similitud considerablemente mayor entre los gemelos idénticos.

La correlación media de todos los gemelos idénticos es 0,86 y la de los gemelos fraternos 0,62, más alta que la encontrada en otros estudios realizados con muestras menos numerosas (véase la Figura 11.1). Esto implica que la estimación de la heredabilidad en amplio sentido a partir de estos datos es algo inferior a la calculada habitualmente. La fórmula de Falconer para estudiar la heredabilidad, multiplicando por dos la diferencia entre correlaciones, sugiere una heredabilidad en amplio sentido de la capacidad cognitiva general de 0,48. Aunque esta estimación no está corregida no teniendo en cuenta la unión direccional ni la varianza genética no aditiva, estos ajustes no alterarían la conclusión de que aproximadamente la mitad de la variación observada en la capacidad cognitiva general se debe a diferencias genéticas.

Si cerca de la mitad de la variación fenotípica del C.I. se debe a las dife-

TABLA 12.7.—*Correlaciones de las medidas de la capacidad cognitiva general entre gemelos idénticos y fraternos.*

Test	Correlación		Número de parejas		Procedencia
	Idénticos	Fraternos	Idénticos	Fraternos	
Nacional y Multimental	0,35	0,26	45	57	Wingfield y Sandiford (1928)
Otis	0,84	0,47	65	96	Herrman y Hogben (1933)
Binet	0,88	0,90	34	28	Stocks (1933)
Binet y Otis	0,92	0,63	50	50	Newman, Freeman y Holzinger (1937)
Test I	0,87	0,55	36	71	Husen (1947)
Simplex y Test C	0,88	0,72	128	141	Wictorin (1952)
Factor de Inteligencia	0,76	0,44	26	26	Blewett (1954)
JPQ-12	0,62	0,28	52	32	Cattle, Blewett y Beloff (1955)
Test I	0,90	0,70	215	416	Husen (1959)
Otis	0,83	0,59	34	34	Gottesman (1963)
Varios Grupos de Tests	0,94	0,55	95	127	Burt (1966)
PMA (C.I.)	0,79	0,45	33	30	Koch (1966)
Combinación de Vocabulario	0,83	0,66	85	135	Huntley (1966)
PMA (Total)	0,88	0,67	123	75	Loehlin y Vandenberg (1968)
Factor de aptitud general	0,80	0,48	337	156	Schoenfeldt (1968)
ITPA (Total)	0,90	0,62	28	33	Mittler (1969)
Tanaka B	0,81	0,66	81	32	Kamitake (1971)
PNCME (Total):					
1962	0,87	0,63	687	482	Nichols (1965)
1965	0,86	0,62	1.300	864	Loehlin y Nichols (1976)

PROCEDENCIA: Adaptado de Loehlin y Nichols, 1976.

rencias genéticas, la otra mitad debe proceder de otras fuentes de varianza. En la Figura 12.5 se muestran estas correlaciones medias de la capacidad cognitiva general en un diagrama como el que utilizamos para describir los estudios de gemelos. Se puede apreciar que cerca de la mitad de la varianza fenotípica es de origen genético. Por otra parte, la mayoría de la varianza ambiental es de tipo entre familia. En otras palabras, los estudios de gemelos indican que las influencias familiares comunes (compartidas) son la fuente ambiental principal de diferencias individuales en la capacidad cognitiva general. Sin embargo, la correlación entre hermanos no gemelos es inferior a la correlación entre gemelos fraternos (véase el Capítulo 11). Esto significa que los estudios de gemelos sobreestiman el papel del ambiente familiar, porque los gemelos comparten más influencias familiares comunes que los hermanos no gemelos.

Diferencias en el desarrollo

También se pueden aplicar los análisis de la genética de la conducta a los datos sobre el desarrollo. Un error frecuente es creer que los genes se ponen en marcha en el momento de la concepción y continúan funcionando a toda

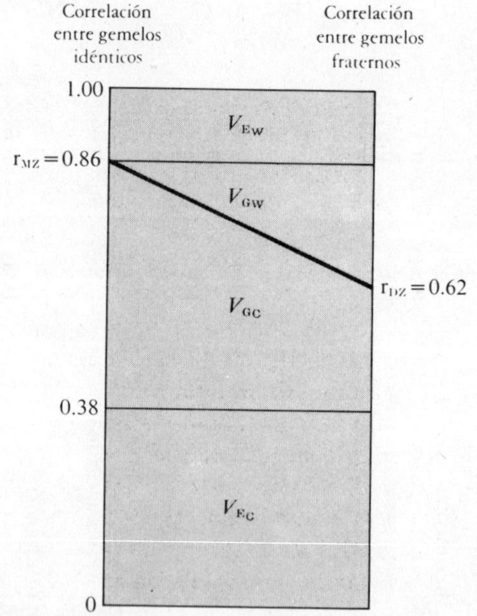

FIGURA 12.5.—*Representación gráfica de los resultados promedio de los estudios de gemelos sobre la capacidad cognitiva general.*

máquina el resto de nuestras vidas. Como explicamos en el Capítulo 5, los genes pueden activarse y desactivarse. Más aún, las circunstancias ambientales cambian al irse desarrollando el organismo. Por lo tanto, podemos encontrar diferentes patrones de influencias genéticas y ambientales en las diferentes etapas del desarrollo. Aunque podríamos esperar que al crecer los gemelos en ambientes similares se hicieran más parecidos, los primeros estudios de Galton, Thorndike y Merriman demostraron que la similitud entre los gemelos no es función de la edad.

Estos primeros estudios eran de «corte transversal», es decir, obtenían datos sobre parejas de gemelos que en un momento dado tenían distintas edades. En un estudio «longitudinal» se estudian los mismos individuos a lo largo del tiempo. En la última década se llevó a cabo en Louisville, Kentucky, un estudio longitudinal sobre el desarrollo cognitivo de 400 parejas de gemelos (Wilson, 1977a, 1977b, 1978). Se puntuó a los gemelos según la escala Bayley de desarrollo mental y motriz, a los 3, 6, 9, 12, 18 y 24 meses de edad. Se aplicaron test de C.I. a los 2½ y 3 años (el test Stanford-Binet), a los 4, 5 y 6 años (el Wechsler preescolar y la escala primaria de inteligencia), y a los 7 u 8 años (la escala Wechsler de inteligencia para niños). En la Tabla 12.8 se indican las correlaciones entre gemelos en la escala mental Bayley. La correlación media entre gemelos idénticos en la infancia es 0,73 y entre gemelos fraternos 0,65. Estas correlaciones indican que en las primeras etapas de la vida existen escasas influencias genéticas sobre las diferencias individuales en las capacidades mentales. Dado que ambas correlaciones son altas, es posible que las influencias ambientales entre familia desempeñen un papel importante. Estas conclusiones están apoyadas por un estudio más reducido sobre gemelos de un año de edad, llevado a cabo en Inglaterra (Griffiths y Phillips, 1976).

Estos datos plantean algunas preguntas importantes sobre el desarrollo cognitivo. Las correlaciones entre los mismos individuos en diversos momentos de la infancia son considerablemente más bajas que las observadas entre gemelos idénticos, o incluso fraternos, de la misma edad. En otras palabras, es más exacto predecir la puntuación de uno de los miembros de una pareja de gemelos de una edad determinada a partir de la puntuación de su cogemelo, que a partir de la puntuación del propio individuo en una edad anterior. Esto indica que las parejas de gemelos siguen un modelo de desarrollo mental similar. Los perfiles de seis parejas de gemelos idénticos que se muestran en la Figura 12.6 indican que existe una considerable similitud en el modo de desarrollo de los miembros de una pareja de gemelos.

El perfil de puntuaciones se puede describir refiriéndonos al contorno o nivel mental general. El contorno es una función de los cambios de edad en edad, conocida como *«altibajos»*. El nivel general refleja de una manera más fiel el desarrollo mental. La similitud entre los miembros de parejas de

TABLA 12.8.—*Correlaciones intrapareja de gemelos MZ y DZ en la escala mental de Bayley.*

Edad (meses)	Número de parejas		Correlación intraclase		Heredabilidad en amplio sentido
	MZ	DZ	MZ	DZ	
3	73	86	0,66	0,66	0,00
6	83	90	0,74	0,72	0,04
9	75	71	0,67	0,52	0,30
12	81	78	0,67	0,63	0,08
18	90	100	0,83	0,66	0,34
24	86	101	0,80	0,72	0,16

PROCEDENCIA: Wilson, «Sincronías en el desarrollo mental: Perspectiva epigenética», *Science*, 202, 1978.

gemelos idénticos o fraternos respecto al nivel general o al perfil se puede describir mediante correlaciones como las indicadas en la Tabla 12.9 (análisis de medidas repetitivas adaptadas al caso de datos sobre gemelos). La última columna de la tabla indica que los perfiles de edad en edad de gemelos idénticos son más similares que los de gemelos fraternos. Esto indica que los altibajos del desarrollo durante la infancia están influidos por diferencias genéticas y que esta influencia se mantiene durante los años preescolares.

De la Tabla 12.9 se desprende también que existe un incremento en la heredabilidad del nivel mental general desde la infancia hasta los seis años de edad. Las correlaciones entre gemelos idénticos tienden a aumentar y las correlaciones entre gemelos fraternos a disminuir. En un reciente trabajo sobre el estudio de Louisville (Wilson, 1977a), se afirma que la correlación entre el C.I. de gemelos idénticos de siete y ocho años de edad es 0,86 (74 parejas) y entre gemelos fraternos (56 parejas), 0,60. Estas correlaciones son prácticamente idénticas a las de los adultos.

Capacidades cognitivas específicas

Los estudios de familias comentados en el Capítulo 11, indicaban que las capacidades cognitivas específicas también tienen un importante componente familiar. Los estudios de gemelos han demostrado, sin lugar a dudas, que las diferencias genéticas desempeñan un papel fundamental en estas influencias familiares. Sin embargo, todavía no está perfectamente aclarado si las di-

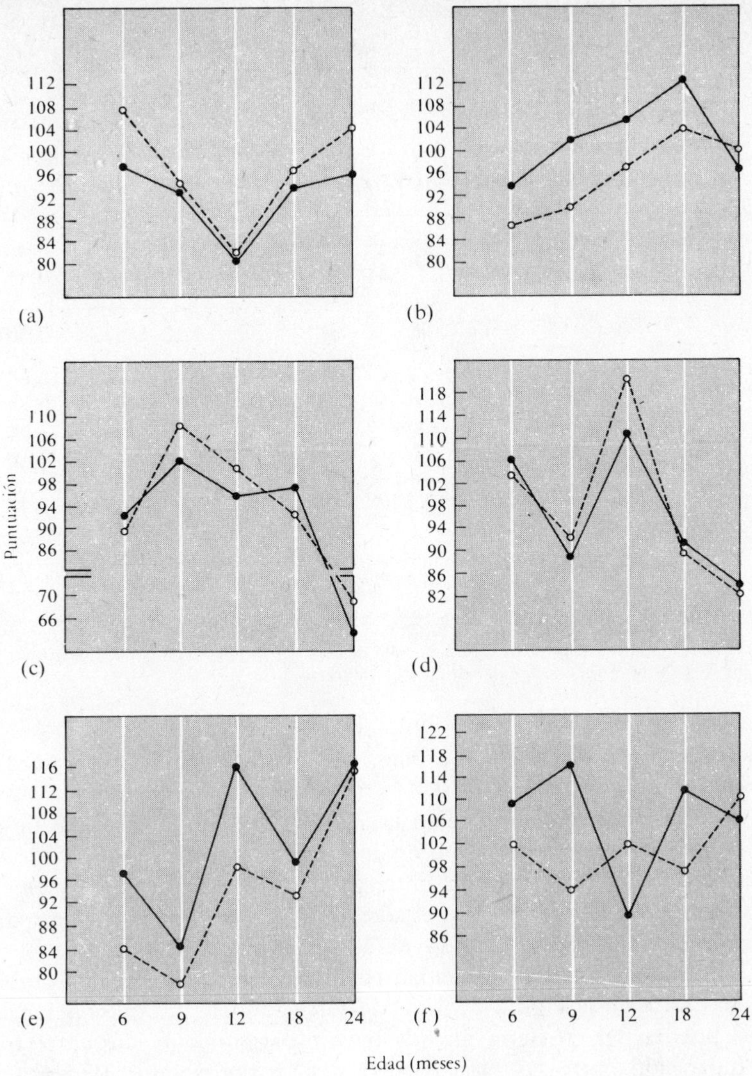

FIGURA 12.6.—*Perfiles de las puntuaciones del desarrollo mental de gemelos MZ de edades comprendidas entre 6 y 24 meses. Las parejas de (a) a (e) exhiben de moderada a alta congruencia de perfiles; la pareja (f) es obviamente no congruente (De «Twins: early mental development» by R. S. Wilson.* Science, *175, 914-917. Copyright © 1972 by The American Association for the Advancement of Science).*

TABLA 12.9.—*Concordancia entre gemelos en el nivel mental general y cambios en el perfil de edad en edad, durante los años preescolares.*

Edad (años)	Zigosidad	Número de parejas		Correlación: Nivel general	Correlación: Cambios de edad en edad
1	MZ	81		0,84	0,40
	DZ	84		0,78	0,15
			h^2_B	0,12	0,50
2 y 3	MZ	74		0,89	0,67
	DZ	95		0,79	0,42
			h^2_B	0,20	0,50
4, 5 y 6	MZ	89		0,90	0,47
	DZ	83		0,75	0,30
			h^2_B	0,30	0,34

PROCEDENCIA: Wilson, «Sincronías en el desarrollo mental: Perspectiva epigenética», *Science*, 202, 1978.

ferencias genéticas afectan más a unas capacidades cognitivas específicas que a otras.

En la Tabla 12.10 se enumeran las correlaciones de las medidas de capacidades específicas de ocho estudios de gemelos (Loehlin y Nichols, 1976). En general, la correlación media entre gemelos idénticos es 0,68 y entre gemelos fraternos es 0,47. Estos resultados indican que, por término medio, la heredabilidad en amplio sentido de las capacidades cognitivas específicas (0,42) es similar a la de la capacidad cognitiva general (0,48). Sin embargo, como se ilustra en la Figura 12.7, los factores ambientales que operan intrafamilia pueden ser en cierta medida más importantes que los entrefamilia. La comparación entre las Figuras 12.7 y 12.5 sugiere que las influencias intrafamilia pueden tener un efecto más marcado sobre las capacidades cognitivas específicas que sobre la capacidad cognitiva general.

Como ya señalamos, los estudios de familias indican que la ordenación verbal y espacial presentan una mayor familiaridad que otras capacidades cognitivas específicas, como la velocidad perceptiva o la memoria. Aunque los estudios de gemelos tienden a indicar que existe una mayor familiaridad,

TABLA 12.10.—*Correlaciones medias de las medidas de las capacidades cognitivas específicas en varios estudios de gemelos.*

Población	Correlación media		Número de parejas		Procedencia
	Idénticos	Fraternos	Idénticos	Fraternos	
Escolares (Suecia)	0,67	0,58	128	141	Wictorin (1952)
Reclutas militares (Suecia)	0,78	0,60	215	415	Husen (1959)
Ancianos (Nueva York)	0,68	0,44	75	45	Jarvik et al. (1962)
Varones adultos (Finlandia)	0,70	0,42	157	189	Partanen, Bruun y Markkanen (1966)
Bachillerato Superior (Michigan, Kentucky)	0,66	0,50	123	75	Loehlin y Vandenberg (1968)
Bachillerato Superior (Estados Unidos)	0,65	0,40	337	156	Schoenfeldt (1968)
Bachillerato Superior (Kentucky)	0,64	0,43	137	99	Vandenberg (1969)
Bachillerato Superior (Estados Unidos)	0,74	0,52	509	330	Loehlin y Nichols (1976)

PROCEDENCIA: Adaptado de Lehlin y Nichols, 1976.

ésta no parece ser de origen genético. Dos de los estudios más amplios han sido realizados en Finlandia (Bruun, Markkanen y Partanen, 1966) y en los Estados Unidos (Schoenfeldt, 1968). Si bien utilizaban diferentes tests, cada uno de ellos comprendía dos medidas de cuatro factores cognitivos. Las correlaciones entre gemelos idénticos y fraternos, junto con las heredabilidades, se indican en la Tabla 12.11. Como puede observarse, los resultados no son concordantes. Del mismo modo, en otros estudios de gemelos sobre las capacidades cognitivas específicas se han obtenido resultados mixtos (Loehlin y Nichols, 1976).

Análisis multivariado

En los capítulos anteriores hemos comentado las aplicaciones del análisis genético cuantitativo a las correlaciones entre caracteres, como el paso siguiente al análisis univariado de un solo carácter. En el Capítulo 11, presentábamos un análisis multivariado de los datos de un estudio de familias sobre las capacidades cognitivas, realizado en Hawai. El resultado del análisis indicaba que las estructuras «genética» y «ambiental» de las capacidades cog-

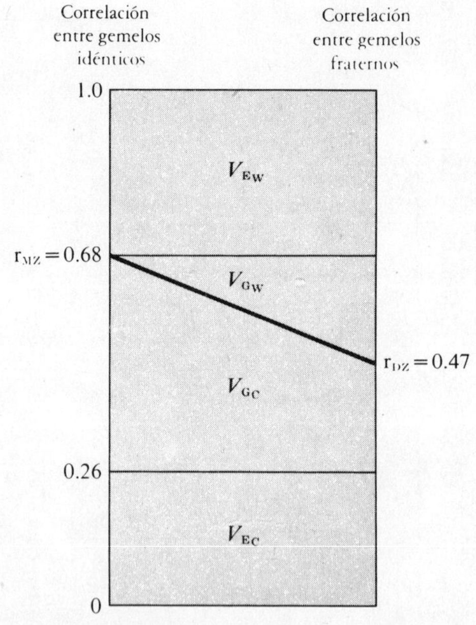

FIGURA 12.7.—*Representación gráfica de los resultados promedio de los estudios de gemelos sobre las capacidades cognitivas específicas.*

TABLA 12.11.—*Correlaciones entre gemelos idénticos y fraternos y heredabilidades de cuatro factores cognitivos, en dos estudios de gemelos.*

	Estudio de Bruun et al. (1966)			Estudio de Schoenfeldt (1968)		
	Correlación			Correlación		
	Idénticos (157 parejas)	Fraternos (189 parejas)	Heredabilidad	Idénticos (337 parejas)	Fraternos (156 parejas)	Heredabilidad
Verbal	0,78	0,53	0,50	0,80	0,48	0,64
Espacial	0,59	0,36	0,46	0,67	0,41	0,52
Velocidad perceptiva	0,73	0,50	0,46	0,67	0,51	0,32
Memoria	0,64	0,32	0,64	0,43	0,19	0,48

nitivas específicas son bastante similares entre sí, y similares a su vez a la estructura fenotípica. Los estudios de gemelos se han utilizado frecuentemente para el análisis multivariado de la conducta humana (Loehlin, 1965; Vandenberg, 1965; Bock y Vandenberg, 1968; Loehlin y Vandenberg, 1968; Eaves y Gale, 1974; Martin y Eaves; 1977; Fulker, 1978). Describiremos el análisis multivariado de las aptitudes escolares de gemelos.

Como discutimos en el Capítulo 9, las correlaciones cruzadas entre gemelos respecto a dos caracteres, tienen los mismos componentes de varianza que las correlaciones respecto a un solo carácter. Por lo tanto, podemos hacer uso de las correlaciones cruzadas entre gemelos para determinar la contribución genética y ambiental a la correlación fenotípica entre caracteres, siguiendo la misma lógica descrita anteriormente en este capítulo para el análisis univariado. Por ejemplo, si multiplicamos por dos la diferencia entre las correlaciones cruzadas de gemelos idénticos y fraternos, obtenemos una estimación de la contribución genética a la correlación fenotípica. Como quedó implícito en el Capítulo 9 (para más detalles véase Plomin y DeFries, 1980b), podemos utilizar las correlaciones cruzadas entre gemelos para resolver las secuencias y correlaciones genéticas y ambientales.

Como ejemplo, comentaremos un amplio estudio de gemelos sobre las capacidades escolares dirigido por Loehlin y Nichols (1976). Estos autores presentaron datos sobre cinco aptitudes escolares (gramática, matemáticas, ciencias sociales, ciencias naturales y vocabulario), de parejas de gemelos en bachillerato superior que participaron en la Prueba Nacional de Calificación de Méritos Escolares (PNCME) en Estados Unidos. Las correlaciones fenotípicas entre las cinco aptitudes, en una muestra al azar compuesta por 1.300 gemelos idénticos y 860 fraternos, indicaban que las aptitudes escolares estaban mucho más correlacionadas (0,62 de media) que las capacidades cognitivas (0,28 de media en el estudio de familia realizado en Hawai, como indicamos en el capítulo anterior). Loehlin y Nichols calcularon la correlación genética y ambiental a partir de las correlaciones cruzadas. Las correlaciones genética y ambiental son de gran ayuda en la determinación de la naturaleza de las correlaciones fenotípicas de las aptitudes escolares. En otras palabras, ¿están influidas cada una de las capacidades escolares por grupos de genes y factores ambientales distintos, o los mismos genes y factores ambientales afectan a varias aptitudes escolares?

Estas correlaciones genética y ambiental obtenidas a partir de la correlación cruzada de la PNCME se indican en la Tabla 12.12. Todas las correlaciones genéticas son considerables, con una media de 0,71. Hay que destacar que la correlación genética de 0,99 entre los estudios sociales y las ciencias naturales parece deberse a un artefacto estadístico. En otra muestra al azar sobre la PNCME, la correlación genética era 0,71, más en concordancia con el resto de las correlaciones genéticas. Estas correlaciones genéticas sugieren que algunos de los genes, aunque no todos, que afectan a cada aptitud escolar también afectan a otras aptitudes, y, más aún, parecen también indicar que existe un factor genético general que afecta a las diversas aptitudes, si bien cada aptitud está también influenciada por factores genéticos independientes. En las correlaciones ambientales aparece el mismo patrón. Parece existir un factor ambiental general que afecta a todas las aptitudes escolares, aunque cada aptitud está también influenciada por factores ambientales independientes.

TABLA 12.12.—*Correlaciones genéticas y ambientales de cinco tests sobre aptitudes escolares, basadas en un estudio de gemelos sobre la Prueba Nacional de Calificación de Méritos Escolares.*

	Correlaciones genéticas			
	Matemáticas	Ciencias Sociales	Ciencias Naturales	Vocabulario
Gramática	0,54	0,71	0,86	0,68
Matemáticas		0,69	0,58	0,50
Ciencias Sociales			0,99	0,85
Ciencias Naturales				0,74
	Correlaciones ambientales			
	Matemáticas	Ciencias Sociales	Ciencias Naturales	Vocabulario
Gramática	0,50	0,63	0,40	0,75
Matemáticas		0,45	0,59	0,61
Ciencias Sociales			0,49	0,73
Ciencias Naturales				0,58

PROCEDENCIA: Plomin y DeFries, 1980b.

Estos resultados del análisis multivariado proporcionan una valiosa información sobre el modo en el que los genes y el ambiente afectan a las aptitudes escolares. Parecen indicar que hay razones genéticas por las que los alumnos que son buenos, por ejemplo, en gramática, también los son en otras áreas escolares. También sugieren que existen factores ambientales, no menos importantes, en el éxito escolar. En otras palabras, parecen existir factores genéticos y ambientales que, operando de una manera amplia y sistemática, afectan a las aptitudes escolares, así como influencias genéticas y ambientales que afectan únicamente a cada una de las aptitudes.

Finalmente, como vimos en capítulos anteriores, la estructura de las correlaciones genéticas y ambientales son bastante similares. En este caso, dado que todas las correlaciones genéticas y ambientales son similares y de pequeña magnitud, se podría esperar que no existiese una alta correlación entre los dos tipos de correlaciones. Sin embargo, el análisis factorial (como comentamos en el capítulo anterior en relación con las capacidades cognitivas específicas) da un factor general para las correlaciones genéticas (que da cuenta del 78 por ciento de la varianza) y un factor general para las correlaciones ambientales (que da cuenta del 66 por ciento de la varianza). Por lo tanto, este análisis reafirma nuestras conclusiones anteriores sobre la existencia de un factor genético general y un factor ambiental general que afectan a las aptitudes escolares.

Loehlin y Nichols (1976, p. 80) advierten que la similitud entre las correlaciones genéticas y ambientales puede ser inherente a nuestros instrumentos de medida. Consideremos el caso extremo de que dos subtests moderadamente heredables contuvieran algunos ítems en común. Esto, por supuesto, conduciría a una correlación fenotípica entre los subtests, al mismo tiempo que tanto los factores genéticos como ambientales parecerían ser responsables de la correlación fenotípica. Aunque este ejemplo puede parecer rebuscado, es posible que los items utilizados en la medición de las aptitudes escolares puedan solaparse de un modo sutil. Sin embargo, aún no se ha demostrado que las similitudes entre las correlaciones genéticas y ambientales puedan deberse a cuestiones metodológicas.

En el Capítulo 9 indicábamos que la similitud entre las correlaciones genéticas y ambientales no debe sorprendernos, al menos considerándolo retrospectivamente. En el Capítulo 10, exponíamos un ejemplo a nivel bioquímico. Loehlin y Vandenberg han sugerido una posible explicación cultural sobre las capacidades cognitivas:

> En términos generales, hallazgos como éste no son quizás tan inopinados. Presumiblemente, el desarrollo de las instituciones culturales esté influenciado precisamente por las mismas tendencias biológicas humanas a las que intentan controlar o explotar. Por ejemplo, a partir de datos meramente sociológicos o meramente biológicos, puede surgir un factor sexual. Esto quizás no es tan obvio en el caso de los rasgos cognitivos, pero es al menos plausible que las características biológicas de los organismos humanos hayan tenido históricamente alguna relevancia en lo que la sociedad ha tendido a reconocer, nombrar y educar como una unidad (Loehlin y Vandenberg, 1968, p. 275).

Psicopatología

Los estudios de gemelos sobre psicopatologías hablan generalmente de valores de *concordancia*. Cuando se ha verificado una psicopatología en una muestra de gemelos, la concordancia representa el porcentaje de cogemelos con el mismo diagnóstico. No obstante existen varias maneras de calcular la concordancia (Gottesman y Shields, 1972). El método más común es el conocido como *«por parejas»*. En una muestra de gemelos en la que al menos uno está afectado, la concordancia es el número de parejas concordantes dividido por el número total de parejas. Por ejemplo, en el estudio de Irving Gottesman y James Shields (1972) en 10 parejas de gemelos idénticos de un total de 24, ambos miembros eran esquizofrénicos; por lo tanto, la concordancia por parejas sería 10/24 = 0,42. El otro método principal considera los casos índices en vez de las parejas. En este método del *probando*, el número de gemelos afectados pertenecientes a parejas concordantes se divide entre el número de casos índice (probandos). Gottesman y Shields comenzaron con 34 gemelos idénticos probandos y encontraron que 20 de estos individuos pertenecían a parejas concordantes. La concordancia de probandos sería, por lo tanto, 20/34 = 0,59. Si bien ambos métodos tienen sus virtudes, el método del probando es más apropiado desde el punto de vista del muestreo.

Esquizofrenia

Los estudios de familias sobre la esquizofrenia indicaban un factor de riesgo entre el 5 y el 10 por ciento, en el caso de familiares en primer grado de esquizofrénicos. Estas influencias familiares podían ser de origen genético o ambiental, y, como hemos visto, los estudios de gemelos han sido útiles en la investigación de estas posibilidades. Dado que los gemelos no presentan mayor frecuencia de psicopatologías que los individuos no gemelos, probablemente se podrán generalizar los resultados de los estudios de gemelos al resto de la población. En once estudios de gemelos realizados en siete países, se ha afirmado que existe concordancia entre gemelos idénticos y fraternos (Kringlen, 1966). La concordancia media por parejas entre gemelos idénticos era del 42 por ciento, mientras que entre gemelos fraternos era del 9 por ciento. En la Tabla 12.3 se presentan los resultados de cinco estudios de gemelos sobre la esquizofrenia, realizados desde 1966, que comprenden 210 parejas de gemelos idénticos y 309 parejas de gemelos fraternos (Gottesman y Shields, 1976). La concordancia de probandos media ponderada es 0,46 para los gemelos idénticos y 0,14 para los gemelos fraternos.

Los resultados de los países escandinavos, Dinamarca, Noruega y Finlandia, indican generalmente una menor contribución hereditaria a la esquizofrenia. Para intentar explicar estas discrepancias se han realizado profundos análisis de las diferencias entre los criterios de diagnóstico de los diversos países, el sesgo introducido por las diferentes técnicas de muestreo (población residente en hospitales, admisión consecutiva o registro de gemelos), y la posibilidad de que la esquizofrenia sea en realidad un complejo heterogéneo de condiciones psicóticas (Gottesman y Shields, 1977; Rosenthal, 1970).

Los resultados de dos de los estudios mencionados pueden servir para ilustrar hasta qué punto los datos pueden verse afectados por estos factores. Gottesman y Shields (1977) analizaron separadamente la concordancia entre cogemelos idénticos y probandos leves y graves, en su estudio de gemelos sobre cuarenta y cinco mil admisiones consecutivas en un importante hospital de Londres. Como se indica en la Tabla 12.14, la concordancia entre gemelos idénticos es sólo del 27 por ciento en los probandos hospitalizados por menos de dos años. Sin embargo, la concordancia era del 77 por ciento cuando los probandos habían sido hospitalizados por más de dos años, y del 75 por ciento cuando los probandos no eran capaces de permanecer por más de seis meses fuera del hospital. En la mayoría de los estudios de gemelos se ha documentado la relación entre gravedad y concordancia (Gottesman y Shields, 1977). Es evidente que la gravedad de los casos sometidos a estudio afecta a los resultados obtenidos. Se ha sugerido, por ejemplo, que el estudio de gemelos más amplio sobre la esquizofrenia, realizado por F. J. Kallmann (1946), consistía principalmente en casos graves o crónicos de esquizofrenia, y que esto podría dar cuenta de la relativamente alta concordancia entre gemelos idénticos (69 por ciento) obtenida por Kallmann.

TABLA 12.13.—*Esquizofrenia: concordancia de probandos en estudios recientes sobre gemelos.*

Investigador	Año	País	Idénticos		Fraternos	
			Concordancia (%)	Número de parejas	Concordancia (%)	Número de parejas
Kringlen	1967	Noruega	45	55	15	90
Fischer	1973	Dinamarca	56	21	26	41
Gottesman y Shields	1972	G. Bretaña	58	22	12	33
Tienari	1971	Finlandia	35	17	13	20
Pollin et al.	1972	EE.UU.	43	95	9	125

PROCEDENCIA: Gotterman y Shields, 1976.

TABLA 12.14.—*Esquizofrenia: relación entre gravedad y concordancia entre gemelos idénticos.*

Gravedad del probando	Concordancia
Menos de dos años hospitalizado	27% (4/15)
Más de dos años hospitalizado	77% (10/13)
Incapacidad para permanecer por más de seis meses fuera del hospital	75% (12/16)

PROCEDENCIA: Gottesman y Shields, 1977.

Otra importante cuestión relativa al diagnóstico es la amplitud de la definición de esquizofrenia. Tres de los estudios de gemelos más recientes pueden ser analizados utilizando tanto una definición estricta de la esquizofrenia como una definición más amplia, que incluiría los casos en la línea divisoria (Fischer et al., 1969). Los resultados que se muestran en la Tabla 12.15, indican que las concordancias entre gemelos idénticos y fraternos son más altas cuando se emplea una definición más amplia de esquizofrenia.

La cuestión de los criterios de diagnóstico plantea una pregunta más general sobre la heterogeneidad de la esquizofrenia. Aunque se ha intentado varias veces descomponer la esquizofrenia en entidades genéticas discretas, actualmente el interés se centra en la posibilidad de que exista un espectro en la esquizofrenia, que podría llegar incluso a la conducta antisocial. Generalmente, los investigadores hablan de espectros «duros», que incluyen casos en la línea divisoria y casos cuestionables de esquizofrenia junto a la esquizofrenia crónica, a diferencia de los espectros «blandos» que incluyen los transtornos de la personalidad. En la Tabla 12.16 se enumeran las concordancias entre gemelos idénticos esquizofrénicos cuando el concepto de esquizofrenia incluye los espectros «duro» y «blando» (Shields, Heston y Gotterman, 1975). Por término medio, sólo un 25 por ciento aproximadamente de los gemelos idénticos no presentaban psicopatologías. La concordancia media entre gemelos idénticos en el espectro «duro» era del 61 por ciento. Para los espectros combinados «duro» y «blando», la concordancia era del 77 por ciento. Estos datos parecen indicar que la predisposición genética a la esquizofrenia puede ser más amplia de lo que se pensaba.

Aún son necesarias más investigaciones para aclarar si estas diferencias en los criterios de diagnóstico pueden dar cuenta de que, en los países escandinavos, la concordancia entre gemelos idénticos respecto a la esquizofrenia sea generalmente más baja. Es posible, por ejemplo, que las poblaciones di-

TABLA 12.15.—*Concordancia en la esquizofrenia en función de la amplitud de los criterios de diagnóstico.*

Estudio	MZ Esquizofrenia estricta	MZ Incluyendo casos en la línea divisoria	DZ Esquizofrenia estricta	DZ Incluyendo casos en la línea divisoria
Kringlen (1966)	28% (14/50)	38% (19/50)	6% (6/94)	14% (13/94)
Gottesman y Shields (1966)	42% (10/24)	54% (13/24)	9% (3/33)	18% (6/33)
Fischer et al. (1968)	24% (5/21)	48% (10/21)	10% (4/41)	19% (8/41)

PROCEDENCIA: Fischer et al., 1969.

fieran en la frecuencia de los genes que pueden modificar la expresión del fenotipo esquizofrénico (Shields, 1968). Otra cuestión a considerar es la corrección respecto a la edad. Ninguna de las concordancias mencionadas está corregida teniendo en cuenta la edad. No existe una corrección ideal para

TABLA 12.16.—*Espectro de la esquizofrenia: concordancia por parejas entre gemelos idénticos esquizofrénicos, en el espectro «duro» y «blando».*

Estudio	Número de parejas	Concordancia en el espectro «duro»	Concordancia en el espectro «duro» o «blando»	Porcentaje de parejas con un cogemelo normal
Luxemburger (1928)	14	72	86	14
Rosanoff et al. (1934)	41	61	68	32
Kallmann (1964)	174	69	95	5
Slater (1953)	37	64	78	22
Kringlen (1967)	45	38	67	33
Fischer et al. (1969)	21	48	57	43
Gottesman y Shields (1972)	22	50	77	23

PROCEDENCIA: Shields, Gottesman y Heston, 1975.

el caso de la concordancia entre gemelos, pero es importante porque la edad en la que se instaura la enfermedad puede variar. Cierto estudio sobre gemelos finlandeses (Tienari, 1963) se diferencia del resto de los estudios de gemelos en que *no* se detecta concordancia entre gemelos idénticos. Los gemelos tenían a la sazón entre 30 y 40 años de edad. En un estudio, continuación de éste, una de las parejas de gemelos idénticos se hizo concordante en 1968. Hacia 1971, 7 de los 20 gemelos idénticos pertenecían a parejas concordantes, por lo tanto, la concordancia de probandos era 7/20, es decir, del 35 por ciento, y este valor puede incrementarse aún en el transcurso del estudio (Gottesman y Shields, 1976).

En resumen, si bien los datos sobre gemelos no se ajustan a un modelo genético sencillo, claramente apoyan la hipótesis genética. El riesgo de esquizofrenia entre gemelos fraternos es prácticamente el mismo que entre hermanos no gemelos (aunque los gemelos de distinto sexo presentan una concordancia más baja). Los gemelos idénticos son mucho más concordantes que los gemelos fraternos. Por lo tanto, estos estudios parecen indicar que las influencias genéticas pueden ser importantes. Como los estudios de familias, también indican que las influencias ambientales intrafamilia desempeñan un papel fundamental.

Gemelos idénticos discordantes respecto a la esquizofrenia

Dado que las diferencias entre los miembros de parejas de gemelos idénticos son de origen ambiental, se puede realizar un estudio control de cogemelos para analizar el caso de los gemelos idénticos discordantes respecto a la esquizofrenia. Este método es particularmente importante en el estudio de las psicopatologías, ya que las diferencias entre los miembros de una pareja de gemelos idénticos deben estar causadas por influencias ambientales intrafamilia. Estas, como hemos visto, son importantes en la etiología de las psicopatologías. En un estudio en el que se analizaron 17 parejas de gemelos idénticos discordantes, a lo largo de una década (Belmaker et al., 1974), no se detectaron factores ambientales intrafamilia. Se sugirió como posible factor la diferencia de peso al nacer, pero otros estudios no apoyan esta hipótesis. Otra posibilidad es la sumisión por parte de uno de los gemelos, pero es difícil determinar la causa y efectos de este posible factor. Gottesman y Shields (1976, p. 379) han sugerido que «las culpabilidades pueden ser inespecíficas, de efecto limitado temporalmente e idiosincráticas». También sugieren que los estudios control de cogemelos pueden resultar más útiles en la identificación de «endofenotipos» (fenotipos internos) bioquímicos, que no son medidos normalmente en los exámenes clínicos. Por ejemplo, un fascinante descubrimiento fue que tanto los individuos afectados como los no afectados, miembros de una pareja de gemelos idénticos, presentaban un nivel periférico más bajo de monoamina oxidasa (Wyatt et al., 1973). Sin embargo, este hallazgo está actualmente debatiéndose, ya que en otros estudios no se han detectado diferencias respecto a este enzima entre individuos normales y esquizofrénicos (Friedman et al., 1974).

Psicosis maníaco-depresiva

Si bien los estudios de familias se centran ahora sobre todo en los trastornos afectivos, como la psicosis maníaco-depresiva, los estudios de gemelos y de adopciones están enfocados principalmente sobre la esquizofrenia. No obstante, se han realizado varios estudios de gemelos sobre la psicosis maníaco-depresiva. Siete estudios que comprenden un total de 99 parejas de gemelos idénticos y 252 parejas de gemelos fraternos (Rosenthal, 1970), permiten calcular una concordancia media entre gemelos idénticos del 71 por ciento y del 19 por ciento entre gemelos fraternos. Por lo tanto, el factor de riesgo de los gemelos fraternos es ligeramente superior al de los hermanos no gemelos; el factor de riesgo del hermano gemelo idéntico de un probando es unas cuatro veces superior al de los gemelos fraternos. Aunque la concordancia en la psicosis maníaco-depresiva es mayor que en la esquizofrenia, los factores ambientales intrafamilia son importantes tanto en la psicosis maníaco-depresiva como en la esquizofrenia.

En el capítulo anterior, comentábamos la posibilidad de que existieran dos subtipos de psicosis maníaco-depresiva; una variedad unipolar y un tipo bipolar de psicosis maníaco-depresiva. Aunque existe un claro solapamiento entre los dos subtipos, los datos familiares parecen apoyar en cierta medida esta distinción. También se han realizado estudios de gemelos para resolver esta cuestión, que es esencialmente un candidato ideal para el análisis genético multivariado. En una revisión de varios estudios de muestras pequeñas, que totalizaban 83 parejas de gemelos idénticos, E. Zerbin-Rudin (1969) encontró que el 27 por ciento de las parejas de gemelos idénticos eran concordantes respecto a la psicosis maníaco-depresiva bipolar. Sin embargo, en el 6 por ciento de las parejas, uno de los cogemelos era bipolar y el otro unipolar. Estos mismos resultados se han obtenido en un reciente estudio realizado con 55 parejas de gemelos idénticos (Bertelsen, Harvald y Mauge, 1977); el 20 por ciento de las parejas eran concordantes respecto a la psicosis maníaco-depresiva bipolar, y en el 13 por ciento de las parejas uno de los cogemelos era unipolar y el otro bipolar. Por lo tanto, los datos sobre gemelos también apoyan la distinción entre unipolar y bipolar, aunque también indican que existe cierto solapamiento entre ellos.

Resumen

Los estudios de gemelos aprovechan las situaciones experimentales naturales que resultan de que la similitud genética entre gemelos idénticos es dos veces mayor que la existente entre gemelos fraternos. Si los genes pueden alterar una conducta concreta, los gemelos idénticos deben ser más parecidos entre sí que los gemelos fraternos. Se han comentado la determinación de la zigosidad y la verificación del supuesto de los ambientes idénticos, así como la estimación de la heredabilidad en amplio sentido y las influencias ambientales entre o intrafamilia.

Respecto a la capacidad cognitiva general (C.I.), la correlación media entre gemelos idénticos y fraternos es 0,86 y 0,62 respectivamente. Este patrón de correlaciones sugiere una influencia genética considerable (la heredabilidad en amplio sentido es aproximadamente 0,50). También indica que las influencias ambientales entre familia E_c, desempeñan un destacado papel en la conducta de los gemelos. Respecto a las capacidades cognitivas específicas, la correlación media entre gemelos idénticos es 0,68 y 0,47 entre gemelos fraternos. Estas correlaciones indican que existe aproximadamente la misma proporción de influencias genéticas que en el caso del C.I. (heredabilidad en amplio sentido = 0,42). Sin embargo, las influencias ambientales intrafamilia E_w, pueden ser más importantes en el caso de las capacidades cognitivas específicas que en el de la capacidad cognitiva general, al menos entre gemelos. El análisis multivariado de las aptitudes escolares de gemelos indica que algunos genes, aunque no todos, afectan a la mayoría de las aptitudes escolares. También parecen estar influidas por un conjunto concreto de influencias ambientales, si bien cada aptitud está influida por factores ambientales únicos.

Las influencias genéticas también tienen un papel importante en las psicosis. Las concordancias medias de probandos respecto a la esquizofrenia, en cinco estudios recientes, son 0,46 y 0,14 entre gemelos idénticos y fraternos, respectivamente. En las psicosis afectivas las concordancias medias son 0,71 y 0,19, respectivamente.

13
ESTUDIOS DE ADOPCIONES

El primer estudio de adopciones se realizó en el mismo año (1924) que el primer estudio de gemelos. Sin embargo, se han publicado desde entonces muchos más estudios de gemelos, sin duda debido a la mayor facilidad que presenta la realización de estos trabajos. No obstante, los estudios de adopciones sobre las complejas conductas humanas, son la más convincente demostración de la influencia genética. Estos estudios desenmarañan los factores genéticos y ambientales propios de los miembros de las familias naturales, estudiando a individuos genéticamente no relacionados pero que viven juntos (para determinar las influencias ambientales propias de los miembros de la familia), e individuos genéticamente relacionados que viven separados (para determinar las influencias genéticas). De este modo, mediante los estudios de adopciones es posible determinar hasta qué punto el parecido familiar se debe a similitudes genéticas o ambientales.

Los estudios de adopciones proporcionan una valiosa herramienta para la evaluación de las influencias ambientales, independientemente de los factores genéticos, aunque hasta ahora esta posibilidad no se ha aprovechado al máximo. En las ciencias de la conducta, las determinaciones de las variables ambientales a menudo se ven enturbiadas por los efectos de los factores genéticos. Por ejemplo, se ha relacionado la conducta paternal (como la preocupación de los padres por sus hijos) con el desarrollo cognitivo de los hijos (Elardo, Bradley y Caldwell, 1975). Sin embargo, la asociación entre cuidados paternos e inteligencia de los hijos puede no ser ambiental. Si los padres más responsables tienden a ser más inteligentes, sus hijos pueden heredar directamente su inteligencia, sin ninguna influencia particular de su dedicación a la educación de sus hijos. También puede ocurrir que un efecto aparentemente ambiental tenga en realidad su origen en la correlación entre factores genéticos y ambientales. Los hijos inherentemente más inteligentes pueden hacer aumentar la dedicación de sus padres. Esta última posibilidad se conoce en la bibliografía sobre el desarrollo como efectos de dirección socializante. Para generalizar y completar los resultados de tales investigaciones, es importante conocer si estos efectos ambientales enmascaran efectos genéticos subyacentes. Los estudios de adopciones aplicados a las ciencias de la conducta permiten realizar análisis más sutiles de las influencias ambientales.

Cuestiones de los estudios de adopciones

Dado que la lógica del diseño de los estudios de adopciones es tan contundente, ha sido sometida a pocas críticas. Si en el caso de una conducta concreta queremos saber hasta qué punto el parecido observado entre padres e hijos es de origen genético, podemos averiguar el parecido entre los hijos adoptivos y sus padres biológicos (llamados «padres por nacimiento» en las agencias de adopciones), quienes transmiten sus genes a su descendencia, pero no el entorno familiar. Inversamente, también podríamos estudiar el parecido entre los hijos adoptados y sus padres adoptivos, quienes proporcionan un ambiente familiar, pero no transmiten sus genes. Como en cualquier experimento, hay que evitar los posibles sesgos, o, si esto no es posible, deben al menos determinarse. En el caso de los estudios de adopciones, hay que tener en cuenta la representatividad de la muestra y la posibilidad de acomodamiento selectivo.

Representatividad

Los gemelos, como hemos visto, son bastante representativos de la población general. Si bien normalmente se aceptan muchos estereotipos sobre los padres por nacimiento, padres adoptivos y adoptados, son prejuicios que se desvanecen a la luz de los datos. Por ejemplo, mucha gente cree que los padres por nacimiento presentan un C.I. inferior al de la población general. Sin embargo, en el estado de Minnesota durante el período comprendido entre 1948 y 1952, en el que se realizó un test de C.I. a las mujeres que cedían a sus hijos para que fueran adoptados, la puntuación media del C.I. de 3.600 mujeres fue de 100, con una desviación estándar de 15,4. Estos valores son idénticos a los de la población general (Scarr, 1977). Es importante señalar que podemos medir la representatividad de estos grupos en términos de medias y varianzas. Si se establece que la representatividad no es total, no por ello se han de invalidar los resultados del estudio de adopciones, sino que se debe tener en cuenta a la hora de interpretar los datos.

Acomodamiento selectivo

Una cuestión más específica de los estudios de adopciones es el *acomodamiento selectivo,* que significa que a los niños se les asignan padres adoptivos que de algún modo se parezcan a los padres por nacimiento. Por ejemplo, las agencias de adopciones tienden a acomodar a los niños cuyos padres por nacimiento son altos con padres adoptivos altos. Sin embargo, respecto a la conducta las agencias sólo poseen una información limitada (normalmente solo educación y ocupación). Por lo tanto, no podrían hacer coincidir exactamente las conductas aunque quisieran. De hecho, muchas agencias de adopciones evitan el acomodamiento selectivo en su totalidad (incluso respecto a los caracteres físicos), porque piensan que hace a los padres adoptivos albergar falsas esperanzas de recibir un niño similar a ellos mismos en muchos aspectos.

El acomodamiento selectivo puede incrementar el parecido entre padres e hijos adoptivos (si el rasgo estudiado está influido genéticamente). También puede aumentar el parecido entre los niños adoptados y sus padres por nacimiento (si existe influencia ambiental). En la Figura 13.1 se presenta un diagrama de vías simplificado que ilustra la influencia del acomodamiento selectivo sobre el parecido entre padres e hijos. El análisis de vías se describió brevemente en el Capítulo 9. De momento, sólo es preciso recordar que una vía (como e o g) representa el efecto de una variable sobre otra, independientemente de otras posibles influencias. En la Figura 13.1, e es la vía que representa la influencia de los padres adoptivos (A) sobre los hijos adoptivos (C), independientemente de sus padres por nacimiento (B). Del mismo modo, g representa la influencia de los padres por nacimiento sobre los hijos adoptados, con independencia de los padres adoptivos. La vía de doble sentido (s) representa la correlación entre padres adoptivos y padres por nacimiento, debida al acomodamiento selectivo. Es posible resolver estas vías pa-

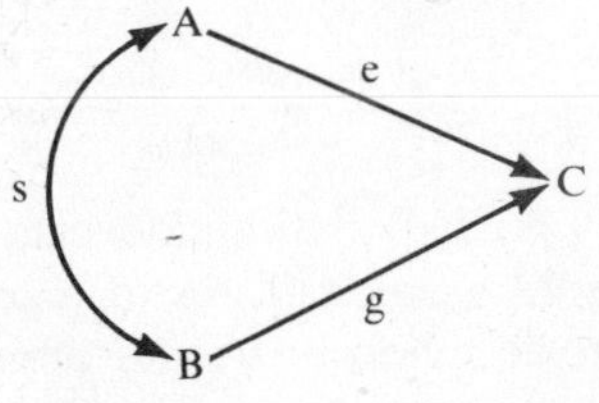

FIGURA 13.1.—*Diagrama de vías ilustrando la influencia del acomodamiento selectivo sobre parecido entre padre e hijos en un estudio de adopciones. La letra A simboliza a los padres adoptivos, la B a los padres por nacimiento, y la C a los hijos adoptivos. (De «Behavioral genetics» por J. C. De Fries y R. Plomin. Reproducido con autorización de Annual Review of Psychology, 29, 473-515. Copyright © 1978 by Annual Reviews Inc. Reservados todos los derechos.*

ra determinar las influencias paternas independientes de los efectos del acomodamiento selectivo (vía e), así como las influencias genéticas de los padres por nacimiento con independencia del acomodamiento selectivo (vía g).

Este diagrama de vía permite extraer una importante conclusión sobre los efectos del acomodamiento selectivo. Como indicábamos en el Capítulo 9, podemos utilizar el modelo de vías para visualizar relaciones. Por ejemplo, la correlación entre padres e hijos adoptivos no sólo incluye la vía e, sino también las sucesiones de influencias g y s. Por lo tanto:

$$r_{AC} = e + gs$$

Esto significa que la correlación entre padres e hijos adoptivos estará aumentada si existe acomodamiento selectivo respecto a esa característica, así como influencias genéticas sobre ese rasgo. Del mismo modo, la correlación entre padres por nacimiento e hijos adoptados estará aumentada si existe tanto acomodamiento selectivo como influencia ambiental:

$$r_{BC} = g + es$$

Más aún, si la correlación entre padres por nacimiento e hijos adoptados es mayor que la correlación entre padres e hijos adoptivos, la influencia genética debe ser de mayor importancia que la influencia ambiental, incluso cuando exista un considerable acomodamiento selectivo:

$$r_{BC} - r_{AC} = (g + es) - (e + gs) = (g - e)(1 - s)$$

Por lo tanto, si r_{BC} es mayor que r_{AC}, g será mayor que e, incluso si existe acomodamiento selectivo (es decir, si s es distinto de cero).

Otras cuestiones

DeFries y Plomin (1978) han delimitado ciertos criterios sobre la idoneidad de los estudios de adopciones. Estos incluyen requerimientos tan generales como la inclusión de determinaciones ambientales, estudio de más de un tipo de relación familiar, medición de varias variables y estudio de los procesos del desarrollo utilizando un diseño longitudinal. Aunque sugerimos que un estudio ideal debe cumplir estos requisitos, no son realmente esenciales por llevar a cabo con éxito un estudio de adopción. Existe otro criterio que resulta crucial: el análisis del casamiento o unión direccional. Hemos mencionado varias veces que el parecido entre padres e hijos se incrementa si existe unión direccional. Sabemos que éste es el caso en las capacidades cognitivas (Johnson et al., 1976) y en las psicopatologías (Dunner et al., 1976). Sabemos también que entre los padres por nacimiento no casados existen uniones direccionales respecto a las características físicas y conductuales (Plomin, DeFries y Roberts, 1977). En resumen, es razonable esperar que exista un mismo grado de direccionales entre padres por nacimiento casados y no casados. Hemos de tener esto en cuenta cuando en los estudios de adopciones interpretemos el parecido entre los padres por nacimiento y su descendencia.

Otra importante cuestión es el efecto del entorno prenatal. Dado que las madres por nacimiento proporcionan el ambiente prenatal a sus hijos que luego serán adoptados, el parecido fenotípico que se observe en un estudio de adopción puede ser reflejo de los efectos del entorno prenatal. Podemos comprobar este supuesto comparando la correlación entre madres por nacimiento y sus hijos y la correlación entre padres por nacimiento y sus hijos. En los últimos estudios de adopciones sobre las psicopatologías ya se ha incorporado esta prueba, como veremos más avanzado el capítulo. Una valiosa propiedad de los estudios de adopciones es la posibilidad de determinar la influencia del entorno materno prenatal, independientemente del entorno postnatal.

Heredabilidad y ambientalidad

Como los estudios de gemelos descritos en el Capítulo 9, los estudios de adopciones pueden proporcionar una estimación de hasta qué punto la varianza fenotípica se debe a la varianza genética (heredabilidad) o a la varianza ambiental (ambientalidad). En la Tabla 9.9 se ha dividido la covarianza fenotípica de varias relaciones familiares, en sus componentes genéticos y ambientales. El diagrama de vías de las relaciones entre padres e hijos en familias naturales (Figura 13.2), indica que los padres comparten con sus hijos tanto las influencias genéticas como las ambientales. El objeto de los estudios de adopciones es esperar estos dos conjuntos de influencia. En la Figura 13.3 se ilustra esta separación entre padres e hijos. El lado genético está constituido por los padres por nacimiento, quienes transmiten sus genes, pero no proporcionan el entorno a sus hijos que luego serán adoptados; el lado ambiental incluye a los padres adoptivos que proporcionan el entorno familiar, pero no transmiten sus genes.

En el Capítulo 10, Tabla 10.1, describíamos la relación entre correlación familiar y heredabilidad. El lado genético de un estudio de adopciones, en ausencia de acomodamiento selectivo, permite estimar la influencia genética

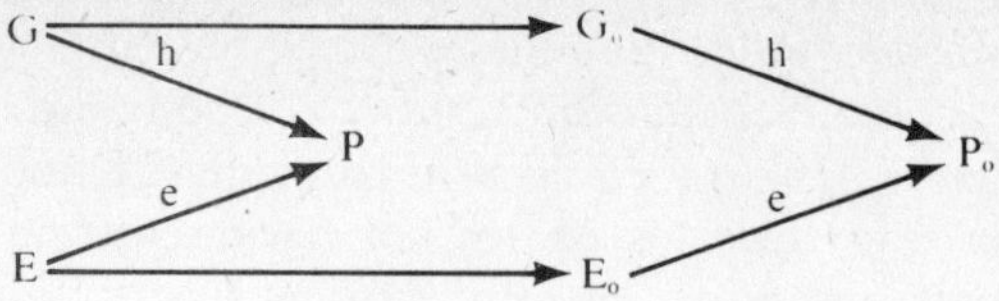

FIGURA 13.2.—*Diagrama de vías de la relación entre padres y descendientes en las familias naturales. El subíndice 0 se refiere a la descendencia. La explicación en el texto.*

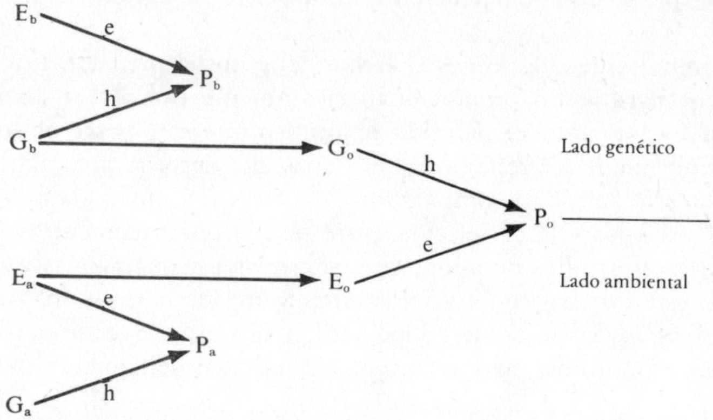

FIGURA 13.3.—*Diagrama de vías de la relación entre padres y descendientes en las familias naturales. El subíndice 0 se refiere a la descendencia. La explicación en el texto.*

con independencia del entorno. La regresión de la descendencia adoptada sobre la puntuación de uno de los padres por nacimiento es precisamente la mitad del valor de la heredabilidad en sentido estricto ($1/2\ V_A/V_P$). La regresión de los hijos adoptados sobre la puntuación media de sus padres por nacimiento proporciona directamente la heredabilidad en sentido estricto. La correlación entre hermanos (o gemelos fraternos) adoptados por familias distintas proporciona aproximadamente la mitad del valor de la heredabilidad en amplio sentido, que puede también estimarse a partir de la correlación entre gemelos idénticos criados en familias distintas.

La varianza fenotípica que no puede explicarse en términos de diferencias genéticas, se adscribe al ambiente. Mejor aún, el lado ambiental de los estudios de adopción permite la estimación directa de las influencias ambientales compartidas por la familia (entre familia). Los componentes ambientales entre familia descritos en la Tabla 9.9, pueden ser determinados independientemente mediante una relación de adopción en particular. Por ejemplo, se pueden medir las influencias ambientales compartidas por los padres y sus descendientes, analizando el parecido entre padres e hijos adoptivos. La correlación entre individuos genéticamente no relacionados y adoptados por una misma familia, nos da idea de las influencias ambientales entre familia compartida por los hermanos.

Como sucede con otros métodos de la genética de la conducta, los estudios de adopciones pueden estar afectados por la interacción y correlación entre genotipos y ambiente. De hecho, los estudios de adopciones sólo son prácticos en el aislamiento de las interacciones y correlaciones entre las influencias genéticas y ambientales de la conducta humana. Ambos temas se tratarán en el siguiente capítulo.

Sólo se han aplicado los estudios de adopciones a dos áreas de la conducta, las mismas que hemos venido utilizando como ejemplos de las investigaciones en la genética de la conducta humana: capacidades cognitivas y psicopatología. Nos ceñiremos estrechamente a una reciente revisión (De Fries, Plomin, 1978), que puede consultarse para mayores detalles. Aunque hasta ahora nos hemos abstenido de ser enciclopédicos, vamos a describir todos los estudios de adopciones más importantes relativos al C.I. y a la psicopatología, por dos razones. En primer lugar, los estudios de adopciones constituyen el análisis genético más resolutivo y convincente de la conducta humana, y por lo tanto merece ser estudiado con mayor detalle. En segundo lugar, la concordancia entre los diversos estudios, realizados en distintos países y utilizando mediciones y métodos distintos, dan un carácter de solidez a estos resultados. No obstante, los lectores que prefieran eludir los detalles pueden avanzar hasta el resumen final de cada sección.

Cociente de inteligencia (C.I.)

El primer estudio de adopciones consideraba la capacidad cognitiva general (Theis, 1924), y durante los siguientes 40 años todos los estudios de adopciones se han centrado sobre este mismo rasgo. Han existido dos tipos de estudios de adopciones: estudios completos de adopciones, que comprenden el lado genético y el ambiental (Figura 13.3); y estudios parciales de adopciones, que determinan las variables genéticas o las ambientales. Haremos énfasis en los estudios completos de adopciones porque proporcionan mucha más información. Tras describir varios estudios de cada tipo, resumiremos los resultados al final de la sección.

Estudios de adopciones padres-hijos

Estudios completos de adopciones

El estudio de S. Theis presenta varios problemas metodológicos. Por ejemplo, la capacidad mental se calificaba simplemente en una escala de tres puntos, y sólo el 35 por ciento de 910 niños fueron adoptados antes de que cumplieran los 5 años. Estos problemas dificultan la interpretación del hallazgo de que la capacidad mental de los niños adoptados está más afectada por el estatus social de sus padres por nacimiento que por el de sus padres adoptivos.

Más de veinte años después, Marie Skodak y Harnold Skeels (1949) publicaban un estudio completo de adopciones sobre el C.I. A un grupo de 100 niños ilegítimos, adoptados antes de los seis de edad, se les aplicó un test de C.I. a los 3, 4, 7 y 13 años de edad. Como se indica en la Tabla 13.1, el C.I. medio de los niños adoptados estaba por encima de la media en todas las edades, incluso cuando sólo tenían dos años de edad. Por el contrario, el C.I. medio de las 63 madres por nacimiento a las que se aplicó el test era de 86 (con una variación estándar de 15,8). Sin embargo, el C.I. por debajo de la media de las madres por nacimiento puede ser atribuible a que el test se aplicó poco después de nacer el niño, y normalmente, una vez que la madre ha decidido renunciar al niño, las condiciones no favorecen la obtención de unos resultados óptimos. Si bien los estudios sobre las diferencias medias entre los hijos adoptivos y sus padres por nacimiento indican a menudo posibles influencias ambientales (por ejemplo: Schiff et al., 1978; Willerman, 1979), tales estudios son especialmente propensos a problemas del tipo que acabamos de mencionar, así como a muchos otros, como por ejemplo, la unión direccional (Munsinger, 1975).

Tanto los padres por nacimiento como los padres adoptivos presentaban una varianza similar a la de población general. Sin embargo, existía cierto grado de acomodamiento selectivo. La correlación entre el nivel de educación de las madres por nacimiento y el valor medio de los padres adoptivos era 0,30. En la Tabla 13.1 se presentan también las correlaciones entre el C.I. de los niños adoptados y los de sus madres por nacimiento. La correlación es significativa a los 4 años de edad y se incrementa ligeramente después, alcanzando el nivel de 0,44 a los 13 años de edad, en las puntuaciones del test Stanford-Binet revisado en 1937. Se observó un patrón similar de correlaciones entre el C.I. de los hijos y el nivel educativo de las madres por nacimiento. Es interesante destacar que este mismo patrón aparece en las correlaciones entre el C.I. de los hijos y el nivel educativo de los padres por nacimiento (Honzike, 1957), lo cual parece indicar que el papel de las influencias maternas prenatales es mínimo.

Marjorie Honzik (1957) comparó estos datos sobre el desarrollo con los que obtuvo en su trabajo sobre la educación de los hijos por su propios padres. Como se puede apreciar en la Figura 13.4, la similitud entre las madres por nacimiento y los niños adoptados, es equivalente a la similitud entre las madres naturales y sus hijos a los que ellas mismas han criado. Comparando los padres por nacimiento con los padres naturales se obtienen los mismos resultados. Por lo tanto, el lado genético del estudio de Skodak y Skeels indica claramente que el C.I. está influido por la herencia. ¿Qué ocurre con el lado ambiental del estudio completo de adopciones? La Figura 13.4 también se refiere a esta cuestión, representando las correlaciones entre la educación de las madres adoptivas y el C.I. de sus hijos adoptivos, en función de la edad. El hecho de que las correlaciones ronden el nivel de 0,05, indica que existen escasas influencias ambientales entre familia debidas al nivel educativo de la madre.

Existen otros cuatro estudios completos de adopciones. Un reducido estudio (Beckwith, 1971) investigaba la relación entre el desarrollo de los niños adoptados y el estatus socioeconómico de las madres adoptivas y por nacimiento. No habría pruebas de acomodamiento selectivo, y se encontraron relaciones significativas en el lado genético, pero no en el lado ambiental del estudio completo de adopciones. Harry Munsinger (1975) obtuvo resultados similares en un estudio sobre 41 niños adoptados (de ocho años de edad). Sandra Scarr y Richard Weinberg (1977) han publicado un estudio de adopciones en el que la mayoría de los niños tenían un progenitor negro y fueron adoptados por padres caucásicos. La correlación entre el C.I. de éstos y el de

TABLA 13.1.—*C.I. medio de niños adoptados y correlaciones entre el C.I. de éstos y el de sus madres por nacimiento.*

Test	Edad media de los hijos adoptados		Media	Desviación estándar	Correlación con las madres por nacimiento
	Años	Meses			
Binet (revisado por Kuhlman).	2	2	117	13,6	0,00
Stanford-Binet 1916.	4	3	112	13,8	0,28
Stanford-Binet 1916.	7	0	115	13,2	0,35
Stanford-Binet 1916.	13	6	107	14,4	0,44
Stanford-Binet (revisión de 1937).	13	6	117	15,5	0,44

PROCEDENCIA: Skodak y Skeels, 1949.

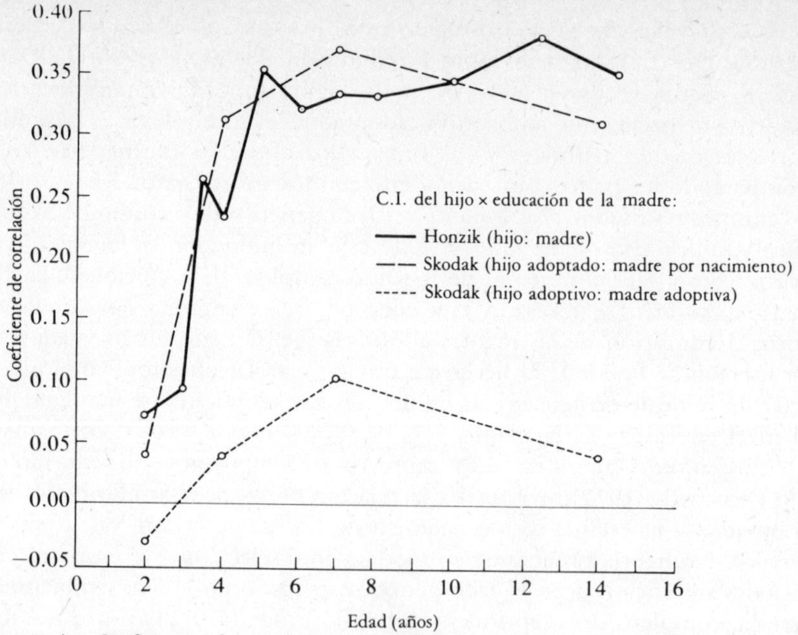

FIGURA 13.4.—*Coeficientes de correlación a diferentes edades entre el C.I. del hijo y el nivel educativo de los padres por nacimiento y adoptivos. (De «Developmental studies of parent-child resemblance in intelligence» por M. P. Honzik.* Child Development, *28, 215-288. Copyright © 1957 by The Society for Research in Child Development, Inc.).*

sus padres adoptivos era 0,23, en el caso de las madres, y 0,15 en el de los padres. El lado genético de este estudio comparaba el nivel educativo de los padres por nacimiento con el C.I. de los hijos. La correlación era 0,32 en el caso de las madres por nacimiento y 0,52 en el de los padres por nacimiento. Por lo tanto, aunque la capacidad mental de los padres por nacimiento se estimaba sólo aproximadamente a través del nivel educativo, se correlacionaba mejor con el C.I. de los hijos adoptados que el C.I. de los padres adoptivos. En este estudio existía cierto acomodamiento selectivo, lo que significa que tanto las estimaciones genéticas como las ambientales están probablemente algo sobrevaloradas.

En la Universidad de Texas se está llevando a cabo el único estudio completo de adopciones, en el que se valora el C.I. de los padres por nacimiento y de los padres adoptivos. Se están aplicando tests de C.I. a padres adoptivos y a los hijos adoptados, cuyas madres por nacimiento habían realizado el test cuando residían en la agencia de adopciones de Texas. Existe cierto acomodamiento selectivo, por lo que tanto las estimaciones genéticas como las ambientales estarán ligeramente sobrevaloradas. En la Tabla 13.2 se muestran los resultados preliminares de un estudio, que parecen indicar que la correlación entre el C.I. de los hijos adoptados y el de sus madres por nacimiento es superior a la correlación entre los hijos y sus padres adoptivos.

Estudios parciales de adopciones

Existen dos tipos de estudios parciales de adopciones. El primero se centra o bien en el lado genético o en el ambiental del estudio. El segundo tipo compara los datos del lado genético o del ambiental con datos de familias naturales en las que se comparten genes y ambiente.

Un ejemplo del primer tipo es un estudio realizado en Canadá (Snygg, 1938), que compara el C.I. de los niños adoptados con los de sus madres por nacimiento. Aunque se trataba de un estudio muy amplio, los resultados son cuestionables por el hecho de que las 312 madres por nacimiento a las que se les aplicó el test de C.I. no habían superado el examen de ingreso al bachillerato superior. El C.I. medio de las madres por nacimiento era de sólo 78. Esta restricción en el rango puede dar cuenta la baja correlación (0,13) entre el C.I. de los hijos adoptados y sus madres por nacimiento. Una hipótesis aún más probable se desprende del hecho de que los tests preescolares sobre la capacidad mental no predicen con exactitud el C.I. que tendrá más adelante el individuo (por ejemplo, Wilson, 1978). Dado que los niños del estudio de Snygg estaban en edad preescolar, no es de esperar que existan altas correlaciones entre el C.I. de los hijos adoptados y el de sus madres por nacimiento. Como puede verse en el estudio de Skodak y Skeels (1949), cuando los niños son menores de cuatro años no se obtienen correlaciones significativas entre las madres por nacimiento y los hijos adoptados. Otro estudio de este tipo (Casler, 1976) se centra en las capacidades cognitivas de niños adoptados durante los dos primeros años de vida, relacionando estas puntuaciones con las de sus madres por nacimiento. Se encontraron muy pocas correlaciones significativas.

TABLA 13.2.—*Correlaciones entre el C.I. de hijos adoptados, padres adoptivos y madres por nacimiento, del proyecto de adopciones de Texas.*

	Correlación con el C.I. de los hijos adoptados	Número
C.I. de madres adoptivas.	0,17	459
C.I. de padres adoptivos.	0,14	462
C.I. de madres por nacimiento.	0,31	345

PROCEDENCIA: J. Horn, J. C. Loehlin y L. Willerman, 1974.

También se utilizan los estudios parciales de adopciones para analizar las influencias ambientales a las que está sometida la conducta. Por ejemplo, W. Claeys (1973) encontró muy pocas correlaciones significativas entre las capacidades mentales primarias de niños flamencos (de 5 a 7 años de edad) y el estatus social de sus padres adoptivos.

El segundo tipo principal de estudios parciales de adopciones compara los datos de uno de los lados del estudio con los de familias naturales (a las que llamaremos familias control), en las que se comparten las influencias genéticas y ambientales. Cierto estudio (Lawrence, 1931) presentaba las correlaciones entre el C.I. de los hijos adoptados y la ocupación de sus padres por nacimiento, y las comparaba con correlaciones similares de familias control. Las correlaciones entre los hijos adoptados y su padres por nacimiento eran comparables a las existentes entre padres e hijos en las familias control, aunque los padres por nacimiento no comparten las influencias ambientales con sus hijos. El estudio parcial de adopciones más frecuente compara las familias adoptivas y control. En ausencia de acomodamiento selectivo (que desgraciadamente es difícil de determinar en estos estudios), las relaciones de las familias adoptivas comprenden sólo la varianza ambiental entre familia, mientras que las relaciones de las familias control incluyen la varianza atribuible a las influencias genéticas y a las influencias ambientales entre familia. Comparando estos dos tipos de familias podemos establecer si las influencias genéticas originan una mayor similitud fenotípica en las familias control que en las familias adoptivas.

En 1928, Bárbara Burks publicó un trabajo que es un ejemplo clásico de este tipo de estudios parciales de adopciones. Se aplicó el test Stanford-Binet a casi doscientos niños de edades comprendidas entre 5 y 15 años, adoptados antes de que cumplieran un año de edad. Se comparó con un grupo control de unas cien familias. También se aplicó el test Stanford-Binet a los hijos control, y a los padres control y adoptivos. En la Tabla 13.3 se enumeran las correlaciones de las familias control y adoptivas. Las correlaciones de las fa-

TABLA 13.3.—*Correlaciones del C.I. entre padres e hijos en el estudio de adopciones de Burks.*

	Familia adoptiva		Familia control	
	r	N	r	N
Padre-hijo	0,07	178	0,45	100
Madre-hijo	0,19	204	0,46	105

PROCEDENCIA: Burks, 1928.

milias adoptivas son claramente inferiores a las correlaciones de las familias control, indicando que las influencias genéticas son de gran importancia. Sin embargo, las correlaciones de las familias adoptivas, sobre todo la correlación entre hijos y madres adoptivas (0,19) sugieren la existencia de influencias ambientales entre-familia.

Otro estudio de este tipo presentaba resultados conflictivos (Freeman, Holzinger y Mitchell, 1928). La correlación entre el C.I. de los padres adoptivos y sus hijos adoptivos de 12 años de edad era 0,32, mucho más alta que la correlación de 0,19 del estudio de Burks. Sin embargo, existía un acomodamiento selectivo considerable. Los niños eran separados de sus padres biológicos a los 6 años de edad por término medio, y la correlación obtenida entre el C.I. de los hijos adoptivos y cierta calificación sobre la calidad del hogar adoptivo, era 0,34. Por lo tanto, el acomodamiento selectivo podría dar cuenta de gran parte del parecido observado entre padres e hijos adoptivos.

La similitud entre las correlaciones de las familias adoptivas de estos dos estudios, suscitó un tercero (Leahy, 1935). La deficiencia principal del estudio de F. N. Freeman era el tardío acomodamiento selectivo de los hijos adoptados. Como Burks, A. M. Leahy estudió niños adoptados en edad temprana (antes de los 6 meses de edad) y aplicó los tests entre los 5 y 14 años de edad. Se realizaron paralelamente estudios sobre familias control. Como se muestra en la Tabla 13.4, este estudio confirmaba los resultados de Burks. Como de costumbre, las correlaciones de las familias control eran aproximadamente iguales. Al igual que en el estudio de Burks, las correlaciones de las familias adoptivas eran claramente más bajas, y también indicaban la presencia de influencias ambientales entre-familia.

Aunque el estudio de Leahy confirma sin lugar a dudas los hallazgos de Burks y no los de Freeman y colaboradores, mencionaremos dos recientes estudios de esta clase que se suman a las pruebas de la influencia genética. Como parte de un estudio más amplio realizado en Minnesota, se identificaron

TABLA 13.4.—*Correlación entre el C.I. de padres e hijos en el estudio de adopción de Leahy.*

	Familia adoptiva		Familia control	
	r	N	r	N
Padre-hijo	0,15	178	0,51	175
Madre-hijo	0,20	186	0,51	191

PROCEDENCIA: Leahy, 1935.

94 niños que habían sido adoptados en edad temprana (Fisch et al., 1976). También se estudió un grupo control de 50 niños. En la Tabla 13.5 se presentan las correlaciones entre los C.I. de madres adoptivas y control y el de sus hijos de edades comprendidas entre 4 y 7 años. Las correlaciones entre las madres control y sus hijos son claramente superiores a las correlaciones entre madres adoptivas y sus hijos adoptivos, lo que de nuevo apunta hacia la influencia de la herencia sobre el C.I.

TABLA 13.5.—*Correlaciones entre el C.I. de madres e hijos obtenidas en el estudio de Minnesota.*

Edad de los hijos (años)	Familia adoptiva (N = 94)	Familia control (N = 50)
4	0,07	0,35
7	0,08	0,26

PROCEDENCIA: Fisch et al., 1976.

Un segundo reciente estudio parcial de adopciones (Scarr y Weinberg, 1978) analizaba familias adoptivas y control, en las que los hijos tenían como mínimo 16 años de edad. Como parte de una batería de tests de tres horas de duración, se aplicaron cuatro Escalas de Inteligencia de Wechsler para Adultos (WAIS) a los padres adoptivos y control y a sus hijos. La puntuación total de estos cuatro subtest se correlaciona por encima de 0,90 con la puntuación del WAIS completo. Todos los grupos presentaban un C.I. superior a la media, pero dado que esto se cumple tanto para el grupo control como el adoptivo, es posible establecer comparaciones entre ambos. Los resultados, presentados en la Tabla 13.6, de nuevo apoyan la conclusión de que los factores genéticos tienen un importante efecto sobre el C.I.

Resumen de los datos relativos a padres e hijos

Dado que una presentación tan breve de tantos estudios complejos está condenada de antemano a resultar abrumadora en un primer contacto, vamos ahora a resumir e interpretar los resultados. En la Tabla 13.7, hemos resumido las correlaciones del C.I. del lado genético de los estudios de adopción. Para mayor simplicidad, no hemos incluido los estudios en los que se valoraba indirectamente la capacidad mental de las madres por nacimiento, a través de su nivel educativo o estatus socioeconómico, aunque los resultados de estos estudios no hubieran alterado nuestras conclusiones. Podríamos comentar la media de las correlaciones encontradas en los cuatro estudios, pero hay que destacar que en dos de ellos se aplicaban los tests a niños adoptivos muy jóvenes. Dado que el C.I. de los niños muy pequeños no se correlaciona bien con el C.I. que presentarán más adelante, es improbable que se correlacione con el C.I. de sus madres por nacimiento. Por esta razón, las correlaciones de 0,44 de Skodak y Skeels y 0,31 del proyecto de adopciones de Texas son probablemente más válidas. Vamos a utilizar la correlación de 0,31 como una estimación conservadora de la relación genética entre las madres por nacimiento y sus hijos adoptados, porque el estudio de Texas es mucho más extenso y presenta un menor acomodamiento selectivo.

TABLA 13.6.—*Correlaciones entre el C.I. de padres control y adoptivos y sus hijos adolescentes.*

	Familia adoptiva		Familia control	
	r	N	•r	N
Padre-hijo	0,16	175	0,40	270
Madre-hijo	0,09	184	0,41	270

PROCEDENCIA: Scarr y Weinberg, 1978.

TABLA 13.7.—*Correlaciones entre el C.I. de madres por nacimiento y sus hijos adoptados.*

Estudio	N	Correlación	Problemas
Snygg (1938).	312	0,13	Niños entre 1 y 5 años; restricción del rango de la muestra.
Skodak y Skeels (1949).	63	0,44	Acomodamiento selectivo.
Caster (1976).	150	0,13	Niños de 27 meses de edad.
Proyecto de adopciones de Texas (Horn et al., 1979).	345	0,31	Ligero acomodamiento selectivo.

NOTA: Incluye únicamente los estudios de adopciones con datos sobre el C.I. de las madres por nacimiento y sus hijos. En los estudios longitudinales, la correlación presentada se basa en la puntuación más reciente de los hijos.

PROCEDENCIA: Munsinger, 1975; DeFries y Plomin, 1978.

En el capítulo relativo a los estudios de familias, la mejor estimación de la correlación entre la capacidad cognitiva general de un progenitor y su descendencia, era 0,35. Los estudios de familias, sin embargo, no pueden especificar hasta qué punto este parecido familiar es de origen genético o ambiental. El lado genético de los estudios de adopciones indica que es primariamente genético. Ya hemos mencionado que la correlación entre un progenitor y su descendencia es un medio del valor de la heredabilidad en sentido estricto, aunque sabemos que esta estimación puede estar sobrevalorada debido a la unión direccional entre padres por nacimiento. No obstante, incluso teniendo en cuenta esta sobrevaloración, la estimación de la heredabilidad en sentido estricto (0,62) está próxima al límite superior estimado en los estudios de familia (0,60-0,70). En otras palabras, esto parece indicar que cerca de la mitad de la variación observada en el C.I. se debe a diferencias genéticas.

La otra cara de la moneda es que la mitad de la variación fenotípica en el C.I. se debe a diferencias ambientales. Los estudios de adopciones sugieren que algunas de estas influencias ambientales son comunes a padres e hijos (influencias familiares entre-familia), pero la mayoría operan diferenciando a los miembros de la familia de los de otra cualquiera. En la Tabla 13.8 se resumen las correlaciones entre el C.I. de los padres adoptivos y sus hijos

TABLA 13.8.—*Correlaciones entre el C.I. de padres e hijos adoptivos.*

Estudio	Correlación adoptiva				Problemas
	Madre	N	Padre	N	
Burks (1928).	0,19	204	0,07	178	
Freeman et al. (1928).	0,37	255	0,28	180	Acomodamiento selectivo.
Leahy (1935).	0,20	186	0,15	178	
Fisch et al. (1976).	0,08	94	—	—	
Scarr y Weimberg (1977).	0,23	109	0,15	111	Acomodamiento selectivo.
Proyecto de adopciones de Texas (Horn et al., 1979).	0,17	459	0,14	462	Ligero acomodamiento selectivo.
Scarr y Weinberg (1978).	0,09	184	0,16	175	

NOTA: Sólo incluye los estudios con datos sobre el C.I. de ambos padres.
PROCEDENCIA: Munsinger, 1975; DeFries y Plomin, 1978.

adoptivos. El estudio de Freeman et al. (1928) no concuerda con el resto por las razones que hemos comentado anteriormente (acomodamiento selectivo relativamente tardío). Excluyendo los resultados de ese estudio, la correlación media ponderada es 0,14. En otras palabras, cerca del 14 por ciento de la varianza de las puntuaciones del C.I. se deben a influencias ambientales que padres e hijos tienen en común, indicando que el 36 por ciento restante es atribuible a las influencias ambientales intrafamilia. Los estudios de adopciones también parecen indicar que existe un ligero, pero significativo, efecto materno postnatal, ya que las correlaciones de las madres adoptivas tienden a ser más altas que las de los padres adoptivos. La única excepción es el estudio de Scarr y Weinberg (1978), que es también el único realizado con adolescentes.

Aunque no quisiéramos proponer un enfrentamiento entre herencia y ambiente, es preciso hacerlo, al menos brevemente, con objeto de comentar el origen del parecido entre padres e hijos respecto a la capacidad cognitiva general. Nueve de diez estudios de adopciones (la excepción es el de Freeman), que constituyen un vasto análisis de las influencias genéticas y ambientales, indican que las influencias genéticas sobrepasan a las influencias ambientales entre-familia. Esta diferencia es estadísticamente significativa, y, como ya mencionamos, tiene lugar incluso cuando existe acomodamiento selectivo.

Estudios de hermanos

La conclusión de los estudios de adopciones sobre la mayor importancia de las influencias ambientales intrafamilia respecto a las interfamilias parece contradecir las conclusiones de los estudios de gemelos. Los estudios de gemelos indican que son más importantes las influencias ambientales entre familias. Sin embargo, los hermanos pueden muy bien compartir más influencias ambientales que padres e hijos, y probablemente los gemelos tendrán más influencias comunes que los hermanos no gemelos.

Existen algunos datos pertinentes sobre hermanos en estudios de adopciones. Esencialmente, el lado genético estudia hermanos criados en ambientes no correlacionados. El lado ambiental considera niños no relacionados genéticamente, adoptados por una misma familia. En vez de analizar en detalle estos estudios nos limitaremos a resumirlos. En la Tabla 13.9 se presentan los resultados de tres estudios sobre hermanos criados en hogares diferentes. Debido a que los datos de Burt presentan varios problemas (véase Jensen, 1974, 1978; Hearnshaw, 1979), es más prudente excluir su correlación de 0,46. Las otras dos correlaciones son bastante similares, cerca de 0,24. Dado que los hermanos comparten la mitad de sus genes, podemos multiplicar por dos esta correlación para calcular la heredabilidad. El valor del 50 por ciento obtenido, concuerda con las estimaciones de los estudios de gemelos relativos a la influencia genética sobre el C.I.

TABLA 13.9.—*Correlaciones entre el C.I. de hermanos criados separadamente.*

Estudio	Número de parejas	Correlación
Hildreth (1925).	78	0,23
Freeman et al. (1928).	125	0,25
Burt (1955).	131	0,46

En la Tabla 13,10 se resumen las correlaciones entre niños no relacionados genéticamente criados en la misma familia. La correlación media, ponderada teniendo en cuenta el tamaño de cada muestra, es de 0,26. En otras palabras, cerca del 26 por ciento de la varianza del C.I. se debe a influencias ambientales comunes a hermanos. Así, en el caso de hermanos jóvenes, este hallazgo concuerda con los resultados de los estudios de gemelos, especialmente con el estudio longitudinal de Louisville, en que las influencias ambientales entre-familias son ciertamente importantes.

Sin embargo, ¿cómo encajan estos datos con los resultados del estudio de familia sobre las capacidades cognitivas, realizado en Hawai? Recordemos que este estudio indicaba una correlación entre hermanos de 0,31. El lado genético del estudio de adopciones (hermanos criados separadamente) indica que la mayor parte de la similitud entre hermanos encontrada en el estudio de Hawai se debe a factores genéticos, lo cual no deja muchas expectativas a las influencias ambientales compartidas. La solución podría ser que los hermanos del estudio de Hawai, eran mayores de 14 años, mientras que casi todos los estudios de adopciones sobre hermanos no relacionados genéticamente criados juntos, se han realizado con niños más jóvenes. El estudio sobre jóvenes post-adolescentes de Scarr y Weinberg (1978), en el que no se detectó correlación entre el C.I. de hermanos no relacionados criados en el mismo hogar, constituye una notable excepción. Por lo tanto, las influencias ambientales compartidas pueden afectar a la similitud entre hermanos jóvenes, de un modo más marcado que en el caso de hermanos de mayor edad (como en el estudio de familia sobre la cognición, realizado en Hawai).

TABLA 13.10.—*Correlaciones entre el C.I. de niños no relacionados genéticamente criados juntos.*

Estudio	Número de parejas	Correlación
Freeman et al. (1928).	112	0,36
Leahy (1935).	35	0,08
Scarr y Weinverg (1977).	187	0,33
Proyecto de Adopciones de Texas (1979).	236	0,26
Scarr y Weinberg (1978).	84	−0,06

Gemelos idénticos criados separadamente

Se ha escrito mucho sobre los relativamente pocos casos de gemelos idénticos criados por separado, quizás porque este diseño concreto es muy fácil de entender. Si se crian parejas de individuos genéticamente idénticos en ambientes no relacionados, su correlación nos proporcionaría directamente la heredabilidad en amplio sentido. Sin embargo, la utilización de este diseño está seriamente impedida por lo infrecuente de estos casos. Los cuatro estudios principales publicados (Burt, 1966; Juel-Nielsen, 1965; Newman, Freeman y Holzinger, 1937; Shields, 1962), han sido revisados en detalle por Jensen (1970). Ya que no se encontraron diferencias significativas entre las muestras, los datos sobre el C.I. se reanalizaron conjuntamente. Este análisis proporcionó una correlación intraclase de 0,82 en los 122 gemelos de la muestra conjunta.

Cyril Burt publicó una correlación de 0,84 en 53 parejas de gemelos idénticos criados separadamente. Sin embargo, como ya hemos mencionado sus datos presentan varios problemas. Estos han creado ciertas dudas sobre si deben incluirse sus datos en la muestra conjunta de gemelos idénticos criados separadamente. La correlación media de los otros tres estudios de 69 parejas era 0,74. Si existía cierto acomodamiento selectivo en estos estudios la heredabilidad en amplio sentido calculada (0,74) estará sobrevalorada en cierta medida. Realizando la corrección pertinente coincidiría mejor con las estimaciones a partir de otros estudios de gemelos y de adopciones.

Capacidades cognitivas específicas

Desde la aparición de los estudios de adopciones, el centro de interés ha sido, sin lugar a dudas, la capacidad cognitiva general. Sin embargo, recientemente, acompañando al movimiento general de la genética de la conducta hacia la investigación de caracteres más complejos, los estudios de adopciones han comenzado a considerar las capacidades específicas. En un estudio parcial de adopciones, realizado en 1973, se aplicó el test de Aptitudes Mentales Primarias a 84 niños adoptivos flamencos con una media de edades de 6 años (Claeys, 1973). Cuando se analizó la relación entre sus puntuaciones y la clase social de sus padres adoptivos, sólo se detectaron 2 correlaciones significativas de un total de 36. Sin embargo, no se pueden extraer conclusiones definitivas, porque no se presentaban datos sobre los padres por nacimiento o familias control.

TABLA 13.11.—*Correlaciones entre cuatro subescalas del WAIS en familias adoptivas y control.*

Subescala WAIS	Correlación en familias adoptivas			Correlación en familias control		
	Padre-Hijo	Madre-Hijo	Hijo-Hijo	Padre-Hijo	Madre-Hijo	Hijo-Hijo
Aritmética	0,07	−0,03	−0,03	0,30	0,24	0,24
Vocabulario	0,24	0,23	0,11	0,39	0,33	0,22
Cubos	0,02	0,13	0,09	0,32	0,29	0,25
Figuras incompletas	−0,04	−0,01	0,04	0,06	0,19	0,16
N	175	184	84	270	270	168

PROCEDENCIA: Scarr y Weinberg, 1978.

Como mencionamos anteriormente, en otro estudio parcial de adopciones (Scarr y Weinberg, 1978) se aplicaron cuatro subescalas del WAIS a familias control y adoptivas, en las que los hijos tenían al menos 16 años. Aunque las puntuaciones de las subescalas de WAIS son menos fiables que el test WAIS completo, los resultados (Tabla 13.11) son interesantes. En cada uno de los subtests, las correlaciones control son más altas que las adoptivas, indicando la existencia de influencias ambientales entre-familia. Los resultados de este estudio nos permiten vislumbrar la potencial utilidad de los estudios de adopciones para desenmarañar las influencias genéticas y ambientales sobre conductas distintas de la capacidad cognitiva general. Si bien este tipo de datos permitirían un resolutivo análisis genético multivariado de las correlaciones cruzadas entre capacidades cognitivas específicas (véanse los Capítulos 9 a 12), aún no se ha publicado ningún trabajo en esta línea.

Psicopatología

Durante la década anterior, se han realizado una impresionante cantidad de investigaciones sobre psicopatologías. Se han publicado varios libros sobre la genética de la psicopatología (por ejemplo, Fieve, Rosenthal y Brill, 1975) y existen numerosas revisiones sobre áreas específicas de la psicopatología, especialmente sobre la esquizofrenia (Erlenmeyer-Kimling, 1976; Gottesman y Shields, 1976; Shields, 1799; Tsuang, 1976; Zerbin-Rudin, 1974). Los estudios de adopciones han contribuido significativamente a esta explosión de la actividad investigadora. Hasta 1966 no existían estudios de adopciones sobre la esquizofrenia, desde entonces se han realizado varios que se resumirán en esta sección.

Esquizofrenia

Dado que la esquizofrenia es relativamente infrecuente y que su diagnóstico es de naturaleza cualitativa, los estudios de adopciones no han podido servirse de los métodos de la genética cuantitativa que se utilizan para analizar la variación normal en una población. Por el contrario, comparan la frecuencia de la esquizofrenia en individuos relacionados genéticamente con esquizofrénicos pero criados en familias adoptivas no afectadas, con la frecuencia en individuos adoptados pero sin casos de esquizofrenia entre sus familiares biológicos. Para facilitar nuestra discusión de estos estudios utilizaremos como paradigma el diseño 2 × 2 ilustrado en la Tabla 13.12, para comparar los efectos de la proximidad genética y el ambiente durante el desarrollo. La mayor parte de los estudios de adopciones han sido de diseño parcial, ya que analizan la influencia de la proximidad genética estableciendo comparaciones entre niños con familiares biológicos normales, criados por padres adoptivos normales (B_n/A_n), y niños con familiares biológicos afectados, criados por padres adoptivos normales (B_a/A_n). Algunos estudios han analizado la influencia del ambiente familiar (B_n/A_n frente a B_n/A_a). No existen estudios sobre la esquizofrenia en los que se haya incluido el grupo B_a/A_a, individuos con familiares biológicos esquizofrénicos criados por familiares adoptivos esquizofrénicos. Esto no debe sorprendernos dada la dificultad de obtener una muestra tal.

Dentro de este paradigma se han utilizado dos estrategias principales. La estrategia más común es el llamado *método del estudio de adoptados*, que se ilustra en la Figura 13.5. En las familias índice, la persona afectada es un familiar biológico (generalmente uno de los padres) del adoptado. Los adoptados son educados por padres adoptivos no afectados. La medida que se obtiene en estos estudios es la incidencia de la esquizofrenia en los adoptados.

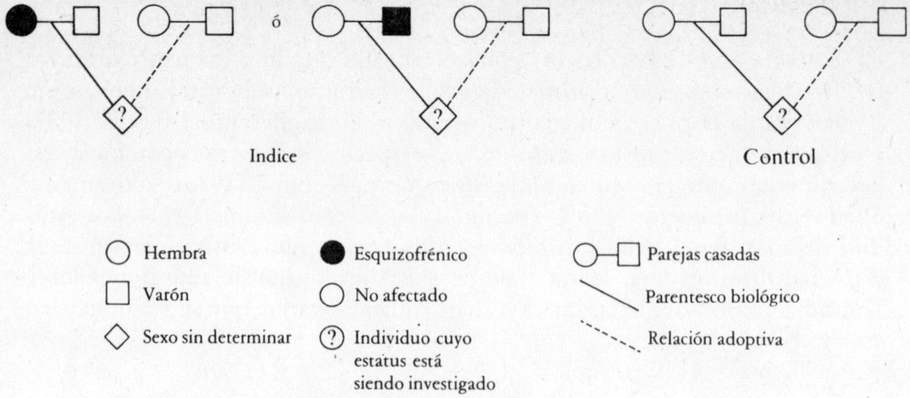

FIGURA 13.5.—*Diseño del método del estudio de adoptados.*

El grupo control está compuesto por adoptados cuyos padres por nacimiento y adoptivos no presentan psicopatologías. Una teoría sobre la influencia genética de la esquizofrenia prediciría una mayor incidencia en los adoptados con pares por nacimiento afectados. La teoría ambiental, por otra parte, prediciría que no existiría diferencias en la incidencia de la psicopatología en los dos grupos de adoptados.

La otra estrategia se conoce como el *método de las familias de adoptados* (Figura 13.6). En este caso, comenzamos con adoptados afectados (probandos) y no afectados, y determinamos la incidencia de la esquizofrenia en sus familiares biológicos y adoptivos. Una teoría basada en la influencia genética predecería la existencia de más individuos afectados entre los parientes biológicos de los adoptados esquizofrénicos, que entre los parientes biológicos de los adoptados control (no afectados). Si son importantes las influencias ambientales, la incidencia entre los familiares adoptivos y adoptados esquizofrénicos debe ser mayor que entre los familiares adoptivos de adoptados control. El primer estudio de adopciones sobre la esquizofrenia (Heston, 1966) utilizaba el método del estudio de adoptados. El estudio identificaba

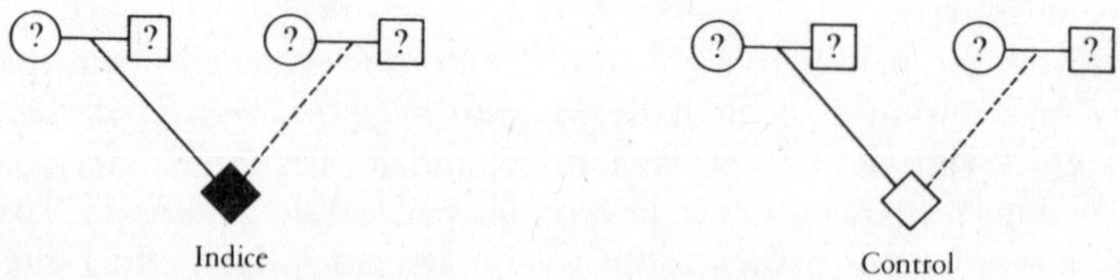

FIGURA 13.6.—*Diseño del método de las familias de adoptados. Véase la figura 13.5 para la clave de símbolos.*

TABLA 13.12.—*Paradigma de los estudios de adopciones sobre psicopatologías.*

Familiares biológicos	Familias adoptivas	
	Normal (An)	Afectado (Aa)
Normal (Bn).	Bn / An	Bn / Aa
Afectado (Ba).	Ba / An	Ba / Aa

mujeres esquizofrénicas crónicas hospitalizadas, que habían sido hospitalizadas durante la gestación y cuyos hijos habían permanecido en inclusas o bajo tutorías temporales durante las dos primeras semanas de vida. Los hijos de 47 de estas mujeres fueron entrevistados a la edad media de 36 años, y se compararon con 50 adoptados cuyos padres no presentaban psicopatología conocida. Los conocidos resultados, resumidos en la Tabla 13.13, indican que existe una influencia genética significativa. Los cinco adoptados afectados habían sido criados por padres adoptivos normales (el caso B_a / A_n). Todos habían sido hospitalizados y tres de ellos eran esquizofrénicos crónicos hospitalizados durante varios años. Otros cuatro individuos B_a / A_n eran considerados esquizofrénicos, o justo en el límite, por uno o dos de tres psiquiatras, de modo que considerando una definición amplia de esquizofrenia, la incidencia del trastorno sería del 20 por ciento (9/47) en la descendencia de madres esquizofrénicas. Dado que la mitad de los individuos B_a / A_n presentaban cierto grado de disfunción psicosocial, Heston sugirió que la definición de esquizofrenia debía ser ampliada de modo que incluyera la dimensión esquizoide (una definición inclusiva, a la que nos hemos referido antes como «espectro blando de la esquizofrenia»).

TABLA 13.13.—*Esquizofrenia crónica en los hijos adoptados de madres por nacimiento esquizofrénicas y no esquizofrénicas.*

Madres por nacimiento	Inclusas y Tutorías temporales	
	Normal	Afectados
Normal.	0% (0/50)	—
Afectados.	11% (5/47)	—

PROCEDENCIA: Heston, 1966.

Los hallazgos principales del estudio de Leonard Heston sobre la heredabilidad de la esquizofrenia, incluyendo la dimensión esquizoide y esquizofrenias en la línea divisoria, han sido confirmados por David Rosenthal y colaboradores en un estudio de adopciones realizado en Dinamarca. Estos investigadores utilizaron el *Folkeregister* de Copenhague para localizar 5.500 individuos que habían sido adoptados entre 1924 y 1947. Resenthal y colaboradores (1968, 1971, 1972) utilizaron el mismo diseño que Heston, pero con el control experimental proporcionado por el análisis sistemático de los adoptados junto con entrevistas psiquiátricas «ciegas», y por el hecho de que las madres esquizofrénicas no estaban en hospitales mentales durante la gestación. Una vez identificados los padres por nacimiento gracias al *Folkeregister,* se cotejaron sus hombres en registros psiquiátricos, obteniéndose los historiales clínicos, y mediante un diagnóstico consensuado se seleccionaron los padres o madres esquizofrénicos cuyos hijos habían sido acomodados en hogares adoptivos. Este grupo comprendía 44 padres por nacimiento (32 madres y 12 padres) diagnosticados como esquizofrénicos crónicos con varios grados de certeza, y se comparó a sus hijos adoptados (Ba/An) con los controles cuyos padres no tenían historial psiquiátrico (Bn/An). Los adoptados con una edad media de 33 años, y por lo tanto sujetos todavía a un riesgo considerable, fueron entrevistados durante un período de tres a cinco horas, por un entrevistador que no conocía el estatus de sus padres por nacimiento.

En la Tabla 13.14 se presenta la incidencia de la esquizofrenia (crónica) en estos dos grupos de adoptados, considerando tanto el espectro «duro» como el «blando». En las tres clasificaciones, los resultados sugieren una considerable influencia genética. La incidencia de la esquizofrenia es menor que en el estudio de Heston, pero probablemente se deba a que los padres por nacimiento en este estudio estaban afectados menos profundamente.

Las inusualmente altas tasas de psicopatologías en el grupo control (Bn/An) indicadas en la Tabla 13.14, concuerdan con estudios daneses anteriores, porque estos estudios se basaban en los registros hospitalarios para determinar el estatus psiquiátrico, y pueden no haber tenido en cuenta psicopatologías del grupo control de padres por nacimiento. Por ejemplo, las entrevistas psiquiátricas de un estudio posterior (Wender et al., 1974) pusieron de manifiesto 36 casos de esquizofrenia que no habían sido hospitalizados. Los padres por nacimiento de los controles fueron entrevistados, y al parecer un tercio de ellos podían incluirse en el espectro de la esquizofrenia. Por lo tanto, respecto a los estudios anteriores, llegaron a la conclusión de que «nuestros controles no son un grupo muy adecuado y... nuestra técnica de selección ha minimizado las diferencias entre el grupo índice y el control» (Wender et al., 1974, p. 127). Este sesgo dificulta la demostración de la influencia genética.

TABLA 13.14.—*Esquizofrenia y espectro esquizofrénico «duro» y «blando» en los hijos adoptados de padres por nacimiento esquizofrénicos o no esquizofrénicos.*

Padres por nacimiento	Padres adoptivos	
	Normales	Afectados
Normales.	0% (0/67)*	—
	4% (3/67)	—
	18% (12/67)	—
Afectados.	7% (3/44)	—
	14% (6/44)	—
	27% (12/44)	—

* Esquizofrenia crónica.
+ Esquizofrenia crónica, aguda, en la línea divisoria y probable (espectro «duro»).
‡ Espectro «duro» más personalidad esquizoide y paranoide (espectro «blando»).
PROCEDENCIA: Rosenthal et al., 1968.

En el estudio anterior de Rosenthal, ya descrito, se incluyó a los adoptados en el grupo Ba/An si únicamente tenían un progenitor esquizofrénico, y sólo se obtuvieron datos sobre ese progenitor. Sin embargo, en el siguiente estudio (Rosenthal, 1975) se entrevistó también al otro progenitor de cada adoptado. El resultado de estas dobles entrevistas indica que existe una unión direccional considerable en términos de espectro «blando» de la esquizofrenia. Ya hemos comentado anteriormente los efectos de la unión direccional. En este contexto, el estudio de ambos progenitores proporciona pruebas adicionales en favor de la hipótesis genética. Los hijos adoptados de madres o padres por nacimiento esquizofrénicos presentan una incidencia más alta si el otro progenitor también exhibía algún trastorno esquizofrénico.

Otros estudios realizados en Dinamarca (Kety et al., 1968, 1971, 1976; Kety et al., 1975) han utilizado el método de las familias de adoptados en vez del método del estudio de adoptados utilizado en los estudios antes descritos. En otras palabras, los investigadores identifican primero a los adoptados esquizofrénicos, y determinan entonces el estatus psiquiátrico de sus familiares biológicos y adoptivos. Por lo tanto, se centraban en la tasa de psicopatologías entre los familiares de adoptados esquizofrénicos y no esquizofrénicos. En la Tabla 13.5 se ilustra el diseño de estos estudios.

El conjunto de adoptados de los estudios publicados por Rosenthal y colaboradores, comprende 507 individuos que habían recibido cuidados psi-

TABLA 13.15.—*Diseño de los estudios de adopciones publicados por Kety y colaboradores.*

	Adoptados no esquizofrénicos	Adoptados esquizofrénicos
Familiares biológicos.	Grupo control de las pruebas genéticas.	Pruebas de la influencia genética.
Familiares adoptivos.	Grupo control de las pruebas ambientales.	Pruebas de la influencia ambiental.

quiátricos. De éstos, 33 habían sido diagnosticados como pertenecientes al espectro «duro» de la esquizofrenia (16 eran esquizofrénicos crónicos), comparándose estos adaptados índice (probandos) con los controles que no presentaban historial psiquiátrico. A partir del *Folkeregister* se obtuvieron los nombres de los padres, hermanos y hermanastros de las familias biológicas y adoptivas de los adoptados índice y control. Fueron identificados casi todos los padres por nacimiento (N = 126) y padres adoptivos (N = 129). Aunque se obtuvieron pocos hermanos de los adoptados índice o control, se encontraron un gran número de hermanastros biológicos (N = 176).

Los resultados de un estudio anterior, basado en los diagnósticos hospitalarios, eran confusos (Kety et al., 1968, 1971), pero los estudios recientes basados en exhaustivas entrevistas psiquiátricas (Kety et al., 1975, 1976) son mucho menos ambiguos. Se entrevistó a aproximadamente el 90 por ciento de los familiares, fijándose los diagnósticos por consenso. La Tabla 13.16

TABLA 13.16.—*Espectro «duro» esquizofrénico (basado en entrevistas psiquiátricas) en los familiares biológicos y adoptivos de adoptados esquizofrénicos y no esquizofrénicos.*

	Adoptados no esquizofrénicos	Adoptados esquizofrénicos
Familiares biológicos en primer grado.	4% (3/68)	12% (8/68)
Padres adoptivos y hermanos adoptivos.	4% (4/90)	3% (2/73)
Hermanastros biológicos (total de la muestra).	3% (3/104)	16% (16/101)
Hermanastros biológicos (sólo paternos).	3% (2/64)*	18% (11/61)

* Entrevistas psiquiátricas y diagnóstico hospitalario.

PROCEDENCIA: Kety et al., 1976.

muestra la frecuencia del espectro «duro» esquizofrénico en los familiares biológicos en primer grado, hermanastros biológicos y familiares adoptivos de adoptados esquizofrénicos y no esquizofrénicos. Los datos pertenecientes a los familiares biológicos en primer grado apoyan la hipótesis genética al igual que los resultados sobre los hermanastros biológicos.

La comparación entre hermanastros biológicos que tienen el mismo padre (hermanastros paternos) con los que tienen la misma madre (hermanastros maternos) es particularmente útil para determinar la posible influencia de los cuidados maternos tempranos o prenatales y distinguirla de la transmisión genética. Los datos sobre hermanastros paternos no estarán afectados por este tipo de influencias ambientales. Utilizando tanto el diagnóstico hospitalario como las entrevistas psiquiátricas, se determinó la frecuencia del espectro «duro» de la esquizofrenia en los hermanastros paternos de adoptados esquizofrénicos y no esquizofrénicos (Tabla 13.16). Estos importantes datos confirman de nuevo la hipótesis genética, indicando que las variables ambientales maternas prenatales no desempeñan un papel fundamental.

John L. Karlson (1966, 1970) realizó en Islandia varios estudios de adopciones con muestras no muy numerosas. Se utilizaron distintos diseños, pero en tres estudios se obtuvieron un total de 52 familiares en primer grado de probandos esquizofrénicos. De estos familiares, 12 (23 por ciento) eran esquizofrénicos lo que apoya contundentemente la hipótesis genética. Este porcentaje es considerablemente más alto que la incidencia familiar habitual entre familiares en primer grado, debido posiblemente a la mayor gravedad de la esquizofrenia en los probandos de estos estudios.

Los investigadores daneses también han analizado el efecto de un ambiente educacional esquizofrénico, estudiando adoptados cuyos padres por nacimiento eran normales, pero con padres adoptivos esquizofrénicos. Utilizando el mismo conjunto de adoptados que el publicado por Rosenthal y Seymoor Kety, se buscó en los registros hospitalarios individuos cuyos padres adoptivos habían sido diagnosticados como esquizofrénicos (Wender et al., 1974). Se encontró un total de 28 de estos casos. De estos padres adoptivos esquizofrénicos, 9 eran crónicos, 9 eran casos agudos, 4 estaban en la línea divisoria y 6 pertenecían al espectro «blando» esquizofrénico. Los adoptados de este grupo (casilla Bn/Aa de la Tabla 13.12) se compararon con los individuos Bn/An y Ba/An del diseño que ya hemos comentado. El diagnóstico se realizó a través de una entrevista psiquiátrica de 3 a 5 horas de duración y un día y medio de pruebas psicológicas (lo que proporcionó una rica fuente de datos que continuará siendo de utilidad en el futuro). Se inscribieron en tarjetas los aspectos esenciales de cada caso que fueron ordenados en veinte categorías atendiendo a su gravedad por cuatro calificadores. Se consideró que los adoptados cuya puntuación era superior a 15 pertenecían al espectro «duro» esquizofrénico.

Se encontró que los 24 adoptados clasificados en el espectro «duro» esquizofrénico, estaban distribuidos entre los tres grupos, como se indica en la Tabla 13.17. Estos hallazgos indican que el ser criado por padres pertenecientes al espectro «duro» esquizofrénico no da lugar por sí mismo a esquizofrenia. La comparación entre adoptados con padres por nacimiento no esquizofrénicos (Bn/An y Bn/Aa) y adoptados con padres por nacimiento pertenecientes al espectro «duro» esquizofrénico (Ba/An), apoya de nuevo la influencia de los factores genéticos.

Estos resultados confirman los de otro estudio anterior, realizado por los mismos autores (Wender, Rosenthal y Kety, 1968), que fue llevado a cabo en los Estados Unidos utilizando un diseño diferente. Se compararon padres naturales que criaban a su propia descendencia esquizofrénica, con padres adoptivos de esquizofrénicos, y padres adoptivos de niños normales. Se encontró una incidencia de psicopatologías más alta entre los padres naturales de esquizofrénicos que entre los padres adoptivos de esquizofrénicos. Este hallazgo apoya la hipótesis genética. Sin embargo, los padres adoptivos de esquizofrénicos presentaban una tasa de psicopatologías más alta que los padres adoptivos de niños normales, indicando que, o bien los padres contribuían a la esquizofrenia de sus hijos, o bien se trataba de una respuesta a la preocupación de tener un hijo con una enfermedad crónica.

TABLA 13.17.—*Espectro «duro» esquizofrénico en función de los cuidados y estatus esquizofrénico de los padres por nacimiento.*

Padres por nacimiento	Padres adoptivos	
	Normales	Afectados
Normales.	10% (3/79)	11% (3/28)
Afectados.	19% (13/09)	—

Dado que este es el único estudio en el que se sugiere la posible influencia de un ambiente educativo esquizofrénico, se realizó una investigación subsecuente basándose en este mismo diseño (Wender et al., 1977). El estudio incluía el estatus adoptivo de todos los pacientes de 14 hospitales del área metropolitana de Nueva York. Se diagnosticó por consenso la inclusión en el espectro «duro» de los individuos que habían sido adoptados antes de cumplir el primer año, y que a la sazón tenían edades comprendidas entre 15 y 30 años. Se compararon los 33 padres de 19 de tales adoptados, con 33 padres naturales que habían criado hijos esquizofrénicos. Se diagnosticó a los padres mediante entrevistas psiquiátricas para determinar su posible inclusión en los espectros «duro» o «blando» de la esquizofrenia. En la Tabla 13.18 se resumen los resultados. Los datos relativos al espectro «blando» esquizofrénico apoyan la hipótesis genética y contradicen la influencia del ambiente educacional, aunque los resultados en el caso del espectro «duro» no son tan significativos. Cuando se realizó el diagnóstico mediante análisis por computadora en vez de entrevista psiquiátrica, los resultados apoyaban la hipótesis genética en ambos tipos de espectro esquizofrénico. También sugieren que la crianza por un progenitor seriamente afectado no es condición suficiente para el desarrollo de la esquizofrenia.

Para concluir esta sección sobre los estudios de adopciones relativos a la esquizofrenia, es conveniente citar otro tipo de estudio de adopciones basado en gemelos idénticos criados separadamente. Gottesman y Shields (1972) revisaron los estudios en los que al menos un cogemelo era esquizofrénico, incluyendo un total de 14 parejas de gemelos idénticos con una separación máxima de edades de 2 años. De las 14 parejas, 10 eran concordantes respecto a la esquizofrenia, tasa superior incluso a la de gemelos criados juntos. Si bien este enfoque está inherentemente limitado por el pequeño tamaño de la muestra, sus resultados corroboran otros datos sobre adopciones relativos al importante papel de las influencias genéticas.

Resumen de los estudios de adopciones sobre la esquizofrenia

Con respecto a la esquizofrenia, los resultados de los estudios de adopciones indican claramente la existencia de influencias genéticas. Incluyendo

TABLA 13.18.—*Espectro esquizofrénico de padres por nacimiento y adoptivos de esquizofrénicos.*

	Diagnóstico por consenso psiquiátrico		Diagnóstico por análisis computarizado	
	Espectro «duro»	Espectro «blando»	Espectro «duro»	Espectro «blando»
Padres por nacimiento con hijos esquizofrénicos.	18% (6/33)	45% (15/33)	18% (6/33)	36% (12/33)
Padres adoptivos de esquizofrénicos.	15% (5/33)	15% (5/33)	3% (1/33)	6% (2/33)

PROCEDENCIA: Wender et al., 1977.

los resultados de Heston, los estudios daneses y el estudio de Karlson (cuyos resultados se presentan en las Tablas 13.13, 13.14 y 13.15, junto con el resumen de los resultados de Karlson), se cuenta en total 211 familiares biológicos en primer grado de adoptados esquizofrénicos y 185 individuos control. La incidencia de la esquizofrenia entre los familiares biológicos de esquizofrénicos era del 13 por ciento (3/185). Estos resultados conjuntos concuerdan con los de cada estudio individual. Por lo tanto, la consideración general de los datos de los estudios de adopciones relativos a la esquizofrenia nos permite claramente rechazar la hipótesis de la no existencia de influencia genética.

El hallazgo de que la esquizofrenia incide en el 13 por ciento de los familiares biológicos, merece ser comentado con más detalle. Esta es la incidencia sobre los familiares biológicos que no comparten el entorno con los individuos esquizofrénicos. En realidad es más alta que la incidencia sobre los familiares biológicos de esquizofrénicos que comparten el mismo entorno familiar, como mencionamos cuando comentábamos los estudios de familias en el Capítulo 11. Esto sugiere que todo el parecido familiar en la esquizofrenia se debe a factores genéticos, y que las influencias ambientales interfamilia no ejercen efecto alguno, a pesar de que parecía razonable su hipotético papel en la etiología de la esquizofrenia. Esta conclusión se ve apoyada por los estudios de cruce de nodrizas, en los que no se detecta incremento de la incidencia de la esquizofrenia en los adoptados criados por padres adoptivos esquizoides.

Esto no significa que el ambiente no sea importante en la instauración de la esquizofrenia. Sin embargo, lo que sí indica es que los factores ambientales a los que tradicionalmente hemos atribuido la instauración de la esquizofrenia (influencias entre-familias), no son en realidad los constantes. Como en los estudios de familias y de gemelos, los estudios de adopciones sugieren que el ambiente desempeña un papel importante, pero que opera intrafamiliarmente a los miembros de una familia distintos de los de otra. Desgraciadamente, estamos lejos de poder analizar las consecuencias de éstas influencias ambientales intrafamilia. Desde un punto de vista preventivo, sólo podemos esperar que Gottesman y Shields estén equivocados cuando sugieren que «las ''culpabilidades'' pueden ser inespecíficas, de efecto limitado temporalmente e idiosincráticas» (1976, p. 379).

Otras psicopatologías distintas de la esquizofrenia

Recientemente se ha publicado un estudio de adopciones sobre psicosis distintas de la esquizofrenia. En Bélgica, J. Mendlewicz y J. D. Rainer (1977) utilizaron el método de las familias de adoptados para estudiar la psicosis maníaco-depresiva bipolar. En el estudio se incluyeron los padres por nacimiento y adoptivos de 22 adoptados no afectados y 29 adoptados con psicosis maníaco-depresiva bipolar (probandos). En la Tabla 13.19 se indican los resultados para el espectro afectivo, que incluye trastornos unipolares, bipolares, esquizoafectivos y ciclotímicos. Los resultados son similares a los que acabamos de describir para el caso de la esquizofrenia. En los padres adoptivos, la incidencia de las trastornos afectivos es similar, independientemente de si el hijo adoptivo estaba afectado. Sin embargo, la incidencia de los transtornos afectivos es mucho más alta en los padres por nacimiento de probandos (31 por ciento), que en los padres por nacimiento de individuos no afectados (2 por ciento). Mendlewicz y Rainer estudiaron también un grupo de 31 probandos bipolares criados por sus padres naturales, y encontraron que la incidencia de los trastornos afectivos en este grupo era del 26 por ciento. Por lo tanto, los padres que crian hijos maníaco-depresivos no presentan una incidencia mayor que los padres por nacimiento de niños maníaco-depresivos que son adoptados en otros hogares. En este estudio, también se llegó a la conclusión de que existe un solapamiento considerable entre las categorías unipolar y bipolar. La incidencia de los trastornos bipolares en los padres por nacimiento de probandos bipolares era del 7 por ciento, mientras que la incidencia de la depresión unipolar en los padres por nacimiento era del 21 por ciento. Del mismo modo, entre los padres naturales de probandos bipolares, el 3 por ciento exhibía el trastorno bipolar y el 18 por ciento presentaba depresión unipolar. Sin embargo, los datos apoyan la existencia de influencias heredables en el terreno de los trastornos afectivos. En otro estudio de adopciones, se examinó la descendencia adoptada de padres por nacimiento con psicopatologías heterogéneas (Cunningham et al., 1975; Cadoret et al., 1975). Se encontraron ciertas indicaciones de la herencia específica de las psicosis, trastornos afectivos, personalidad antisocial y retraso mental, si bien las muestras en cada trastorno eran de reducido tamaño.

TABLA 13.19.—*Un estudio de adopciones sobre la psicosis maníaco-depresiva bipolar.*

	Adoptados no afectados (N = 22)	Adoptados maníaco-depresivos bipolares (N = 29)
Padres por nacimiento pertenecientes al espectro afectivo.	2%	31%
Padres adoptivos pertenecientes al espectro afectivo.	10%	12%

PROCEDENCIA: Mendlewicz y Rainer, 1977.

Los estudios de adopciones han comenzado a prestar atención a otras psicopatologías no tan graves. Por ejemplo, en Dinamarca se han realizado varios estudios sobre la conducta criminal, síndromes psicopáticos y personalidad antisocial (Schulsinger, 1972; Hutchings y Mednick, 1975). Estudios de este mismo tipo se han llevado a cabo también en Estados Unidos (Crowe, 1972, 1974). Estos estudios incluyen 321 familias biológicas en primer grado de adoptados criminales o probandos psicópatas y 316 controles (familiares biológicos de adoptados no criminales) el 25 por ciento (82/321 de los familiares biológicos de probandos criminales, tenían antecedentes criminales, o bien habían sido diagnosticados como psicópatas. En el grupo control, sólo el 12 por ciento (41/316) de los familiares biológicos presentaban un diagnóstico similar. Estos estudios proporcionan pruebas significativas de la participación de la herencia en la conducta criminal.

La posibilidad de que la conducta criminal esté influenciada genéticamente puede desencadenar una reacción aún más emocional que en el caso de la influencia genética sobre C.I., en aquellos individuos que piensen que esto significa que la criminalidad está escrita en el DNA. Esperamos que ahora ya esté claro el significado de las influencias genéticas, (no existe un alelo para la criminalidad, como no existe un alelo para la longitud de la nariz). Los posibles efectos pleiotrópicos de los genes sobre las complejísimas conductas denominadas criminales, podrían incluir influencias sobre diversas características, como constitución corporal, EEG anómalos, diferencias en C.I. y psicopatologías (Mednick y Christiansen, 1977).

El alcoholismo es otro fenotipo con implicaciones sociales que ha sido analizado en los estudios de adopciones (Goodwin, 1979). Estos estudios (Goodwin et al., 1973, 1974; Schuckit, Goodwin y Winokur, 1972) comprenden 77 descendientes de padres por nacimiento alcohólicos, criados por padres adoptivos no alcohólicos. El grupo control consistía en 182 individuos cuyos padres por nacimiento y adoptivos eran no alcohólicos. La incidencia del alcoholismo en la descendencia de los padres por nacimiento alcohólico era del 22 por ciento (17/77); en el grupo control era del 4,4 por ciento (8/182). Estos datos permiten rechazar la hipótesis de que no existe una influencia genética.

Resumen

Los estudios de adopciones presentan las pruebas más convincentes de la influencia genética sobre las conductas humanas complejas. Se ha comentado la representatividad, el acomodamiento selectivo y la unión direccional. Los estudios de adopciones, al igual que los estudios de gemelos comentados en el Capítulo 12, indican que la mitad de la variación observada en el

C.I., se debe a diferencias genéticas. Si bien la mayor parte de la varianza ambiental, en el caso de hermanos jóvenes, es del tipo entre-familias, esta varianza entre-familia ejerce una mayor influencia sobre el parecido familiar entre padres e hijos y entre hermanos mayores. Las capacidades cognitivas específicas presentan una heredabilidad (0,50) similar a la de la capacidad cognitiva general. Hasta el momento, no se han realizado análisis multivariados de los datos sobre adopciones.

Respecto a las psicopatologías, hemos hecho énfasis en las psicosis más graves, sobre todo en la esquizofrenia y psicosis maníaco-depresiva. En conjunto, los datos sugieren que el parecido familiar que se conoce existe en la psicosis hace tiempo, se debe a la herencia y no a las influencias ambientales entre-familia. Sin embargo, los mismos datos apoyan la existencia de factores ambientales intra-familia.

14
DIRECCIONES EN GENETICA DE LA CONDUCTA

Intentaremos ahora hacer una síntesis de parte del material presentado en los anteriores capítulos. Ahora que las bases de la genética de la conducta han sido ya presentadas, comentaremos con más detalle algunas de las controversias a las que aludimos en el primer capítulo.

Recapitulación y síntesis

Genes y evolución son los fundamentos de la genética de la conducta. Los genes han desempeñado un papel fundamental en el curso de la evolución, y la variabilidad genética constituye la base del proceso evolutivo. Hemos comentado la evolución desde la perspectiva de la variabilidad genética, introduciendo a continuación la genética mendeliana, que explica el modo en el que se transmiten los genes de una generación a otra. Existen muchos ejemplos de la influencia de los genes independientes sobre la conducta, y hemos comentado algunos de ellos. Hemos explicado a continuación la base química sobre la que se apoyan los efectos de los genes sobre la conducta. Los genes controlan la producción de proteínas, las cuales interaccionan en los sistemas fisiológicos, afectando así indirectamente a la conducta. El hecho de que los alelos de cada gen estén situados en cierto lugar de una pareja cromosómica concreta, tiene diversas implicaciones en la conducta. Hemos tratado entonces los temas de la genética de poblaciones y la genética cuantitativa. En los cuatro últimos capítulos hemos considerado los métodos de la genética cuantitativa con cierto detalle, ilustrando sus aplicaciones sobre la conducta.

Genética de la capacidad cognitiva general

En esta sección, resumiremos los datos sobre la capacidad cognitiva general presentados en los tres últimos capítulos. La influencia relativa de los factores genéticos y ambientales sobre la capacidad mental es uno de los temas de las ciencias de la conducta que han sido objeto de interés de modo continuo a lo largo de los años, y ha sido la fuente de muchas de las controversias que envuelven a la genética de la conducta. En los últimos años, se han publicado estudios que, en conjunto, proporcionan una muestra más amplia de datos sobre la capacidad mental que la de la totalidad de los estudios publicados durante los últimos cincuenta años. En conjunto, estos trabajos indican que las diferencias individuales en la capacidad cognitiva general son menos heredables de lo que en principio se creía. Los antiguos datos son compatibles con una heredabilidad alta, quizás 0,70 o mayor, mientras que los nuevos datos indican una heredabilidad próxima a 0,50.

En la Tabla 14.1 se enumeran las correlaciones del C.I. en los nuevos y antiguos datos (Plomin y DeFries, 1980a). Los datos antiguos fueron ya presentados en la Figura 11.1. Aunque no existen nuevos datos sobre adopciones de gemelos idénticos o hermanos no gemelos criados separadamente, los datos de los tres últimos años comprenden 4.749 parejas si se utiliza el estudio de familias, 3.540 se si utiliza el estudio de adopciones y 2.164 parejas de gemelos. Como discutimos en el Capítulo 11, los datos del estudio sobre la capacidad cognitiva realizado en Hawai, indican que la relación entre padres e hijos y entre hermanos presentan una familiaridad más baja que en estudios anteriores. En el Capítulo 12, hemos discutido un reciente estudio de gemelos a gran escala, basado en la P.N.C.M.E., en el que se obtenía una correlación de 0,86 entre 1.300 parejas de gemelos idénticos, y una correlación de 0,62 entre 864 parejas de gemelos fraternos, indicando por tanto una heredabilidad inferior a la de datos anteriores. Los datos recientes sobre adopciones, comentados en el Capítulo 13, sugieren también una influencia genética inferior a la de estudios anteriores. En conjunto estos nuevos datos indican que las diferencias genéticas dan cuenta de cerca del 50 por ciento de la varianza del C.I.

Es probable que no exista una explicación sencilla de las diferencias entre los datos antiguos y recientes. Las posibles explicaciones incluyen cambios genéticos o ambientales en la población acontecidos durante las últimas décadas, así como diferencias en la naturaleza de los tests aplicados, tamaño y representatividad de las muestras, métodos de aplicación de los tests, y procedimientos estadísticos, tales como la corrección teniendo en cuenta la edad.

Tanto los datos recientes como los antiguos, proporcionan pruebas de la importancia de las influencias ambientales sobre el C.I. Sin embargo, al contrario de lo que se suele asumir, los datos indican que los factores am-

TABLA 14.1.—*Coeficientes de correlación de los datos antiguos y nuevos.*

	Datos antiguos		Datos nuevos	
	Correlación	Número de parejas	Correlación	Número de parejas
Genéticamente idénticos:				
Dos pruebas del mismo individuo.	—	—	0,87	456
Gemelos idénticos criados juntos.	0,87	1.082	0,86	1.300
Gemelos idénticos criados separadamente.	0,75	107	—	—
Relacionados genéticamente (primer grado):				
Gemelos fraternos criados juntos:				
Mismo sexo.	0,53	2.052	0,62	864
Distinto sexo.	0,53	(total)	0,62	358
Hermanos no gemelos criados juntos.	0,49	8.228	0,34	776
Hermanos no gemelos criados separadamente.	0,40	125	—	—
Padres e hijos que viven juntos.	0,50	371	0,35	3.973
Padres e hijos separados por adopción.	0,45	63	0,31	345
No relacionados genéticamente:				
Niños no emparentados criados juntos.	0,23	195	0,25	601
Padres e hijos adoptivos.	0,20	no especificado	0,15	1.594
Individuos no relacionados criados separadamente.	−0,01	15.086	—	—

PROCEDENCIA: Plomin y De Fries, 1980a.

bientales que afectan a las correlaciones del C.I. entre padres e hijos y entre hermanos mayores, tienden a operar intrafamiliarmente (haciendo que los miembros de una familia se diferencien entre sí). Tenemos muy pocas indicaciones sobre la posible naturaleza de estas importantes influencias.

Aunque hemos evitado escrupulosamente la tentación de enfrentar naturaleza y educación, es obvio que estos datos implican una influencia sistemática de los genes sobre el desarrollo de las diferencias individuales en el C.I., incluso aunque los datos más recientes indiquen una heredabilidad de 0,50 en vez de 0,70. De hecho, no conocemos influencias ambientales específicas que den cuenta ni de un 10 por ciento de la varianza del C.I.

En la Figura 14.1 se resumen los nuevos datos sobre la capacidad mental en términos de diferencias absolutas. Es posible convertir correlaciones en diferencias absolutas si se conoce la desviación estándar, y si la variable presenta una distribución normal. La relación entre correlaciones (r) y diferencias medias absolutas ($\overline{z}$) es: $\overline{z} = 1,13s\sqrt{1-r}$. Para parejas de individuos seleccionados al azar cuya correlación de C.I. es cero, la diferencia de C.I. es 17, dada una desviación estándar (s) de 15 en las medidas de C.I. Por el contrario, los individuos no relacionados genéticamente que comparten el ambiente familiar difieren por término medio en 15 puntos de C.I. Los familiares en primer grado relacionados genéticamente difieren en 13 puntos de C.I. por término medio, mientras que los individuos genéticamente idénticos (gemelos idénticos, o dos ensayos del mismo individuo en diferentes ocasiones), difieren sólo en unos 6 puntos de C.I. La influencia de los factores genéticos y ambientales es evidente.

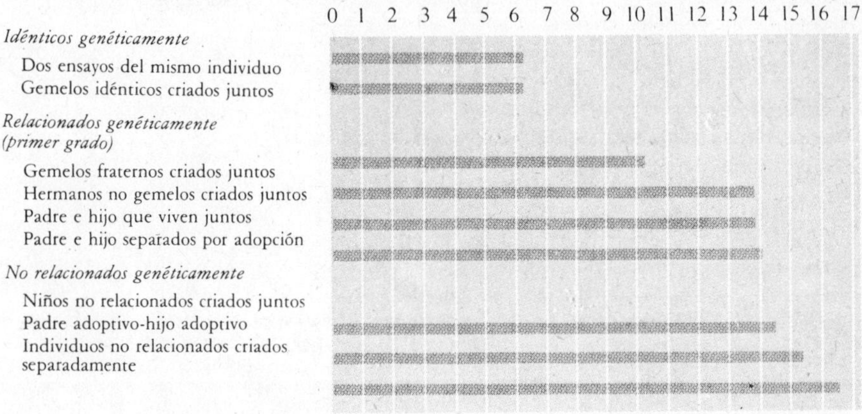

FIGURA 14.1.—*Diferencias medias absolutas en los puntos de C.I. basados en los datos de la Tabla 14.1 (De «Genetics and intelligence: recent data» por R. Plomin y J. C. De Fries.* Intelligence, *4, 22. Copyright © 1980. Reproducido con autorización).*

Ajuste de modelos a los datos sobre el C.I.

Nuestra presentación de los datos sobre el C.I. de los tres últimos capítulos considerando un método cada vez, puede haber dado la impresión de que los distintos métodos no están relacionados entre sí. Al contrario, los análisis genéticos más poderosos resultan de la utilización de métodos y datos de distintas procedencias. R. B. Cattell (1953, 1960) ha mantenido desde hace tiempo la necesidad de este enfoque, al que llamó *Múltiple Abstract Variance Analysis* (MAVA). Los genetistas han intentado recientemente construir modelos de las influencias genéticas y ambientales sobre el C.I., utilizando varios métodos de la genética cuantitativa (Eaves, 1975; Fulker, 1973; Goldberg, 1978: Jinks y Fulker, 1970; Loehlin 1978, 1979; Rao y Morton, 1974, 1978; Rao, Morton y Yee, 1974, 1976).

El interés principal de tales modelos estriba en la posibilidad de hacer supuestos explícitos y comparaciones entre modelos. Como hemos visto, los métodos de la genética cuantitativa conllevan asunciones sobre la varianza genética aditiva y no aditiva, uniones direccionales, correlaciones e interacciones genotipo-ambiente y ambientes compartidos. La idea básica del ajuste de modelos es construir un modelo razonable de las influencias genéticas y ambientales y resolver los componentes de la varianza mediante el modelo (Goldberger y Duncan, 1973). Se puede comprobar el ajuste del modelo a las correlaciones familiares observadas, comparando las correlaciones predichas mediante el modelo con las observadas. Los detalles del ajuste de modelos están fuera del ámbito de este texto introductorio (véase, por ejemplo, Eaves, et al., 1978), y, desde luego, aún está por resolver completamente la confusión que surgió al aplicar estos modelos por primera vez a los datos sobre el C.I. Loehlin ha intentado ordenar los conflictivos resultados de los últimos intentos de ajuste de modelos a los datos sobre el C.I., y ha llegado a ciertas convincentes conclusiones sobre el ajuste de modelos:

> Este análisis podría tener dos moralejas. Una es que es fácil cometer errores al especificar modelos causales sobre el modo en que herencia y ambiente afectan a los rasgos... La segunda moraleja, y en mi opinión, la más importante, es que las conclusiones dependen de los supuestos, y por lo tanto cuando se hacen asunciones hasta cierto punto arbitrarias (por ejemplo, la no existencia de acomodamiento selectivo, dominancia, o covarianza G × E) para resolver un modelo complejo, se recomienda que las asunciones sean no sólo justificadas, sino que se suministre al lector información sobre cuáles serían las consecuencias de haber sido otras distintas... Esto no debe entenderse como indicativo de que el construir modelos sea inútil. Por el contrario, en mi opinión creo que es extremadamente valioso. Sólo cuando se entroncan estas asunciones en los modelos explícitos, es posible ver cuáles *son* las consecuencias de estas asunciones (no las que el teórico cree que podrían ser). (Loehlin, 1978, p. 430).

Controversias

Ahora que el lector ya estará familiarizado con algunos de los aspectos básicos de la genética de la conducta, quizás sus controversias le resulten más comprensibles. Una cuestión que resurge una y otra vez es el llamado dilema naturaleza-educación. La razón del resurgir de esta supuestamente zanjada cuestión, es la comprensión errónea de la relación entre genes y ambiente. Intentaremos clarificar esta cuestión comentando a continuación el interaccionismo, la correlación genotipo-ambiente y la interacción genotipo-ambiente. Otro aspecto controvertido es el relativo a las diferencias de grupo en la conducta. Las diferencias raciales-étnicas, de clase y sexuales, son diferencias de grupo que presentan problemas difíciles de tratar. La tercera y última cuestión es el librarse de la frustración que sentimos cuando alguien imputa motivos políticos a las investigaciones de la genética de la conducta. Por ello hemos decidido concluir con algunos comentarios sobre ciencia y política.

Dilema naturaleza-educación

Como señalamos en el primer capítulo, se acepta que tanto la herencia como el entorno (naturaleza y educación), tienen un papel que desempeñar en la conducta. Sin embargo, la dicotomía naturaleza *o* educación ha sido a menudo sustituida por la no menos errónea opinión de que no es posible analizar por separado las influencias relativas de la herencia y el ambiente. Si tomamos en serio esta opinión, significaría que no podríamos estudiar los efectos de los factores genéticos porque estarían entretejidos para siempre con los efectos del ambiente. También implicaría que no podríamos aislar los efectos ambientales porque son inseparables de las influencias genéticas.

«Interaccionismo» e interacción genotipo-ambiente

En una conocida discusión de este tema se afirmaba que «los organismos son producto de sus genes y de su ambiente pasado» (Anastasi, 1958, p. 197). Lo que se pretendía era señalar que no puede existir una conducta sin ambiente y genes, punto de vista conocido como «interaccionismo» (Plomin, De Fries y Loehlin, 1977). Sin embargo, la genética de la conducta ahora hace énfasis en que es posible disociar las influencias de genes y ambiente. A estas alturas, esperamos que esto no resulte paradójico. En caso de que así sea, una analogía puede ser útil. Un velero necesita velas y casco. La «conducta» de un velero (velocidad, virajes, capacidad para navegar de ceñida, estabilidad) depende del diseño de las velas y del casco. Son importantes la forma aerodinámica de las velas, su número, tamaño y posición. El calado, eslora y manga del casco son también importantes. Obviamente, en los veleros, no puede existir conducta sin velas y casco, pero esto no nos impide preguntarnos cuáles son las contribuciones independientes del diseño de las velas y del casco a la conducta del velero. Estos dos factores pueden interaccionar entre sí, algunos diseños de velas sólo son útiles con ciertos cascos, pero esta interacción no nos impide especificar las contribuciones independientes de velas y casco. Por ejemplo, independientemente del diseño del velamen, los barcos planos de mucha manga son estables, mientras que los catamaranes son más rápidos pero viran con mayor dificultad. Del mismo modo, podríamos decir que la conducta requiere tanto genes como ambiente, que estas influencias interaccionan, y que podemos determinar sus contribuciones independientes a la conducta.

La analogía del velero es también útil para señalar otro aspecto general de las interacciones en la genética de la conducta. ¿Cómo podríamos determinar si el diseño del casco o del velamen afecta a la conducta del velero? Se podrían probar diferentes diseños y ver cuáles modifican la conducta del barco. En todos los experimentos se estudian diferencias (varianzas); se manipula una variable independiente para producir diferencias entre grupos. En otras palabras, estudiamos las cosas que producen diferencias. La genética de la conducta es el estudio de las influencias genéticas y ambientales que dan lugar a diferencias en la conducta. Del mismo modo que el diseño del casco es más importante que el velamen para las viradas, mientras que el diseño del velamen es más importante para la velocidad en línea recta, las diferencias genéticas pueden ser más importantes en algunas conductas y las diferencias ambientales pueden ser más importantes en otras.

Por lo tanto, aunque no puede existir conducta sin genes y ambiente, podemos preguntar cuál es la contribución relativa de los genes o del ambiente a una conducta concreta. La genética de la conducta determina las diferencias individuales de una población y adscribe estas diferencias a la variabilidad genética y ambiental. Pueden existir diferencias ambientales aun en ausencia de diferencias genéticas (por ejemplo, diferencias individuales observadas entre los miembros de parejas de gemelos idénticos). También pueden expresarse diferencias genéticas en ausencia de diferencias ambientales (por ejemplo, diferencias entre los miembros de una población genéticamente heterogénea, criada en idénticos ambientes controlados en el laboratorio).

La interacción genotipo-ambiente (GE) se refiere a la posibilidad de que los individuos con distintos genotipos respondan de distinto modo a un ambiente específico. Por ejemplo, los niños con mayores aptitudes pueden responder mejor a un determinado ambiente escolar. La interacción GE se debe a una combinación no lineal de efectos genéticos y ambientales. Es la proporción en la que es posible predecir la varianza observada, a partir de ambos tipos de influencias consideradas conjuntamente. En la analogía del velero, aunque podamos determinar los efectos independientes del diseño del velamen y del casco, puede haber aspectos de la conducta del velero que sólo pueden predecirse analizando tanto el velamen como el casco. En otras palabras, algunos cascos sólo serán apropiados para algunos tipos de velas.

El interaccionismo, sin embargo, a menudo implica algo más que esta interacción estadística, y ha empezado casi a rodearse de una especie de aura mística. Una de las connotaciones más útiles del interaccionismo es que los organismos interaccionan activamente con su entorno. Este punto de vista, sin embargo, se refleja mejor en la correlación GE que en la interacción GE. Como veremos, la correlación GE entreteje genes y ambientes y conduce a considerar al organismo como un agente activo.

Correlación positiva genotipo-ambiente

La correlación genotipo-ambiente alude a la influencia diferencial de los ambientes sobre los genotipos. En otras palabras, la correlación GE es función de la frecuencia con que ciertos genotipos y ciertos ambientes existen simultáneamente. Por ejemplo, si los niños mejor dotados están sometidos a un entrenamiento que incrementa su talento, existirá una correlación positiva entre diferencias genéticas en el talento y diferencias ambientales. Consideraremos tres tipos de correlaciones GE: pasiva, reactiva y activa.

El tipo de correlación GE mencionado con más frecuencia aparece cuando los padres transmiten a sus hijos genes y ambiente que son ambos favorables (o desfavorables) para el desarrollo de un rasgo en particular. Por ejemplo, dado que la aptitud verbal es hasta cierto punto heredable, los padres con alta aptitud verbal proporcionan a su hijo genes y ambiente conducentes al desarrollo de la aptitud verbal (Meredith, 1973). Llamamos a esta *correlación GE pasiva,* porque existe independientemente de la conducta del individuo en cuestión. El niño recibe pasivamente los genes y el ambiente ricos en estímulos verbales.

La correlación GE pasiva ha sido mucho más discutida que otros de los tipos (por ejemplo, Jencks, 1972), pero no es la forma más frecuente de correlación. Un segundo tipo, al que podemos llamar *reactiva,* se basa en que las personas pueden reaccionar de un modo distinto frente a individuos de diferentes genotipos. La correlación GE reactiva se diferencia de la pasiva en que no se limita al ambiente marcado por los familiares. Los maestros, por ejemplo, pueden reconocer las capacidades cognitivas de sus alumnos y alentarlos y enriquecerlas mediante ambientes que maximicen sus talentos. En términos de personalidad, los compañeros y adultos pueden devolver recíprocamente más afecto y atención a un niño altamente sociable. En resumen, las personas pueden reaccionar frente a las diferencias genotípicas entre individuos proporcionando un ambiente que refleje y correlacione con las diferencias genotípicas.

Existe correlación GE *activa* cuando los individuos no son meros receptores de su ambiente. Por el contrario, pueden contribuir a su propio ambiente y pueden buscar activamente uno que se ajuste a sus propensiones genotípicas. Por ejemplo, los niños más listos pueden buscar compañeros, adultos o aspectos inanimados de su entorno, que fomenten su crecimiento cognitivo. Existen ejemplos similares en los rasgos de la personalidad. Un niño activo puede alterar el más plácido de los ambientes y un niño sociable buscará otros compañeros de juego o quizás los inventará si los auténticos no están a mano. Las diferencias genotípicas entre individuos pueden hacerles buscar ambientes correlacionados con su genotipo.

En la Tabla 4.2. se resumen los tres tipos de correlaciones GE. Dado que las correlaciones GE activa y reactiva son resultado de la interacción de los individuos con su propio ambiente, estos dos tipos son particularmente relevantes en el interaccionismo.

Hay que mencionar que la tricotomía de correlaciones pasiva, activa y reactiva es simplemente por conveniencia conceptual. En la vida real, los casos de correlaciones GE son intermedios, ambiguos o de carácter mixto. Incluso, en la práctica, es difícil establecer la distinción entre correlación e interacción. Depende en gran medida de cómo elijamos definir genotipo y ambiente. Una vez que se ha especificado genotipo y ambiente, no existen ambigüedades en la distinción entre correlación e interacción.

Correlación negativa genotipo-ambiente

Las correlaciones GE pueden ser tanto positivas como negativas. Por ejemplo, los niños con bajas aptitudes pueden recibir atención especial para intentar mejorar sus aptitudes. Cattell sugiere que, respecto a la personalidad, las correlaciones GE negativas son más frecuentes que las positivas. Utilizando la dominancia como ejemplo, mordazmente señala que «la sociedad intenta ''derribar'' a los individuos muy dominantes y ayudar a que los mansos hereden la tierra» (1937, p. 145). Describe este tipo de correlación negativa genotipo-ambiente como «coacción hacia la norma biosocial». Sus ejemplos son de correlación reactiva genotipo-ambiente, como implicaría la palabra *coacción*. Los otros dos tipos también pueden ser negativos. La ira ofrece un ejemplo de correlación pasiva genotipo-ambiente negativa. Los padres emocionalmente débiles, que se enfadan fácilmente, son proclives a tener hijos con su mismo temperamento. Sin embargo, tales padres probablemente intentarán impedir las expresiones de ira en sus hijos. La correlación activa genotipo-ambiente negativa puede parecer a primera vista improbable, porque no imaginaríamos que los individuos busquen ambientes que vayan a contrapelo con sus disposiciones. Por otro lado, parece razonable suponer que, por ejemplo, algunos individuos emocionalmente inestables busquen ambientes tranquilos y amigos estables que sosieguen su psiquis, dando lugar así a correlaciones genotipo-ambiente negativo.

TABLA 14.2.—*Tres tipos de correlaciones genotipo-ambiente.*

Tipo	Descripción	Ambiente establecido por:
Pasiva.	Los niños tienen genotipos ligados a su ambiente.	Padres y hermanos.
Reactiva.	La gente reacciona ante los niños en base a los genotipos de éstos.	Cualquiera.
Activa.	Los niños buscan un ambiente concordante con su genotipo.	Cualquier cosa.

PROCEDENCIA: Plomin, De Fries y Loehlin, 1977.

Efectos de la interacción y correlación genotipo-ambiente en los análisis de la genética de la conducta

En el Capítulo 9 describíamos un ejemplo de varianza fenotípica y sus componentes genético y ambiental. Señalamos que las varianzas ambientales y genéticas no se modificarían, incluso si existiera una correlación perfecta entre las diferencias debidas a los genes y al ambiente; pero la correlación GE incrementaría la varianza fenotípica (Jensen, 1974). Del mismo modo, las interacciones GE puede incrementar la varianza fenotípica. Las correlaciones e interacciones GE pueden también contribuir al parecido fenotípico entre familiares, y por lo tanto afectar a los análisis genéticos. El parecido familiar no sólo comprende la similitud genética y ambiental, sino cualquier correlación o interacción GE compartida. Por ejemplo, las cualidades singulares de un miembro de la familia pueden contribuir al ambiente de otro, creando una correlación GE. También, las interpretaciones GE que afectan a un miembro de la familia pueden ser similares a las experimentadas por otros miembros.

Resumiremos brevemente los modos en los que las correlaciones e interacciones GE afectan a los estudios de gemelos y de adopciones (para más detalles, véase Plomin et al., 1977). En los estudios de gemelos comparamos el parecido entre gemelos idénticos y fraternos. Si la interacción y correlación GE contribuyese por igual a la similitud entre ambos tipos de gemelos, las estimaciones de la influencia genética basadas en las diferencias entre las correlaciones de gemelos idénticos y fraternos no se verían afectadas. En este caso, ambos efectos están incluidos en la estimación ambiental. Sin embargo, en tanto existan con mayor frecuencia interacciones y correlaciones GE en los gemelos idénticos, el método de gemelos sobrestimará la influencia genética. Al mismo tiempo, también puede sobreestimarse la influencia ambiental, porque sólo parte del incremento de la varianza fenotípica causado por la interacción o correlación GE se interpreta como varianza genética. Por lo tanto, el valor absoluto de las varianzas ambiental y genética puede sobreestimarse en los estudios de gemelos en presencia de correlaciones e interacciones GE significativas. Pero la estimación relativa de las influencias genéticas y ambientales no tiene por qué estar afectada.

Una de las ventajas principales de trabajar con estudios de adopciones es que no se ven afectados por la mayoría de estas complicaciones. Las interacciones GE no afectan al lado genético o ambiental de los estudios de adopciones. El diseño de los estudios de adopciones evita las correlaciones GE de tipo pasivo, aunque las de tipo activo y reactivo pueden tener algunos efectos. La dirección de estos efectos depende de si las correlaciones son positivas o negativas.

Si bien no es probable que las interacciones y correlaciones GE tengan un efecto muy marcado sobre los análisis de la genética de la conducta, merecen ser estudiadas por propio derecho. Como comentaremos en la siguiente sección, los métodos de la genética de la conducta brindan una oportunidad única de estudiar estos conceptos.

Pruebas de la correlación e interacción genotipo-ambiente

Uno de los usos más importantes, aunque recientemente descubierto, de los estudios de adopciones, es el aislamiento de interacciones y correlaciones GE específicas. Por ejemplo, los estudios de adopciones que incluyen determinaciones ambientales pueden medir correlaciones GE activas y reactivas (Plomin et al., 1977). Dado que los datos disponibles aún no permiten probar estas correlaciones, nos centraremos en los análisis de la interacción GE.

La búsqueda de interacciones GE en los estudios de adopciones puede poner de manifiesto influencias ambientales especialmente importantes para ciertos individuos. Por ejemplo, las influencias ambientales que pueden dar cuenta de sólo un 1 por ciento de la varianza total de una población, pueden tener un marcado efecto sobre ciertas áreas de dicha población. Hace 50 años, si alguien hubiera decidido que el restringir la ingesta de fenilalanina en los niños haría mejorar el posterior desarrollo cognitivo, no se hubieran encontrado efectos beneficiosos generales (aunque sí probablemente perjudiciales). Sin embargo, para uno de cada diez mil niños (los que tuvieran ambos alelos recesivos para la fenilcetonuria), la intervención hubiera tenido un dramático efecto.

Los estudios de adopciones proporcionan un método de rastreo de interacciones entre genotipo y ambiente. En el Capítulo 10 comentamos, como ejemplo de la interacción GE, un estudio en el que ratas de distintas líneas eran criadas en distintos ambientes. Las dos líneas respondían de modo distinto a las condiciones ambientales. La prueba de interacción GE de los estudios de adopciones es análoga al método utilizado en ese y otros estudios sobre la interacción GE realizados con animales (revisados por Erlenmeyer-Kimling, 1972). El diseño se representa en la Tabla 14.3, que muestra dos genotipos criados en dos ambientes distintos. Se trata de un diseño 2 × 2, en el que una de las variables es el genotipo, la otra está compuesta por algunos aspectos del ambiente, y la variable dependiente (cuyas medidas se colocan en las cuatro casillas) es una conducta. Un análisis 2 × 2 de varianzas revelaría el efecto del genotipo independientemente del ambiente (llamado el «efecto principal» del G), el efecto del ambiente independientemente del genotipo («efecto principal» de E), y la interacción de estos efectos (G × E). En los estudios sobre animales en los que se utiliza este diseño se detectan a menudo interacciones GE significativas.

Los estudios de adopciones permiten realizar un análisis similar de la conducta humana. Se puede estimar el genotipo de los niños adoptados a partir de alguna medida de la conducta de sus padres por nacimiento. El ambiente de los niños adoptados puede ser cualquier aspecto medible del entorno de los niños, como alguna característica de sus padres adoptivos. Por ejemplo, pensemos en niños adoptivos cuyos padres por nacimiento presentan una C.I. por encima y por debajo de la media. Estos niños son adoptados por parejas con C.I. por encima y por debajo de la media. La variable dependiente es el C.I. de los hijos adoptivos pertenecientes a los cuatro grupos (casillas) de la Tabla 14.3. La casilla *a* tiene las puntuaciones del C.I. de los hijos

TABLA 14.3.—*Diseño para comprobar la existencia de interacciones genotipo-ambiente.*

Genotipo	Ambiente	
	Bajo	Alto
Bajo.	a	b
Alto.	c	d

adoptivos cuyos padres por nacimiento presentaban un C.I. bajo, y que son adoptados por padres también con un C.I. relativamente bajo, y así sucesivamente. Como en los estudios realizados con animales, los resultados del análisis de la varianza indican el efecto de las influencias genéticas independientemente de las medidas ambientales, el efecto de las influencias ambientales independientemente del genotipo, y la interacción GE.

Si los genes no causan diferencias en una conducta en particular, no existirá efecto principal del genotipo. Si la característica medida en los padres adoptivos no causa diferencias, no existirá efecto principal del ambiente. Se observarán interacciones GE si los hijos de padres por nacimiento con bajo y alto C.I. se ven diferencialmente afectados por el ambiente en que han sido criados. La prueba de la interacción GE no se limita al ambiente basado en la característica medida en los padres adoptivos. Cualquier aspecto del ambiente puede estudiarse de un modo similar.

Los datos ideales para la búsqueda de interacciones GE serían los de un estudio que incluyera varias medidas conductuales en ambos padres por nacimiento, en ambos padres adoptivos, y en los hijos adoptivos, así como un extenso análisis del ambiente de los hijos adoptivos. Aunque ninguno de los estudios de adopciones publicados recoge todos estos datos, nuestro análisis de los datos presentados por Skodak y Skeels y por Munsinger (comentados en el capítulo anterior) ilustran la utilización de este método. La medida ambiental se limita al nivel educativo de los padres adoptivos en el estudio de Skodak y Skeels, y al estatus socioeconómico de los padres adoptivos en el de Munsinger. Hemos utilizado el nivel educativo o socioeconómico medio de ambos progenitores y dividido a los padres por nacimiento y adoptivos en dos grupos: por encima y por debajo de la media. Por lo tanto, había grupos alto y bajo en los padres por nacimiento y adoptivos. La variable dependiente era el C.I. de los hijos adoptivos pertenecientes a los cuatro grupos.

Reanalizamos los datos del estudio de Skodak y Skeels relativos al C.I. de 59 niños, de los que se conocía el nivel educacional de los padres adoptivos y por nacimiento. En la Tabla 14.4 se presenta el C.I. medio de los hijos adoptivos de cada uno de los cuatro grupos. El C.I. medio de los niños sugiere que las diferencias en el ambiente (indicadas por el nivel educacional de los padres adoptivos) no tienen efecto sobre el C.I. Sin embargo, las influencias genéticas (indicadas por el nivel educacional de los padres por nacimiento) son importantes. Nuestros análisis ponen de manifiesto un efecto principal del genotipo altamente significativo, aunque no se detectan efectos ambientales significativos. Por otra parte, la interacción GE no es estadísticamente significativa.

Los datos del estudio de Munsinger proporcionan resultados similares. Registró información sobre el estatus socioeconómico de los padres por nacimiento y padres adoptivos de 41 niños. En la Tabla 14.5 se presenta el C.I.

TABLA 14.4.—*Prueba de la interacción genotipo-ambiente en el C.I.: datos reanalizados de Skodak y Skeels (1949).*

Genotipo	Ambiente		Media por filas
	Bajo	Alto	
Bajo	111,8 N = 16	106,3 N = 12	109,4
Alto	122,5 N = 13	121,4 N = 18	121,9
Media por columnas	116,6	115,4	

NOTA: Hijos nacidos de padres con años de educación por encima y por debajo de la media (9,9) y criados por padres adoptivos por encima y por debajo de la media (12,1 años). Los datos se obtuvieron aplicando el test Stanford-Binet de 1937 a niños de trece años.
PROCEDENCIA: Plomin, De Fries y Loehlin, 1977.

TABLA 14.5.—*Prueba de la interacción genotipo-ambiente en el C.I.: datos reanalizados de Munsinger (1975).*

Genotipo	Ambiente		Media por filas
	Bajo	Alto	
Bajo	3,0 N = 10	2,5 N = 14	2,7
Alto	5,0 N = 17	5,1 N = 10	5,0
Media por columnas	4,3	3,6	

NOTA: Hijos nacidos de padres con estatus socioeconómico por encima y por debajo de la media (3,3) y criados por padres adoptivos por encima y por debajo de la media (2,8). Los datos se presentan como puntos estaninos, que son esencialmente percentiles donde 5,0 equivale al quinto percentil.
PROCEDENCIA: Plomin, De Fries y Loehlin, 1977.

de los niños nacidos de padres con estatus socioeconómico por encima y por debajo de la media, y criados por padres adoptivos por encima y por debajo de la media. No existía acomodamiento selectivo. El C.I. medio de los niños de la Tabla 14.5 indica que, como en el estudio de Skodak y Skeels, la variable genética es altamente significativa, pero no así la variable ambiental. De nuevo el término de interacción GE no es significativo.

Este procrusteano diseño 2 × 2 es sólo un ejemplo. La mayoría de las conductas incluyendo el C.I. están distribuidas de un modo continuo. En vez de dividir arbitrariamente a los individuos en dos categorías por encima y por debajo de la media. Las distribuciones continuas deben analizarse como tales. Existe un método para ello (Plomin et al., 1977). Cuando se aplicó este más adecuado método a los datos que acabamos de describir, se llegó a las mismas conclusiones.

Estos análisis se basan en medidas indirectas del genotipo en los padres por nacimiento y en medidas limitadas del ambiente del hogar adoptivo. Insistimos en la necesidad de datos detallados sobre los padres por nacimiento y adoptivos y sobre los hijos adoptivos, así como extensas determinaciones ambientales. Una información más completa permitiría una interesante variedad de análisis. Por ejemplo, se podrían analizar los efectos de los genotipos de los hijos adoptivos, el modo de educar de los padres adoptivos, y la interacción entre ambos, tomando algún aspecto relevante de la conducta de los hijos adoptivos como variable dependiente. Cualquier aspecto del genotipo o del ambiente puede ser rastreado de este modo, en busca de interacciones GE respecto a cualquier rasgo de los hijos, siempre y cuando las tres variables sean medibles. Esta utilización de los datos sobre adopciones para la determinación de interacciones GE, es una prometedora ayuda para los más refinados análisis de los efectos ambientales en psicología.

Diferencias de grupo

Por alguna razón, los seres humanos parecen inclinados a pensar en términos de grupos y diferencias de grupo: joven-viejo, control-experimental, macho-hembra, blanco-negro. Aunque existen diferencias de grupo, hemos de evitar caer en una trampa tipológica. Es fácil imaginar inicialmente que no exista solapamiento entre las distribuciones de ambos grupos, aunque sabemos que las diferencias entre grupos son normalmente pequeñas comparadas con las diferencias individuales en un grupo. Un ejemplo extremo sería la relación entre orden de nacimiento, tamaño de la familia y C.I. Los primeros hijos nacidos y los hijos de familias pequeñas tienden a tener un C.I. más alto. Por ejemplo, por término medio, los hijos nacidos en segundo lugar presentan un C.I. más alto que los hijos nacidos en tercer lugar, y los hijos de familias con dos hijos tienen un C.I. más alto que los de familias con tres hijos. Los modelos matemáticos pueden predecir con exactitud estas medias de grupo (Zajonc y Marcus, 1975). Sin embargo, estos modelos sólo dan cuenta de un 2 por ciento de la varianza total del C.I. en una población (Groterant, Scarr y Weinberg, 1977). En otras palabras, si todo lo que conociésemos sobre un individuo fuese el orden de nacimiento y el tamaño de la familia, haríamos una pobre predicción sobre el C.I. del individuo.

Las comparaciones entre grupos respecto a la capacidad cognitiva, que comprende diferencias en género, étnicas, o de clase social, han llamado la atención de los científicos conductistas. Todas estas diferencias de grupo son pequeñas comparadas con las diferencias individuales dentro de cada grupo. Por ejemplo, la puntuación media de los varones en los test de ordenación espacial es repetidamente superior a las de las hembras, haciendo parecer que existiera una importante diferencia sexual en esta capacidad cognitiva específica. Sin embargo, el solapamiento entre las distribuciones de varones y hembras es de al menos un 80 por ciento. Es obvio que no podemos predecir la organización espacial basándonos únicamente en el género.

Es especialmente importante distinguir las diferencias *entre* grupos de las diferencias *intra* grupo, cuando se discuten las diferencias sociales o étnicas en el C.I. Tanto para blancos como para negros en los Estados Unidos, la clase social (independiente de la raza) da cuenta de un 8 por ciento de la varianza de C.I. La raza (independientemente de la clase social) da cuenta de un 14 por ciento. Sin embargo, las diferencias individuales, independientemente de clase y raza, dan cuenta del 78 por ciento de la varianza. De hecho, la diferencia media de C.I. entre los hermanos de una familia es dos veces mayor que la diferencia media entre clases sociales y similar a la diferencia media entre blancos y negros (Jensen, 1976). Parece estar claro que cada persona debe ser evaluada individualmente, no en base a su raza o clase social. Así, aunque parece engañosamente fácil hablar de diferencias individuales, éstas contribuyen mucho más significativamente dentro de un grupo a la varianza total.

Las diferencias en el C.I. entre blancos y negros es la diferencia de grupo más estudiada, y también la más controvertida, así que vamos a utilizarla como ejemplo. La mayoría de los estudios indican que, por término medio, las puntuaciones de los negros son una desviación estándar (unos 15 puntos de C.I.) inferiores a las de los blancos en los tests convencionales sobre la inteligencia general. La etiología de esta diferencia es muy controvertida. Algunos afirman que se debe únicamente al sesgo cultural de los tests de C.I. Sin embargo, no podemos afirmar que los tests no sean imparciales sólo porque los grupos difieran. Aunque la hipótesis del sesgo de los tests es razonable, no está apoyada por las investigaciones. Los tests de C.I. predicen los resultados escolares y ocupacionales igualmente bien para blancos y negros. Por otro lado, la fiabilidad, rango de dificultades de los items, correlaciones con la edad, y los resultados del análisis factorial son esencialmente iguales en ambos grupos (Jensen, 1976, 1979).

Si la diferencia entre negros y blancos no se debe al sesgo en los tests, ¿cuál es la causa de la diferencia? En 1969 comenzó una controversia de proporciones impredecibles en las ciencias de la conducta, con la publicación de una monografía de Arthur Jensen, en la que revisaba las pruebas sobre la heredabilidad del C.I. y emitía la hipótesis de que pueden estar implicados factores genéticos en las diferencias observadas entre blancos y negros. De un modo abstracto, esta posibilidad está clara. Si dos poblaciones han estado hasta cierto punto reproductivamente aisladas durante un considerable período de tiempo, es probable que posean diferentes frecuencias alélicas en un cierto número de genes. No hay razón para creer que los genes que afectan a la inteligencia sean diferentes del resto en este aspecto. Luego dos grupos que han estado separados reproductivamente pudieran muy bien tener distintas frecuencias en los genes que afectan a la inteligencia. El problema consiste en determinar si las diferencias de C.I. observadas se deben a causas genéticas o a las manifiestamente desiguales oportunidades ambientales de las que han dispuesto ambos grupos.

El hecho de que la inteligencia sea heredable no significa que la diferencia entre los dos grupos sea heredable. Con mayor frecuencia, las causas de las diferencias intragrupo no están necesariamente en relación con las causas de las diferencias entre-grupos. Esto se cumple tanto para los factores genéticos como para los ambientales. En términos de fuentes de varianza genética, ¿implica el hallazgo de una alta heredabilidad intragrupo que las diferencias observadas entre grupos son también heredables? DeFries (1972) ha demostrado que la respuesta es no. De hecho, incluso si la heredabilidad dentro de cada grupo fuera del 100 por cien, las diferencias entre grupos podrían ser de origen completamente ambiental. Por ejemplo, supongamos que algunas variables ambientales (como las relaciones con los prejuicios, por ejemplo) conllevan puntuaciones más bajas de todos los componentes de un grupo. Si estas variables tuvieran efectos idénticos en todos los miembros de ese grupo, la varianza intra-grupo no se vería afectada. Así, la heredabilidad dentro de ambos grupos seguiría siendo 1,0 y la diferencia entre grupos sería enteramente ambiental. Aunque este es un ejemplo extremo, sirve para señalar que una alta heredabilidad intra-grupo no implica necesariamente que las diferencias observadas entre las medias de los grupos sean también altamente heredables.

Aunque no hemos resuelto la cuestión sobre la etiología de las diferencias en el C.I. entre blancos y negros, la discusión anterior nos acerca más a la respuesta, señalando que las fuentes de diferencias intra-grupo sean genéticas o ambientales, no son necesariamente la fuente de las diferencias entre grupos. No existe un tema de más difícil revisión que el de la etiología de las diferencias raciales en el C.I., pero un libro de Loehlin, Gardner Lindzey y James Spuhler (*Race Differences in Intelligence,* 1975) presenta una revisión y evaluación de los estudios en este campo admirablemente equilibrada. El libro incluye comentarios muy legibles sobre cuestiones generales, tales como el significado de raza, inteligencia y heredabilidad. El aspecto más relevante para nuestros presentes propósitos es la evaluación de los estudios sobre la etiología de las diferencias raciales en el C.I.

Estos autores llegan a conclusiones, al igual que en otras revisiones recientes, como la de Philip Vernon (1979) y Lee Willerman (1979), que no complacerán a los extremistas de ambos lados. Sin embargo, si están en lo cierto, explicaría en parte por qué la interpretación de estos resultados ha generado tan candentes debates. Loehlin y coautores concluyen que los datos son esencialmente equívocos, y por lo tanto son compatibles con un amplio rango de puntos de vista sobre la etiología de las diferencias raciales en el C.I. Sugieren que, quizás, la causa de esta ambigüedad pudiera ser que las diferencias en C.I. se deben tanto a factores genéticos como ambientales. También recalcan que las diferencias entre individuos de un grupo racial o socioeconómico superan con mucho las diferencias entre tales grupos. Finalmente, señalan que las pruebas sólo permiten extraer estas limitadas conclusiones: «Cuando mencionamos a los colegas nuestra conclusión general de que las pruebas sólidas hasta la fecha son compatibles con un relativamente amplio rango de posiciones intelectuales frente a la cuestión "raza-C.I.", la respuesta típica es: "sí, pero ¿vosotros *en el fondo* qué pensáis?" Bien, lo que pensamos en el fondo es precisamente eso» (Loehlin, Lindzey y Spuhler, 1975, p. 257).

Algunos de los hallazgos que estos autores ha evaluado para llegar a esa conclusión son los siguientes: la diferencia en el C.I. entre negros y blancos en Estados Unidos no ha decrecido de la Primera Guerra Mundial a la Segunda, ni de ésta a la guerra de Vietnam, a pesar del aumento de la igualdad en la educación. Las diferencias de grupo comienzan a manifestarse hacia los tres años de edad (lo que indica la necesidad de estudios sobre el desarrollo temprano del C.I.). Los grupos de estudios que van más directamente a la cuestión de la etiología de las diferencias raciales, son estudios de mezclas raciales, pero cada uno de estos trabajos presenta algunas limitaciones importantes. Estudios sobre los grupos sanguíneos característicos de los negros europeos y africanos han puesto de manifiesto que los negros de Estados Unidos, por término medio, han heredado un número considerable de estos «genes europeos». ¿Hasta qué punto estos genes europeos se asocian con el C.I. en la raza negra? La respuesta dada por dos estudios relativamente pequeños (resumidos por Loehlin, Vandenberg y Osborne, 1973) es «en absoluto». Considerando los genes de dieciséis grupos sanguíneos, no se encontró relación entre C.I. más alto en individuos de raza negra y genes encontrados más frecuentes en los blancos. Desgraciadamente, la capacidad de este método para encontrar tal relación es muy limitada (Loehlin et al., 1973). En uno de los primeros estudios realizados en los Estados Unidos

(Witty y Jenkis, 1936), tampoco se detectó una mayor herencia europea en los niños negros con C.I. muy alto.

El estudio más directo sobre la mezcla racial, se basa en los hijos ilegítimos de los soldados estadounidenses en Alemania, tras la Segunda Guerra Mundial (Eyferth, 1961). Comparando el C.I. medio de los hijos de padres blancos y negros, es posible determinar el papel de la herencia en las diferencias raciales en el C.I. El ambiente en el que se criaba a los hijos de los dos grupos era similar, ya que ambos eran criados por madres alemanas y se compararon grupos con un estatus social similar. Los resultados no indican diferencias generales en el C.I. entre los hijos de padres negros o blancos. A pesar de lo aparentemente convincente que resulta este hallazgo, no es concluyente, ya que existe la posibilidad de que no hubiera diferencias en el C.I. de los dos grupos de padres. Desgraciadamente, no es posible descartar este sesgo porque no existen datos sobre los padres.

Por lo tanto, volvemos a señalar que la cuestión de la etiología de las diferencias raciales en el C.I. no ha sido resuelta. Esto no significa que no pueda serlo y Loehlin et al. (1957) han propuesto algunos posibles tests. También han puesto en el tablero la importante cuestión de los valores. ¿Debemos *querer* conocer la respuesta? Esto nos sitúa de lleno en las cuestiones que comentábamos en el primer capítulo. El creer erróneamente que los genes marcan el destino, puede conducir a muchos a afirmar que este tipo de investigaciones podría producir un daño irreparable, si se encontraran diferencias genéticas subyacentes a las diferencias de grupo en el C.I. Pero también podría afirmarse precisamente lo contrario; la historia de la fenilcetonuria indica que cuando las diferencias son mayoritariamente de origen genético es posible una intervención ambiental más eficaz que cuando están causadas por factores ambientales concretos.

El párrafo final del libro de Loehlin y coautores resume su respuesta a la cuestión de los valores:

> *No* creemos que la ausencia de una respuesta definitiva a las preguntas con las que comenzábamos, sea desastrosa ni decepcionante. Las cuestiones morales y políticas nunca tienen respuestas científicas. Las preguntas en cuestión pueden ser abordables, si se plantean de forma limitada y específica, y probablemente el intentar contestar muchas de ellas ahorrará tiempo y dinero a la sociedad. Como científicos sociales, estamos convencidos de que, en conjunto, se toman mejores y más sabias decisiones con conocimiento que sin él (Loehlin et al., 1975, p. 258).

Ciencia y política

Compartimos la opinión de que se toman mejores decisiones con conocimiento que sin él. Pero el conocimiento por sí solo de ningún modo da cuenta de las decisiones sociales y políticas. Los valores son igualmente importantes en la toma de decisiones, y las decisiones (buenas o malas) se pueden tomar con y sin conocimiento. La relación entre hechos y valores es compleja. La mayoría de los científicos se consideran a sí mismos como «buscadores de hechos», valiéndose del objetivo y verificable método científico. Desde este punto de vista, valores y política son lo que otros hacen con los hechos científicos. En el otro extremo está el considerar que el método científico no es objetivo, sino que está tamizado por los valores y la política. Algunos, incluso, afirman que así debe ser, la ciencia es política y debe utilizarse como una herramienta política.

Sin lugar a dudas, los valores entran en el proceso científico desde el comienzo, cuando decidimos qué problema estudiar y cuando interpretamos los hallazgos y sus implicaciones. Los científicos deben preocuparse por el modo en que se utilizan sus descubrimientos, aunque a menudo resulte frustrante debido al escaso control que puede ejercer sobre la utilización de sus datos. La frustración es fatal para los científicos que trabajan en los problemas más importantes. Algunas investigaciones son tan banales que nadie se interesa por ellas o sus implicaciones. Los nuevos hallazgos con importantes implicaciones sociales pueden crear problemas, a la par que brindan soluciones. Por ejemplo, considere las nuevas técnicas de diagnóstico prenatal. La amniocentesis tiene beneficios obvios, en términos de detección de trastornos cromosómicos y genéticos antes del nacimiento. En combinación con el aborto terapéutico, puede liberar a los padres y a la sociedad de la tremenda carga de los defectos congénitos. Sin embargo, plantea problemas éticos sobre el aborto, y crea la posibilidad de abusos, tales como diagnóstico prenatal obligatorio y abortar sin posibilidad de elección si se detectan defectos. A pesar de los problemas creados por los hallazgos científicos, no abogamos por interrumpir el fluir del conocimiento para evitar los problemas.

Equiparamos el conocimiento con el método científico. No somos tan inocentes como para afirmar que los científicos pueden o deben evitar la política. Sin embargo, cuando un científico se enfrenta a un problema, debe ser objetivo si quiere averiguar la respuesta, en vez de simplemente aportar pruebas en favor de las ideas preconcebidas. La ciencia no es política, y existen elocuentes ejemplos de lo que sucede cuando ambas se mezclan.

Lysenko

Una y otra vez, la ciencia ha sido interpretada, o mal interpretada, para favorecer las causas políticas. Dos ejemplos notorios, en relación con la genética, son los movimientos eugenésicos de principios de siglo, y las matanzas nazis durante la Segunda Guerra Mundial. Más aún, de los años 30 a los 60, tuvo lugar en Rusia un intento de igualar ciencia y política.

La historia ha sido ya muchas veces contada. Una interesante versión de este control político de la ciencia en la URSS fue la escrita por el biólogo Sir Julian Huxley, quien simpatizaba con el marxismo y estaba en Rusia en la época del surgir de Lysenko (véase también Medvedev, 1969). Lysenko, como Lamarck, creía que las características adquiridas pueden ser heredadas. Trató de aplicar sus creencias a la agricultura, obviamente con escaso éxito, pero su fe en sus teorías sobrepasaba a su fe en el método científico. En los años 30 con ayuda de un filósofo marxista, Lysenko organizó una campaña política que tildaba a los científicos mendelianos de idealistas y reacios al cambio. Huxley presumía que la verdadera causa de la reacción adversa al mendelismo era una cuestión de valores:

> Una es el rechazo al mendelismo porque la herencia mendeliana, con su autoduplicación génica y sus mutaciones al azar, parece ofrecer demasiada resistencia al deseo del hombre de alterar la naturaleza, y eludir el control que quisiéramos ejercer. El lamarckismo, por otra parte, promete la posibilidad de un rápido control... Esto es relevante no sólo para la agricultura, sino también para los asuntos humanos, ya que sería políticamente conveniente y agradable si en unas pocas generaciones bajo mejoradas condiciones comunistas eleváramos la calidad genética de la población de la URSS... La segunda razón ideológica... es el rechazo al mendelismo porque implica desigualdad humana, y porque puede ser tomado como indicativo de la incapacidad humana frente a la predestinación genética (Huxley, 1949, pp. 182-184).

Hacia 1939, Lysenko tenía bajo su control el reino de la ciencia, y se utilizaron las depuraciones estalinistas para eliminar a algunos prominentes genéticos. En una conferencia en 1948, Lysenko anunció que sus opiniones estaban respaldadas por el Comité Central del Partido. La Academia Soviética de las Ciencias apoyaba a Lysenko, como queda reflejado en la carta a Stalin:

> La Presidencia de la Academia de Ciencias de la URSS recomienda apoyar la biología [de Lysenko] y desterrar la ideología [mendeliana] idealista y antipatriótica... el sentido biológico materialista [de Lysenko] es la única forma aceptable de ciencia, porque se basa en el materialismo dialéctico y en el principio revolucionario del cambio de la Naturaleza en beneficio del pueblo. Las enseñanzas idealistas [mendelianas] son pseudocientíficas, porque están basadas en el concepto del origen divino del mundo, y asumen la existencia de leyes científicas eternas e inalterables. La lucha entre las dos ideas ha tomado la forma de la lucha de clases ideológica entre marxismo y capitalismo a escala internacional, y en menor escala, entre la mayoría de los científicos soviéticos y los escasos científicos rusos que aún albergan rastros de la ideología burguesa. El compromiso no tiene cabida: [lysenkoísmo] y [mendelismo] son irreconciliables (Huxley, 1949, pp. 39-40).

Se hizo imposible contradecir las opiniones de Lysenko, y esto señaló el fin de la genética mendeliana en Rusia durante dos décadas. Los genetistas que rehusaron adherirse abandonaron Rusia, y se obligó a abjurar a los que permanecieron. Muchos perdieron sus puestos y algunos perdieron sus vidas. Hacia 1964, las cosechas perdidas como resultado de las directrices de Lysenko ya no pudieron ser ignoradas por más tiempo, y pueden incluso haber contribuido a la caída de Nikita Khrushchev, que las había apoyado durante la sublevación política poststalinista. Lysenko cayó en desgracia y la genética mendeliana volvió a Rusia.

Las creencias de Lysenko sobre la herencia de los caracteres adquiridos y muchos de sus experimentos no tienen valor científico, como muchos científicos soviéticos reconocen ahora. Sin embargo, en el presente contexto, la cuestión científica no es tan importante como el entender el proceso de la politización y sus desastrosas consecuencias. Huxley observó que el lysenkoismo no es realmente una cuestión científica, sino que es un ejemplo de «una idea preconcebida que se ha antepuesto a los hechos, en vez de surgir de ellos; cuando los hechos no se ajustan a la idea, se niega su importancia o incluso su existencia... Se trata en esencia de la aplicación de una doctrina no científica o precientífica a una rama del estudio científico, no de una rama de la ciencia por derecho propio» (Huxley, 1949, p. 23).

El método utilizado por Lysenko para introducir sus ideas en la ciencia merece una atención especial para sensibilizarnos ante tal politización. En primer lugar, las controversias científicas se personalizaron rápidamente. Los ataques se centraban en las personas y sus motivaciones, en vez de en sus ideas (Brill, 1975). En segundo lugar, prevalecían las ideas patrioteras. Los eslóganes sencillos que atraían al pueblo sustituyeron a las discusiones honestas de los temas complejos. Una tercera táctica también utilizada por Lysenko fue el difundir sus opiniones en la prensa popular en vez de en publicaciones científicas. Cuarto, rechazaba el método científico. Por ejemplo, Lysenko comentó a sus colaboradores que «para obtener un resultado concreto, uno debe querer obtenerlo. Si quieres un resultado concreto lo obtendrás» (Lerner y Libby, 1976, p. 396). Raramente se utilizaban grupos control o análisis de significación estadística. Quinto, no se permitía un compromiso o término medio. La cuestión se trataba como una lucha de clases científica y se aplicaba el eslogan «quien no está con nosotros, está contra nosotros».

Cuestiones políticas actuales

El ejemplo del lysenkoismo expone los problemas que ocurren cuando la ciencia es controlada por la política. Nos duele señalar que actualmente existen síntomas de tácticas similares de politización en genética de la conducta.

Si bien la crítica científica es saludable, los intentos de politización en el campo de la genética de la conducta son desfavorables por el extraño curso que podría tomar la politización una vez que ha comenzado. La crítica científica no debe ser «ad hominem», basarse en el patriotismo o en la prensa popular, ignorar el papel del método científico, ni intentar polarizar las controversias. Desgraciadamente, algunos de los oponentes a las investigaciones en genética de la conducta (especialmente en relación con el C.I.) se han servido de estas polémicas tácticas. Por ejemplo, un programa de detecciones de anormalidades cromosómicas en recién nacidos fue interrumpido debido a las vejaciones personales a las que fue sometido el investigador principal (Culliton, 1975). Aunque muchas de las críticas a las opiniones de Arthur Jensen era de índole científica, muchas otras no lo eran (Jensen, 1972). E. O. Wilson se convirtió en el blanco de groseras críticas tras la publicación de su libro sobre sociobiología (Wade, 1976; Wilson, 1978).

Debe ser obvio que la solución no está en el politización, incluso si los individuos se preocupan por las implicaciones morales, en vez de por los temas científicos. Como discutimos en el primer capítulo, muchos creen que igualdad significa identidad biológica, y que cualquier diferencia entre individuos debe estar causada por desigualdades ambientales. Los valores subyacentes a esta creencia son sin duda nobles. Sin embargo, hay que señalar que Lysenko comenzó con la buena intención de hacer avanzar la ciencia, haciéndola más reactiva a las necesidades socialistas. Si fuéramos capaces de distinguir entre la preocupación por los valores y los temas científicos, quizás no habría tanta malicia en las discusiones sobre valores y cuestiones políticas.

Queremos sugerir que la hipótesis de la identidad biológica (es decir, ausencia de diferencias individuales hereditarias) y la causalidad ambiental de las diferencias individuales son cuestiones científicas. La igualdad social, por otro lado, es un valor moral y desde luego muy importante. Si se examina de cerca, no tendrían por qué existir contradicciones entre los valores de igualdad y la posibilidad de que existan diferencias entre ellos. Existen diferencias en características morfológicas (como estatura, peso, fuerza, edad, sexo, etc.) y también diferencias en la conducta. Sin embargo, ninguna de estas diferencias justifica la discriminación. La igualdad de oportunidades y la igualdad ante la ley son independientes de las diferencias individuales, sin importar si su etiología es genética o ambiental.

La lección básica de la genética de la conducta es la individualidad. El aceptar y respetar las diferencias individuales es esencial en la ética del valor del individuo. El atender debidamente las necesidades individuales, incluyendo el proporcionar las circunstancias ambientales que optimicen el desarrollo de cada persona, es un ideal utópico no más alcanzable que otras utopías. No obstante, podemos acercarnos más a ese ideal si aceptamos las diferencias individuales. Aunque este requisito hará necesario un gran esfuerzo investigador, parece merecedor de una alta prioridad. La individualidad humana es la fuente natural fundamental de nuestra especie.

Importancia de la genética de la conducta

En el primer capítulo, indicábamos que nuestra meta era resaltar la idea de que tanto herencia como ambiente son responsables de las diferencias individuales de conducta. Esperamos haber convencido al lector de que las diferencias genéticas puedan dar cuenta de una parte sustancial de la variación observada en la conducta, incluso en el caso de caracteres tan complejos como el C.I. Sin embargo, habremos fallado en nuestro propósito si el lector piensa que los genéticos de la conducta ignoran las influencias ambientales. Hemos hecho énfasis en ejemplos en los que los análisis de la genética de la conducta proporcionaban valiosa información sobre el papel del ambiente. Uno de los aspectos más importantes de la genética de la conducta es su capacidad para estudiar las influencias genéticas y ambientales sin asumir que unas u otras sean omnipotentes.

La mayoría de las primeras investigaciones en genética de la conducta sólo pretendían demostrar que los genes podían afectar a la conducta. Más recientemente, las investigaciones han intentado determinar hasta qué punto las diferencias individuales en una conducta determinada son atribuibles a factores genéticos y ambientales. Aunque este es sólo el primer paso para la comprensión de la conducta, es claramente un enfoque razonable. Sin embargo, todavía hay mucho que aprender sobre la genética de la conducta. Vamos a considerar brevemente la importancia de la genética de la conducta en la comprensión de ésta, sus influencias ambientales y la interfase entre genes y ambiente.

Conducta

Los métodos de la genética de la conducta se pueden utilizar para analizar la heterogeneidad de la conducta. Muchos fenotipos importantes socialmente, y por lo tanto, de interés para los científicos conductistas, parecen desesperanzadoramente complejos. Por ejemplo, los análisis de la genética de la conducta han progresado en la diferenciación de los componentes de la inteligencia y las psicosis. Los estudios genético-conductistas han analizado las capacidades cognitivas específicas y su relación con el C.I. Parece que existe una relación genética sustancial entre diversas capacidades cognitivas específicas. En el área de las psicopatologías, los estudios genético-conductistas han demostrado que las dos psicosis principales, esquizofrenia y psicosis depresiva, son genéticamente distintas. Estos estudios sugieren también la existencia de subtipos de psicosis depresivas etiológicamente distintos.

Estos análisis son una versión del análisis multivariado genético-ambiental. Sólo hemos arañado la superficie de las posibilidades de estos análisis. Además de descomponer la heterogeneidad de fenotipos complejos como el C.I. o las psicosis, estos estudios pueden ser útiles en la reconstrucción de conductas complejas etiológicamente puras. Por ejemplo, el análisis multivariado puede comenzar al nivel básico de una conducta, con los items de un cuestionario de personalidad o los síntomas individuales de la psicopatología, y construir escalas o síndromes de origen puramente ambiental o genético. En otras palabras, en vez de trabajar con fenotipos complejos, compuestos sin lugar a dudas por una complicada mezcla de influencias genéticas y ambientales, los análisis multivariados genético-ambientales pueden crear nuevos fenotipos etiológicamente más sencillos.

Influencias genéticas sobre la conducta

Podemos ir más allá de la estimación de la heredabilidad, y estudiar la influencia de las anomalías cromosómicas y buscar la posible participación de genes mayores. Si se detecta la participación de estos genes, podemos determinar su número y localización cromosómica. También podemos comenzar la ardua tarea de rastrear los intermediarios fisiológicos que unen la actividad enzimática de los genes con sus efectos últimos indirectos sobre la conducta.

Otra importante, si bien relativamente inexplorada, dirección en la investigación puede revelar el despliegue, durante el desarrollo, de las influencias genéticas sobre la conducta. Por ejemplo, como describíamos en el Capítulo 12, existen ciertas indicaciones de que los altibajos del desarrollo del C.I. pueden estar influenciados por factores genéticos.

Influencias ambientales sobre la conducta

De un modo similar, nuestros análisis de las influencias ambientales no tienen por qué limitarse a la determinación de la ambientalidad. Desde luego, estamos convencidos de que la genética de la conducta incrementará nuestros conocimientos, no sólo sobre las influencias genéticas, sino también sobre las ambientales. Un ejemplo es el uso de los diseños de la genética de la conducta para la identificación de factores ambientales específicos. Es posible utilizar los estudios de adopciones para aislar efectos ambientales específicos desprovistos de influencias genéticas. Los gemelos idénticos son especialmente útiles en la búsqueda de factores ambientales intra-familia dado que son genéticamente idénticos. Cualquier diferencia entre los miembros de una pareja de gemelos idénticos debe estar causada por factores ambientales intra-familia. En términos de conducta en animales no humanos, hemos visto que los cruces recíprocos, cruce de nodrizas y transplantes de ovario, pueden ser utilizados en la identificación prenatal y postnatal de las influencias maternas.

La genética de la conducta también es de utilidad en el estudio del papel del ambiente en los análisis de los componentes intra-familia y entre familias de la varianza ambiental. Se acepta generalmente que las influencias ambientales operan entre familias, haciendo que los miembros de una familia sean similares entre sí. Sin embargo, en algunos casos, en especial en las psicosis, los estudios de la genética de la conducta llegan a la conclusión de que casi toda la varianza ambiental relevante opera intra-familiarmente, haciendo a los miembros de una familia distintos entre sí.

El análisis del desarrollo de las influencias ambientales es también necesario. Se puede aplicar provechosamente el análisis multivariado genético-ambiental a los datos longitudinales, para determinar hasta qué punto la continuidad del desarrollo está mediada por la continuidad ambiental o genética. En otras palabras, ¿afectan los mismos factores ambientales a un carácter en particular en dos momentos distintos de desarrollo, o están en operación diferentes factores durante los distintos estadios del desarrollo?

La interfase entre genes y ambiente

La interfase entre genes y ambiente es probablemente un campo en el que se realizarán interesantes descubrimientos. El estudio de las influencias ambientales sin tener en consideración las diferencias genéticas entre individuos conduce a resultados de limitada aplicación. Como Scarr y Einberg han señalado: «En su forma más escueta, el simplista ambientalismo nos ha llevado a una falacia intervencionista. Asumiendo que toda la varianza de la conducta estaba determinada ambientalmente, hemos prometido alegremente un mundo de cambios que no hemos podido cumplir, con gran costo para los participantes, el público y para nosotros mismos» (1978, p. 690).

Como ya discutimos en este capítulo, los análisis de la interacción genotipo-ambiente rendirán, con toda probabilidad, una importante información acerca de influencias ambientales que son particularmente efectivas en ciertos individuos. Por ejemplo, los métodos educativos apropiados para ciertos individuos pueden no serlo para otros. Sólo hemos comenzado a utilizar los métodos de la genética de la conducta para estudiar estos problemas.

Las investigaciones en genética de la conducta pueden ir mucho más allá de la simple descripción de las contribuciones relativas de las influencias genéticas y ambientales a las diferencias individuales en la conducta. Para la conducta humana, hemos utilizado como ejemplos la capacidad cognitiva y la psicopatología, porque estas áreas de investigación han estado siempre en relación con las diferencias individuales. En estas dos áreas se han llevado a cabo más investigaciones genético-conductistas que en el conjunto de las restantes áreas de las ciencias de la conducta. Sin embargo, incluso en estas áreas, las sofisticadas investigaciones genético-conductistas no han hecho más que empezar. A otras importantes áreas de la psicología como: percepción, aprendizaje, memoria y procesamiento de la información, lenguaje y comunicación, personalidad, psicología social y psicopatologías distintas de las psicosis, sólo se les ha aplicado los métodos más rudimentarios de la genética de la conducta. Lamentablemente, en otras áreas de las ciencias sociales no hay apenas trazas de análisis genético-conductistas. Así, aunque la genética de la conducta ha demostrado convincentemente que la variabilidad genética puede afectar a la conducta, todavía está en su infancia, en términos de sus potenciales aplicaciones a las ciencias de la conducta y sociales.

Resumen

En el período comprendido entre 1976 y 1979 se han publicado más datos sobre la capacidad mental que durante los cincuenta años anteriores. Los resultados de los últimos estudios de familias, de gemelos y de adopciones, sugieren que la heredabilidad de la capacidad cognitiva general es inferior a la que se creía (cerca de 0,50 en vez de 0,70 o más).

Existen tres tipos de controversias que se repiten en genética de la conducta: el dilema naturaleza-educación, cuestiones relativas a la etiología de las diferencias de grupo, y problemas sobre la relación entre ciencia y política. La cuestión naturaleza-educación está en relación con la interacción y correlación GE. La interacción GE tiene lugar cuando individuos de distintos genotipos responden de un modo distinto frente a un mismo ambiente. Se han comentado tres tipos de correlación GE: pasiva, reactiva y activa. Los análisis de la genética de la conducta, sobre todo los estudios de adopciones, son capaces de aislar las interacciones y correlaciones GE específicas.

La varianza entre-grupos es normalmente mucho menos importante que la varianza intra-grupo. Respecto al C.I., las diferencias individuales, independientemente de raza y clase, dan cuenta de una porción de la varianza tres veces mayor que la debida a la raza y clase social. Por otra parte, las causas de las diferencias intra-grupo no tienen por qué estar necesariamente relacionadas con las causas de las diferencias entre grupos. Los resultados de los estudios sobre las diferencias raciales en el C.I. son ambiguos. Estas investigaciones también plantean problemas de valores. Aunque los valores forman parte del método científico, la ciencia debe mantenerse lo más independiente posible de la política. La politización de la genética que Lysenko llevó a cabo en la URSS, sirve como recordatorio de las desastrosas consecuencias que acarrea el control político de la ciencia. El valor de la igualdad social no es puesto en tela de juicio por el hallazgo de las diferencias genéticas entre individuos.

Los estudios de la genética de la conducta proporcionan algo más que información sobre la heredabilidad y ambientalidad. Los análisis multivariados genético-ambientales son especialmente útiles en el análisis de la heterogeneidad de los fenotipos conductuales. Del mismo modo, la genética de la conducta puede contribuir enormemente a la identificación de factores ambientales específicos, del papel de las influencias ambientales entre e intra familia y al estudio de los aspectos del desarrollo de las influencias ambientales. La interacción genotipo-ambiente es una prometedora herramienta para el aislamiento de influencias ambientales especialmente efectivas en algunos individuos. Estos análisis no han sido todavía aplicados totalmente, incluso en el caso de caracteres como el C.I. y las psicosis. El futuro de la genética de la conducta radica en su aplicación a otras áreas de las ciencias de la conducta.

REFERENCIAS BIBLIOGRAFICAS

Adler, J. 1976. The sensing of chemicals by bacteria. *Scientific American,* 234, 40-47.

Allen, G. 1975. *Life science in the twentieth century.* Nueva York: John Wiley.

Ambrus, C. M.; Ambrus, J. L.; Horvath, C.; Pedersen, H.; Sharma, S.; Kant, C.; Mirand, E.; Guthrie, R. y Paul, T. 1978. Phenylalanine depletion for the management of phenylketonuria: Use of enzyme reactors with immobilized enzymes. *Science,* 201, 837-839.

Anastasi, A. 1958. Heredity, environment, and the question «How?» *Psychological Review,* 65, 197-208.

Angst, J. 1966. Zur ätiologie und nosologie endogener depressiver psychosen. *Monographie aus dem gesamtgebiete der Neurologie und Psychiatrie (Berlin),* 112.

Anisman, H. 1975. Task complexity as a factor in eliciting heterosis in mice: Aversively motivated behaviors. *Journal of Comparative and Physiological Psychology,* 89, 976-984.

Ayala, F. J. 1978. The mechanism of evolution. *Scientific American,* 239, 56-69.

Bailey, D. W. 1971. Recombinant inbred strains. *Transplantation,* 11, 325-327.

Baker, W. K. 1978. A genetic framework for *Drosophila* development. *Annual Review of Genetics,* 12, 451-470.

Barash, D. P. 1975. Ecology of paternal behavior in the hoary marmot *(Marmota caligata):* An evolutionary interpretation. *Journal of Mammalogy,* 56, 612-615.

— 1977. *Sociobiology and behavior.* Nueva York: Elsevier.

Barnicot, N. A. 1950. Taste deficiency for phenylthiourea in African Negroes and Chinese. *Annals of Eugenics,* 15, 248-254.

Baron, M.; Gershon, E. S.; Rudy, V.; Jonas, W. A. y Buchsbaum, M. 1975. Lithium carbonate response in depression. *Archives of General Psychiatry,* 32, 1107-1111.

Barr, M. L. y Bertram, E. G. 1949. A morphological distinction between neurones of the male and female, and the behaviour of the nucleolar satellite during accelerated nucleoprotein synthesis. *Nature,* 163, 676.

Bashi, J. 1977. Effects of inbreeding on cognitive performance. *Nature,* 266, 440-442.

Bateson, W. 1909. *Mendel's principles of heredity.* Cambridge, Inglaterra: Cambridge University Press.

Bateson, W.; Saunders, E. R. y Punnett, R. C. 1906. Experimental studies in the physiology of heredity. *Reports to the Evolution Committee of the Royal Society,* 3, 1-53.

Beadle, G. W. y Tatum, E. L. 1941. Experimental control of developmental reaction. *American Naturalist,* 75, 107-116.

Beckwith, L. 1971. Relationships between attributes of mothers and their infants' IQ scores. *Child Development,* 42, 1083-1097.

Belmaker, R.; Pollin, W.; Wyatt, R. J. y Cohen, S. 1974. A follow-up of monozygotic twins discordant for schizophrenia. *Archives of General Psychiatry,* 30, 219-222.

Benzer, S. 1967. Behavioral mutants of *Drosophila* isolated by countercurrent distribution. *Proceedings of the National Academy of Sciences,* 58, 1112-1119.

Berg, C. J. 1978. Development and evolution of behavior in mollusks, with emphasis on changes in stereotypy. In *The development of behavior: Comparative and evolutionary aspects,* eds. G. M. Burghardt y M. Bekoff, pp. 3-17. Nueva York: Garland STOM Press.

Bertelsen, A.; Harvald, B. y Hauge, M. 1977. A. Danish study of manic-depressive disorders. *British Journal of Psychiatry*, 130, 330-351.
Bessman, S. P.; Williamson, M. L. y Koch, R. 1978. Diet, genetics, and mental retardation interaction between phenylketonuric heterozygous mother and fetus to produce nonspecific diminution of IQ: Evidence in support of the justification hypothesis. *Proceedings of the National Academy of Sciences*, 78, 1562-1566.
Blixt, S. 1975. Why didn't Gregor Mendel find linkage? *Nature*, 256, 206.
Bock, R. D. y Vandenberg, S. G. 1968. Components of heritable variation in mental test scores. In *Progress in human behavior genetics*, ed. S. G. Vandenberg, pp. 233-260. Baltimore: Johns Hopkins University Press.
Bodmer, W. F. y Cavalli-Sforza, L. L. 1976. *Genetics, evolution, and man*. San Francisco: W. H. Freeman y Company.
Böök, J. A. 1957. Genetical investigation in a north Swedish population. The offspring of first-cousin marriages. *Annals of Human Genetics*, 21, 191-221.
Boolootian, R. A. 1971. *Slide guide for human genetics*. Nueva York: John Wiley.
Borgaonkar, D. S. 1977. *Chromosomal variation in man*. 2.ª ed. Nueva York: Alan R. Liss.
Boring, E. G. 1950. *A history of experimental psychology*. 2.ª ed. Nueva York: Appleton.
Bouchard, T. J. y McGee, M. G. 1977. Sex differences in human spatial ability: Not an X-linked recessive gene effect. *Social Biology*, 24, 332-335.
Boué, J. G. 1977. Chromosomal studies in more than 900 spontaneous abortuses. Paper presented at the Teratology Society Meeting, 1974. Citado en D. W. Smith, 1977.
Bovet, D. 1977. Strain differences in learning in the mouse. En *Genetics, environment and intelligence*, ed. A. Oliverio, pp. 79-92. Amsterdam: North-Holland Publishing Company.
Bovet, D.; Bovet-Nitti, F. y Oliverio, A. 1969. Genetic aspects of learning and memory in mice. *Science*, 163, 139-149.
Brill, H. 1975. Presidential address: Nature and nurture as political issues. En *Genetic research in psychiatry*, eds. R. R. Fieve, D. Rosenthal y H. Brill, pp. 283-288. Baltimore: Johns Hopkins University Press.
Broadhurst, P. L. 1960. Experiments in psychogenetics. Applications of biometrical genetics to the inheritance of behaviour. En *Experiments in personality*. Psychogenetics and psychopharmacology, vol. 1, ed. H. J. Eysenck, pp. 1-102. Londres: Routledge & Kegan Paul.
— 1975. The Maudsley reactive and nonreactive strains of rats: A survey. *Behavior Genetics*, 5, 299-319.
— 1976. The Maudsley reactive and nonreactive strains of rats: A clarification. *Behavior Genetics*, 6, 363-365.
— 1978. *Drugs and the inheritance of behavior*. Nueva York: Plenum Press.
— 1979, en prensa. The experimental approach to behavioral evolution. En *Theoretical advances in behavior genetics*, ed. J. R. Royce. Alphen aan den Rijn, Holanda: Sijthoff Noordhoff International.
Bruce, E. J. y Ayala, F. J. 1978. Humans and apes are genetically very similar. *Nature*, 276, 264-265.
Bruell, J. H. 1964*a*. Heterotic inheritance of wheelrunning in mice. *Journal of Comparative and Physiological Psychology*, 58, 159-163.
— 1964*b*. Inheritance of behavioral and physiological characters of mice and the problem of heterosis. *American Zoologist*, 4. 125-138.
— 1967. Behavioral heterosis. In *Behavior-genetic analysis*, ed. J. Hirsch, pp. 270-274. Nueva York: McGraw-Hill.
Bruun, K.; Markkanen, T. y Partanen, J. 1966. *Inheritance of drinking behavior, a study of adult twins*. Helsinki: The Finnish Foundation for Alcohol Research.
Bulmer, M. G. 1970. *The biology of twinning in man*. Oxford: Clarendon Press.
Burks, B. S. 1928. The relative influence of nature and nurture upon mental development: A comparative study of foster parent-foster child resemblance and true parent-true child resemblance. En *Nature and nurture: Their influence upon intelligence. Twenty-Seventh Yearbook of the National Society for the Study of Education*, part. 1, 219-316.
Burt, C. 1955. The evidence for the concept of intelligence. *British Journal of Educational Psychology*, 25, 158-177.
— 1966. The genetic determination of differences in intelligence: A study of monozygotic twins reared together and apart. *British Journal of Psychology*, 57, 137-153.
Cadoret, R. J.; Cunningham, L.; Loftus, R. y Edwards, J. 1975. Studies of adoptees from psychiatrically disturbed biological parents. II. Temperament, hyperactive, antisocial, and developmental variables. *Journal of Pediatrics*, 87, 301-306.
Campbell, D. T. 1975. On the conflicts between biological and social evolution and between psychology and moral tradition. *American Psychologist*, 30, 1103-1126.
Caplan, A. I. y Ordahl, C. P. 1978. Irreversible gene repression model for control of development. *Science*, 201, 120-201.
Carroll, J. B. y Maxwell, S. E. 1979. Individual differences in cognitive abilities. *Annual Review of Psychology*, 30, 603-640.
Carter-Saltzman, L. y Scarr, S. 1975. Blood group, behavioral and morphological differences among dizygotic twins. *Social Biology*, 22, 373-374.
— 1977. MZ or DZ? Only your blood grouping laboratory knows for sure. *Behavior Genetics*, 7, 273-280.
Casler, L. 1976. Maternal intelligence and institutionalized children's developmental quotients: A correlational study. *Developmental Psychology*, 12, 64-67.

Caspersson, T.; Farber, S.; Foley, G. E.; Kudynowski, J.; Modest, E. J.; Simonsson, E.; Wagh, U. y Zech, L. 1968. Chemical differentiation along metaphase chromosomes. *Experimental Cell Research,* 49, 219-222.

Caspersson, T.; Lomakka, G. y Moller, A. 1971. Computerized chromosome identification by aid of the quinacrine mustard fluorescence technique. *Hereditas,* 67, 103-109.

Castle, W. E. 1903. The law of heredity of Galton and Mendel and some laws governing race improvement by selection. *Proceedings of the American Academy of Sciences,* 39, 233-242.

Cattell, R. B. 1953. Research designs in psychological genetics with special reference to the multiple variance analysis method. *American Journal of Human Genetics,* 5, 76-93.

— 1960. The multiple abstract variance analysis equations and solutions: For nature-nurture research on continuous variables. *Psychological Review,* 67, 353-372.

— 1973. *Personality and mood by questionnaire.* San Francisco: Jossey-Bass.

Caviness, V. S., Jr., y Rakic, P. 1979, en prensa. Mechanisms of cortical development: A view from mutations in mice. *Annual Review of the Neurosciences.*

Cederlöf, R.; Friberg, L.; Jonsson, E. y Kaij, L. 1961. Studies on similarity diagnosis with the aid of mailed questionnaires. *Acta Genetica et Statistica Medica,* 11, 338-362.

Cederlöf, R. y Lorich, U. 1978. The Swedish twin registry. En *Twin research, Part B, Biology and Epidemiology,* ed. W. E. Nance, pp. 189-196. Nueva York: Alan R. Liss.

Changeux, J.-P. 1965. The control of biochemical reactions. *Scientific American,* 212, 36-45.

Chen, C.-S. y Fuller, J. L. 1976. Selection for spontaneous or priming-induced audiogenic seizure susceptibility in mice. *Journal of Comparative and Physiological Psychology,* 90, 765-772.

Claeys, W. 1973. Primary abilities and field-independence of adopted children. *Behavior Genetics,* 3, 323-338.

Clarke, B. 1975. The causes of biological diversity. *Scientific American,* 233, 50-60.

Cloninger, C. R.; Reich, T. y Guze, S. B. 1975*a.* The Multifactorial model of disease transmission: II. Sex differences in the familial transmission of sociopathy (antisocial personality). *British Journal of Psychiatry,* 127, 11-22.

— 1975*b.* The multifactorial model of disease transmission: III. Familial relationship between sociopathy and hysteria (Briquet's syndrome). *British Journal of Psychiatry,* 127, 23-32.

Cohen, R.; Bloch, N.; Flum, Y.; Kadar, M. y Goldschmidt, E. 1963. School attainment in an immigrant village. En *The genetics of migrant and isolate populations,* ed. E. Goldschmidt, pp. 350-351. Baltimore: Williams & Wilkins.

Cohen, D. J.; Dibble, E.; Grawe, J. M. y Pollin, W. 1973. Separating identical from fraternal twins. *Archives of General Psychiatry,* 29, 465-469.

— 1975. Reliably separating identical from fraternal twins. *Archives of General Psychiatry,* 32, 1371-1375.

Collins, R. L. 1970. A new genetic locus mapped from behavioral variation in mice: Audiogenic seizure prone *(asp). Behavior Genetics,* 1, 99-109.

Collins, R. L. y Fuller, J. L. 1968. Audiogenic seizure prone *(asp):* A gene affecting behavior in linkage group VIII of the mouse. *Science,* 162, 1137-1139.

Connolly, J. A. 1978. Intelligence levels of Down's syndrome children. *American Journal of Mental Deficiency,* 83, 193-196.

Connolly, K. 1968. Report on a behavioural selection experiment. *Psychological Reports,* 23, 625-627.

Cooper, R. M. y Zubek, J. P. 1958. Effects of enriched and restricted early environments on the learning ability of bright and dull rats. *Canadian Journal of Psychology,* 12, 159-164.

Corey, L. A. y Nance, W. E. 1978. The monozygotic half-sib model: A tool for epidemiologic research. En *Twin research, Part A, Psychology and methodology,* ed. W. E. Nance, pp. 201-210. Nueva York: Alan R. Liss.

Corney, G. 1978. Twin placentation and some effects on twins of known zygosity. En *Twin research, Part B, Biology and epidemiology,* ed. W. E. Nance, pp. 9-16. Nueva York: Alan R. Liss.

Coyne, J. A. 1976. Lack of genic similarity between two sibling species of *Drosophila* as revealed by varied techniques. *Genetics,* 84, 593-607.

Crick, F. 1979. Split genes and RNA splicing. *Science,* 204, 264-271.

Crow, J. F. y Kimura, M. 1970. *An introduction to population genetics theory.* Nueva York: Harper & Row.

Crowe, R. R. 1972. The adopted offspring of women criminal offenders: A study of their arrest records. *Archives of General Psychiatry,* 27, 600-603.

— 1974. An adoption study of antisocial personality. *Archives of General Psychiatry,* 31, 785-791.

Culliton, B. J. 1975*a.* Amniocentesis: HEW backs test for prenatal diagnosis of disease. *Science,* 190, 537-540.

— 1975*b.* XYY: Harvard researcher under fire stops newborn screening. *Science,* 188, 1284-1285.

— 1976. Genetic screening: States may be writing the wrong kinds of laws. *Science,* 191, 926-929.

Cunningham, L.; Cadoret, R. J.; Loftus, R. y Edwards, J. E. 1975. Studies of adoptees from psychiatrically disturbed biological parents: Psychiatric conditions in childhood and adolescence. *British Journal of Psychiatry,* 126, 534-549.

Darwin, C. 1859. *On the origin of species by means of natural selection, or the preservation of favoured races in the struggle for life.* Londres: John Murray. (Nueva York: Modern Library, 1967.) [Trad. cast.: *El origen de las especies,* varias ediciones.]

— 1968. *The variation of animals and plants under domestication.* Nueva York: Orange Judd.

— 1871. *The descent of man and selection in relation to sex.* Londres: John Murray. (Nueva York: Modern Library, 1967.) [Trad. cast.: *El origen del hombre,* varias ediciones.]
— 1872. *The expression of the emotions in man and animals.* Londres: John Murray.
— 1888. Letter from C. Darwin to C. Lyell, 1858. En *The life and letters of Charles Darwin,* vol. 2, ed. F. Darwin, p. 117. Londres: John Murray.
— 1896. *Journal of researches into the natural history and geology of the countries visited during the voyage of H. M. S. Beagle round the world, under the command of Capt. Fitz Roy, T. N.* Nueva Yor: Appleton.
Davis, H. 1849. *The works of Plato,* vol. 2. Londres: Bohn.
Dawkins, R. 1976. *The selfish gene.* Nueva York: Oxford University Press. [Trad. cast.: *El gen egoísta,* Labor, 1979.]
Deckard, B. S.; Lieff, B.; Schlesinger, K. y DeFries, J. C. 1976. Developmental patterns of seizure susceptibility in inbred strains of mice. *Developmental Psychobiology,* 9, 17-24.
Deckard, B. S.: Tepper, J. M. y Schlesinger, K. 1976. Selective breeding for acoustic priming. *Behavior Genetics,* 6, 375-383.
DeFries, J. C. 1969. Pleiotropic effects of albinism on open field behaviour in mice. *Nature,* 221, 65-66.
— 1972. Quantitative aspects of genetics and environment in the determination of behavior. En *Genetics, environment, and behavior: Implications for educational policy,* eds. L. Ehrman, G. S. Omenn, y E. Caspari, pp. 6-16. Nueva York: Academic Press.
DeFries, J. C.; Ashton, G. C.; Johnson, R. C.; Kuse, A. R.; McClearn, G. E.; Mi, M. P., Rashad, M. N.; Vandenberg, S. G. y Wilson, J. R. 1976. Parent-offspring resemblance for specific cognitive abilities in two ethnic groups. *Nature,* 261, 131-133.
DeFries, J. C.; Gervais, M. C. y Thomas, E. A. 1978. Response to 30 generations of selection for open-field activity in laboratory mice. *Behavior Genetics,* 8, 3-13.
DeFries, J. C. y Hegmann, J. P. 1970. Genetic analysis of open-field behavior. En *Contributions to behavior-genetic analysis: The mouse as a prototype,* eds. G. Lindzey & D. D. Thiessen, pp. 23-56. Nueva York: Appleton-Century-Crofts.
DeFries, J. C.; Hegmann, J. P. y Weir, M. W. 1966. Open-field behavior in mice: Evidence for a major gene effect mediated by the visual system. *Science,* 154, 1577-1579.
DeFries, J. C.; Johnson, R. C.; Kuse, A. R.; McClearn, G. E.; Polovina, J.; Vandenberg, S. G. y Wilson, J. R. 1979. Familial resemblance for specific cognitive abilities. *Behavior Genetics,* 9, 23-43.
DeFries, J. C.; Kuse, A. R. y Vandenberg, S. G. 1979, en prensa. Genetic correlations, environmental correlations and behavior. En *Theoretical advances in behavior genetics,* ed. J. R. Royce. Alphen aan den Rijn, Holanda: Sijthoff Noordhoff International.
DeFries, J. C. y Plomin, R. 1978. Behavioral genetics. *Annual Review of Psychology,* 29, 473-515.
DeFries, J. C.; Thomas, E. A.; Hegmann, J. P. y Weir, M. W. 1967. Open-field behavior in mice. Analysis of maternal effects by means of ovarian transplantation. *Psychonomic Science,* 8, 207-208.
DeFries, J. C.; Vandenberg, S. G. y McClearn, G. E. 1976. The genetics of specific cognitive abilities. *Annual Review of Genetics,* 10, 179-207.
DeGrouchy, J.; Turleau, C. y Finaz, C. 1978. Chromosomal phylogeny of the primates. *Annual Review of Genetics,* 12, 289-328.
Dickerson, R. E. 1978. Chemical evolution and the origin of life. *Scientific American.* 239, 70-86.
Dobzhansky, Th. 1964. *Heredity and the nature of man.* Nueva York: Harcourt, Brace & World.
Dobzhansky, Th. y Pavlovsky, O. 1971. Experimentally created incipient species of *Drosophila. Nature,* 230, 289-292.
Dudai, Y.; Jan, Y. N.; Byers, D.; Quinn, W. G. y Benzer, S. 1976. Dunce, a mutant of *Drosophila* deficient in learning. *Proceedings of the National Academy of Sciences,* 73, 1684-1688.
Dunner, D. L. y Fieve, R. R. 1975. Psychiatric illness in fathers of men with bipolar primary affective disorder. *Archives of General Psychiatry,* 32. 1134-1137.
Dunner, D. L.; Fleiss, J. L.; Addonizio, G. y Fieve, R. R. 1976. Assortative mating in primary affective disorder. *Biological Psychiatry,* 11, 43-51.
Dunner, D. L.; Gershon, E. S. y Goodwin, F. K. 1976. Heritable factors in the severity of affective illness. *Biological Psychiatry,* 11, 31-42.
Dworkin, R. y Haber, S. 1979, en prensa. *Handbook of behavior genetics.* Hillsdale, N. J.: Lawrence Erlbaum Associates.
East, E. M. y Hayes, H. K. 1911. Inheritance in maize. *Bulletin of the Connecticut Agricultural Experiment Station,* 167, 1-142.
Eaves, L. J. 1975. Testing models for variation in intelligence. *Heredity,* 34. 132-136.
Eaves, L. J. y Eysenck, H. J. 1974. Genetics and the development of social attitudes. *Nature,* 249, 288-289.
Eaves, L. J. y Gale, J. S. 1974. A method for analyzing the genetic basis of covariation. *Behavior Genetics,* 4, 253-267.
Eaves, L. J.; Last, K. A.; Young, P. A. y Martin, N. G. 1978. Model-fitting approaches to the analysis of human behaviour. *Heredity,* 41, 249-320.
Ebert, P. D. y Hyde, J. S. 1976. Selection for agonistic behavior in wild female *Mus musculus. Behavior Genetics,* 6, 291-304.

Ehrman, L. 1970. The mating advantage of rare males in *Drosophila. Proceedings of the National Academy of Sciences*, 65, 345-348.
Ehrman, L. y Parsons, P. A. 1976. *The genetics of behavior.* Sunderland, Mass.; Sinauer Associates.
Ehrman, L. y Probber, J. 1978. Rare *Drosophila* males: The mysterious matter of choice. *American Scientist*, 66, 216-222.
Eiseley, L. 1959. Charles Darwin, Edward Blyth, and the theory of natural selection. *Proceedings of the American Philosophical Society*, 103, 94-158.
Elardo, R.; Bradley, R. y Caldwell, B. 1975. The relation of infants' home environments to mental test performance from six to thirty-six months: A longitudinal analysis. *Child Development*, 46, 71-76.
Eleftheriou, B. E., ed. 1975. *Psychopharmacogenetics.* Nueva York: Plenum Press.
Eleftheriou, B. E. y Elias, P. K. 1975. Recombinant inbred strains: A novel genetic approach for psychopharmacogeneticists. En *Psychopharmacogenetics*, ed. B. E. Eleftheriou, pp. 43-73. Nueva York: Plenum Press.
Elston, R. C. y Stewart, J. 1971. A general model for the genetic analysis of pedigree data. *Human Heredity*, 21, 523-542.
Emerson, R. A. y East, E. M. 1913. The inheritance of quantitative characters in maize. *University of Nebraska Research Bulletin*, 2, 5-120.
Epstein, C. J. y Golbus, M. S. 1977. Prenatal diagnosis of genetic diseases. *American Scientist*, 65, 703-711.
Erlenmeyer-Kimling, L. 1972. Gene-environment interactions and the variability of behavior. En *Genetics, environment and behavior: Implications for educational policy*, eds. L. Ehrman, G. Omenn y E. Caspari, pp. 181-218. Nueva York: Academic Press.
— 1975. A prospective study of children at risk for schizophrenia: Methodological considerations and some preliminary findings. En *Life history research on psychopathology*, eds. R. D. Wirt, G. Winokur y M. Roff, pp. 217-252. Minneapolis: University of Minnesota Press.
— 1976. Schizophrenia: A bag of dilemmas. Papers from a workshop on «Genetic Counseling in Psychiatric Disorders: State of the Science and the Art.». *Social Biology*, 23, 123-134.
Erlenmeyer-Kimling, L.; Cornblatt, B. y Fleiss, J. 1979. High-risk research in schizophrenia, *Psychiatric Annals*, 9, 1-13.
Erlenmeyer-Kimling, L. y Jarvik, L. F. 1963. Genetics and intelligence: A review. *Science*, 142, 1477-1479.
Essen-Möller, E. 1941. Empirische Ahnlichkeitsdiagnose bei Zwillingen. *Hereditas*, 27, 1.
Eyferth, K. 1961. Leistungen verschiedener Grup en von Besatzungskindern in Hamburg-Wechsler Intelligenztest für Kinder (HAWIK). *Archiv für die gesamte Psychologie*, 113, 222-241.
Eysenck, H. J. y Broadhurst, P. L. 1964. Experiments with animals: Introduction. En *Experiments in motivation*, ed. H. J. Eysenck, pp. 285-291. Nueva York: Macmillan.
Falconer, D. S. 1960. *Introduction to quantitative genetics.* Nueva York: Ronald Press.
— 1965. The inheritance of liability to certain diseases estimated from the incidence among relatives. *Annals of Human Genetics*, 29, 51-76.
Fantino, E. y Logan, C. A. 1979. *The experimental analysis of behavior.* San Francisco: W. H. Freeman & Company.
Fieve, R. R.; Rosenthal, D. y Brill, H., eds. 1975. *Genetics research in psychiatry.* Baltimore: Johns Hopkins University Press.
Fisch, R. O.; Bilek, M. K.; Deinard, A. S. y Chang, P.-N. 1976. Growth, behavioral, and psychologic measurements of adopted children: The influences of genetic and socioeconomic factors in a prospective study. *Behavioral Pediatrics*, 89, 494-500.
Fischer, M.; Harvald, B. y Hauge, M. 1969. A Danish twin study of schizophrenia. *British Journal of Psychiatry*, 115, 981-990.
Fisher, R. A. 1918. The correlation between relatives on the supposition of Mendelian inheritance. *Transactions of the Royal Society of Edinburgh*, 52, 399-433.
— 1930. *The genetical theory of natural selection.* Oxford: Clarendon Press.
Flanagan, J. R. 1977. A method for fate mapping the foci of lethal and behavioral mutants in *Drosophila melanogaster. Genetics*, 85, 587-607.
Følling, A.; Mohr, O. L. y Ruud, L. 1945. *Oligophrenia phenylpyrouvica*, a recessive syndrome in man. *Norske Videnskaps/Akademi I Oslo, Matematisk-Naturvidenskapelig Klasse*, 13, 1-44.
Fowler, W. A. 1965. A study of process and method in three-year-old twins and triplets learning to read. *Genetic Psychology Monographs*, 72, 3-90.
Fox, J. L. 1975. Evolution and education. *Science*, 187, 389-390.
Freeman, F. N.; Holzinger, K. L. y Mitchell, B. C. 1928. The influence of environment on the intelligence, school achievement, and conduct of foster children. *Nature and nurture: Their influence upon intelligence. Twenty-Seventh Yearbook of the National Society for the Study of Education*, part. 1, 27, 103-217.
Friedman, E.; Shopsin, B.; Sathananthan, G. y Gershon, E. 1974. Blood platelet monoamine oxidase activity in psychiatric patients. *American Journal of Psychiatry*, 131, 1392-1394.
Friedman, G. D. and Lewis, A. M. 1978. The Kaiser-Permanente twin registry. En *Twin research, Part B, Biology and epidemiology*, ed. W. E. Nance, pp. 173-178. Nueva York: Alan R. Liss.
Friedmann, T. 1971. Prenatal diagnosis of genetic disease. *Scientific American*, 225, 34-42.

Fulker, D. W. 1973. A biometrical genetic approach to intelligence and schizophrenia. *Social Biology*, 20, 266-275.
— 1978. Multivariate extensions of a biometrical model of twin data. En *Twin research, Part A, Psychology and methodology*, ed. W. E. Nance, pp. 217-236. Nueva York: Alan R. Liss.
— 1979, en prensa. Some implications of biometrical genetical analysis for psychological research. En *Theoretical advances in behavior genetics*, ed. J. R. Royce, Alphen aan den Rijn, Holanda: Sijthoff Noordhoff International.
Fuller, J. L.; Easler, C. y Smith, M. E. 1950. Inheritance of audiogenic seizure susceptibility in the mouse. *Genetics*. 35, 622-632.
Fuller, J. L. y Thompson, W. R. 1960. *Behavior genetics*. Nueva York: John Wiley.
— 1978. *Foundations of behavior genetics*. St. Louis: C. V. Mosby.
Galton, F. 1865. Hereditary talent and character. *Macmillan's Magazine*, 12, 157-166, 318-327.
— 1869. *Hereditary genius: An inquiry into its laws and consequences*. Londres: Macmillan. (Cleveland: World Publishing Co., 1962.)
— 1871. Gregariousness in cattle and in men. *Macmillan's Magazine*, 23, 353-357.
— 1876. The history of twins as a criterion of the relative powers of nature and nurture. *Royal Anthropological Institute of Great Britain and Ireland Journal*, 6, 391-406.
— 1883. *Inquiries into human faculty and its development*. Londres: Macmillan.
Garrod, A. E. 1908. The Croonian lectures on inborn errors of metabolism, I, II, III, IV. *Lancet*, 2, 1-7, 73-79, 142-148, 214-220.
Gehring, W. J. 1976. Developmental genetics of *Drosophila*. *Annual Review of Genetics*, 10, 209-252.
Gesell, A. L. y Thompson, H. 1929. Learning and growth in identical infant twins. *Genetic Psychology Monographs*, 6, 5-120.
Giblett, F. R. 1969. *Genetic markers in human blood*. Londres: Blackwell.
Ginsburg, D. E. y Miller, D. S. 1963. Genetic factors in audiogenic seizures. *Colloques Nationaux du Centre National de la Recherche Scientifique*, París, 112, 217-225.
Goldberger, A. S. 1978. Pitfalls in the resolution of IQ inheritance. En *Genetic epidemiology*, eds. N. E. Morton & C. S. Chung, pp. 195-215. Nueva York: Academic Press.
Goldberger, A. S. y Duncan, O. D., eds. 1973. *Structural equation models in the social sciences*. Nueva York: Seminar Press.
Goodman, M.; Koen, A. L.; Barnabas, J. y Moore, G. W. 1971. Evolving primate genes and proteins. En *Comparative genetics in monkeys, apes, and man*, ed. A. B. Chiarelli, pp. 150-212. Nueva York: Academic Press.
Goodwin, D. W. 1979. Alcoholism and heredity. *Archives of General Psychiatry*, 36, 57-61.
Goodwin, D. W.; Schulsinger, F.; Hermansen, L.; Guze, S. B. y Winokur, G. 1973. Alcohol problems in adoptees raised apart from alcoholic biological parents. *Archives of General Psychiatry*, 28, 238-243.
Goodwin, D. W.; Schulsinger, F.; Moller, N.; Hermansen, L.; Winokur, G. y Guze, S. B. 1974. Drinking problems in adopted and nonadopted sons of alcoholics. *Archives of General Psychiatry*, 31, 164-169.
Gorlin, R. J. 1977. Classical chromosome disorders. En *New chromosomal syndromes*, ed. J. J. Yunis, pp. 59-118. Nueva York: Academic Press.
Gottesman, I. I. y Shields, J. 1972. *Schizophrenia and genetics: A twin study vantage point*. Nueva York: Academic Press.
— 1976. A critical review of recent adoption, twin, and family studies of schizophrenia: Behavioral genetics perspectives. *Schizophrenia Bulletin*, 2, 360-401.
— 1977. Twin studies and schizophrenia a decade later. En *Contributions to the psychopathology of schizophrenia*, ed. B. A. Maher. Nueva York: Academic Press.
Grabiner, J. V. y Miller, P. D. 1974. Effects of the Scopes trial. *Science*, 185, 832-837.
Green, E. L. 1966. Breeding systems. En *Biology of the laboratory mouse*. 2.ª ed., ed. E. L. Green. Nueva York: McGraw-Hill.
Gregory, M. S.; Silvers, A. y Sutch, D., eds. 1978. *Sociobiology and human nature*. San Francisco: Jossey-Bass.
Griffiths, M. I. y Phillips, C. J. 1976. *Twin research* (Birmingham, 1968-1972). Institute of Child Health, University of Birmingham.
Grossfield, J. 1976. Behavioral mutants of *Drosophila*. En *Handbook of genetic*, ed. R. C. King. Nueva York: Plenum Press.
Grotevant, H. D.; Scarr, S. y Weinberg, R. A. 1977. Intellectual development in family constellations with adopted and natural children: A test of the Zajonc and Markus model. *Child Development*, 48, 1699-1703.
Gruneberg, H. 1952. *The genetics of the mouse*. The Hague: Martinus Nijhoff.
Guilford, J. P. 1967. *The nature of human intelligence*. Nueva York: McGraw-Hill.
Guttman, R. 1974. Genetic analysis of analytical spatial ability: Raven's Progressive Matrices. *Behavior Genetics*, 4, 273-284.
Haggard, E. A. 1958. *Intraclass correlation and the analysis of variance*. Nueva York: Holt, Rinehart & Winston.
Haldane, J. B. S. 1936. A search for incomplete sex-linkage in man. *Annals of Eugenics*, 7, 28-57.

Hall, C. S. 1934. Emotional behavior in the rat. I. Defecation and urination as measures of individual differences in emotionality. *Journal of Comparative Psychology*, 18, 385-403.
Hall, J. C. 1977*a*. Behavioral analysis in *Drosophila* mosaics. En *Genetic mosaics and cell differentiation*, ed. W. J. Gehring, pp. 1-78. Nueva York: Springer.
— 1977*b*. Portions of the central nervous system controlling reproductive behavior in *Drosophila melanogaster*. *Behavior Genetics*, 7, 291-312.
Halstead, L. B. 1978. New light on Piltdown hoax? *Nature*, 276, 11-13.
Hamilton, W. D. 1964. The genetical theory of social behaviour (I y II). *Journal of Theoretical Biology*, 7, 1-52.
Hardy, G. H. 1908. Mendelian proportions in a mixed population. *Science*, 28, 49-50.
Harris, H. 1967. Enzyme variation in man: Some general aspects. En *Proceedings of the Third International Congress of Human Genetics*, eds. J. F. Crow y J. V. Neel, pp. 207-214. Baltimore: Johns Hopkins University Press.
Hay, D. A. 1975. Strain differences in maze-learning ability of *Drosophila melanogaster*. *Nature*, 257, 44-46.
— 1976. The behavioral phenotype and mating behavior of two inbred strains of *Drosophila melanogaster*. *Behavior Genetics*, 6, 161-170.
Hazel, L. N. 1943. The genetic basis for constructing selection indexes. *Genetics*, 28, 476-490.
Hearnshaw, L. S. 1979. *Cyril Burt, psychologist*. Ithaca, N. Y.: Cornell University Press.
Hegmann, J. P. 1975. The response to selection for altered conduction velocity in mice. *Behavioral Biology*, 13, 413-423.
Hegmann, J. P. y DeFries, J. C. 1970. Are genetic correlations and environmental correlations correlated? *Nature*, 226, 284-286.
Henderson, N. D. 1967. Prior treatment effects on open field behavior of mice—A genetic analysis. *Animal Behaviour*, 15, 365-376.
— 1972. Relative effects of early rearing environment on discrimination learning in housemice. *Journal of Comparative and Physiological Psychology*, 79, 243-253.
Henry, K. R. 1967. Audiogenic seizure susceptibility induced in C57BL/6J mice by prior auditory exposure. *Science*, 158, 938-940.
Henry, K. R. y Schlesinger, K. 1967. Effects of the albino and dilute loci on mouse behavior. *Journal of Comparative and Physiological Psychology*, 63, 320-323.
Heston, L. L. 1966. Psychiatric disorders in foster home reared children of schizophrenic mothers. *British Journal of Psychiatry*, 112, 819-825.
Hildreth, G. H. 1925. *The resemblance of siblings in intelligence and achievement*. Nueva York: Columbia University Teachers College.
Hilgard, J. R. 1933. The effect of early and delayed practice on memory and motor performance studied by the method of cotwin control. *Genetic Psychology Monographs*, 14, 493-567.
Hirsch, J. 1963. Behavior genetics and individuality understood. *Science*, 142, 1436-1442.
Hockett, C. F. 1973. *Man's place in nature*. Nueva York: McGraw-Hill.
Homyk, T., Jr. 1977. Behavioral mutants of *Drosophila melanogaster*. II. Behavioral analysis and focus mapping. *Genetics*, 87, 105-128.
Homyk, T., Jr. y Sheppard, D. E. 1977. Behavioral mutants of *Drosophila melanogaster*. I. Isolation and mapping of mutations which decrease flight ability. *Genetics*, 87, 95-104.
Honzik, M. P. 1957. Developmental studies of parent-child resemblance in intelligence. *Child Development*, 28, 215-228.
Hook, E. B. 1973. Behavioral implications of the human XYY genotype. *Science*, 179, 139-150.
Hopkinson, D. A. y Harris, H. 1971. Recent work on isozymes in man. *Annual Review of Genetics*, 5, 5-32.
Horn, J. M.; Loehlin, J. C. y Willerman, L. 1979. Intellectual resemblance among adoptive and biological relatives: The Texas adoption project. *Behavior Genetics*, 9, 177-208.
Hotta, Y. y Benzer, S. 1970. Genetic dissection of the *Drosophila* nervous system by means of mosaics. *Proceedings of the National Academy of Sciences*, 67, 1156-1163.
Hrubec, Z. y Neel, J. V. 1978. The National Academy of Sciences-National Research Council twin registry: Ten years of operation. En *Twin research, Part B, Biology and epidemiology*, ed. W. E. Nance, pp. 153-172. Nueva York: Alan R. Liss.
Hsia, D. Y.-Y. 1968. *Human developmental genetic*. Chicago: Year Book Medical Publishers.
— 1970. Phenylketonuria and its variants. En *Progress in medical genetics*, vol. 7, eds. A. G. Steinberg y A. G. Bearn, pp. 29-68. Nueva York: Grune & Stratton.
Hsia, D. Y.-Y.; Knox, W. E.; Quinn, K. V. y Paine, R. S. 1958. A one-year controlled study of the effect of low-phenylalanine diet on phenylketonuria. *Pediatrics*, 21, 178-202.
Husen, T. 1959. *Psychological twin research*. Estocolmo: Almqvist & Wiksell.
Hutchings, B. y Mednick, S. A. 1975. Registered criminality in the adoptive and biological parents of registered male criminal adoptees. En *Genetic research in psychiatry*, eds. R. R. Fieve, D. Rosenthal y H. Brill, pp. 105-116. Baltimore: Johns Hopkins University Press.
Hutchins, R. M. y Adler, M. J. 1968. The idea of equality. En *The great ideas today*, eds. R. M. Hutchins y M. J. Adler, pp. 302-350. Chicago: Encyclopaedia Britannica, 1968.
Huxley, J. 1949. *Heredity east and west: Lysenko and world science*. Nueva York: Schuman.

Hyde, J. S. 1974. Inheritance of learning ability in mice: A diallel-environmental analysis. *Journal of Comparative and Physiological Psychology,* 86, 116-123.
Itakura, K.; Hirose, T.; Crea, R.; Riggs, A. D.; Heyneker, H. L.; Bolivar, F.; y Boyer, H. W. 1977. Expression in *Escherichia coli* of a chemicaly synthesized gene for the hormone somatostatin. *Science,* 198, 1056-1063.
Jacob, F. y Monod, J. 1961. On the regulation of gene activity. *Cold Spring Harbor Symposia on Quantitative Biology,* 26, 193-209.
Jacobs, P. A.; Brunton, M.; Melville, M. M.; Brittain, R. P. y McClemont, W. F. 1965. Aggressive behaviour, mental sub-normality, and the XYY male. *Nature,* 208, 1351-1352.
Jarvik, L. F. 1975. Thoughts on the psychobiology of aging. *American Psychologist,* 30, 576-583.
Jencks, C. 1972. *Inequality: A reassessment of the effect of family and schooling in America.* Nueva York: Basic Books.
Jensen, A. R. 1967. Estimation of the limits of heritability of traits by comparison of monozygotic and dizygotic twins. *Proceedings of the National Academy of Sciences,* 58, 149-156.
— 1969. How much can we boost IQ and scholastic achievement? *Harvard Educational Review,* 39(1), 1-123.
— 1970. IQ's of identical twins reared apart. *Behavior Genetics,* 1. 133-148.
— 1972. *Genetics and education.* Nueva York: Harper & Row.
— 1974*a*. Kinship correlations reported by Sir Cyril Burt. *Behavior Genetics,* 4, 1-28.
— 1974*b*. The problem of genotype-environment correlation in the estimation of heritability from monozygotic and dizygotic twins. *Acta Geneticae Medicae et Gemellogiae,* 23, 21.
— 1976. Test bias and construct validity. *Phi Delta Kappan,* diciembre, 340-346.
— 1978*a*. Genetic and behavioral effects of nonrandom mating. En *Human variation: The biopsychology of age, race and sex,* eds. R. T. Osborne, C. E. Noble y N. Weyl, pp. 51-105. Nueva York: Academic Press.
— 1978*b*. Sir Cyril Burt in perspective. *American Psychologist,* 33, 499-503.
— 1979. *Bias in mental tests.* Nueva York: Free Press.
Jinks, J. L. y Fulker, D. W. 1970. Comparison of the biometrical genetical, MAVA, and classical approaches to the analysis of human behavior. *Psychological Bulletin,* 75, 311-349.
Johnson, R. C.; DeFries, J. C.; Wilson, J. R.; McClearn, G. E.: Vandenberg, S. G.; Ashton, G. C.; Mi, M. P. y Rashad, M. N. 1976. Assortative marriage for specific cognitive abilities in two ethnic groups. *Human Biology,* 48, 343-352.
Juel-Nielsen, N. 1965. Individual and environment: A psychiatric-psychological investigation of monozygous twins reared apart. *Acta Psychiatrica et Neurologica Scandinavica,* suplemento 183.
Kallmann, F. J. 1946. The genetic theory of schizophrenia: An analysis of 691 schizophrenic twin index families. *American Journal of Psychiatry,* 103, 309-322.
Kamin, L. J. 1974. *The science and politics of I.Q.* Potomac, Md.: Lawrence Erlbaum Associates.
Kaprio, J.; Sarna, S.; Koskenvuo, M. y Rantasalo, I. 1978. The Finnish twin registry: Formation and compilation, questionnaire study, zygosity determination procedures, and research program. En *Twin research, Part B, Biology and epidemiology,* ed. W. E. Nance, pp. 179-184. Nueva York: Alan R. Liss.
Karlsson, J. L. 1966. *The biologic basis of schizophrenia.* Springfield. Ill.: Thomas.
— 1970. The rate of schizophrenia in foster-reared close relatives of schizophrenic index cases. *Biological Psychiatry,* 2, 285-290.
Keeler, C. 1968. Some oddities in the delayed appreciation of «Castle's law». *Journal of Heredity,* 59, 110-112.
Kekic, V. y Marinkovic, D. 1974. Multiple-choice selection for light preference in *Drosophila subobscura. Behavior Genetics,* 4, 285-300.
Kessler, S. 1975. Extra chromosomes and criminality. En *Genetic research in psychiatry,* eds. R. R. Fieve, D. Rosenthal y H. Brill, pp. 65-73. Baltimore: Johns Hopkins University Press.
Kessler, S. y Moos, R. H. 1970. The XYY karyotype and criminality: A review. *Journal of Psychiatric Research,* 7, 153-170.
Kety, S. S. 1975. The Paul H. Hoch award lecture. Progress toward an understanding of the biological substrates of schizophrenia. En *Genetic research in psychiatry,* eds. R. R. Fieve, D. Rosenthal, y H. Brill, pp. 15-26. Baltimore: Johns Hopkins University Press.
Kety, S. S.; Rosenthal, D.; Wender, P. H. y Schulsinger, F. 1968. The types and prevalence of mental illness in the biological and adoptive families of adopted schizophrenics. *Journal of Psychiatric Research,* 6, 345-362.
— 1971. Mental illness in the biological and adoptive families of adopted schizophrenics. *American Journal of Psychiatry,* 128, 302-306.
— 1976. Studies based on a total sample of adopted individuals and their relatives: Why they were necessary, what they demonstrated and failed to demonstrate. *Schizophrenia Bulletin,* 2, 413-428.
Kety, S. S.; Rosenthal, D.; Wender, P. H.; Schulsinger, F. y Jacobsen, B. 1975. Mental illness in the biological and adoptive families of adopted individuals who have schizophrenic: A preliminary report based on psychiatric interviews. En *Genetic research in psychiatry,* eds. R. R. Fieve, D. Rosenthal y H. Brill, pp. 147-166. Baltimore: Johns Hopkins University Press.
Khorana, H. G. 1979. Total synthesis of a gene. *Science,* 203, 614-625.
Kidd, K. K. y Matthysse, S. 1978. Research designs for the study of geneenvironment interactions in psychiatric disorders. *Archives of General Psychiatry.* 35. 925-932.

King, M. C. y Wilson, A. C. 1975. Evolution at two levels in humans and chimpanzees. *Science*, 188, 107-115.
Klein, T. W.; DeFries, J. C. y Finkbeiner, C. T. 1973. Heritability and genetic correlations: Standard errors of estimates and sample size. *Behavior Genetics*, 4, 355-364.
Konner, M. J. 1977. Evolution of human behavior development. En *Cross-cultural and social class influences in infancy*, eds. H. Leiderman y S. Tulkin. Nueva York: Academic Press.
Kringlen, E. 1966. Schizophrenia in twins, an epidemiological-clinical study. *Psychiatry*, 29, 172-184.
— 1978. Norwegian twin registers. En *Twin research, Part B, Biology and epidemiology*, ed. W. F. Nance, pp. 185-188. Nueva York: Alan R. Liss.
Kung, C.; Chang, S. Y.; Satow, Y.; Van Houten, J. y Hansma, H. 1975. Genetic dissection of behavior in *Paramecium*. *Science*, 188, 898-904.
Kupfer, D. J.; Pickar, D.; Himmelhoch, J. M. y Detre, T. P. 1975. Are there two types of unipolar depression? *Archives of General Psychiatry*, 32, 866-871.
Lack, D. 1953. Darwin's finches. *Scientific American*, 188(4), 66-72.
Lawrence, E. M. 1931. An investigation into the relation between intelligence and inheritance. *British Journal of Psychology*, suplemento 16, 1-80.
Leahy, A. M. 1935. A study of certain selective factors influencing prediction of the mental status of adopted children. *Journal of Genetic Psychology*, 41, 294-329.
Lee, R. B. y De Vore, I., eds. 1968. *Man the hunter*. Chicago: Aldine.
Lehtovaara, A. 1938. *Psychologische Zwillingsuntersuchungen*. Helsinki: Finnish Academy of Science.
Lerner, I. M. 1968. *Heredity, evolution, and society*. San Francisco: W. H. Freeman & Company.
Lerner, I. M. y Libby, W. J. 1976. *Heredity, evolution, and society*. San Francisco: W. H. Freeman & Company.
Lewandowski, R. C. y Yunis, J. J. 1977. Phenotypic mapping in man. En *New chromosomal syndromes*, ed. J. J. Yunis, pp. 369-394. Nueva York: Academic Press.
Li, C. C. 1975. *Path analysis: A primer*. Pacific Grove, Calif.: Boxwood Press.
Loehlin, J. C. 1965. A heredity-environment analysis of personality inventory data. En *Methods and goals in human behavior genetics*, ed. S. G. Vandenberg, pp. 163-170. Nueva York: Academic Press.
— 1978. Heredity-environment analyses of Jencks's IQ correlations. *Behavior Genetics*, 8, 415-436.
— 1979, en prensa. Combining data from different groups in human behavior genetics. En *Theoretical advances in behavior genetics*. Ed. J. R. Royce. Alphen aan den Rijn, Holanda; Sijthoff Noordhoff International.
Loehlin, J. C.; Lindzey, G. y Spuhler, J. N. 1975. *Race differences in intelligence*. San Francisco: W. H. Freeman & Company.
Loehlin, J. C. y Nichols, R. C. 1976. *Heredity, environment and personality*. Austin: University of Texas Press.
Loehlin, J. C.; Sharan, S. y Jacoby, R. 1978. In pursuit of the «spatial gene»: A family study. *Behavior Genetics*, 8, 227-241.
Loehlin, J. C. y Vandenberg, S. G. 1968. Genetic and environmental components in the covariation of cognitive abilities: An additive model. En *Progress in human behavior genetics*, ed. S. G. Vandenberg, pp. 261-285. Baltimore: Johns Hopkins University Press.
Loehlin, J. C.; Vandenberg, S. G. y Osborne, R. T. 1973. Blood group genes and Negro-white ability differences. *Behavior Genetics*, 3, 263-270.
Loehlin, J. C.; Willerman, L. y Vandenberg, S. G. 1974. Blood group and behavioral differences among dizygotic twins: A failure to replicate. *Social Biology*, 21, 205-206.
Lubs, H. A. y de la Cruz, F., eds. 1977. *Genetic counseling: A monograph of the National Institute of Child Health and Human Development*. Nueva York: Raven Press.
Lush, J. L. 1949. Heritability of quantitative characters in farm animals. *Hereditas*, supl. vol., 356-375.
— 1951. Genetics and animal breeding. En *Genetics in the twentieth century*, ed. L. C. Dunn, pp. 493-525. Nueva York: Macmillan.
Lyon, M. F. 1958. Twirler: A mutant affecting the inner ear of the house mouse. *Journal of Embryology and Experimental Morphology*, part. 1, 105-116.
McAskie, M. y Clarke, A. M. 1976. Parent-offspring resemblance in intelligence: Theories and evidence. *British Journal of Psychology*, 67, 243-273.
McCabe, M. S. 1976. Reactive psychoses and schizophrenia with good prognosis. *Archives of General Psychiatry*, 33, 571-576.
McClearn, G. E. 1960. Strain differences in activity of mice: Influence of illumination. *Journal of Comparative and Physiological Psychology*, 53, 142-143.
— 1963. The inheritance of behavior. En *Psychology in the making*, ed. L. J. Postman, pp. 144-152. Nueva York: Alfred A. Knopf.
— 1976. Experimental behavioural genetics. En *Aspects of genetics in paediatrics*, ed. D. Barltrop, pp. 31-39. Londres: Fellowship of Postdoctorate Medicine, 1976.
McClearn, G. E. y DeFries, J. C. 1973. *Introduction to behavioral genetics*. San Francisco: W. H. Freeman & Company.
McClearn, G. E.; Wilson, J. R. y Meredith, W. 1970. The use of isogenic and heterogenic mouse stocks in

behavioral research. En *Contributions to behavior-genetic analysis: The mouse as a prototype*, eds. G. Lindzey y D. D. Thiessen, pp. 3-22. Nueva York: Appleton-Century-Crofts.
McDougall, W. 1908. *An introduction to social psychology*. Londres: Methuen.
McKusick, V. A. 1975. *Mendelian inheritance in man*. 4.ª ed. Baltimore: Johns Hopkins University Press.
Martin, N. G. 1975. The inheritance of scholastic abilities in a sample of twins. *Annals of Human Genetics*, 39, 219-229.
Martin, N. G. y Eaves, L. J. 1977. The genetical analysis of covariance structure. *Heredity*, 38, 79-95.
Martin, N. G.; Eaves, L. J. y Eysenck, H. J. 1977. Genetical, environmental and personality factors influencing the age of first sexual intercourse in twins. *Journal of Biosocial Science*, 9, 91-97.
Mason, J. J. y Price, E. O. 1973. Escape conditioning in wild and domestic Norway rats. *Journal of Comparative and Physiological Psychology*, 84, 403-407.
Matheny, A. P. y Brown, A. M. 1974. A twin study of genetic influences in reading achievement. *Journal of Learning Disabilities*, 7, 99-102.
Matheny, A. P. y Bruggemann, C. E. 1973. Children's speech: Hereditary components and sex differences. *Folia Phoniatrica*, 25, 442-449.
Matheny, A. P.; Wilson, R. S. y Dolan, A. B. 1976. Relations between twins' similarity of appearance and behavioral similarity: Testing an assumption. *Behavior Genetics*, 6, 343-352.
Maxson, S. C. y Cowen, J. S. 1976. Electroencephalographic correlates of the audiogenic seizure response of inbred mice. *Physiology and Behavior*, 16, 623-629.
Mayr, E. 1965. *Animal species and evolution*. Cambridge, Mass.: The Belknap Press of Harvard University.
— 1974. Behavior programs and evolutionary strategies. *American Scientist*, 62, 650-659.
— 1978. Evolution. *Scientific American*, 239, 47-55.
Mednick, S. A. y Christiansen, K. O., eds. 1977. *Biosocial bases of criminal behavior*. Nueva York: Gardner Press.
Medvedev, Z. A. 1969. *The rise and fall of T. D. Lysenko*. Nueva York: Columbia University Press.
Mendel, G. J. 1866. Versuche Ueber Pflanzenhybriden. *Verhandlungen des Naturforschunden Vereines in Bruenn*, 4, 3-47. (Traducido al inglés por Royal Horticultural Society de Londres.) Publicado en: Dodson, E. O. 1956. *Genetics*. Philadelphia: W. B. Saunders. Incluido también en: Sinnott, E. W.; Dunn, L. C. y Dobzhansky, Th. 1950. *Principles of genetics*. Nueva York: McGraw-Hill.
Mendlewicz, J. y Fleiss, J. L. 1974. Linkage studies with X-chromosome markers in bipolar (manic-depressive) and unipolar (depressive) illnesses. *Biological Psychiatry*, 9, 261-294.
Mendlewicz, J. y Rainer, J. D. 1977. Adoption study supporting genetic transmission in manic-depressive illness. *Nature*, 268, 327-329.
Meredith, W. 1973. A model for analyzing heritability in the presence of correlated genetic and environmental effects. *Behavior Genetics*, 3, 271-277.
Merrell, D. J. 1962. *Evolution and genetics: The modern theory of evolution*. Nueva York: Holt, Rinehart & Winston.
Merriman, C. 1924. The intellectual resemblance of twins. *Psychological Monographs*, 33, 1-58.
Mirenva, A. N. 1935. Psychomotor education and the general development of preschool children. *Pedagogical Seminary and Journal of Genetic Psychology*, 46, 433-454.
Mittler, P. 1971. *The study of twins*. Harmondsworth, Inglaterra: Penguin Books.
— 1974. *Language development in young twins: Biological, genetic and social aspects*. Trabajo presentado en el I International Congress on Twin Studies, Roma.
Mohr, J. 1954. *A study of linkage in man*. Copenhague: Munksgaard.
Money, J. 1964. Two cytogenetic syndromes: Psychologic comparisons. I. Intelligence and specific-factor quotients. *Journal of Psychiatric Research*, 2, 223-231.
— 1968. Cognitive deficits in Turner's syndrome. En *Progress in human behavior genetics*, ed. S. G. Vandenberg, pp. 27-30. Baltimore: Johns Hopkins University Press.
Money, J.; Annecillo, C.; Van Orman, B. y Borgaonkar, D. S. 1974. Cytogenetics, hormones and behavior disability: Comparison of XYY and XXY syndromes. *Clinical Genetics*, 6, 370-382.
Montagu, A. 1959. The reception of Darwin's theory. Introduction to *Man's place in nature* by T. H. Huxley. Ann Arbor: University of Michigan Press.
Morgan, T. H.; Sturtevant, A. H.; Muller, H. J. y Bridges, C. B. 1915. *The mechanism of Mendelian heredity*. Nueva York: Henry Holt.
Morton, N. E. 1958. Segregation analysis in human genetics. *Science*, 127, 79-80.
Motulsky, A. G. y Omenn, G. S. 1975. Special award lecture: Biochemical genetics and psychiatry. En *Genetic research in psychiatry*, eds. R. R. Fieve, D. Rosenthal y H. Brill, pp. 3-14. Baltimore: Johns Hopkins University Press.
Muller, H. J. 1927. Artificial transmutation of the gene. *Science*, 66, 84-87.
Munsinger, H. 1975*a*. The adopted child's IQ: A critical review. *Psychological Bulletin*, 82, 623-659.
— 1975*b*. Children's resemblance to their biological and adopting parents in two ethnic groups. *Behavior Genetics*, 5, 239-254.
— 1977. The identical twin transfusion syndrome: A source of error in estimating IQ resemblance and heritability. *Annals of Human Genetics*, 40, 307-321.

Munsinger, H. y Douglass, A. 1976. The syntactic abilities of identical twins, fraternal twins, and their siblings. *Child Development*, 47, 40-50.
Nadler, C. F. y Borges, W. H. 1966. Chromosomal structure and behavior. En *Lectures in medical genetics*, ed. D. Y.-Y. Hsia, pp. 25-58. Chicago: Year Book Medical Publishers.
Nance, W. E. 1976. Genetic studies of the offspring of identical twins. *Acta Genetica Medicae et Gemellologiae*, 25, 103-113.
Nance, W. E. y Corey, L. A. 1976. Genetic models for the analysis of data from families of identical twins. *Genetics*, 83, 811-826.
Nance, W. E.; Winter, P. M.; Segreti, W. O.; Corey, L. A.; Parisi-Prinzi, G. y Parisi, P. 1978. A search for evidence of hereditary superfetation in man. En *Twin research, Part B, Biology and epidemiology*, ed. W. E. Nance, pp. 65-70. Nueva York: Alan R. Liss.
Newman, J.; Freeman, F. y Holzinger, K. 1937. *Twins: A study of heredity and environment*. Chicago: University of Chicago Press.
Nichols, R. C. 1965. The National Merit twin study. En *Methods and goals in human behavior genetics*, ed. S. G. Vandenberg, pp. 231-243. Nueva York: Academic Press.
Nichols, R. C. y Bilbro, W. C. 1966. The diagnosis of twin zygosity. *Acta Genetica*, 16, 265-275.
Nilsson-Ehle, H. 1908-1909. Einige Ergebnisse von Kruezungen bei Hafer und Weisen. *Botanische Notiser*, 257-294.
Noël, B.; Duport, J. P.; Revil, D.; Sussuyer, I. y Quack, B. 1974. The XYY syndrome: Reality or myth? *Clinical Genetics*, 5, 387-394.
Nuttall, G. H. F. 1904. *Blood immunity and blood relationship*. Cambridge, Inglaterra: Cambridge University Press.
Nylander, P. P. S. 1978. Causes of high twinning frequencies in Nigeria. En *Twin research, Part B, Biology and epidemiology*, ed. W. E. Nance, pp. 35-44. Nueva York: Alan R. Liss.
Oliverio, A.; Eleftheriou, B. E. y Bailey, D. W. 1973. A gene influencing active avoidance performance in mice. *Physiology and Behavior*, 11, 497-501.
Omenn, G. S. 1978. Prenatal diagnosis of genetic disorders. *Science*, 200, 952-958.
Packard, A. S. 1901. *Lamarck, the founder of evolution*. Nueva York: Longmans, Green.
Padeh, B.; Wahlsten, D. y DeFries, J. C. 1974. Operant discrimination learning and operant bar-pressing rates in inbred and heterogeneous laboratory mice. *Behavior Genetics*, 4, 383-393.
Palm, J. 1961. Transplantation of ovarian tissue. En *Transplantation of tissues and cells*, eds. R. E. Billingham y W. K. Silvers, pp. 49-56. Filadelfia: The Vistar Institute Press.
Parkinson, J. S. 1977. Behavioral genetics in bacteria. *Annual Review of Genetics*, 11, 397-414.
Pearson, K. 1924. *The life, letters and labours of Francis Galton*, vol. 1. Londres: Cambridge University Press.
Penrose, L. S. y Smith, G. F. 1966. *Down's anomaly*. Londres: J. & A. Churchill.
Perris, C. 1966. A study of bipolar (manic-depressive) and unipolar recurrent depressive psychoses. *Acta Psychiatrica Scandinavica*, 42, suplemento 194.
— 1976. Frequency and hereditary aspects of depression. En *Depression: Behavioral, biochemical, diagnostic and treatment concepts*, eds. D. M. Gallant y G. M. Simpson, Nueva York: Spectrum.
Petit, C. 1951. Le rôle de l'isolement sexuel dans l'évolution des populations de *Drosophila melanogaster*. *Bulletin Biologique de la France et de la Belgique*, 85, 392-418.
Petit, C. y Ehrman, L. 1969. Sexual selection in *Drosophila*. En *Evolutionary biology*, vol. 3, eds. Th. Dobzhansky, M. K. Hecht y W. C. Steere, pp. 177-217. Nueva York: Appleton-Century-Crofts.
Plomin, R. y DeFries, J. C. 1980*a*. Genetics and intelligence: Recent data. *Intelligence*, 4, 15-24.
— 1980*b*, en prensa. Multivariate behavioral genetic analysis of twin data on scholastic abilities. *Behavior Genetics*.
Plomin, R.; DeFries, J. C. y Loehlin, J. C. 1977. Genotype-environment interaction and correlation in the analysis of human behavior. *Psychological Bulletin*, 84, 309-322.
Plomin, R.; DeFries, J. C. y Roberts, M. K. 1977. Assortative mating by unwed biological parents of adopted children. *Science*, 196, 449-450.
Plomin, R. y Kuse, A. R. 1979. Comment in response to S. L. Washburn: Human behavior and the behavior of other organisms. *American Psychologist*, 34, 188-190.
Plomin, R. y Willerman, L. 1975. A cotwin control study and a twin study of reflection-impulsivity in children. *Journal of Educational Psychology*, 67, 537-543.
Plomin, R.; Willerman, L. y Loehlin, J. C. 1976. Resemblance in appearance and the equal environments assumption in twin studies of personality traits. *Behavior Genetics*, 6, 43-52.
Polani, P. E.; Briggs, J. H.; Ford, C. E.; Clarke, C. M. y Berg, J. M. 1960. A mongoloid girl with 46 chromosomes. *Lancet*, 1, 721-724.
Polivanov, S. 1975. Response of *Drosophila persimilis* to phototactic and geotactic selection. *Behavior Genetics*, 5, 255-267.
Porter, I. H. 1977. Evolution of genetic counseling in America. En *Genetic counseling: A monograph of the National Institute of Child Health and Human Development*, eds. H. A. Lubs y F. de la Cruz, pp. 17-34. Nueva York: Raven Press.
Price, W. H. y Jacobs, P. A. 1970. The 47,XYY male with special reference to behavior. *Seminars in Psychiatry*, 2, 30-39.

Quinn, W. G.; Harris, W. A. y Benzer, S. 1974. Conditioned behavior in *Drosophila melanogaster. Proceedings of the National Academy of Sciences,* 71, 708-712.

Rao, D. C. y Morton, N. E. 1978. IQ as a paradigm in genetic epidemiology. En *Genetic epidemiology,* eds. N. E. Morton y C. S. Chung, pp. 145-181. Nueva York: Academic Press.

Rao, D. C.; Morton, N. E. y Yee, S. 1974. Analysis of family resemblance. II. A linear model for familial correlation. *American Journal of Human Genetics,* 26, 331-359.

— 1976. Resolution of cultural and biological inheritance by path analysis. *American Journal jof Human Genetics,* 28, 228-242.

Rao, T. V. 1978. Maternal age, parity, and twin pregnancies. En *Twin research, Part B, Biology and epidemiology,* ed. W. E. Nance, pp. 99-104. Nueva York: Alan R. Liss.

Reading, A. J. 1966. Effect of maternal environment on the behavior of inbred mice. *Journal of Comparative and Psysiological Psychology,* 62, 437-440.

Ready, D. F.; Hanson, T. E. y Benzer, S. 1976. Development of the *Drosophila* retina, a neurocrystalline lattice. *Developmental Biology,* 53, 217-240.

Regier, D. A.; Goldberg, I. D. y Taube, C. A. 1978. The de facto US mental health services system. *Archives of General Psychiatry,* 35, 685-693.

Reich, T. 1976. The schizophrenia spectrum: A genetic concept. *Journal of Nervous and Mental Disease,* 162, 3-12.

Reich, T.; Cloninger, C. R. y Guze, S. B. 1975. The multifactorial model of disease transmission: I. Description of the model and its use in psychiatry. *British Journal of Psychiatry,* 127, 1-10.

Resnick, L. B., ed. 1976. *The nature of intelligence.* Hillsdale. N. J.: Lawrence Erlbaum Associates.

Reznikoff, M.; Domino, G.; Bridges, C. y Honeyman, M. 1973. Creative abilities in identical and fraternal twins. *Behavior Genetics,* 3, 365-378.

Ritchie-Calder, P. R. 1970. *Leonardo and the age of the eye.* Nueva York: Simon & Schuster.

Roberts, C. A. y Johansson, C. B. 1974. The inheritance of cognitive interest styles among twins. *Journal of Vocational Behavior,* 4, 237-243.

Roberts, R. C. 1967. Some concepts and methods in quantitative genetics. En *Behavior-genetic analysis,* ed. J. Hirsch, pp. 214-257. Nueva York: McGraw-Hill.

Roper, A. G. 1913. *Ancient eugenics.* Oxford, Inglaterra: Blackwell.

Rose, R. J.; Harris, E. L.; Christian, J. C. y Nance, W. E. 1979*a.* Genetics variance in nonverbal intelligence: Data from the kinships of identical twins. *Science,* 205, 1153-1155.

Rose, R. J.; Miller, J. Z.; Dumont-Driscoll, M. y Evans, M. M. 1979*b.* Twin-family studies of perceptual speed ability. *Behavior Genetics,* 9, 71-86.

Rosenthal, D. 1970. *Genetic theory and abnormal behavior.* Nueva York: McGraw-Hill.

— 1972. Three adoption studies of heredity in the schizophrenic disorders. *International Journal of Mental Health,* 1, 63-75.

— 1975*a.* Discussion: The concept of subschizophrenic disorders. En *Genetic research in psychiatry,* eds. R. R. Fieve, D. Rosenthal y H. Brill, pp. 199-208. Baltimore: Johns Hopkins University Press.

— 1975*b.* The spectrum concept in schizophrenic and manic-depressive disorders. En *Biology of the major psychoses,* ed. D. X. Freedman. Nueva York: Raven Press.

Rosenthal, D.; Wender, P. H.; Kety, S. S.; Schulsinger, F.; Welner, J. y Ostergaard, L. 1968. Schizophrenics' offspring reared in adoptive homes. *Journal of Psychiatric Research,* 6, 377-391.

Rosenthal, D.; Wender, P. H.: Kety, S. S.; Welner, J. y Schulsinger, F. 1971. The adopted-away offspring of schizophrenics. *American Journal of Psychiatry,* 128, 307-311.

Ruddle, F. H. y Kucherlapati, R. S. 1974. Hybrid cells and human genes. *Scientific American,* 232, 37-44.

Russell, W. L. y Douglas, P. M. 1945. Offspring from unborn mothers. *Proceedings of the National Academy of Sciences,* 31, 402-405.

Sánchez, O y Yunis, J. J. 1977. New chromosome techniques and their medical applications. En *New chromosomal syndromes,* ed. J. J. Yunis, pp. 1-54. Nueva York: Academic Press.

Scarr, S. 1968. Environmental bias in twin studies. *Eugenics Quarterly,* 15, 34-40.

— 1976. An evolutionary perspective of infant intelligence: Species patterns and individual variations. En *Origins of intelligence,* ed. M. Lewis, pp. 165-198. Nueva York: Plenum Press.

— 1977. *Genetic effects on human behavior: Recent family studies.* Lecture, Annual Meeting of the American Psychological Association, San Francisco.

Scarr, S. y Carter-Saltzman, L. 1979, en prensa. Twin method: Defense of a critical assumption. *Behavior Genetics.*

Scarr, S. y Weinberg, R. A. 1977. Intellectual similarities within families of both adopted and biological children. *Intelligence,* 1, 170-191.

— 1978. The influence of «family background» on intellectual attainment. *American Sociological Review,* 43, 674-692.

Schiff, M.; Duyme, M.; Dumaret, A.; Stewart, J.; Tomkiewicz, S. y Feingold, J. 1978. Intellectual status of working-class children adopted early into uppermiddle-class families. *Science,* 200, 1503-1504.

Schmidt, J. 1919. La valeur de l'individu à titre de generateur appreciée suivant la méthode du croisement diallele. *Comptes Rendus des Travaux du Laboratoire Carlsberg,* 14, 1-33.

Schoenfeldt, L. F. 1968. The hereditary components of the Project TALENT two-day test battery. *Measurement and Evaluation in Guidance,* 1, 130-140.

Schopf, J. W. 1978. The evolution of the earliest cells. *Scientific American,* 239, 110-139.

Schuckit, M. A., Goodwin, D. W. y Winokur, G. 1972. A study of alcoholism in half siblings. *American Journal of Psychiatry,* 128, 1132-1135.

Schull, W. J. y Neel, J. V. 1965. *The effects of inbreeding on Japanese children.* Nueva York: Harper & Row.

Schulsinger, F. 1972. Psychopathy: Heredity and environment. *International Journal of Mental Health,* 1, 190-206.

Scott, J. P. 1958. *Animal behavior.* Chicago: University of Chicago Press.

Scott, J. P. y Fuller, J. L. 1965. *Genetics and the social behavior of the dog.* Chicago: University of Chicago Press.

Scriver, C. R. 1977. Screening, counseling, and treatment for phenylketonuria: Lessons learned—A précis. En *Genetic counseling: A monograph of the National Institute of Child Health and Human Development,* eds. H. A. Lubs y F. de la Cruz, pp. 253-268. Nueva York: Raven Press.

Searle, L. V. 1949. The organization of hereditary maze-brightness and mazedullness. *Genetic Psychology Monographs,* 39, 279-325.

Sefton, A. E. y Siegel, P. B. 1975. Selection for mating ability in Japanese quail. *Poultry Science,* 54, 788-794.

Segreti, W. O.; Winter, P. M. y Nance, W. E. 1978. Familial studies of monozygotic twinning. En *Twin research, Part B, Biology and epidemiology,* ed. W. E. Nance, pp. 55-60. Nueva York: Alan R. Liss.

Sergovich, F.; Uilenberg, C. y Pozsonyi, J. 1971. The 49,XXXXX chromosome constitution: Similarities to the 49,XXXXY condition. *Journal of Pediatrics,* 78, 285-290.

Seyfried, T. N.; Yu, R. K. y Glaser, G. H. 1979. Genetic study of audiogenic seizure susceptibility in B6XD2 recombinant inbred strains of mice. *Genetics,* 91, 114.

Shaffer, J. W. 1962. A specific cognitive deficit observed in gonadal aplasia (Turner's syndrome). *Journal of Clinical Psychology,* 18, 403-406.

Shah, S. A. 1970. *Report on the XYY chromosomal abnormality.* U.S., Public Health Service pub. n.° 2103. Washington, D.C.: U.S. Government Printing Office.

Sherman, P. W. 1977. Nepotism and the evolution of alarm calls. *Science,* 197, 1246-1253.

Shields, J. 1962. *Monozygotic twins brought up apart and brought up together.* Londres: Oxford University Press.

— 1968. Summary of the genetic evidence. En *The transmission of schizophrenia.* eds. D. Rosenthal y S. S. Kety, pp. 95-126. Oxford, Inglaterra: Pergamon Press.

— 1977. Genetics in schizophrenia. En *Schizophrenia today,* eds. D. Kemali, G. Bertholini y D. Richter, pp. 57-70. Oxford, Inglaterra: Pergamon Press.

— 1978. MZA twins: Their use and abuse. En *Twin research, Part A, Psychology and methodology,* ed. W. E. Nance, pp. 79-93. Nueva York: Alan R. Liss.

Shields, J.; Heston, L. L. y Gottesman, I. I. 1975. Schizophrenia and the schizoid: The problem for genetic analysis. En *Genetic research in psychiatry,* eds. R. R. Fieve, D. Rosenthal y H. Brill, pp. 167-197. Baltimore: Johns Hopkins University Press.

Siemens, H. W. 1927. The diagnosis of identity in twins. *Journal of Heredity,* 18, 201-209.

Singh, R. S.; Lewonting, R. C. y Felton, A. A. 1976. Genetic heterogeneity within electrophoretic «alleles» of xanthine dehydrogenase en *Drosophila pseudo obscura. Genetics,* 84, 609-629.

Skinner, B. F. 1938. *The behavior of organisms: An experimental analysis.* Nueva York: Appleton-Century-Crofts.

Skodak, M. y Skeels, H. M. 1949. A final follow-up of one hundred adopted children. *Journal of Genetic Psychology,* 75, 85-125.

Slater, E. y Cowie, V. 1971. *The genetics of mental disorders.* Londres: Oxford University Press.

Smith, C. 1970. Heritability of liability and concordance in monozygous twins. *Annals of Human Genetics,* 34, 85-91.

Smith, D. W. 1977. Clinical diagnosis and nature of chromosomal abnormalities. En *New chromosomal syndromes,* ed. J. J. Yunis, pp. 55-117. Nueva York: Academic Press.

Smith, J. W. 1978. The evolution of behavior. *Scientific American,* 239, 176-192.

Smith, R. T. 1965. A comparison of socio-environmental factors in monozygotic and dizygotic twins, testing an assumption. En *Methods and goals in human behavior genetics,* ed. S. G. Vandenberg, pp. 45-62. Nueva York: Academic Press.

Smith, S. M. y Penrose, L. S. 1955. Monozygotic and dizygotic twin diagnosis. *Annals of Human Genetics,* 19, 273-389.

Snygg, D. 1938. The relation between the intelligence of mothers and of their children living in foster homes. *Journal of Genetic Psychology,* 52, 401-406.

Sprott, R. L. y Staats, J. 1975. Behavioral studies using genetically defined mice—A bibliography. *Behavior Genetics,* 5, 27-82.

— 1978. Behavioral studies using genetically defined mice—A bibliography (julio 1973-julio 1976). *Behavior Genetics,* 8, 183-206.

— 1979. Behavioral studies using genetically defined mice—A bibliography ((julio 1976—agosto 1978). *Behavior Genetics,* 9, 87-102.

Sprott, R. L. y Stavnes, K. 1975. Effects of situational variables on performance of inbred mice in active- and passive-avoidance situations. *Psychological Reports,* 37, 683-692.

Srb, A. M.; Owen, R. D. y Edgard, R. S. 1965. *General genetics.* 2.ª ed. San Francisco: W. H. Freeman & Company.

Stent, G. S. 1963. *Molecular biology of bacterial viruses.* San Francisco: W. H. Freeman & Company.

Stern, C. 1973. *Principles of human genetics.* 3.ª ed. San Francisco: W. H. Freeman & Company.

Strayer, L. C. 1930. The relative efficacy of early and deferred vocabulary training studied by the method of cotwin control. *Genetic Psychology Monographs,* 8, 209-319.

Sturtevant, A. H. 1915. Experiments on sex recognition and the problem of sexual selection in *Drosophila. Journal of Animal Behavior,* 5, 351-366.

— 1965. *A history of genetics.* Nueva York: Harper & Row.

Sumner, A. T.; Robinson, J. A. y Evans, H. J. 1971. Distinguishing between X, Y, and YY-bearing human spermatozoa by fluorescence and DNA content. *Nature, New Biology,* 229, 231-233.

Taylor, M. A. y Abrams, R. 1975. Acute mania. *Archives of General Psychiatry,* 32, 863-865.

— 1978. The prevalence of schizophrenia: A reassessment using modern diagnostic criteria. *American Journal of Psychiatry,* 135, 945-948.

Tennes, K.; Puck, M.; Bryant, K.; Frankenburg, W. y Robinson, A. 1975. A developmental study of girls with trisomy X. *American Journal of Human Genetics,* 27, 71-86.

Theis, S. V. S. 1924. *How foster children turn out.* Nueva York: State Charities Aid Association, publicación n.o 165.

Thompson, W. R. y Bindra, D. 1952. Motivational and emotional characters of «bright» and «dull» rats. *Canadian Journal of Psychology,* 6, 116-122.

Thorndike, E. L. 1905. Measurement of twins. *Archives of Philosophy, Psychology, and Scientific Methods,* 1, 1-64.

Tienari, P. 1963. Psychiatric illnesses in identical twins. *Acta Psychiatrica Scandinavica,* 39, suplemento 171.

Tjio, J. H. y Levan, A. 1956. The chromosome number of man. *Hereditas,* 42, 1-6.

Tobach, E.; Bellin, J. S. y Das, D. K. 1974. Differences in bitter taste perception in three strains of rats. *Behavior Genetics,* 4, 405-410.

Tolman, E. C. 1924. The inheritance of maze-learning ability in rats. *Journal of Comparative Psychology,* 4, 1-18.

Trivers, R. L. 1974. Parent-offspring conflict. *American Zoologist,* 14, 249-264.

Tsuang, M. T. 1975. Heterogeneity of schizophrenia. *Biological Psychiatry,* 10, 465-474.

— 1976. Genetic factors in schizophrenia. En *Biological foundations of psychiatry,* eds. R. G. Grenell y S. Gabay. Nueva York: Raven Press.

Tsuang, M. T.; Crowe, R. R.; Winokur, G. y Clancy, J. 1977. Relatives of schizophrenics, manics, depressives and controls. Ponencia presentada en la II International Conference on Schizophrenia, Rochester, Nueva York.

Tyler, P. A. 1969. «A quantitative genetic analysis of runway learning in mice.» Tesis doctoral, Universidad de Colorado.

Valentine, J. W. 1978. The evolution of multicellular plants and animals. *Scientific American,* 239, 176-192.

van Abeelen, J. H. F. y van der Kroon, P. H. W. 1967. *Nijmegen waltzer*—a new neurological mutant in the mouse. *Genetical Research,* 10, 117-118.

van Abeelen, J. H. F., ed. 1974. *The genetics of behaviour.* Amsterdam: North-Holland Publishing Co.

Vandenberg, S. G. 1965. Multivariate analysis of twin differences. En *Methods and goals in human behavior genetics,* ed. S. G. Vandenberg, pp. 29-44. Nueva York: Academic Press.

— 1968. The contribution of twin research to psychology. *Psychological Bulletin,* 66, 327-352.

— 1971. What do we know today about the inheritance of intelligence and how do we know it? En *Intelligence: Genetic and environmental influences,* ed. R. Cancro, pp. 182-218. Nueva York: Grune & Stratton.

— 1972. Assortative mating, or who marries whom? *Behavior Genetics,* 2, 127-157.

— 1976. Twin studies. En *Human behavior genetics,* ed. A. R. Kaplan, pp. 90-150. Springfield, Ill.: Thomas.

Vandenberg, S. G.; Stafford, R. E. y Brown, A. M. 1968. The Louisville twin study. En *Progress in human behavior genetics,* ed. S. G. Vandenberg, pp. 153-204. Baltimore: Johns Hopkins University Press.

Vernon, P. E. 1979. *Intelligence: Heredity and environment.* San Francisco: W. H. Freeman & Company.

von Linné, Karl. 1735. *Systema Naturea,* Regnum Animale, L. Salvii, Holminae.

Wade, N. 1976*a.* Recombinant DNA: Chimeras set free under guard. *Science,* 193, 215-217.

— 1976*b.* Sociobiology: Troubled birth for new discipline. *Science,* 191, 1151-1155.

Walker, A. y Leakey, R. E. F. 1978. The hominids of east Turkana. *Scientific American,* 239, 54-66.

Wallace, B. 1968. *Topics in population genetics.* Nueva York: W. W. Norton.

Ward, S. 1977. Invertebrate neurogenetics. *Annual Review of Genetics,* 11, 415-450.

Washburn, S. L. 1960. Tools and human evolution. *Scientific American,* 203, 62-75.

— 1978*a.* The evolution of man. *Scientific American,* 239, 194-208.

— 1978*b.* Human behavior and the behavior of other organisms. *American Psychologist,* 33, 405-418.

Washburn, S. L. y Lancaster, C. S. 1968. The evolution of hunting. En *Man the hunter,* eds. R. B. Lee e I. DeVore, pp. 293-303. Chicago: Aldine.

Watanabe, T. K. y Anderson, W. W. 1976. Selection for geotaxis in *Drosophila melanogaster:* Heritability, degree of dominance, and correlated responses to selection. *Behavior Genetics,* 6, 71-86.
Watson, J. B. 1930. *Behaviorism.* Nueva York: W. W. Norton.
Watson, J. D. and Crick, F. H. C. 1953*a.* Genetical implications of the structure of deoxyribonucleic acid. *Nature,* 171, 964-967.
— 1953*b.* Molecular structure of nucleic acids. A structure for deoxyribose nucleic acids. *Nature,* 171, 737-738.
Weiss, M. C. y Green, H. 1967. Human-mouse hybrid cell lines containing partial complements of human chromosomes and functioning human genes. *Proceedings of the National Academy of Sciences,* 58, 1104-1111.
Wender, P. H.; Rosenthal, D. y Kety, S. 1968. A psychiatric assessment of the adoptive parents of schizophrenics. En *The transmission of schizophrenia,* eds. D. Rosenthal y S. Kety, pp. 235-250. Oxford, Inglaterra: Pergamon Press.
Wender, P. H.; Rosenthal, D.; Kety, S. S.; Schulsinger, F. y Welner, J. 1974. Crossfostering: A research strategy for clarifying the role of genetic and experimental factors in the etiology of schizophrenia. *Archives of General Psychiatry,* 30, 121-128.
Wender, P. H.; Rosenthal, D.; Rainer, J. D.; Greenhill, L. y Sarlin, M. B. 1977. Schizophrenics' adopting parents: Psychiatric status. *Archives of General Psychiatry,* 34, 777-784.
West-Eberhard, M. J. 1975. The evolution of social behavior by kin selection. *Quarterly Review of Biology,* 50, 1-33.
Whitney, G. D. 1969. Vocalization of mice: A single genetic unit effect. *Journal of Heredity,* 60, 337-340.
Whitney, G.; McClearn, G. E. y DeFries, J. C. 1970. Heritability of alcohol preference in laboratory mice and rats. *Journal of Heredity,* 61, 165-169.
Wilder, H. H. 1904. Duplicate twins and double monsters. *American Journal of Anatomy,* 3, 387-472.
Willerman, L. 1979*a,* en prensa. Effects of families on intellectual development. *American Psychologist.*
— 1979*b. The psychology of individual and group differences.* San Francisco: W. H. Freeman & Company.
Willham, R. L., Cox, D. F. y Karas, G. G. 1963. Genetic variation in a measure of avoidance learning in swine. *Journal of Comparative and Physiological Psychology,* 56, 294-297.
Wilson, E. O. 1975. *Sociobiology, the new synthesis.* Cambridge, Mass.: Harvard University Press. [Trad. cast.: *Sociobiología,* Omega, 1980.]
— 1978*a.* The attempt to suppress human behavioral genetics. *Journal of General Education,* 29, 277-287.
— 1978*b. On human nature.* Cambridge, Mass.: Harvard University Press. [Trad. cast.: *Sobre la naturaleza humana,* Fondo de Cultura Económica, 1980.]
Wilson, P. T. 1934. A study of twins special reference to heredity as a factor determining differences in environment. *Human Biology,* 6, 324-354.
Wilson, R. S. 1972. Twins: Early mental development. *Science,* 175, 914-917.
— 1977*a.* Mental development in twins. En *Genetics, environment and intelligence,* ed. A. Oliverio, pp. 305-336. Alphen aan den Rijn, Holanda: Elsevier.
— 1977*b.* Twins and siblings: Concordance for school-age mental development. *Child Development,* 48, 211-223.
— 1978. Synchronies in mental development: An epigenetic perspective. *Science,* 202, 939-948.
Winokur, G. 1975. The Iowa 500: Heterogeneity and course in manic-depressive illness (bipolar). *Comprehensive Psychiatry,* 16, 125-131.
Winokur, G.; Cadoret, R.; Baker, M. y Dorzab, J. 1975. Depression spectrum disease versus pure depressive disease. Some further data. *British Journal of Psychiatry,* 127, 75-77.
Wispé, L. G. y Thompson, J. N., Jr. 1976. The war between the worlds: Biological versus social evolution and some related issues. *American Psychologist,* 31, 341-347.
Witkin, H. A.; Mednick, S. A.; Schulsinger, F.; Bakkestrom, E.; Christiansen, K. O.; Goodenough, D. R.; Hirschorn, K.; Lundsteen, C.; Owen, D. R.; Philip, J.; Rubin, D. B. y Stocking, M. 1976. Criminality in XYY and XXY men. *Science,* 193, 547-555.
Witt, G. y Hall, C. S. 1949. The genetics of audiogenic seizures in the house mouse. *Journal of Comparative and Physiological Psychology,* 42, 58-63.
Witty, P. A. y Jenkins, M. D. 1936. Intra-race testing and Negro intelligence. *Journal of Psychology,* 1, 179-192.
Woodworth, R. S. 1948. *Contemporary schools of psychology.* Ed. rev. Nueva York: Ronald Press.
Whright, S. 1921. Systems of mating. *Genetics,* 6, 111-178.
— 1977. *Evolution and the genetics of populations.* Experimental results and evolutionary deductions, vol. 3. Chicago: University of Chicago Press.
Wyatt, R. J.; Murphy, D. L.; Belmaker, R.; Cohen, S.; Donnelly, C. H. y Pollin, W. 1973. Reduced monoamine oxidase activity in platelets: A possible genetic marker for vulnerability to schizophrenia. *Science,* 179, 916-918.
Wynne-Edwards, V. C. 1962. *Animal dispersion in relation to social behavior.* Nueva York: Hafner.
Wyshak, G. 1978. Statistical findings on the effects of fertility drugs on plural births. En *Twin research, Part B, Biology and epidemiology,* ed. W. E. Nance, pp. 17-34. Nueva York: Alan R. Liss.

Wysocki, C. J.; Whitney, G. y Tucker, D. 1977. Specific anosmia in the laboratory mouse. *Behavior Genetics*, 7, 171-188.
Zajonc, R. B. y Markus, G. B. 1975. Birth order and intellectual development. *Psychological Review*, 82, 74-88.
Zazzo, R. 1960. *Les jumeaux, le couple et la personne*. París: Presses Universitaires de France.
Zerbin-Rüdin, E. 1969. Zur genetik der depressiven erkrankungen. En *Das depressive syndrom*, ed. H. Hippius y H. Selback. Berlín: Verlag Urban Schwarzenberg.
— 1974. Genetic aspects of schizophrenia (a survey). En *Biological mechanisms of schizophrenia and schizophrenia-like psychoses*, eds. H. Mitsuda y T. Fukuda. Tokio: Igaku Shoin.
Zirkle, C. 1951. The knowledge of heredity before 1900. En *Genetics in the 20th century*, ed. L. C. Dunn, pp. 35-57. Nueva York: Macmillan.

INDICE DE NOMBRES

INDICE ANALITICO